"十二五"职业教育国家规划教材

经全国职业教育教材审定委员会审定

工业分析技术

第二版

何晓文　李仁好　主编

U0359793

化学工业出版社

·北京·

本书是在第一版的基础上结合最新高等职业教育化工技术类专业学科的发展及人才培养教学需求和生产实际修订而成的。本书按照国家化学检验工技能要求精选典型工作任务，创设真实工作情境，通过完成任务的过程，渗透必备知识。以项目教学为向导，以培养学生实际动手能力为目标，以现代企业目前使用及推广使用的国家标准分析方法为参考，按不同的学习情境进行划分。全书共分为十一个学习情境，包括试样的采集和制备、水质分析技术、化工产品质量分析技术、硅酸盐分析技术、煤质分析技术、钢铁分析技术、肥料分析技术、农药分析技术、石油产品分析技术、涂料分析技术及气体分析技术等。本书集理论与实践为一体，在考虑知识系统性的同时，注重实用性，体现新标准、新方法、新仪器。同时配有《工业分析实训》教材、教师授课用多媒体课件、电子教案及该课程省级精品课程网站等相关的数字化教学资源。

　　本书为高职高专工业分析与检验专业及应用化学专业工业分析方向的教材，也可作为中级工、高级工及技师分析检验技能培训教材，还可供从事化工技术工作的人员参考。

图书在版编目（CIP）数据

　　工业分析技术/何晓文，李仁好主编. —2版.
北京：化学工业出版社，2015.8（2023.3重印）
　　"十二五"职业教育国家规划教材
　　ISBN 978-7-122-23212-0

　　Ⅰ.①工…　Ⅱ.①何…②李…　Ⅲ.①工业分析-高等职业教育-教材　Ⅳ.①TB4

　　中国版本图书馆 CIP 数据核字（2015）第 043724 号

责任编辑：陈有华　蔡洪伟　江百宁　　　　　　文字编辑：向　东
责任校对：边　涛　　　　　　　　　　　　　　装帧设计：张　辉

出版发行：化学工业出版社（北京市东城区青年湖南街 13 号　邮政编码 100011）
印　　装：大厂聚鑫印刷有限责任公司
787mm×1092mm　1/16　印张 19½　字数 473 千字　　2023 年 3 月北京第 2 版第 6 次印刷

购书咨询：010-64518888　　　　　　　　　　售后服务：010-64518899
网　　址：http://www.cip.com.cn
凡购买本书，如有缺损质量问题，本社销售中心负责调换。

定　　价：49.00 元　　　　　　　　　　　　　　版权所有　违者必究

前言

工业分析技术是高等职业教育化工技术类专业的一门主干课程，是在学完基础化学课程的前提下综合多门学科知识，进行分析方法的实际应用、研究和操作技能训练的一门专业技术课程。本教材以适应经济和社会发展需求为目标，以产学结合、校企合作培养专业技术应用能力和基本素质为主线，按照工作过程，统筹知识、技能和素质，有利于培养学生的实践技能和增强学生就业与创业能力。

《工业分析技术》第一版自2012年出版以来，受到了广大读者的欢迎。此次修订在保持第一版的基本结构和编写特色的基础上，本着与时俱进的理念，对部分内容进行了补充和更新，主要突出以下特点。

1. 校企合作选择实际工作任务，体现任务的真实性。深入调研化工、煤炭、水泥和环保等行业涉及的职业岗位，联合有关职业院校该课程一线教师与企业检验技术人员进行编写，大力开展校企及校校合作，紧密联系生产实际，按照职业成长规律，精选典型工作任务；按照工作过程，渗透必备知识；突出实际操作，强化技能培养。教材的每个学习情境由情境引入、知识准备、技能训练、知识链接、内容小结及练一练等单元组成，教学做合一。

2. 更系统、全面及实用。结合企业不断发展的实际需求，在第一版的基础上对本教材进行了选择性的补充和删减，努力贯彻国家最新标准，增加了石油产品分析技术、涂料分析技术及气体分析技术等内容，更突出反映现代分析技术的发展，体现实用性、先进性和综合性。同时，结合实训教材，精选技能训练案例，使其更具有典型性和代表性，学生更能适应多种岗位的需求。

3. 配套资源丰富，便于应用拓展。本教材同时配有《工业分析实训》教材（配有项目化教学任务书及全国职业技能大赛相关试题）、教师授课用多媒体课件、电子教案及该课程省级精品课程网站等相关的数字化教学资源，便于读者使用。

本书由淮南联合大学何晓文教授和安徽舜岳水泥股份有限公司高级检验师李仁好担任主编，淮南联合大学刘红、姜坤和安徽职业技术学院方星任副主编，何晓文统稿。全书共分十一个学习情境，三十二个项目。绪论及学习情境三、四、五由何晓文编写；学习情境一、二、七及附录由刘红编写；学习情境六、八由姜坤编写；学习情境九、十由方星编写；学习情境十一由安徽工贸职业技术学院刘春生编写。安徽舜岳水泥股份有限公司高级检验师李仁好和安徽淮化集团相关技术人员参与了编写并提出了一些有价值的建议，在编写过程中，参考了公开出版的有关书刊、教材，在此对相关作者表示最衷心的感谢！

由于编者水平所限，书中难免存在疏漏之处，敬请各位专家和读者批评指正。

编者
2015 年 2 月

第一版前言

工业分析技术是一门实践性很强、与现代工业企业紧密联系的专业课。本书按照教育部对职业技术教育"要逐步建立以能力培养为基础的、特色鲜明的专业课教材和实训指导教材"的建设思想，以职业技术教育能力本位教育理念为立足点，围绕高等职业教育特点、培养方向及目标定位而编写的，是由校企共同开发的基于工作过程的省级精品课程教材。课程的教学实施采用"以任务为先导，以理论为支撑，以训练为根本"的教学方法，通过完成任务的过程，创设真实工作情境，渗透必备知识。教材在构建内容体系上主要突出以下特色。

1. 基于工作过程的岗位分析确定教材内容。在教材编写过程中，首先调研了化工、煤炭、水泥、环保等行业所涉及的职业岗位，分析了这些岗位的工作内容；其次，设计课程学习情景，构建教材体系；最后，确定教材内容，确保所选内容能够满足学习者将来从事工业分析工作的需要。

2. 按照工学结合的思路编写，注重学生实践技能的培养。教材的每个学习情景由情景引入、知识准备、技能训练、仪器简介及内容小结等单元组成，将理论知识讲授与技能操作训练融为一体，注重对学生实践能力的培养。

3. 引入最新国家标准，体现任务的科学性。尽可能引入现代企业目前使用及推广使用的国家最新标准分析方法，使其工作内容具有科学性和普遍性。

4. 基础理论适度。根据高等职业教育技能型人才的培养目标和职业素质构成的要求，理论讲授内容以简明、易懂、够用及实用为原则，删减了难于理解、实用性差的理论分析和公式推导。以讲清基本概念和基本结论，强化应用为重点。

5. 根据近代科学技术水平的不断发展，增加了一些仪器分析方法，以拓宽学生的知识领域，适应科研及生产的发展形式。

本书由淮南联合大学何晓文、许广胜担任主编，刘红、姜坤、方星任副主编，李跃中教授主审，何晓文统稿。全书共分8个学习情境，24个项目。绪论、学习情境三、学习情境四及学习情境五由何晓文编写；学习情境一由许广胜编写；学习情境二、学习情境七及附录由刘红编写；学习情境六、学习情境八由姜坤编写。安徽职业技术学院方星参与了编写并提出了一些很好的建议。在编写过程中，参考了部分专家、作者公开出版的相关书刊和教材，在此表示最衷心的感谢！

由于编者的学识水平所限，书中难免存在疏漏之处，敬请各位专家和读者批评指正。

编者

2011 年 11 月

目录

学习情境 三 化工产品质量分析技术

学习情境　四　硅酸盐分析技术

学习情境 五 煤质分析技术

学习情境 六 钢铁分析技术

学习情境 七 肥料分析技术

学习情境 八 农药分析技术

学习情境 十一 气体分析技术

附　录

参考文献

知识目标

1. 了解工业分析技术的内容、任务和意义。
2. 了解工业分析技术的特点和分析方法的分类。
3. 了解标准的分类及表示方法和标准物质的类别。
4. 明确工业分析技术检验方法的选择及其分析方案的制订。
5. 明确工业分析技术的学习要求。
6. 明确化学检验工职业道德规范。

 能力目标

能辨别各种标准。

一、工业分析技术的内容、任务和意义

工业分析技术简单地说是应用于工业生产方面的分析技术，即化学分析和仪器分析在工业生产上的具体应用，是一门实践性、实用性较强的课程。在工业生产中，从资源开发利用、原材料的选择、生产过程的控制、产品的质量检验到三废治理和环境监测等一系列分析测定过程都属于工业分析技术的内容，是工业生产中的物质信息与测量科学。

工业分析技术的任务是客观、准确地测定工业生产的原料、中间产品、最终产品、副产品以及生产过程中产生的各种废物（包括气体、液体和固体）的化学组成及其含量，对生产环境进行监测，及时发现问题，减少废品，提高产品质量，提高企业的经济效益等。因此，工业分析技术有指导和促进生产的作用，是国民经济各部门中不可缺少的一种专门技术，被誉为工业生产的"眼睛"，在工业生产中起着"把关"的作用。

随着科学技术的不断发展、分析手段的不断更新、分析仪器的发展升级与普及，工业分析的方法也在不断地变化和发展。分析自动化程度越来越高，各种参数的自动连续测定，以及仪器分析为主要手段的测试方法广泛应用于工业分析中。各种专用分析仪器的出现使一些原本比较复杂的分析操作变得更为简便。近年来，激光技术、电子计算机技术等高新技术应用于工业分析中，使分析过程的自动化、智能化程度普遍提高。未来工业分析将向高效、快速、智能的方向发展。

工业部门是一个广阔的领域，分析内容十分广泛。随着生产领域的扩展，工业分析技术作为一种基础性的应用技术，其涉及的领域也在迅速扩展。除了传统工业外，正逐渐在生物工程、新材料、新能源、环境工程等新兴产业中发挥着重要的作用。随着其涉及面的不断扩大，工业分析技术将更加多元化、专一化。

二、工业分析技术的特点

工业分析的对象多种多样，分析对象不同，对分析的要求也不相同。一般来说，在符合生产和科研所需准确度的前提下，分析快速、测定简便及易于重复是对工业分析技术的普遍要求。

工业生产和工业产品的性质决定了工业分析技术的特点。

1. 分析对象数量大

工业生产中原料、产品等的量是很大的，往往以千吨、万吨计，其组成很不均匀，但在进行分析时却只能测定其中很少的一部分，因此，正确采取能够代表全部物料的平均组成的少量样品，是工业分析的重要环节，也是获得准确分析结果的先决条件。

2. 分析对象状态多样

分析中的反应一般在溶液中进行，但有些物料却不易溶解，需要采用熔融或烧结的方法来制备分析溶液。由于对试样处理的成功与否将直接影响分析结果，因此，在工业分析中，应根据测定样品的性质，选择适当的方法来分解试样。

3. 分析对象组成复杂

工业物料的组成是比较复杂的，共存的物质对待测组分会产生干扰，因此，在研究和选择工业分析方法时，必须考虑共存组分的影响，并且采取相应的措施消除干扰。

4. 分析要求快速准确

工业分析技术的一个重要作用是指导和控制生产的正常进行，因此，必须快速、准确得到分析结果，在符合生产要求的准确度的前提条件下，提高分析效率也很重要，有时不一定

要达到分析方法所能达到的最高准确度。

三、工业分析技术方法的分类

工业分析对象广泛，各种分析对象的分析项目及测定要求也多种多样，因此工业分析技术中所涉及的分析方法，依其原理、作用的不同，有不同的分类方法。

按方法原理分类，可分为化学分析法、物理分析法和物理化学分析法；按分析任务分类，可分为定性分析、定量分析和结构分析、表面分析、形态分析等；按分析对象分类，可分为无机分析和有机分析；按试剂用量及操作规模分类，可分为常量分析、半微量分析、微量分析、超微量分析、痕量分析和超痕量分析；按分析要求分类，可分为例行分析和仲裁分析；按完成任务的时间和所起作用的不同分类，可分为快速分析法和标准分析法；按照分析测试程序的不同，可分为离线分析和在线分析。以下就快速分析法和标准分析法以及离线分析和在线分析作简单介绍。

1. 快速分析法

主要用于控制生产工艺过程中最关键的阶段，要求能迅速得到分析结果，而准确度则允许在符合生产要求的限度内适当降低，此法多用于车间生产控制分析。

2. 标准分析法

标准分析法用来测定生产原料及产品的化学组成，并以此作为工艺计算、财务核算和评定产品质量的依据。标准分析法是由国务院标准化行政主管部门制定或有备案的方法，具有法律效力。它准确度较高，完成分析的时间较长，是从事科研、生产、经营的单位和个人必须严格执行的。标准分析法也可用于验证分析和仲裁分析。

根据标准协调统一的范围及适用范围的不同可分为以下六类。

（1）国际标准　国际标准由共同利益国家间合作与协商制定，是为大多数国家所承认的，具有先进水平的标准。如国际标准化组织（ISO）所制定的标准及其所公布的其他国际组织（如国际计量局）制定的标准。

（2）区域标准　区域标准是局限在几个国家和地区组成的集团使用的标准。如欧盟制定和使用的标准。

（3）国家标准　《中华人民共和国标准化法》将我国标准分为国家标准、行业标准、地方标准、企业标准四级。国家标准是指在全国范围内使用的标准。对需要在全国范围内统一的技术要求，应当制定成国家标准。我国的国家标准由国务院标准化行政主管部门编制计划，组织草拟，统一审批、编号和发布，以保证国家标准的科学性、权威性和统一性。国家标准分为强制性国家标准和推荐性国家标准。

强制性国家标准的代号为"GB"（"国标"汉语拼音的第一个字母）；推荐性国家标准的代号为"GB/T"（"T"为"推"的汉语拼音的第一个字母）。

国家标准的编号由国家标准的代号、国家标准发布的顺序号和审批年号构成。审批年号为四位数字，当审批年号后有括号时，括号内的数字为该标准进行重新确认的年号。

强制性国家标准的编号可表示为：

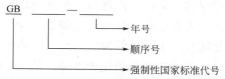

例如，GB 210—2004 为中华人民共和国强制性国家标准第 210 号，2004 年批准。

推荐性国家标准的编号可表示为：

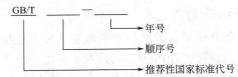

例如，GB/T 269—1991 为中华人民共和国推荐性国家标准第 269 号，1991 年批准。

（4）行业标准 行业标准是全国性的各行业范围内统一的标准。对没有国家标准而又需要在全国某个行业范围内统一的技术要求，可以制定成行业标准。我国的行业标准由国务院有关行政主管部门制定实施，并报国务院标准化行政主管部门备案，是专业性较强的标准。行业标准可分为强制性行业标准和推荐性行业标准。国家标准是国家标准体系的主体，在相应的国家标准实施后该项行业标准即行废止。

各行业标准代号由国务院标准化行政管理部门规定了 28 个，如化工行业标准代号为HG；冶金行业标准代号为 YB。其表示方法类似国家标准。

（5）地方标准 对没有国家标准和行业标准而又需要在某个省、自治区、直辖市范围内统一的要求所制定的标准。地方标准由省、自治区、直辖市标准化行政主管部门统一编制计划、组织制定、审批、编号和发布，并报国务院标准化行政主管部门备案。在国家标准或行业标准实施后，该项地方标准即行废止。地方标准也可分为强制性地方标准和推荐性地方标准。

强制性地方标准的代号由汉语拼音字母"DB"加上省、自治区、直辖市行政区划代码前两位加斜线组成，再加"T"后，则组成推荐性地方标准代号。例如，安徽省行政区划代码为 340000，安徽省强制性地方标准代号为 DB34，其推荐性地方标准代号为 DB34/T。

（6）企业标准 企业标准是指由企业制定的对企业范围内需要协调、统一的技术要求、管理要求和工作要求所制定的标准。企业标准是企业组织生产经营活动的依据。企业标准由企业制定，由企业法人代表或法人代表授权的主管领导批准、发布，由法人代表授权的部门统一管理。

国家标准、行业标准和地方标准中的强制性标准，企业必须严格执行。推荐性标准企业一经采用也就具有了强制的性质，应严格执行。

企业标准代号为"Q"。企业标准的代号由企业标准代号 Q 加斜线，再加企业代号组成，企业标准的编号由该企业的企业标准代号、顺序号和年号三部分组成。

3. 离线分析和在线分析

离线分析是通过现场采样，把样品带回实验室处理后进行测定的分析方法。

离线分析是传统的工业分析方式，得到的分析结果相对滞后于实际生产过程。因此，当出现生产异常情况时不能及时进行调整，有时可能会影响生产的正常进行，甚至出现事故。为了及时了解实际生产的真实情况，需要及时得到分析结果，这就需要采用在线分析。

在线分析是采用自动取样系统，将试样自动输入分析仪器中进行分析的方法。

在线分析是伴随着生产过程的自动化而出现的，从 20 世纪 30 年代开始就把分析仪器直接用于钢铁工业、化学工业和火力发电等工业生产流程上。20 世纪 60 年代后，在线分析的研究和应用更加普遍，特别是随着电子技术的发展和计算机的广泛应用，在线分析技术有了很大的发展。在线分析具有分析速度快、自动化程度高、结果准确、操作简单、可实现连续监测等优点，目前已在冶金、石油化工、煤炭、化肥、水泥、食品、原子能等工业及环境保护方面得到了广泛应用。

四、标准物质

在工业分析中常常使用标准物质。标准物质是具有一种或多种足够均匀和确定的特性值，用以校准设备、评价测量方法或给材料赋值的材料或物质。用于统一量值的标准物质，包括化学成分分析标准物质、物理特性与物理化学特性测量标准物质和工程技术特性测量标准物质。

标准物质是一种计量标准，都附有标准物质证书，规定了对某一种或多种特性值可溯源的确定程序，对每一个标准值都有确定的置信水平的不确定度。工业分析中使用标准物质的目的是：检查分析结果正确与否，标定各种标准溶液的浓度，作为基准试剂直接配制标准溶液等，借以检查和改进分析方法。

在工业分析中由于试样组成的广泛性和复杂性，由于分析方法不同程度地存在系统误差，因此依据基准试剂确定的标准溶液的浓度不能准确反映被测试样的组分含量，必须使用标准试样来标定标准溶液的浓度。对于不同类型的物质，应选用同类型的标准试样，并要求在选用标准试样时使其组成、结构等与被测试样相近。例如，冶金行业中的标准钢铁试样，有普碳钢标准试样、合金钢标准试样、纯铁标准试样、铸铁标准试样等，并根据其中组分的含量不同可分成一组多品种的标准试样。例如，在测定普碳钢试样中某组分时，不能使用合金钢标准试样作对照。此外在选择同类型的标准试样时，也应注意该组分的含量范围，所测试样中某组分的含量应与标准试样中该组分的含量相近，这样分析结果将不因组成和结构等因素而产生误差。

我国将标准物质分为一级标准物质和二级标准物质。

一级标准物质（GBW）：是用绝对测量方法或其他准确、可靠方法测量其特性值，测量准确度达到国内最高水平的有证标准物质，主要用于研究与评价标准方法及对二级标准物质定值。

一级标准物质的编号是以标准物质代号"GBW"冠于编号前部，编号的前两位数是标准物质的大类号，第三位数是标准物质的小类号，最后两位是顺序号。生产批号用英文小写字母表示，排于标准物质编号的最后一位。

二级标准物质［GBW（E）］：是用准确可靠的方法，或用直接与一级标准物质相比较的方法定值的物质，也称工作标准物质。主要用于评价分析方法及同一实验室或不同实验室间的质量保证。

二级标准物质的编号是以二级标准物质代号"GBW（E）"冠于编号前部，编号的前两位数是标准物质的大类号，后四位数为顺序号，生产批号用英文小写字母表示，排于编号的最后一位。

标准物质的种类很多，涉及面很广，按行业特征可分为 13 类，其分类方法见表 0-1。

表 0-1　标准物质分类

序号	类别	一级标准物质数	二级标准物质数
01	钢铁	258	142
02	有色金属	165	11
03	建材	35	2
04	核材料	135	11

序号	类别	一级标准物质数	二级标准物质数
05	高分子材料	2	3
06	化工产品	31	369
07	地质	238	66
08	环境	146	537
09	临床化学与药品	40	24
10	食品	9	11
11	煤炭、石油	26	18
12	工程	8	20
13	物理	75	208
合　计		1168	1422

五、工业分析技术方法的选择

在实际工作中，分析检验的任务多种多样，进行某一成分或对象分析时，往往有多种测定方法可供选择，为了合理选择测定方法，以获得可靠的分析结果，在分析方法的选择上主要考虑以下几个因素。

1. 分析样品的性质及待测组分的含量

分析样品的性质不同，其组成、结构和状态不同，试样的预处理方法也不同。样品中待测组分的含量范围不同，而每种分析方法都只适用于一定的测定对象和一定的含量范围，分析方法也应不同。例如，对于含量为 $10^{-2} \sim 10^{0}$ 级的样品，可用重量法、滴定法、X 射线荧光衍射法等；而含量为 10^{-3} 级及更低级别的样品，则宜用分光光度法及其他较灵敏的仪器分析方法。

2. 共存物质的情况

工业物料一般都很复杂，故选择分析方法时，必须考虑共存组分对测定的干扰。例如，用配位滴定法测定 Bi^{3+}、Fe^{3+}、Al^{3+}、Zn^{2+}、Pb^{2+} 混合物中的 Pb^{2+} 时，共存离子都能与 EDTA 配位而干扰 Pb^{2+} 的测定。若用原子吸收光谱法，则一般元素如 Fe、Zn、Pb、Al、Co、Ni、Ca、Mg 等均不相互干扰。当没有合适的直接测定方法时，可通过改变测定条件，加入适当的掩蔽剂或进行分离等方法，消除各种干扰后再进行测定。

3. 分析的目的和要求

分析的目的不同，对分析结果的要求不同，选择的分析方法也应不同。测定的要求主要包括需要测定组分的准确度和完成时间等。对于矿石样品分析、工业产品质量检定以及仲裁或校核分析，宜用准确度较高的标准分析方法，对于地质普查找矿中的野外分析、生产工艺过程中的控制分析，则宜选择快速的分析方法。

4. 实验室的实际条件

选择测定方法时，还需考虑实验室现有仪器的种类、精密度和灵敏度，所需试剂和水的纯度，以及实验室的温度、湿度和防尘等条件是否满足测定的要求。

5. 环境保护

从环境保护方面考虑，应尽量选择不使用或少使用有毒有害的试剂、不生产或少生产有毒有害物质而符合环境要求的方法。

总之，一个理想的分析方法应是灵敏度和准确度高、检出限低、操作简便快速。但在实际中，一个测定方法很难同时满足所有测定条件，即不存在适用于任何试样、任何组分的测定方法。因此，应综合考虑各种因素，选择适宜的分析方法，以满足测定的要求。

六、分析检验方案的拟定

在工业生产中，分析测试前需拟定分析方案进行测定。拟定分析方案的基本过程主要包括如图 0-1 所示流程。

图 0-1　拟定分析方案基本流程

1. 查阅文献

由于标准分析方法对精密度、准确度及干扰等问题都有明确的说明，是常规实验室易于实施的方法。因此它是我们查阅分析化学文献时首选的、最实用的方法。在文献中选择分析方法时，组分、待测物的性质和状态、使用的仪器性能等要与文献中的相一致。

2. 进行验证性试验

客观评价一个分析方法的优劣，通常有三项指标，即检出限、精密度和准确度。试验前首先要注意样品所测试的组分的含量是否适合方法的检出限范围。进行验证性试验时，要进行精密度检验，即按照拟定的方法进行平行测定，计算标准偏差和变异系数。然后进行准确度检验，准确度的检验方法有标准试样对照法、标准方法结果对照法和标准加入回收试验法。

3. 完善分析方法

所拟定的分析方法通过试验测定的系统误差越大，说明方法的准确度越低。需通过条件试验，选定最佳的浓度、酸度、温度等试验条件。此外，还要考虑测定方法的分析速度、应用范围、复杂程度、成本、操作安全性、创新性及污染等因素。这样才能对测定方法做出比较全面的综合评价，从而完善分析方法。

4. 确定分析方案

一个完整的分析方案，包括主题内容与适用范围，引用标准，术语、符号、代号，方法提要或原理，试剂和材料，仪器设备，试样，分析步骤，分析结果表示，精密度，其他附加说明等。

七、工业分析技术的学习要求

工业分析技术是在分析化学课程之后开设的一门专业课程，其实践性较强，通过学习旨在使学生初步掌握分析化学在工业生产中的应用及其分析方法，锻炼综合分析的能力，培养学生创新意识。在学习中应注意以下几个问题。

① 与基础分析化学紧密结合，通过单项实验—综合实验—设计实验的实践环节培养自己观察、分析问题的能力及综合素质的提高。

② 积极参加开放实验，掌握采样、试样的制备和分解、预测定（包括干扰的处理等）、选择分析方法、测定、正确记录原始数据、用数理统计的方法处理数据、实验报告等分析测试的完整过程，学习研究和解决工业生产上的实际问题。

③ 多去实际生产部门了解真实的工业生产情况，了解工业分析在生产实际中的具体应用，了解工业分析的新技术和先进的分析测试仪器，丰富信息量。

总之，学习工业分析技术课程，必须与基础分析化学和生产实践紧密结合，重视实践（实验）环节，培养自我获取知识、充分利用信息、加工和扩展信息的能力，为将来从事分析检验工作打下坚实的基础。

八、化学检验工职业道德规范

工业分析技术岗位所对应的职业工种为化学检验工，化学检验工的职业道德规范主要包括以下方面。

1．爱岗敬业，工作热情主动

爱岗敬业，工作热情主动是化学检验工实现自我价值、走向成功必备的第一心态。

2．遵纪守法，不谋私情

化学检验人员应遵守劳动纪律，有法律观念，知法、守法、护法，自觉遵守职业纪律和规范。

3．实事求是，坚持原则

被分析检测的对象是客观存在的，化学检验人员在职业活动中要实事求是、坚持原则，一丝不苟地依据标准进行检验和判定，不能随意更改数据和结果。

4．遵守操作规程，注意安全

化学检验人员应充分认识安全操作的重要性，应严格按照操作要求安全操作。

5．认真仔细，高度负责

化学检验人员在检测中应认真仔细，保证数据准确无误，对所检测的结果负责，经得起审核。

6．认真学习，不断提高

化学检验人员应坚持学习新技术、新方法，不断提高基础理论水平和操作技能，在技术上努力做到精益求精，做一名优秀的化学检验工。

内容小结

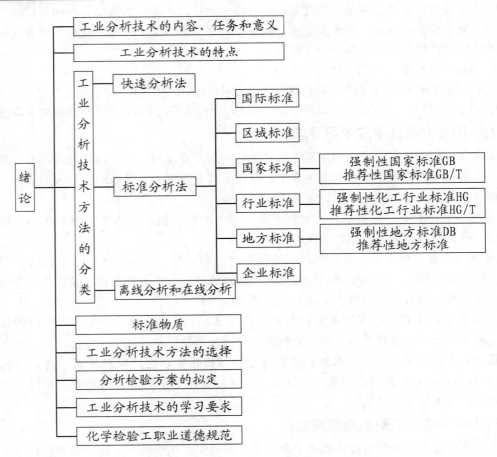

1. 什么是工业分析技术？其任务和作用是什么？
2. 工业分析技术的特点是什么？
3. 工业分析技术分类的方法是什么？
4. 我国现行的标准主要有哪几种？它们都是由哪些部门制定和颁布的？
5. 什么是标准物质？工业分析技术中常用的标准物质有哪些？
6. 选择分析方法时应注意哪些方面的问题？
7. 通过查阅资料，概述工业分析技术的发展。
8. 通过互联网查找 5 个有关工业产品的强制性国家标准分析方法和推荐性国家标准分析方法。

试样的采集和制备

 知识目标

1. 熟悉采样常用的专业名词术语，理解采样的目的和意义。
2. 了解固、液、气三种形态的物料的采样特点。
3. 掌握固、液、气三种形态的样品的采集方法。

 能力目标

1. 能正确选择和使用常用的采样工具采集试样。
2. 能根据固体物料的存在状态确定采样方案，选择正确的采样方法和制备固体样品。
3. 能正确选择和使用采样工具采集液体试样。
4. 能正确选择和使用采样工具采集气体试样。

想一想　我们以前做分析实验时样品是怎样获得的？工业分析的样品又是怎样采集的呢？

项目一　试样的采集

任务1　概述

工业生产的物料往往是大批量的，通常有几十吨、几百吨，甚至成千上万吨。虽然原料供应方在供货时一般都附有化验报告或证明，但为了保证正常生产、核算成本和经济效益，几乎所有的生产厂家都对进厂的物料（原料及辅助材料等）进行再分析。如何在如此大量的物料中采集有代表性的、仅为几百或几千克的物料送到化验室作为试样，是分析测试工作的首要问题。因为如果试样采集不合理，所采集的试样没有代表性或代表性不充分，那么，随后的分析程序再认真、细致，测试的手段再先进也是徒劳的。因此，必须重视分析测试工作的第一道程序——采样。采样，首先要保证它具有代表性，即试样的组成和它的整体的平均组成相一致，其次在操作和处理过程中还要防止样品变化和污染。否则，无论分析做得怎样认真、准确，所得结果也是毫无意义的，因为该分析结果只能代表所取样品的局部组成。更有害的是错误地提供了无代表性的分析数据，会给实际工作带来难以估计的后果。

实际分析对象多种多样，但从其形态来分，不外乎是气体、液体和固体三类。对于性质、形态、均匀度、稳定性不同的试样，应采取不同的取样方法，各行各业根据自身试样来源、分析目的不同都有严格的取样规则。

一、采样中几个常用的名词术语

（1）采样　从待测的原始物料中取得分析试样的过程。

（2）采样时间　指每次采样的持续时间，也称采样时段。

（3）采样频率　指两次采样之间的间隔。

（4）采样单元　具有界限的一定数量物料（界限可以是有形的，如一个容器；也可以是无形的，如物料流的某一时间或时间间隔）。

（5）子样（份样）　用采样器从一个采样单元中一次取得的一定量（质量或体积）的物料，称为子样。

（6）子样数目　在一个采集对象中应布采集样品点的个数，称为子样数目。每个采集点应采集量的多少，是根据物料的颗粒大小、均匀程度、杂质含量的高低、物料的总量等多个因素来决定的。一般情况下，物料的量越大、杂质越多、分布越不均匀，则子样的数目和每个子样的采集量也越多，以保证采集样品的代表性。

（7）原始平均试样（送检样）　合并所采集子样得到的试样，即为原始平均试样。

（8）分析化验单位　指应采取一个原始平均试样的物料总量。

（9）实验室样品　指送往实验室供分析检验用的样品。

（10）参考样品（备检样品）　与实验室样品同时制备的样品，是实验室样品的备份。

（11）试样　由实验室样品制备，用于分析检验的样品。

二、试样采集的原则

采样方法是以数理统计学和概率论为理论基础建立的。一般情况下，经常使用随机采样和计数采样的方法。不同行业的分析对象是各不相同的，按物料的形态可分为固态、液态和气态三种，而从各组分在试样中的分布情况看则不外乎有分布得比较均匀和分布得不均匀两种，采样及制备样品的具体步骤应根据分析的要求及试样的性质、均匀程度、数量多少等情况，严格按照一定的规程进行操作。

（1）均匀物料　如果物料各部分的特性平均值在测定的该特性的测量误差范围内，此物料就是均匀的物料。采样时原则上可以在物料的任意部分进行采样。

（2）不均匀物料　如果物料各部分的特性平均值不在测定的该特性的测量误差范围内，此物料就是不均匀的物料。一般采取随机采样。对所得样品分别进行测定，再汇总所有样品的检测结果，即得到总体物料的特性平均值和变异性的估计量。

（3）随机不均匀物料　指总体物料中任一部分的特性平均值与相邻部分的特性平均值无关的物料。采样时可以随机采样，也可非随机采样。

（4）定向非随机不均匀物料　指总体物料的特性值沿一定方向改变的物料。采样时要分层采样，并尽可能在不同特性值的各层中采出能代表该层物料的样品。

（5）周期非随机不均匀物料　指在连续的物料流中物料的特性值呈现出周期性变化，其变化周期有一定的频率和幅度的物料。采样时最好在物料流动线上采样，采样的频率应高于物料特性平均值的变化频率，切忌两者同步。

（6）混合非随机不均匀物料　指由两种以上特性值变异类型或两种以上特性平均值组成的混合物料，如由几批生产合并的物料。采样时首先尽可能使各组分分开，然后按照上述各种物料类型的采样方法进行采样。

物料的状态一般有三种：固态、液态和气态。物料状态不同，采样的具体操作也各异。在国家标准或行业标准中，对分析对象的采样和样品的制备等都有明确的规定和具体的操作方法，可按标准要求进行。

任务2　固体（态）物料试样的采集

固态的物料种类繁多、形状各异，工业产品一般颗粒都比较均匀，采样操作比较简单。

一、采样单元数的确定

对于化工产品，如总体物料的单元数小于500，则根据表1-1的规定选取采样单元数。

表 1-1　化工产品选取采样单元数的规定

总体物料的单元数	选取的最少单元数	总体物料的单元数	选取的最少单元数
1～10	全部单元	182～216	18
11～49	11	217～254	19
50～64	12	255～296	20
65～81	13	297～343	21
82～101	14	344～394	22
102～125	15	395～450	23
126～151	16	451～512	24
152～181	17		

如总体物料的单元数大于 500，则用式(1-1) 计算采样单元数：

$$n = 3\sqrt[3]{N} \tag{1-1}$$

式中　N——总体单元数。

二、采集样品的量

采集样品的量应满足下列要求：至少应满足三次重复测定的要求；如需留存备考样品，则应满足备考样品的要求；如需对样品进行制样处理，则应满足加工处理的要求。

有些固态物料，如冶炼厂、水泥厂、肥料厂的原料矿石，其颗粒大小不甚均匀，有的相差很大。对于不均匀的物料，更应注意试样的代表性，采样时首先应在不同部位采集试样，使其代表总体组成，此即原始试样。采样量应取多少才合适，取决于两个因素，即测量的准确度和试样的均匀性。测量的准确度要求越高，试样越不均匀，采样数量越多。通常对于不均匀的物料，试样的采样量可参照式(1-2) 的经验公式计算试样的采集量：

$$Q \geqslant Kd^a \tag{1-2}$$

式中　Q——采集试样的最低可靠质量，kg；

　　　d——试样中最大颗粒的直径，mm；

　K，a——经验常数，根据试样的均匀程度和易破碎程度等而定，可由实验求得。

一般 K 值在 0.02～1 之间，样品越不均匀，K 值越大，物料均匀 K 值为 0.1～0.3，物料不太均匀 K 值为 0.4～0.6，物料极不均匀 K 值为 0.7～1.0。通常 a 值在 1.8～2.5 之间，如地质部门将 a 值规定为 2，则表示为：

$$Q \geqslant Kd^2$$

物料的颗粒越大，则最低采样量越多；样品越不均匀，最低采样量也越多。因此，对于块状物料，应在破碎后再采样。

例如，欲采集赤铁矿的试样，赤铁矿的 K 值为 0.06，若矿石最大颗粒的直径为 20mm，则应取矿样的最少量为

$$Q \geqslant 0.06 \times 20^2 \text{kg} = 24 \text{kg}$$

显然所取的原始试样量太大，而且颗粒太不均匀，不适宜供分析上直接使用。从采样公式可知，试样的最大颗粒越小取样量越小。

如果将上述矿石最大颗粒破碎至 4mm，则 $Q \geqslant 0.06 \times 4^2 \text{kg} = 0.96 \text{kg} \approx 1 \text{kg}$。

若将上述试样最大颗粒破碎为 2mm，则 $Q \geqslant 0.06 \times 2^2 \text{kg} = 0.24 \text{kg}$。

此时试样的最低质量可减至 0.24kg。因此采样后必须通过多次粉碎，混合，减缩试样量而制备成适宜进行分析的试样。可见，物料的颗粒越大，则最低采样量也越多。

另外，物料所处的环境可能不尽相同，有的可能在输送皮带上、运输机中、车或斗车里等，应根据物料的具体情况，采取相应的采样方式和方法。

三、物料流中采样

随运送工具运转中的物料，称为物料流。在确定了子样数目后，应根据物料流量的大小以及物料的有关性质等，合理布点采样。以国家标准 GB 475—2008《商品煤样人工采取方法》为例，根据煤中灰分含量高低确定布点数（子样数目），根据煤的粒度大小，子样应采取的最小数量列于表 1-2 和表 1-3 中。

表 1-2　子样采集数目

煤种	原煤（包括筛选煤）				
灰分/%	10	10～15	15～20	20～25	＞25
子样数目	15	25	45	65	85
煤种	洗煤产品				
灰分/%	＜15	15～30	＞30		
子样数目	50	60	80		

表 1-3　商品煤的粒度与采样量

商品煤最大粒度/mm	0～25	25～50	50～100	＞100 或原煤
子样数目/个数	1	2	4	5

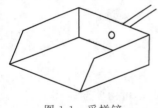

图 1-1　采样铲

在物料流中的人工采样，通常使用的采样铲如图 1-1 所示。能一次（即操作一次）在一个采样点采取规定量的物料。采样前，应分别在物料流的左、中、右位置布点，然后取样。如果在运转着的皮带上取样，则应将采样铲紧贴着皮带，而不能抬高铲子仅取物料流表面的物料。

从物料流中采样时，可使用自动化的采样器，定时、定量连续采样。当采用相同的时间间隔采样时，若物料流的流量均匀，则采样的时间间隔 T 可按下式计算：

$$T \leqslant \frac{60Q}{nG} \tag{1-3}$$

式中　T——采样的时间间隔，min；

　　　Q——物料批量，t；

　　　n——份样数目，个；

　　　G——物料流量，t/h。

四、运输工具中采样

从运输工具中采样时，应根据运输工具的不同，选择不同的布点方法。

例如，一个以燃煤为能源的发电厂，每月进厂的煤为 400 多万吨，平均每天 13 万吨。常用的运输工具是火车车皮或汽车等。发货单位在煤装车后，应立即采样。而用煤单位则除了采用发货单位提供的样品外，也常按照需要布点后采集样品。从运输工具中采样时，应根据运输工具的容积不同，选择不同的布点方法。可选择如图 1-2～图 1-4 所示方法在车厢对角线上布点采样。

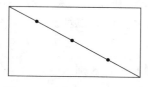 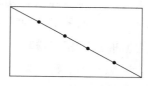 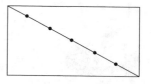

图 1-2　三点法（30t 以下）　　图 1-3　四点法（30～50t）　　图 1-4　五点法（50t 以上）

车皮容量低于 30t 时，采用斜线三点法；容量在 30～50t 时，采用四点法；容量超过 50t 时，采用五点法。

矿石等块状不均匀物料试样的采集，一般与煤的试样采集相似。但应注意的问题是，当发现正好在布点处有大于 150mm 的块状物料，而且其质量分数超过总量的 5％时，则应将这些大块的物料进行粉碎，然后用四分法（见项目二）缩分，取其中约 5kg 的物料并入子样内。若运输工具为汽车或人力车等小型车辆，由于其容积相对较小，此时可将子样的总数平均分配到 1 个或 2 个分析化验单位中，再根据运输量的大小决定间隔多少车采 1 个子样。

例 1-1

某个火力发电厂每天以装载量 4t 的汽车运煤 1500t。若某天煤质灰分为 12％，问应相隔几部车采集一个子样？

解　查表 1-2，当灰分为 12％时，应取子样 25 个，则

$$n = 1500t/(4t \times 25) = 15$$

即每隔 15 部运煤汽车取 1 个子样。

五、物料堆中采样

进厂后的物料通常应成物料堆，此时应根据物料堆的大小、物料的均匀程度和发货单位提供的基本信息等，核算应该采集的子样数目及采集量，然后进行布点采样。一般从物料堆中采样可按下面方法进行。

在物料堆中采样时，应先将表层 0.1m 厚的部分用铲子除去，然后以地面为起点，在每间隔 0.5m 高处划一横线，再每隔 1～2m 向地面划垂线，横线与垂线相交点即为采样点，见图 1-5。

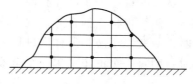

图 1-5　堆料上采样点分布

用铁铲在采样点处沿着水平方向挖 0.3m 左右深度的坑，从坑的底部挖取一个子样的物料量，每个子样的最小质量不小于 5kg，最后将所采集的子样合并混合成为原始平均试样。

任务3　液态物料试样的采集

工业生产中的液态物料，包括原材料及生产的最终产品，其存在形式和状态因容器而异。例如，有输送管道中流动着的物料，也有装在贮罐（瓶）中的物料等。

一、流动的液体物料

这种状态的物料一般在输送管道中，可以根据一定时间里的总流量确定采集的子样数目、采集 1 个子样的间隔时间和每个子样的采集量。可以利用安装在管道上的不同采样阀

（见图 1-6），采集到管道中不同部位的物料。

但必须注意，应将滞留在采样阀口以及最初流出的物料弃去，然后才正式采集试样，以保证采集到的试样具有真正的代表性。

二、贮罐（瓶）中的物料

贮罐包括大贮罐和小贮罐，两者的采集方法有区别。

1. 大贮罐中物料试样的采集

图 1-6　采样阀

其容积大，不能仅取易采集部分的物料作为样品，否则不具代表性。在这种情况下，常用的采样工具为采样瓶（见图 1-7），它由金属框架和具塞的小口瓶组成。金属框架的重量有利于采样瓶顺利沉入预定的采样液位。小口瓶的材质可以选择玻璃或者塑料。

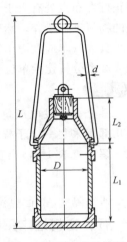

图 1-7　可卸式采样瓶

常见的采样瓶有玻璃材质和聚乙烯材质的。玻璃瓶的优点是易于清洗、透明而易于观察，但玻璃中的 Si、Na、K、B、Li 等成分易于溶出，可能造成对样品测定的干扰。另外，玻璃易碎、携带不便。而聚乙烯材质的小口瓶不易碎，轻便、方便运输，但其易于吸附磷酸根离子及某些有机物，还易受有机溶剂的腐蚀。因此应该根据实际采样对象，选择合适的采样瓶。

当需要采集全液层试样时，先将采样瓶的瓶塞打开，沿垂直方向将采样装置匀速沉入液体物料中，至瓶内装满物料即可。若有自动采样装置，则可测出物料深度，调节好采样瓶下沉速度、时间，使其到底部时，瓶内物料刚好装满。这样采集的试样即为全液层试样。

若是采集一定深度层的物料试样，则将采样装置沉入到预定的位置时，通过系在瓶塞上的绳子打开瓶塞，待物料充满采样瓶后将瓶塞盖好才提出液面。这样采集的物料为某深度层的物料试样。

从大贮罐中采集试样有两种方式：一种是从上层（距离表层 200mm）、中层、下层分别采样，然后再将它们合并、混合均匀作为一个试样；另一种为采集全液层试样。在未特别指明时，一般以全液层采样法进行采样。例如，有一批液态物料，用几个槽车运送，需采集样品时，则每一个槽车采集一个全液层试样（大于或等于 500mL），然后将各个子样合并，制备为原始平均试样。而当物料量很大，需要的槽车数量很多时，则可根据采样的规则，统计好应采集原始平均试样的量、子样数目、子样的采集量等，再定下间隔多少个槽车采集一个子样。

2. 小贮罐、桶或瓶中物料试样的采集

由于贮罐容积不大，最简单的方法是将全罐（桶）搅拌均匀，然后直接取样分析。但若某些物料不易搅拌均匀，则可用液态物料采样管进行采样。液态物料采样管一般有两种：一种是金属采样管（见图 1-8），由一根长的金属管制成。内管有一个与管壁密合的金属锥体。采样时，用系在锥体上的绳子将锥体提起，物料即可进入。当欲采集的物料量足够时，将锥体放下取出金属采样管，并将管内的物料倒入试样瓶中

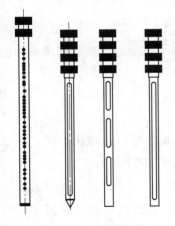

图 1-8　金属采样管

即可。另一种是玻璃材质的液体采样管，它是内径为 10～20mm 的厚壁玻璃管。玻璃采样管为一直管，当将此采样管插入到物料中一定位置时，即可用食指按住管口，取出采样管将管内物料置入试样瓶中即可。

在工业生产中，除了对液态的原材料、液态的产品进行采样分析外，为了监测生产过程中产生的废水是否达到排放标准，也必须对工业废水进行合理的采样。为了采集有代表性的废水样品，应根据废水的杂质含量、废水排放量和排放时间的长短等进行布点。同时，必须特别注意在各工段车间的废水排出口、废水处理设施以及工厂废水的总出口进行采样监测。

任务4 气态物料试样的采集

工业生产中的气体物料有各种状态，如静态和动态，正压和负压，常温、高温和深冷等。有些气体如氯气（Cl$_2$）、氯化氢（HCl）、二氧化硫（SO$_2$）等具有刺激性臭味和强的腐蚀性。因此，采样前先要了解气体物料的性质及其状态，再根据不同情况选用相应的采样方法。同时，一定要严格按照采样的规范要求进行采样，并注意安全操作。

下面讲述几种处于不同状态下气体物料试样的采集。

一、常压气体物料试样的采集

处于大气压下或近似大气压下的气体都称为常压气体。处于这种状态的气体物料，可用橡胶制作的双联球或玻璃采气瓶装置采集。

二、低负压状态气体物料试样的采集

处于低负压状态气体物料的试样采集，一般不使用采气瓶装置。因为封闭液瓶所能产生的负压不足以将气体物料抽入，此时可用抽气泵减压法来采样。常见的抽气泵为机械真空采样泵（见图1-9）和流水真空泵。当采气量不大时常用流水真空泵和采气管采样。

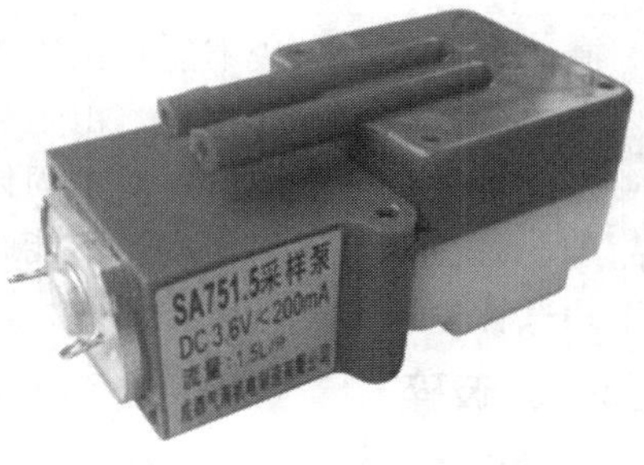

图 1-9　机械真空采样泵

三、正压状态气体物料试样的采集

气体压力略高于大气压的气体称为正压气体。正压气体物料试样的采集，一般采用球胆（见图1-10）、气袋（见图1-11）和吸气瓶等装置。由于这种气体物料本身是正压，很容易被采进采样的器皿，因此既可用常压气体物料的采样器，也可用正压气体物料试样的采集装置。但应根据被采集气体物料的性质以及当时的状态，调整采样的操作条件。

图 1-11 所示铝箔复合膜气体采样袋可通过旋转阀杆以打开、关闭直杆开关阀。L形开关阀的上帽为阀的开关，通过旋转上帽开启开关，使气体由阀的侧管引入，关闭开关后，可

图 1-10　气体采样球胆

图 1-11　铝箔复合膜气体采样袋

从上帽的针头取样口注射取样。

气体压力大大高于大气压的气体称为高压气体。采集高压气体时一般需要安装减压阀，即在采样导管和采样器之间安装一个合适的安全或放空装置，将气体的压力降至略高于大气压后，再连接采样器如球胆、气袋和吸气瓶等装置。

四、贮气瓶中试样的采集

贮气瓶一般装有高压气体，可以按照高压气体的采样方法进行。如果贮气瓶上带有减压阀则可直接利用导管将减压阀和采样器连接起来，否则需安装减压阀后再进行采样。

工业气体物料的情况比较复杂，如果气体物料中夹杂有灰尘，则可以在采样过程中接入内装滤料的过滤装置，以便将灰尘除去后气体才进入集气瓶。

项目二　试样的制备

任务　概述

原始平均试样一般不能直接用于分析，必须经过制备处理，才能成为供分析测试用的试样。对于液态和气态的物料，由于易于混合均匀，而且采样量较少，经充分混合后，即可分取一定的量进行分析测试；对于固体物料的原始平均试样，除粉末状和均匀细颗粒的原料或产品外，往往都是不均匀的，不能直接用于分析测试。一般要经过以下步骤才能将采集的原始平均试样制备成分析试样。

一、破碎

通过机械或人工方法将大块的物料分散成一定细度物料的过程，称为破碎。破碎可分为4个阶段。

(1) 粗碎　将最大颗粒的物料分散至25mm左右。

(2) 中碎　将25mm左右的颗粒分散至5mm左右。

(3) 细碎　将5mm左右的颗粒分散至0.15mm左右。

(4) 粉碎　将0.15mm左右的颗粒分散至0.074mm以下。

常用的破碎工具有颚式破碎机、锥式轧碎机、锤击式粉碎机、圆盘粉碎机、钢臼、铁碾槽、球磨机等。有的样品不适宜用钢铁材质的粉碎机械破碎，只能由人工用锤子逐级敲碎。具体采用哪种破碎工具，应根据物料的性质和对试样的要求进行选择。

例如，大量大块的矿石可选用颚式破碎机；性质较脆的煤和焦炭，则可用手锤、钢臼或铁碾槽等工具；而植物性样品，因其纤维含量高，一般的粉碎机不适合，选用植物粉碎机为宜。

对试样进行破碎，其目的是把试样粉碎至一定的细度，以便于试样的缩分处理，同时也有利于试样的分解处理。当上述工序仍未达到要求时，可以进一步用研钵（瓷或玛瑙材质）研磨。为保证试样具有代表性，要特别注意破碎工具的清洁和不能磨损，以防止引入杂质。同时要防止破碎过程中物料跳出和粉末飞扬，也不能随意丢弃难破碎的任何颗粒。

由于无须将整个原始平均试样都制备成分析试样，因此，在破碎的每一个阶段又包括 4 个工序，即破碎、过筛、混匀、缩分。经过这些工序后，原始平均试样自然减量至送实验室的试样量，一般为 $100 \sim 200g$。

二、过筛

粉碎后的物料需经过筛分。在筛分之前，要视物料的情况决定是否需烘干，以免过筛时黏结或将筛孔堵塞。

试样过筛常用的筛子为标准筛，其材质一般为铜网或不锈钢网（见图1-12），有人工操作和机械振动（见图1-13）两种方式。

图 1-12　标准筛

图 1-13　机械振动筛

根据孔径的大小，筛子可分为不同的筛号。表1-4列出常用筛号与孔径的对照。

表 1-4　常用筛号与孔径的对照

筛号/网目	5	10	20	40	60
筛孔/mm	4.00	2.00	0.84	0.420	0.250
筛号/网目	80	100	120	140	200
筛孔/mm	0.177	0.149	0.125	0.105	0.074

在物料破碎后，要根据物料颗粒的大小情况，选择合适筛号的筛子对物料进行筛分。但必须注意的是，在分段破碎过筛时，可先将小颗粒物料筛出，而大于筛号的物料不能弃去，要将其破碎后令全部物料都通过筛孔。缩分操作至最后得到的样品，则应根据要求，粉碎及研磨到一定的细度，全部过筛后作为分析样品贮存于广口磨砂试剂瓶中。

三、混匀

混匀的方法有人工混匀和机械混匀两种。

1. 人工混匀法

人工混匀法是将原始平均试样或经破碎后的物料置于木质或金属材质、混凝土质的板上，以堆锥法进行混匀。具体的操作方法是：用一铁铲将物料往一中心堆积成一圆锥（第一次）；然后将已堆好的锥堆物料，用铁铲从锥堆底开始一铲一铲地将物料铲起，在另一中心重堆成圆锥堆，这样反复操作 3 次即可认为混合均匀。堆锥操作时，每一铲的物料必须从锥堆顶自然洒落而且每铲一铲都朝同一方向移动以保证混匀。

2. 机械混匀法

将欲混匀的物料倒入机械混匀（搅拌）器中，启动机器，经一段时间运行，即可将物料混匀。

另外，经缩分、过筛后的小量试样，放在一张四方的塑料或橡胶布上，反复对角线掀角，使试样翻动数次，也可将试样混合均匀。

四、缩分

在不改变物料平均组成的情况下，通过某些步骤，逐步减少试样量的过程称为缩分。常用的缩分方法如下。

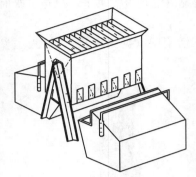

图 1-14　格式缩分器

1. 分样器缩分法

采用格式缩分器（见图 1-14）缩分法的操作如下。

用一特制的铲子（其铲口宽度与分样器的进料口相吻合）将物料缓缓倾入分样器中，进入分样器的物料顺着分样器的两侧流出，被平均分成两份。将一份弃去（或保存备查），另一份则继续进行再破碎、混匀、缩分直至所需的试样量。用分样器对物料进行缩分，具有简便、快速、降低劳动强度等特点。

2. 四分法

如果没有分样器，最常用的缩分方法是四分法，尤其是样品制备程序的最后一次缩分，基本都采用此法。四分法（见图 1-15）的操作步骤如下：

① 将物料按堆锥法堆成圆锥形；

② 用平板在圆锥体状物料的顶部垂直下压，使圆锥体成圆台体；

③ 将圆台体物料平均分成 4 份；

④ 取其中对角线作为一份物料，另一份弃去或保存备查；

⑤ 将取用的物料再按①～④步骤继续缩分为 100～500g（或看需要量而定），缩分程序即完成。

3. 棋盘缩分法

常用的缩分法还有棋盘缩分法，又称正方形缩分法，其操作方法与四分法基本相同。将混匀的样品铺成正方形的均匀薄层，用直尺或特制的木格架划分成若干个小正方形。将每一定间隔内的小正方形中的样品全部取出，放在一起混合均匀。其余部分弃去或留作副样保管（见图 1-16）。

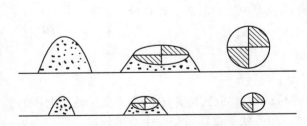

图 1-15　四分法缩分示意图

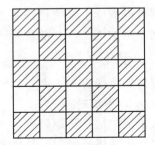

图 1-16　棋盘缩分法

缩分是样品制备过程的一个步骤，如何在这一环节中确保缩分的质量，同时又节省人力、物力，是十分重要的。

将最后得到的物料装入广口磨砂试剂瓶中贮存备用，同时立即贴上标签，标明该物料试样的基本信息（见表 1-5）。

表 1-5　试样标签

试样名称：	
采集地点：	
采集时间：	
采集人：	
制样时间：	
制样人：	
试样量：	
过筛号：	

　　固体物料试样的采集和制备方法，因试样的性质、所处环境、状态以及分析测试要求不同而异。例如，对于棒状、块状、片状的金属物料，可以根据一定的要求以钻取、削或剪的方法进行采样；对于特殊要求，如金属材料的发射光谱分析，则可以直接将棒状的金属物料用车床车成电极状，直接用于分析。

内容小结

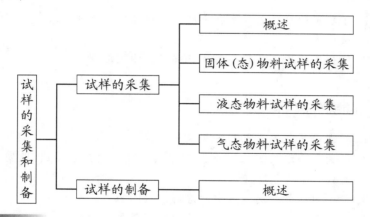

练一练

1. 什么叫子样、原始平均试样？子样的数目和最少质量取决于什么因素？
2. 如何应用采样经验公式计算矿石的最少采样量和缩分次数？
3. 气体采样在什么情况下用封闭液采样法？什么情况下要用抽气法？
4. 样品的制备有什么要求？烘干、破碎过筛、混匀、缩分各工序的要点是什么？
5. 采样时应注意哪些安全问题？
6. 固体试样的采样程序包括哪三个方面？
7. 如何确定固体试样的采样数和采样量？
8. 如何制备固体试样？
9. 采集液体样品，如何在贮罐和槽车中采样？如何在运输管道中取样？
10. 常用的气体采样设备有哪些？如何从贮气瓶中采样？

项目一　试／样／的／制／备

水质分析技术

知识目标

1. 了解水的分类及其所含杂质、水质指标和水质标准、水试样的采取方法。
2. 掌握工业用水分析项目及各项目的测定原理。

能力目标

1. 能选择适当的容器和方法采集水样。
2. 能选择合适的方法准确测定水的温度、色度、pH、硬度以及总铁、氯离子、硫酸盐含量。
3. 能采用碘量法测定水中的溶解氧（DO）。
4. 能采用重铬酸盐法测定水的化学需氧量（COD）。

> 想一想　你对天天不可缺少的水有哪些了解？水的用途有哪些？

项目一　概述

任务1　水的分类及其标准

知识准备

想一想　常见的水有哪些分类？水的性质有哪些？

水是人类生活和一切动植物生长必不可少的物质。在工业生产中，水往往也是不可缺少的原料或辅助原材料。因此，水质的优劣既关系到人类的健康，也关系到整个生态平衡。工业生产中水质则直接影响到产品的质量和设备的使用。因此水质分析历来成为工业分析的重要内容。

一、水的分类及其所含杂质

水是分布最广的自然资源，也是人类环境的重要组成部分，它以气、液、固三种聚集状态存在，遍布于海洋、地面、地下和大气中，水在整个自然界和人类社会中发挥着不可估量的作用。

自然界的水分为地下水、地面水和大气水等，地面水又可分为江河水、湖水、海水和冰山水等。从应用角度出发，有生活用水、农业用水（灌溉用水、渔业用水等）、工业用水（原料水、锅炉用水、冷却水等）和各种废水（即污染水）等。

水在自然的或人工的循环过程中，在与环境的接触过程中不仅自身的状态可能发生变化，而且作为溶剂还可能溶解或载带各种无机的、有机的甚至是生命的物质，使其表观特性和应用受到影响。因此，分析测定水中存在的各种组分，作为研究、考察、评价和开发水资源的信息显得十分重要。水质分析主要是对水中的杂质进行测定。

水的来源不同所含杂质也不相同，如雨水中主要含有氧、氮、二氧化碳、尘埃、微生物以及其他成分；地面水中主要含有少量可溶性盐类（海水除外）、悬浮物、腐殖质、微生物等；地下水主要含有可溶性盐类，包括钙、镁、钾、钠的碳酸盐、氯化物、硫酸盐、硝酸盐和硅酸盐等。

二、水质指标和水质标准

1. 水质指标

不同来源的水（包括天然水和废水）都不是化学上的纯水。它们不同程度地含有无机的和有机的杂质。并且，水和其中的杂质常常不是简单的混合，而是存在着相互作用和影响。杂质进入水体，使水的物理性质和化学性质与纯水有所差异。这些由水与其中杂质共同表现出来的综合特性即水质，用以衡量水的各种特性的尺度称为水质指标。可具体根据水质分析结果，确定各种水质指标，以此来评价水质和达到对所调查水的研究、治理和利用的目的。水质指标按其性质可分为三类，即物理指标、化学指标和微生物指标。常见的水质指标见表 2-1。

表 2-1　常见的水质指标

指标类型	示　例
物理性质指标	温度、色度、浊度、电导率、固体含量
无机化学指标	pH、硬度
有机化学指标	生化需氧量(BOD)、化学需氧量(COD)、总有机碳(TOC)、溶解氧(DO)
细菌污染指标	细菌总数、大肠杆菌
毒理学指标	氟化物、氰化物、砷、汞、铬、硝酸盐
放射性指标	α、β 放射性等

常见的水质指标包括：物理指标主要有温度、颜色、嗅与味、浑浊度与透明度、固体含量与导电性等；化学指标包括水中所含的各种无机物和有机物的含量以及它们共同表现出来的一些综合特性，如 pH、硬度和矿化度等；微生物学指标主要有细菌总数、大肠杆菌群和游离性余氯。其中化学指标是一类内容十分丰富的指标，是决定水的性质与应用的基础。

从水的利用出发，各种用水都有一定的要求，这种要求体现在对各种水质指标的限制上。长期以来，人们在总结实践的基础上，根据需要与可能，提出了一系列水质指标。

2. 水质标准

水质标准是表示生活饮用水、工农业用水等各种用途的水中污染物质的最高允许浓度或限量阈值的具体限制和要求。因此，水质标准实际是水的物理、化学和生物学的质量标准。

不同用途对水质有不同的要求。对饮用水主要考虑对人体健康的影响，其水质标准中除有物理、化学指标外，还有微生物指标；对工业用水则考虑是否影响产品质量或易于损害容器及管道，其水质标准中多数无微生物限制。工业用水也还因行业特点或用途的不同，对水的要求不同。例如，锅炉用水要求悬浮物、氧气、二氧化碳含量要少，硬度要低；纺织工业上要求水的硬度要低，铁离子、锰离子含量要极少；化学工业中氯乙烯的聚合反应要在不含任何杂质的水中进行。

为了保护环境和利用水为人类服务，国内外有各种各类水质的标准。如《地表水环境质量标准》GB 3838—2002、《生活饮用水卫生标准》GB 5749—2006、《生活饮用水标准检验方法》GB/T 5750—2006、《农田灌溉水质标准》GB 5084—2005、《渔业水质标准》GB 11607—1989、《工业锅炉水质》GB 1576—2008 及各种废水排放标准等。

3. 水质分析方法

一般的天然水可分为地表水和地下水。江、湖、河、海水称地表水，泉水、井水称地下水。受生活或工业污染后的水称污水，污水中所含的杂质较多，其种类和含量因不同污染源而有很大的差异，可以说世界上有哪种化工产品，水中就有可能存在哪种产品的物质。所以，水质分析就成为工业分析和环境分析的重要组成部分。

现代分析化学的各种方法都在水质分析中得到广泛应用。这些应用的情况可参阅表2-2。在实际工作中应该根据具体情况，选择适当的分析方法，有时需对被测组分进行适当的富集，这样可以提高测定的灵敏度。例如，只有火焰原子吸收仪的单位，要测定水中 $\mu g \cdot L^{-1}$ 级的金属离子是很困难的，但如若采用富集（如离子交换）的方法，则测定浓度可提高 2～3 个数量级，达到火焰原子吸收的要求。

表 2-2　水中各组分测定的常用分析方法

分析方法	可测定的组分	可测定最低浓度
重量法	悬浮物,总固体,溶解性固体,灼烧减量,SO_4^{2-},有机碳,油	
滴定分析方法	酸度,碱度,硬度,游离二氧化碳,侵蚀性二氧化碳,COD,DO,BOD,Ca^{2+},Mg^{2+},Cl^-,CN^-,F^-,SO_4^{2-},硫化物,有机酸,挥发酚,总铬	常量组分
比色及分光光度法	SiO_2,Fe^{3+},Fe^{2+},Al^{3+},NH_4^+,Zn^{2+},Cu^{2+},Pb^{2+},Mn^{2+},总 Cr,Cr（Ⅵ）,Hg^{2+},Cd^{2+},As,Se,F^-,Cl^-,NO_3^-,NO_2^-,SiO_3^{2-},B^-,酚,CN^-,S^{2-},可溶性磷,总磷,有机磷,有机氮,酚类,硫化物,余氯	$mg \cdot L^{-1}$
阳极溶出伏安法、催化极谱法	Cu^{2+},Pb^{2+},Zn^{2+},Cd^{2+},Mo^{4+},Se^{4+}	$10^{-11}mol \cdot L^{-1}$
离子选择性电极法	Li^+,Na^+,K^+,F^-,Cl^-,Br^-,I^-,CN^-,S^{2-},NO_3^-,SO_4^{2-},DO 等	$mg \cdot L^{-1}$
火焰光度法	Li^+,Na^+,K^+,Rb^+,Cs^+	$mg \cdot L^{-1}$
火焰原子吸收法	K,Na,Ca,Mg,Li,Rb,Cs,Sr,Cu,Pb,Zn,Fe,Mn,Ce,Ni,Cr,Cd	$mg \cdot L^{-1}$
石墨炉原子吸收法	金属	$\mu g \cdot L^{-1}$
气相色谱法	Cr^{4+},Se^{4+},永久性气体,有机物,农药残留量	$mg \cdot L^{-1}$
液相色谱法	大分子有机物,离子化合物,不挥发,对热不稳定化合物	
离子色谱法	Li^+,Na^+,K^+,F^-,Cl^-,Br^-,I^-,SO_4^{2-},NO_3^-	

任务 2　水样的采集和保存

想一想　常见的水源有哪些类型？如何根据不同的水源选择合适的采样方法呢？

一、水样采样点的布设

水质分析在布置监测采样点时要注意取有代表性的数据，同时要避免过多的采样。不必要的样品不仅耗费资金，也给数据处理带来不便。样品及其调查监测数据的代表性取决于采样位置、采样断面和采样点的代表性。而采样点的布设则根据水质分析的目的、水资源的利用情况及污水与天然水体的混合情况等因素而定。特别应注意水质突变和水质污染严重情况的采样点布设。

1. 河流

在选择河流采样断面时，先进行调查研究，了解监测河段内生产、生活取水口的位置、取水量，废水排放口的位置及污染物排放情况，河流的水文、河床、水工建筑、支流汇入等情况。由于河流水文和水化学条件的不均匀性，导致了水质在时空上的差异。因此，在布设采样点时需考虑河面的宽窄、河流的深度及采样的频率等。

2. 湖泊（水库）

对于湖泊、水库采样断面和采样点的布设可根据江河入湖（库）的河流数量、流量、季节变化情况、沿岸污染源对湖（库）水体的影响、湖（库）水体的生态环境特点及污染物的扩散与水体的自净情况等，按照下述原则设置采样断面：

① 在入、出湖（库）河流汇合处；

② 在沿岸的城市工业区大型排污口、饮用水源及风景游览区；

③ 在湖（库）中心、沿水流流向及滞流区；

④ 在湖（库）中不同鱼类的洄游产卵区。

3. 工业废水

工业废水的采样点往往要根据分析目的来确定，并且应考虑到生产工艺。先调查生产工艺、废水排放情况，然后，按照以下原则确定采样点。

（1）要测定一类污染物　应在车间或车间设备出口处布点采样。一类污染物主要包括汞、镉、砷、铅、铬（Ⅵ）和强致癌物等。

（2）要测定二类污染物　应在工厂总排污口处布点采样。二类污染物有总不可滤残渣、硫化物、挥发性酚、氰化物、有机磷、石油类、铜、锌、氟、硝基苯类、苯胺类等。

（3）有处理设施的工厂　应在处理设施的排出口处布点。为了了解对废水的处理效果，可在进水口和出水口同时布点采样。

二、水样的采集

1. 水样容器

为了进行分析（或试验）而采取的水称为水样。用来存放水样的容器称水样容器（水样瓶）。常用的水样容器有无色硬质玻璃磨口瓶和具塞的聚乙烯瓶，有些特定成分如溶解氧、含油量的测定则需要使用特定水样容器。

2. 取样器（采样器）

用来采集水样的装置称为取样器（见图2-1）。采集水样时应该根据试验目的、水样性质、水体条件选用最适宜的取样器。采取水样的方法主要分为三大类：采样器采水，泵抽装置采水，以及在采水器中放入吸附剂浓缩采样。根据分析对象和要求的不同，目前我国已经生产出各种不同材料、不同规格、用于不同深度的水质监测采样器。如表面采样器、不同深度直立式采样器、深层采样器、连续自动定时采样器等，并且已经广泛用于各种水样的采样。

采样器中的采样瓶有玻璃瓶和聚乙烯瓶，在使用前必须洗涤干净。玻璃瓶可用洗液浸泡，再用自来水和蒸馏水洗净；聚乙烯瓶可用10％的盐酸溶液浸泡，再用自来水和蒸馏水洗净。采样前应用所取的水样冲洗采样瓶2～3次。

3. 水样的采集方法

（1）天然水的取样方法

① 采集江、河、湖和泉水等地表水样或普通井水水样时，应将取样瓶浸入水面下50cm处取样，并在不同地点采样混合成供分析用的水样。

② 根据试验要求，需要采集不同深度的水样时，应使用不同深度取样器，对不同部位

的水样分别采集。

③ 江、河、湖和泉水等地表水样，受季节、气候条件影响较大，采集水样时应注明这些条件。

（2）从管道或水处理装置中采集处理水水样的方法　从管道或水处理装置中采集水样时要选择有代表性的取样部位，安装取样器。必要时可在取样管末端接一根聚乙烯或橡胶软管，取样时，打开取样阀门进行适当的冲洗并且将水流速度调整到约 700mL·min^{-1} 进行取样。

（3）从高温、高压装置或管道中取样的方法　从高温、高压装置或管道中取样时，必须加装减压装置和冷却器，水样温度要≤40℃，再按（2）的方法取样。

（4）测定不稳定成分的水样采集方法　测定水样中不稳定成分时，通常应该在现场随取随测。或者采样后立即采取预处理措施，将不稳定成分转化为其稳定状态，然后再送实验室分析测定。

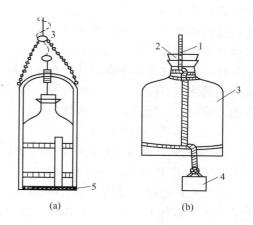

图 2-1　取样器
1—绳子；2—带有软绳的橡胶塞；
3—采样瓶；4—铅锤；5—铁框

4. 水样的采集量

水质分析在采样时要注意取得有代表性的数据，要避免过多的采样，不必要的样品不仅耗费资金，也给数据处理带来不便。一般物理与化学分析用水样量约 2～3L，如待测的项目很多，需要采集 5～10L，充分混合后分装于 1～2L 的贮样瓶中，具体各项分析项目水样采集量见表 2-3。

表 2-3　各项分析项目水样采集量　　　　　　单位：mL

监测项目	水样采集量	监测项目	水样采集量
总不可滤残渣	100	凯氏氮	500
色度	50	硝酸盐氮	100
嗅	200	亚硝酸盐氮	50
浊度	100	磷酸盐	50
pH	50	氟化物	300
电导率	100	氯化物	50
金属	1000	溴化物	100
硬度	100	氰化物	500
酸度、碱度	100	硫酸盐	50
溶解氧	300	硫化物	250
氨氮	400	COD	100
BOD$_5$	1000	苯胺类	200
油	1000	硝基苯	100
有机氯农药	2000	砷	100
酚	1000	显影剂类	100

三、水样的保存

水质分析不同于一般的固体样品的测定，因为水中的各种组分会随时间而变化，有不同的价态和化学形态，浓度变化范围大，并且往往属于痕量或超痕量分析。因此，对样品的采集有特别的要求，特别是某些组分易挥发或变化（如溶解氧、二氧化碳、水温），或是由于微生物的作用而损失，因而必须在采样现场进行测定或尽快测定；如一些项目只能带回实验室分析，这时则可在采样现场对水样做简单的预处理，如采样时加入必要的试剂，适当的保护措施虽然能够降低水样变化的程度和减缓其变化速度，但并不能完全抑制其变化，所以保存的时间也有一定的限制，水样的保存要求：

① 抑制微生物作用；

② 减缓化合物或配合物的水解、解离及氧化还原作用；

③ 减少组分的挥发和吸附损失。

水样允许保存的时间，与水样的性质、分析的项目、溶液的酸度、贮存容器的材质以及存放温度等多种因素有关。具体情况参阅表 2-4。

表 2-4 水质分析一些项目的取样要求

测定项目	保存温度/℃	水样容器	需要体积/mL	保存方法	最长保存时间
pH		P，G	25	最好现场测定	
游离 CO_2	4	G	200	加 $Ba(OH)_2$ 饱和溶液固定	
侵蚀性 CO_2	4	G	300	加 3g 纯制 $CaCO_3$ 或大理石粉	
总铁		P，G	100	加 H_2SO_4(1+1) 至 pH=2	6 个月
金属		P，G	1000	加 HNO_3(1+1) 至 pH<2	6 个月
总汞		G	1000	加 HNO_3(1+1) 至 pH<2，并加 $K_2Cr_2O_7$ 使其浓度为 0.05%	数月
总铬		P，G	100	加 HNO_3(1+1) 至 pH<2	当天测定
六价铬		P，G	100	加 NaOH 溶液至 pH=8.5	当天测定
硬度	4	P，G	200	2～5℃冷藏	7d
酸度及碱度	4	P，G	200	2～5℃冷藏	24h
电导率	4	P，G	100	2～5℃冷藏，最好现场测定	24h
浊度		P，G	100	最好现场测定	
悬浮物	4	P，G	500	2～5℃冷藏，尽快测定	
色度	4	P，G	200	2～5℃冷藏，最好现场测定	24h
COD	4	P，G	500	加 H_2SO_4 酸化至 pH<2	
溶解氧		G	300	加 $MnSO_4$ 和碱性 KI 试剂	4～8h
总氮		P，G	200	加 H_2SO_4 酸化至 pH<2	
总氰		P，G	200	加 NaOH 溶液至 pH=8.5	24h

注：G—硼硅玻璃；P—聚乙烯塑料。

四、浑浊水样的预处理

水样浑浊也会影响分析结果，用适当孔径的滤器可以有效地除去藻类和细菌，滤后的样品稳定性更好。一般地说，可以用澄清、离心、过滤等措施来分离悬浮物。以 $0.45\mu m$ 的滤膜区分可过滤态与不可过滤态的物质，即通过 $0.45\mu m$ 滤膜的为可过滤态水样；通不过 $0.45\mu m$ 滤膜的为不可过滤态水样。采用澄清后取上清液或用中速定量滤纸、砂芯漏斗、离心等方式处理样品时，相互间的可比性不大，其阻留悬浮物颗粒的能力大小为：滤膜＞离心

＞滤纸＞砂芯漏斗。要测定可滤态部分，应在采样后立即用 $0.45\mu m$ 的微孔滤膜过滤。在暂时无 $0.45\mu m$ 滤膜时，泥沙型水样可用离心等方法分离；含有机质多的水样可用滤纸（或砂芯漏斗）过滤；采用自然沉降取上清液测定可滤态物质是不恰当的。如果要测定全组分含量，则应在采样后立即加入保护剂，分析测定时充分摇匀后取样。

水质分析的项目繁多，这里我们把水质分析项目大体分成 4 类：物理性质、金属化合物、非金属无机化合物和有机化合物。显然，这种分类法不是绝对的，有些元素（如 As）可以归在非金属类，也可以归在金属类。

本章除了介绍一般工业用水的分析项目外，对环境分析中常规的水质分析项目也作了讨论。

工业用水分析

任务1 水的物理性质检测

知识准备

想一想 常见的水的理化性质有哪些呢？我们可以采取什么方式对这些性质进行检测呢？

一、温度

水的许多物理特性、物质在水中的溶解度以及水中进行的许多物理化学过程都和温度有关。地表水的温度随季节、气候条件而有不同程度的变化（$0.1\sim30℃$）。地下水的温度比较稳定（$8\sim12℃$）。工业废水的温度与生产过程有关。饮用水的温度在 $10℃$ 比较适宜。测定方法：现场测定，与地点和深度有关，用 $0.1℃$ 的汞温度计。

二、色度

纯水应是无色透明的，深层的水可呈浅蓝色。但若受工业废水污染，则会使天然水着色、透光性减弱，还会影响水中生物的生长。

一般把水的颜色分为"真色"和"表色"两种。除去浊度后测得的水的颜色称"真色"。除浊度的方法有放置澄清，也有过滤或离心分离。未经过滤或离心的原始水样的颜色称"表色"。对于清洁水或浊度低的水，"真色"和"表色"相近。但若是工业有色污水，则会由于可溶性物质和不溶性悬浮物所产生的颜色造成表色，因而"真色"和"表色"有差别，可分别测定。

1. 较清洁天然水测定方法——铂-钴标准比色法

取水样（无杂物）盛于比色管内，每升溶液含1mg铂（以氯铂酸计）和2mg六水合氯化钴，称为1度，与水样目视比色。

2. 工业废水色度测定方法——稀释倍数法

颜色较深的工业废水的颜色可用深蓝色、黄色、黑色等文字描述。色度的大小则用稀释倍数法测定。将工业废水用水稀释到接近无色时的稀释倍数作为水样的色度。

如果是测定水样的真色，则应将水样放置澄清后取上层清液，或用离心法去除悬浮物后测定。如测定水样表色则应让水样中的大颗粒悬浮物沉降后，再取上层清液测定。

三、浊度

水的浊度是由水所含的泥沙、胶体物、有机物、浮游生物和微生物等，对透过光产生散射或吸收所产生的。

1. 天然水、饮用水浊度测定——分光光度法

在一定的温度（25℃±3℃）下，5.00mL 10g·L^{-1}硫酸肼溶液与5.00mL 100g·L^{-1}六亚甲基四胺溶液于100mL容量瓶中反应24h，用水稀释至标线，此贮备液的浊度为400度。配制浊度标准系列，于680nm波长处，用3cm比色皿测定吸光度，绘制标准曲线。然后测定待测水样吸光度，由标准曲线上查得水样浊度。

2. 一般水样的浊度测定——目视比色法

1mg硅藻土（白陶土）在100mL水中所产生的浊度，称为1度。配制浊度原液（其中的硅藻土质量按重量法称量测定），配制标准系列，水样与标准系列进行目视比色（在黑色底板上由上往下垂直观察）。如果水样浊度超过100度则用蒸馏水稀释后测定。

四、电导率

电导是电阻的倒数。由于水中或多或少存在离子状态的溶解盐，因而有一定的电导。测定水样的电导率可以间接表示溶解盐的含量。电导率的标准单位是S·m^{-1}，实际使用单位为mS·m^{-1}。

一般采用电导率仪测量水样的电导率。测量时，要求用恒温水浴锅，温度控制在25℃±0.2℃，所用蒸馏水电导率应小于0.1mS·m^{-1}。电导率仪的测量原理和操作方法请参阅有关仪器分析教科书。

五、残渣

1. 分类

残渣是指水样经蒸发后的残余物。残渣分为总残渣（总蒸发残渣）、不可滤残渣（即残留在滤纸上的残渣，也称悬浮物）、可滤残渣（即通过过滤器的残渣，也称溶解性固体）三种。

2. 影响残渣测定的因素

① 悬浮物的性质。

② 所用滤器的孔径、面积和厚度。

③ 烘干的温度和时间。其中可供选择的烘干温度有如下两种。

a. 103～105℃：这时可保留结晶水和部分附着水，有机物挥发较少。

b. 180℃±2℃：这时除去大部分附着水，保留部分结晶水，挥发部分有机物，分解部分碳酸盐。

技能训练

水的色度测定

依据国家标准《水质　色度的测定》GB 11903—1989规定被列为基准法。

方法一：铂-钴标准比色法

1. 方法提要

本方法是用氯铂酸钾（K_2PtCl_6）和氯化钴（$CoCl_2 \cdot 6H_2O$）配成标准色列，再与水样进行目视比色，确定水样的色度。规定每升溶液含1mg铂（以氯铂酸计）及2mg六水合氯化钴溶液的颜色，称为1度，作为标准色度单位。该方法适用于较清洁、带有黄色色调的天然水和饮用水的测定。测定时，如果水样浑浊，则应放置澄清，或者用离心法或孔径0.45μm滤膜过滤去除悬浮物。

2. 仪器与设备

（1）常用实验室仪器。

（2）具塞比色管（50mL） 规格一致，光学透明玻璃，底部无阴影。

（3）pH计 精度±0.1pH单位。

（4）容量瓶 250mL。

3. 试剂与试样

（1）铂-钴色度贮备液 色度为500度。称取1.245g±0.001g氯铂酸钾及1.000g±0.001g六水合氯化钴，溶于500mL水中，加入100mL±1mL浓盐酸（$\rho = 1.18g \cdot mL^{-1}$），混匀，转移至1000mL容量瓶中定容。将溶液放在密封的玻璃瓶中，存放在暗处，温度不能超过30℃。本溶液至少能稳定6个月。

（2）光学纯水 将0.2μm滤膜（细菌学研究中所采用的）在100mL蒸馏水或去离子水中浸泡1h，用它过滤蒸馏水或去离子水，弃去最初的250mL，以后用这种水配制全部标准溶液并作为稀释水。

（3）色度标准溶液 在一组250mL的容量瓶中，用移液管分别加2.50mL、5.00mL、7.50mL、10.00mL、12.50mL、15.00mL、17.50mL、20.00mL、25.00mL、30.00mL及35.00mL上述贮备液，并用光学纯水稀释至标线。溶液色度分别为：5度、10度、15度、20度、25度、30度、35度、40度、50度、60度和70度。溶液放在严密盖好的玻璃瓶中，存放于暗处，温度不能超过30℃。这些溶液至少可稳定1个月。

4. 测定步骤

（1）采样和样品 所有与样品接触的玻璃器皿都要用盐酸或表面活性剂溶液加以清洗，最后用蒸馏水或去离子水洗净，沥干。

将样品采集在容积至少为1L的玻璃瓶内，在采样后要尽早进行测定。如果必须贮存，则将样品贮于暗处。在有些情况下还要避免样品与空气接触，同时要避免温度的变化。

（2）试料 将样品倒入250mL（或更大）量筒中，静置15min，倾取上层液体作为试料进行测定。

（3）测定 将一组具塞比色管用上述色度标准溶液充至标线。将另一组具塞比色管用上述试料充至标线。

将具塞比色管放在白色表面上，比色管与该表面应呈合适的角度，使光线被反射自具塞比色管底部向上通过液柱。垂直向下观察液柱，找出与试料色度最接近的标准溶液。

如色度≥70度，用光学纯水将试料适当稀释后，使色度落入标准溶液范围之中再行测定。

另取试料测定pH。

5. 结果计算

以色度的标准单位报告与试料最接近的标准溶液的值，在 0～40 度（不包括 40 度）的范围内，准确到 5 度。40～70 度范围内，准确到 10 度。在报告样品色度的同时报告 pH。

稀释过的样品色度（A_0），以度计，用下式计算：

$$A_0 = \frac{V_1}{V_0} A_1 \tag{2-1}$$

式中　V_1——样品稀释后的体积，mL；

　　　V_0——样品稀释前的体积，mL；

　　　A_1——稀释样品色度的观察值，度。

方法二：稀释倍数法

1. 方法提要

将样品用光学纯水稀释至用目视比较与光学纯水相比刚好看不见颜色时的稀释倍数作为表达颜色的强度，单位为倍；同时用目视观察样品，检验颜色性质：颜色的深浅（无色、浅色或深色），色调（红色、橙色、黄色、绿色、蓝色和紫色等），如果可能包括样品的透明度（透明、浑浊或不透明）。用文字予以描述，结果以稀释倍数值和文字描述相结合表达。

2. 仪器与设备

（1）pH 计。

（2）实验室常用仪器及具塞比色管。

3. 试剂与试样

光学纯水等。

4. 测定步骤

（1）采样和样品（同铂-钴标准比色法）。

（2）试料（同铂-钴标准比色法）。

（3）测定　分别取试料和光学纯水于具塞比色管中，充至标线，将具塞比色管放在白色表面上，具塞比色管与该表面应呈合适的角度，使光线被反射自具塞比色管底部向上通过液柱，垂直向下观察液柱，比较样品和光学纯水，描述样品呈现的色度和色调，如果可能包括透明度。

将试料用光学纯水逐级稀释成不同倍数，分别置于具塞比色管并充至标线。将具塞比色管放在白色表面上，用上述相同的方法与光学纯水进行比较。将试料稀释至刚好与光学纯水无法区别为止，记下此时的稀释倍数值。

稀释的方法：试料的色度在 50 倍以上时，用移液管计量吸取试料于容量瓶中，用光学纯水稀释至标线，每次取大的稀释比，使稀释后色度在 50 倍之内。

试料的色度在 50 倍以下时，在具塞比色管中取试料 25mL，用光学纯水稀释至标线，每次稀释倍数为 2。

试料经稀释至色度很低时，应自具塞比色管倒至量筒适量试料并计量，然后用光学纯水稀释至标线，每次稀释倍数小于 2。记下各次稀释倍数值。

另取试料测定 pH。

5. 结果的表示

将逐级稀释的各次倍数相乘，所得之积取整数值，以此表达样品的色度。

同时用文字描述样品的颜色深浅、色调，如果可能，包括透明度。

在报告样品色度的同时，报告 pH。

知识准备

想一想　水中有哪些金属？各以什么形式存在？

一、总硬度的测定

含有较多钙、镁金属化合物的水称为硬水。水中钙、镁金属化合物的含量则称为硬度。硬度过高的水，对生活饮用水及工业用水有极大的影响，如洗涤衣物时消耗过多肥皂（水的硬度原是指水中钙、镁等金属离子沉淀肥皂的程度），还使织物变脆，饮用还会造成肠胃不适等。若用作锅炉用水还使锅炉结垢，甚至引起锅炉爆炸。

水的硬度有两种分类方法，根据不同物质产生的硬度性质不同可以分为碳酸盐硬度和非碳酸盐硬度。

碳酸盐硬度，水中含的 $Ca(HCO_3)_2$、$Mg(HCO_3)_2$ 在煮沸时即受热分解生成碳酸盐和氢氧化物沉淀，所以又称为暂时硬度。

非碳酸盐硬度，钙、镁的氯化物、硫酸盐及硝酸盐，煮沸后仍存在于溶液中，所以又称为永久硬度。

根据测定对象不同可以分为总硬度、钙硬度和镁硬度。

总硬度，碳酸盐硬度和非碳酸盐硬度之和称为总硬度，所以总硬度等于暂时硬度和永久硬度的总和。钙硬度，水中钙化合物的含量称为钙硬度。镁硬度，水中镁化合物的含量称为镁硬度。

水的硬度分类见表 2-5。

表 2-5　水的硬度分类

总硬度的度数	0°～4°	4°～8°	8°～16°	16°～30°	30°以上
标志	很软水	软水	中等硬度水	硬水	很硬水

测定水的硬度，实际上就是测定水中钙、镁离子总量，然后把测得的钙、镁离子折算成 $CaCO_3$ 的质量（mg）以计算硬度或折算成每升含 10mg 的 CaO 为 1°（德国硬度）。目前测定硬度最常用的方法是 EDTA 配位滴定法。

二、铁的测定

一般地表水含铁不高，但如若是酸性水样，则可能含有较大量的铁离子。水样中的铁可以是二价，也可以是三价。近中性的水样，铁以氢氧化物形式沉淀，因而铁离子含量极小，但有时会存在于胶体或悬浮物中或与有机酸生成可溶性有机盐。

铁含量较高（$>0.3mg \cdot L^{-1}$）的水样略带黄色并有铁腥味，会影响印染、纺织、造纸等工业产品的质量，因而是水质控制指标之一。

为防止高铁水解沉淀，采样后必须立即用盐酸酸化至 pH<1。亚铁很容易被氧化，取样后必须立即测定。

测定铁的最简便、快捷而准确的方法是火焰原子吸收法。对于污染较轻的水样可用邻菲罗啉分光光度法。该法灵敏可靠，而且可作亚铁测定。铁含量高的较严重污染水样，必须采用 EDTA 配位滴定法。

1. 火焰原子吸收法

一般地表水中铁的含量都在 $mg \cdot L^{-1}$ 级，含量不是很高，但由于其灵敏度较高，因此对于较清洁的水样，测定时可以不经过处理，直接用火焰原子吸收法进行测定。在波长 248.3nm 对铁空心阴极灯的特征谱线有定量吸收。

一般常见元素对测定无干扰，铁、锰之间也无相互影响。只有硅的浓度大于 $20mg \cdot L^{-1}$ 时对铁有干扰，但一般地表水没有这么高含量的硅存在。

火焰原子吸收法测铁检出限为 $0.03mg \cdot L^{-1}$，定量上限为 $5.0mg \cdot L^{-1}$。本法适用于地表水、地下水及化工、冶金、轻工、机械等工业废水中铁、锰的测定。

2. 邻二氮杂菲（1,10-邻菲罗啉）**分光光度法**

用分光光度法测定微量铁通常有硫氰酸钾法、磺基水杨酸法和邻二氮杂菲法。邻二氮杂菲法具有测定灵敏度高、干扰少、配合物稳定等优点，并可分别测定二价铁和三价铁，因而被广泛应用。测定水中微量铁时，先用酸将以氢氧化物存在的铁溶解，并用还原剂（盐酸羟胺）把 Fe^{3+} 还原成 Fe^{2+}，加入邻二氮杂菲显色剂，并加入 NaAc-HAc 缓冲溶液，pH 为 $4.0 \sim 6.0$，显色 $5 \sim 10min$ 后，Fe^{2+} 与邻二氮杂菲生成橘红色的配合物，此有色配合物在 pH 为 $5.5 \sim 6$ 时，颜色最深，在避光时，可稳定数月之久，其最大吸收波长为 510nm。以试剂溶液为参比液，于 510nm 波长处测定其吸光度 A 值，在标准工作曲线上查得其含量，以求其结果。实验步骤归纳如下：

① 水样的采集及干扰物质的分离；

② 绘制吸收曲线，选择测定波长；

③ 配制铁的标准溶液，绘制标准曲线；

④ 测定试液中铁的含量；

⑤ 计算试样中铁的含量。

能与邻二氮杂菲生成有色配合物的 Cu、Zn、Co、Cr、Ni 等离子对测定有干扰，但在 HAc-NaAc 缓冲介质中，可消除干扰。能与邻二氮杂菲生成沉淀的 Hg、Cd、Ag 等离子的干扰，可加过量显色剂予以消除。而加热和加还原剂盐酸羟胺可克服强氧化剂、氰化物和亚硝酸盐的干扰。

本法适用于地表水和废水中铁的测定，测定结果是亚铁和高铁的总量。如若要测亚铁的含量，则不必加还原剂，而其他条件相同。方法的检测限为 $0.03mg \cdot L^{-1}$，测定上限为 $5.00mg \cdot L^{-1}$。

三、铬的测定

铬是环境分析中经常检测的重要元素之一。水体中的铬以六价（如 CrO_4^{2-}、$HCrO_4^-$）和三价（水合 Cr^{3+}）形式存在。现代医学认为，六价铬比三价铬的毒性大 100 倍，并且易被人体吸收和蓄积在体内，而三价铬却是人体内必需的微量元素之一。因此环境分析通常要求分别测出六价铬和总铬的含量。

用二苯碳酰二肼分光光度法可测定低含量的六价铬，而其中加入 $KMnO_4$ 将三价铬氧化成六价铬后测总铬。对于含量较高的铬，则可用火焰原子吸收法或硫酸亚铁铵滴定法测定。

采样时要用玻璃容器。测总铬时，用 HNO_3（1+1）调水样使 pH<2；测六价铬时则必须加 NaOH，使 pH≈8，并应尽快测定。

1. 六价铬的测定

在硫酸介质浓度 0.025~0.15mol·L^{-1} 范围内，六价铬与二苯碳酰二肼反应，生成紫红色的水溶性配合物，在波长 540nm 处最大吸收，摩尔吸收系数为 $4×10^4$。于 540nm 波长测定吸光度值。绘制标准工作曲线，在工作曲线上查得待测物质的量，计算测定结果。

水样有色、混浊以及存在氧化性和还原性物质（如 Fe^{2+}、ClO_4^-、SO_3^{2-}、$S_2O_3^{2-}$ 等）对测定均有干扰。大于 1mg·L^{-1} 铁的水样显黄色，但 Fe^{2+} 不与显色剂反应，可采用水样作参比，予以抵消。

本法的最低检出浓度为 0.004mg·L^{-1}，测定上限为 1mg·L^{-1}。

2. 总铬的测定

在硫酸介质中，用 $KMnO_4$ 将水样中的三价铬氧化成六价铬，六价铬与二苯碳酰二肼显色生成紫红色配合物，于波长 540nm 处进行分光光度测定。氧化时，过量的 $KMnO_4$ 用 $NaNO_2$ 分解，而过量的 $NaNO_2$ 则可用尿素分解，以彻底消除氧化剂的影响。

测定时要注意：酸度对显色反应有很大的影响。酸度过低，显色慢；酸度过高，则生成的配合物稳定性差。最佳的酸度为 0.2mol·L^{-1} H_2SO_4 介质，温度为 15℃，放置 5~15min；加入显色剂后，必须立即摇匀，以防六价铬还原成三价铬而使结果偏低；对于带有颜色和有机物的水样，必须预先消化处理。加 5mL H_2SO_4（1+1）和 1mL 10g·L^{-1} 亚硫酸，加热至冒白烟，约 10min（溶液变清），用 2mol·L^{-1} 的 NaOH 中和，再测定。

本法所用的玻璃仪器均不能用铬酸洗液洗涤（可用 HNO_3、H_2SO_4 或洗涤剂），以防引入铬被污染。

技能训练

水的硬度测定：EDTA 滴定法

依据国家标准《水质　钙和镁总量的测定　EDTA 滴定法》GB 7477—87 规定被列为基准法。

1. 方法提要

本标准规定用 EDTA 滴定法测定地下水和地面水中钙和镁的总量。本方法不适用于含盐较高的水，诸如海水。本方法测定的最低浓度为 0.05mmol·L^{-1}。

在 pH=10 的条件下，用 EDTA 溶液配位滴定钙离子和镁离子。铬黑 T 作指示剂，与钙和镁生成紫红或紫色溶液。滴定中，游离的钙离子和镁离子首先与 EDTA 反应，跟指示剂配位的钙和镁离子随后与 EDTA 反应，到达终点时溶液的颜色由紫色变为天蓝色。

2. 仪器与设备

（1）常用的实验室仪器。

（2）滴定管　50mL，分刻度至 0.10mL。

3. 试剂与试样

分析中只使用公认的分析纯试剂和蒸馏水，或纯度与之相当的水。

（1）缓冲溶液（pH=10）

① 称取 1.25g EDTA 二钠镁（$C_{10}H_{12}N_2O_8Na_2Mg$）和 16.9g 氯化铵（NH_4Cl）溶于

143mL 浓的氨水（$NH_3 \cdot H_2O$）中，用水稀释至 250mL。因各地试剂质量有出入，配好的溶液应按②方法进行检查和调整。

② 如无 EDTA 二钠镁，可先将 16.9g 氯化铵溶于 143mL 氨水。另取 0.78g 硫酸镁（$MgSO_4 \cdot 7H_2O$）和 1.179g EDTA 二钠二水合物（$C_{10}H_{14}N_2O_8Na_2 \cdot H_2O$）溶于 50mL 水，加入 2mL 配好的氯化铵、氨水溶液和 0.2g 左右铬黑 T 指示剂干粉（4）。此时溶液应显紫红色，如出现天蓝色，应再加入极少量硫酸镁使变为紫红色。逐滴加入 EDTA 二钠溶液（2）直至溶液由紫红色转变为天蓝色为止（切勿过量）。将两溶液合并，加蒸馏水定容至 250mL。如果合并后，溶液又转为紫色，在计算结果时应减去试剂空白。

（2）EDTA 二钠标准溶液（$c \approx 10 mmol \cdot L^{-1}$）

① 制备。将一份 EDTA 二钠二水合物在 80℃ 干燥 2h，放入干燥器中冷至室温，称取 3.725g 溶于水，在容量瓶中定容至 1000mL，盛放在聚乙烯瓶中，定期校对其浓度。

② 标定。按分析试验的操作方法，用钙标准溶液（3）标定 EDTA 二钠溶液。取 20.0mL 钙标准溶液（3）稀释至 50mL，用 EDTA 二钠溶液滴定至终点，并计算 EDTA 二钠溶液浓度。

③ 浓度计算。EDTA 二钠溶液的浓度 c_1（$mmol \cdot L^{-1}$）可按下式计算：

$$c_1 = \frac{c_2 V_2}{V_1} \tag{2-2}$$

式中　c_2——钙标准溶液（3）的浓度，$mmol \cdot L^{-1}$；

　　　V_1——标定中消耗的 EDTA 二钠溶液体积，mL；

　　　V_2——钙标准溶液的体积，mL。

（3）钙标准溶液（$10 mmol \cdot L^{-1}$）　将一份碳酸钙（$CaCO_3$）在 150℃ 干燥 2h，取出放在干燥器中冷至室温，称取 1.001g 于 500mL 锥形瓶中，用水润湿。逐滴加入 $4 mol \cdot L^{-1}$ 盐酸至碳酸钙全部溶解，避免滴过量酸。加 200mL 水，煮沸数分钟赶除二氧化碳，冷至室温，加入数滴甲基红指示剂溶液（0.1g 溶于 100mL 60% 乙醇），逐滴加入 $3 mol \cdot L^{-1}$ 氨水至变为橙色，在容量瓶中定容至 1000mL。此溶液 1.00mL 含 0.4008mg（0.01mmol）钙。

（4）铬黑 T 指示剂　将 0.5g 铬黑 T［$C_{20}H_{12}N_3NaO_7S$，又名媒染黑 11，学名：1-（1-羟基-2-萘基偶氮）-6-硝基-2-萘酚-4-磺酸钠盐］溶于 100mL 三乙醇胺［$N(CH_2CH_2OH)_3$］，可最多用 25mL 乙醇代替三乙醇胺以减小溶液的黏性，盛放在棕色瓶中。或者，配成铬黑 T 指示剂干粉，称取 0.5g 铬黑 T 与 100g 氯化钠（NaCl，GB/T 1266—2006）充分混合，研磨后通过 40~50 目筛，盛放在棕色瓶中，紧塞备用。

（5）氢氧化钠（$2 mol \cdot L^{-1}$ 溶液）　将 8g 氢氧化钠（NaOH）溶于 100mL 新鲜蒸馏水中。盛放在聚乙烯瓶中，避免空气中二氧化碳的污染。

（6）氰化钠（NaCN）　注意：氰化钠是剧毒品，取用和处置时必须十分谨慎小心，采取必要的防护措施。含氰化钠的溶液不可酸化。

（7）三乙醇胺［$N(CH_2CH_2OH)_3$］

（8）采样和样品保存　采集水样可用硬质玻璃瓶（或聚乙烯容器），采样前先将瓶洗净。采样时用水冲洗 3 次，再采集于瓶中。

采集自来水及有抽水设备的井水时，应先放水数分钟，使积留在水管中的杂质流出，然后将水样收集于瓶中。采集无抽水设备的井水或江、河、湖等地面水时，可将采样设备浸入水中，使采样瓶口位于水面下 20~30cm，然后拉开瓶塞，使水进入瓶中。

水样采集后尽快送往实验室，应于 24h 内完成测定。否则，每升水样中应加 2mL 浓硝酸作保存剂（使 pH 降至 1.5 左右）。

4. 测定步骤

（1）试样的制备　一般样品不需预处理。如样品中存在大量微小颗粒物，需在采样后尽快用 $0.45\mu m$ 孔径过滤器过滤。

样品经过滤，可能有少量钙和镁被滤除。试样中钙和镁总量超出 $3.6mmol\cdot L^{-1}$ 时，应稀释至低于此浓度，记录稀释因子 F。

如试样经过酸化保存，可用计算量的氢氧化钠溶液 ［3.（5）］中和。计算结果时，应把样品或试样由于加酸或碱的稀释考虑在内。

（2）测定　用移液管吸取 50.00mL 试样于 250mL 锥形瓶中，加 4mL 缓冲溶液 ［3.（1）］和 3 滴铬黑 T 指示剂溶液或 $50\sim100mg$ 指示剂干粉 ［3.（4）］，此时溶液应呈紫红或紫色，其 pH 应为 10.0 ± 0.1。为防止产生沉淀，应立即在不断振摇下，自滴定管加入 EDTA 二钠溶液 ［3.（2）］，开始滴定时速度宜稍快，接近终点时应稍慢，并充分振摇，最好每滴间隔 $2\sim3s$，溶液的颜色由紫红或紫色逐渐转为蓝色，在最后一点紫色消失、刚出现天蓝色时即为终点，整个滴定过程应在 5min 内完成。记录消耗 EDTA 二钠溶液的体积 （mL）。

如试样含铁离子为 $30mg\cdot L^{-1}$ 或以下，则在临滴定前加入 250mg 氰化钠 ［3.（6）］，或数毫升三乙醇胺 ［3.（7）］掩蔽。氰化物使锌、铜、钴的干扰减至最小。加氰化物前必须保证溶液呈碱性。

试样如含正磷酸盐和碳酸盐，在滴定的 pH 条件下，可能使钙生成沉淀，一些有机物可能干扰测定。

如上述干扰未能消除，或存在铝、钡、铅、锰等离子干扰时，需改用原子吸收法测定。

5. 结果计算

钙和镁总量 c（$mmol\cdot L^{-1}$）可按下式计算：

$$c=\frac{c_1 V_1}{V} \tag{2-3}$$

式中　c_1——EDTA 二钠溶液的浓度，$mmol\cdot L^{-1}$；

$\quad\quad V_1$——滴定中消耗的 EDTA 二钠溶液体积，mL；

$\quad\quad V$——试样体积，mL。

如试样经过稀释，则采用稀释因子 F 修正计算。

关于硬度的计算，一种是将所测得的钙、镁折算成 CaO 的质量，即每升水中含有 CaO 的质量（mg）表示，单位为 $mg\cdot L^{-1}$；另一种以度计，1 硬度单位表示 10 万份水中含 1 份 CaO（即每升水中含 10mg CaO），$1°=10\times10^{-6}CaO$，这种硬度的表示方法称为德国度。

6. 精度

本方法的重复性为 $\pm0.04mmol\cdot L^{-1}$，约相当于 ±2 滴 EDTA 二钠溶液。

任务 3　非金属无机物的测定

知识准备

想一想　水中常见的非金属无机物有哪些？如何测定呢？

一、酸度和碱度的测定

1. 酸度的测定

酸度是指水中那些能放出质子的物质的含量。实践中酸度是指水样用强碱（如 NaOH）滴定时所消耗的碱量，它是水质分析的一项综合性指标。由于酸度可能是水中溶入 CO_2 或是工业生产排放含酸废物引起的，因此它并不确定何种具体化学成分。

根据强碱滴定终点时 pH 的不同，酸度分为酚酞酸度（又称总酸度，用酚酞作指示剂，滴定终点 pH 为 8.3）和甲基橙酸度（用甲基橙作指示剂，滴定终点 pH 为 4.2）。酚酞酸度包括了水样中的强酸和弱酸，而甲基橙酸度只表示一些较强的酸。

采集或保存水样时，应注意水中能产生酸度的溶解性气体（如 CO_2、H_2S）。由于操作不当，可能会使 pH 减小或增大，所以取样后应及时测定。

2. 碱度的测定

碱度是指水中那些能接受质子的物质的含量。实践中碱度是指水样用强酸（如 HCl）滴定时所消耗的酸量。它表示了水中能与强酸作用的碱性物质的总量。天然水的碱度主要是碳酸根离子和碳酸氢根离子水解后产生的。此外 HS^-、$HSiO_3^-$、SiO_3^{2-} 和有机酸离子水解后生成氢氧根离子也是原因之一。

碱度的测定值因使用的指示剂终点 pH 不同而有很大的差异，只有当试样中的化学组成已知时，才能解释为具体的物质。对于天然水和未污染的地表水，可直接以酸滴定至 pH 为 8.3 时消耗的量，为酚酞碱度。以酸滴定至 pH 为 4.4～4.5 时消耗的量，为甲基橙碱度。

测定时应注意：有些资料上甲基橙碱度是指用酚酞指示剂测定酚酞碱度后，在原溶液中接着用甲基橙指示剂测得的碱度，显然此时，总碱度＝酚酞碱度＋甲基橙碱度。

当水样用 HCl 标准溶液滴定时，如果先加酚酞指示剂，滴至溶液由红色变为无色（此时 pH＝8.3），则这时溶液中的氢氧化物（如果存在）被中和，而 CO_3^{2-} 则部分中和而转化为 HCO_3^-。

如果在上述溶液中，再加甲基橙指示剂，滴定至溶液由黄色变成橙色（此时 pH＝4.2），则这时溶液中的 HCO_3^-（包括试样原有的加上由碳酸盐转化来的）均被 HCl 中和。

此种方法实际上就是分析化学中的双指示剂法，用于测定混合碱。

二、pH

pH 是水质分析中最重要的项目之一。pH 被定义为水中氢离子活度的负对数。天然水的 pH 在 6～9 范围内。pH 受水温影响，测定时必须在规定的温度下进行，或进行温度校正。

测定 pH 的方法通常有比色法和玻璃电极法（酸度计测量法）。比色法虽然简便，但测定时受溶液色度、浊度、胶体物质、氧化剂、还原剂的影响。酸度计测量法可不受这些因素的影响，是经常使用的方法。但在测定时，必须使用与水样 pH 相近的标准缓冲溶液校正仪器。当 pH＞10 时，由于"钠差"，读数会偏低；当 pH＜1 时，由于"酸差"，结果会偏高。一般取 pH 为 1～10 的水样测量。

三、氯化物的测定

几乎所有的水样都含有氯化物（Cl^-）。氯化物在地表水中含量较低，但海水中可高达每升数十克。氯化物对人体有重要的生理作用，但水体中氯化物含量过高时，会腐蚀金属管道，侵蚀水泥建筑物，也不利于植物的生长。因而工业用水往往必须控制水中的氯化物含量。

测定氯化物有多种方法。化学分析法简便快捷，但判断终点有时困难；电位滴定法适用于有色或浑浊的水样；离子色谱法能同时测定多种阴离子，但仪器装置较为昂贵。

化学分析法一般采用银量法（如莫尔法）来测定水中的氯化物。莫尔法是用 K_2CrO_4 作为指示剂，在中性或弱碱性溶液中，用 $AgNO_3$ 标准溶液直接滴定 Cl^-（或 Br^-）。

溶液中 CrO_4^{2-} 和 Cl^- 能分别与 Ag^+ 形成白色的 $AgCl$ 沉淀及砖红色的 Ag_2CrO_4 沉淀，由于 $AgCl$ 的溶解度小，根据分步沉淀的原理，在用 $AgNO_3$ 溶液滴定过程中，溶液中首先析出 $AgCl$ 沉淀，等 $AgCl$ 定量沉淀后，过量一滴 $AgNO_3$ 溶液将与 K_2CrO_4 形成砖红色 Ag_2CrO_4 沉淀，从而确定滴定终点。

滴定反应和指示剂的反应分别为：

$$Ag^+ + Cl^- \longrightarrow AgCl \downarrow（白色）$$
$$2Ag^+ + CrO_4^{2-} \longrightarrow Ag_2CrO_4 \downarrow（砖红色）$$

由于反应生成大量的 $AgCl$ 白色沉淀与 CrO_4^{2-} 一起显示近橙黄色，而不是砖红色。因此这一终点的颜色变化较难判断，必须小心观察。K_2CrO_4 指示剂的浓度和用量影响 Ag_2CrO_4 沉淀的生成，加入量必须严格控制。

水中的溴化物、碘化物和氰化物也与 $AgNO_3$ 反应，但一般地面水的这些物质含量甚微。若废水带色和杂质过多会影响终点的观察。可先用氢氧化铝吸附除色；当铁含量过高时终点也难判断，可先将其还原成亚铁；对于含有能与 Ag^+ 生成沉淀或配合物的水样，此法的选择性较差，受干扰的情况较多。凡是能与 Ag^+ 生成沉淀或配合物的物质（如 S^{2-}、PO_4^{3-}、AsO_4^{3-}、SO_3^{2-} 等），在滴定前应事先排除。此外，在滴定条件下易水解的离子，如 Fe^{3+}、Al^{3+} 等也应在滴定前分离出去。

本法适用的浓度范围为 $10 \sim 500 mg \cdot L^{-1}$，如果超出此范围，可稀释后再进行测定。

四、硫酸盐的测定

硫酸盐广泛存在于天然水中，含量从每升几毫克到上千毫克。少量硫酸盐对人体无影响，但饮用水不宜超过 $250 mg \cdot L^{-1}$。

测定硫酸盐的经典方法是硫酸钡质量法。其准确度高，但操作繁琐、费时。对含量低的较清洁水样，可采用铬酸钡分光光度法，或者是铬酸钡间接原子吸收法。在有条件的单位可以采用离子色谱法。

1. 硫酸钡质量法

测定硫酸根时，一般都用 $BaCl_2$ 将 SO_4^{2-} 沉淀为 $BaSO_4$，再灼烧，称量。$BaSO_4$ 沉淀颗粒较细，在浓溶液中沉淀时可能形成胶体。$BaSO_4$ 不易被一般溶剂溶解，不能进行二次沉淀，因此沉淀必须在近沸稀盐酸溶液中进行。在沉淀过程中，沉淀剂应缓慢加入，且沉淀结束后应煮沸约 $20min$ 并且保温陈化。整个过程中，溶液中不允许有酸不溶物和易被吸附的离子（如 Fe^{3+}、NO_3^- 等）存在。若存在易吸附离子，应事先进行掩蔽或分离。陈化后的沉淀采用玻璃砂芯坩埚抽滤，烘干，称重。若要获得更高的准确度，应采用灼烧法至恒重。

酸度过高能增加 $BaSO_4$ 的溶解度，水样中含有悬浮物、二氧化硅能使结果偏高。当铁和铬存在时，会生成硫酸盐使结果偏低。本法可测 SO_4^{2-} 含量在 $10mg \cdot L^{-1}$ 以上的水样。

2. 铬酸钡分光光度法

酸性溶液中，铬酸钡与硫酸盐生成硫酸钡，并释放出铬酸根离子。将溶液中和，过滤除去多余的铬酸钡及生成的硫酸钡沉淀。在碱性条件下铬酸根呈黄色，在波长 $420nm$ 处，可进行分光光度法测定。水样中的碳酸根也与钡离子产生沉淀，应先加热除去。

3. 铬酸钡间接原子吸收法

其方法原理与 2. 相同。在弱酸性溶液中，硫酸根与铬酸钡反应，释放出铬酸根：

$$SO_4^{2-} + BaCrO_4 \longrightarrow CrO_4^{2-} + BaSO_4 \downarrow$$

在其中加入氨水和乙醇，可降低铬酸钡的溶解度。用火焰原子吸收法测定滤液中铬的含量，从而间接计算硫酸根含量。

五、溶解氧的测定

溶解氧（DO）是指溶解在水中的分子态氧。当地面水与大气接触以及某些含叶绿素的水生植物在水中进行生化作用时，水中就有了溶解氧。氧在水中有较大的溶解度，例如，20℃时，一般低矿化水中可溶解氧为 $30mg \cdot L^{-1}$。氧在水中的溶解度随水的深度的增加而减少，也与外界压力、温度和矿化度有关，故地下水与地表水中的溶解氧含量有较大差别。一般清洁的地面水溶解氧多在 $8 \sim 10mg \cdot L^{-1}$，有的接近饱和，如果由于藻类的生长，甚至可达到过饱和。但是，当水体受有机或无机还原性物质污染后，会使溶解氧降低。含量低于 $4mg \cdot L^{-1}$ 时，水生动物可能窒息死亡，当大气中的氧来不及补充而出现"一潭死水"时，水中溶解的氧可能降低至零，这时就导致水体中厌氧菌繁殖，水质严重恶化。在工业上由于溶解氧能使金属氧化而使其腐蚀速率加快，因此对水中溶解氧的测定是极其重要的。

测定溶解氧，采样是个非常重要的问题。为了不使水样曝气或者有气泡残留在采样瓶中，先用水样冲洗采样瓶，然后使水样沿瓶壁注入并充满采样瓶，或用虹吸管插入采样瓶底部，让水样溢出瓶容积的 $1/3 \sim 1/2$。采样后立即加固定剂（$MnSO_4 + KI$），并存放在冷暗处。

对清洁的水样可直接采用碘量法测定，而对受污染的地面水和工业废水则必须采用修正的碘量法或膜电极法测定。

1. 碘量法

本法的基本原理是利用氧在碱性介质中的氧化性。向水样加入硫酸锰和碱性碘化钾，首先 $MnSO_4$ 与 $NaOH$ 生成 $Mn(OH)_2$，然后水中的溶解氧把 $Mn(OH)_2$ 氧化成四价的亚锰酸 $MnO(OH)_2$。例如：

$$MnSO_4 + 2NaOH \Longrightarrow Mn(OH)_2 + Na_2SO_4$$

$$2Mn(OH)_2 + O_2 \Longrightarrow 2MnO(OH)_2 \text{ 或 } 2H_2MnO_3$$

加酸后，四价的亚锰酸溶解并且与 KI 反应，释放出与溶解氧的量相当的 I_2：

$$MnO(OH)_2 + 2H_2SO_4 \Longrightarrow Mn(SO_4)_2 + 3H_2O$$

$$Mn(SO_4)_2 + 2KI \Longrightarrow MnSO_4 + K_2SO_4 + I_2$$

以淀粉作指示剂，用 $Na_2S_2O_3$ 标准溶液滴定生成的 I_2：

$$I_2 + 2Na_2S_2O_3 \Longrightarrow 2NaI + Na_2S_4O_6$$

2. 修正碘量法

（1）叠氮化钠修正法　叠氮化钠（NaN_3）能迅速分解亚硝酸盐，在酸性介质中反应如下：

$$2NaN_3 + H_2SO_4 \Longrightarrow 2HN_3 + Na_2SO_4$$

$$HNO_2 + HN_3 \Longrightarrow N_2O + N_2 + H_2O$$

如果水样不存在其他氧化还原物质，则 Fe^{3+} 的消除可用磷酸代替硫酸酸化，或用 KF 掩蔽 Fe^{3+}。此法除配制碱性碘化钾-叠氮化钠溶液外，其他试剂及操作步骤同碘量法。

（2）高锰酸钾修正法　如果试样中含有亚铁离子，可用 $KMnO_4$ 将亚铁氧化，而过量的

$KMnO_4$ 用草酸盐除去，Fe^{3+} 的干扰可加 KF 将其掩蔽，但亚硫酸盐、硫代硫酸盐、有机物仍然对试样有干扰。

（3）明矾絮凝修正法 水样有色或含有藻类、悬浮物，使得在酸性介质中消耗 I_2 而干扰测定。此时用明矾絮凝剂进行吸附消除。

技能训练

一、水的 pH 测定：玻璃电极法

依据国家标准《水质 pH 的测定 玻璃电极法》GB 6920—86 规定被列为基准法。

1. 方法提要

pH 由测量电池的电动势而得。该电池通常由饱和甘汞电极为参比电极、玻璃电极为指示电极所组成。在 25℃，溶液中每变化 1 个 pH 单位，电位差改变为 59.16mV，据此在仪器上直接以 pH 的读数表示，温度差异在仪器上有补偿装置。

2. 仪器与设备

（1）酸度计或离子浓度计 常规检验使用的仪器，至少应当精确到 0.1pH 单位，pH 范围为 0～14。如有特殊需要，则应使用精度更高的仪器。

（2）玻璃电极与甘汞电极。

（3）电热恒温干燥箱。

（4）分析天平 感量 0.0001g。

（5）称量瓶 直径 50mm，高 30mm，具磨口塞。

3. 试剂与试样

（1）标准缓冲溶液（简称标准溶液）的配制方法

① 试剂和蒸馏水的质量。在分析中，除非另作说明，均要求使用分析纯或优级纯试剂。配制标准溶液所用的蒸馏水应符合下列要求：煮沸并冷却、电导率小于 $2 \times 10^{-6} S \cdot cm^{-1}$ 的蒸馏水，其 pH 以 6.7～7.3 之间为宜。

② 测量 pH 时，按水样呈酸性、中性和碱性三种可能，常配制以下三种标准溶液。

a. pH 标准溶液甲（pH＝4.008，25℃）：称取预先在 110～130℃ 干燥 2～3h 的邻苯二甲酸氢钾（$KHC_8H_4O_4$）10.12g，溶于水并在容量瓶中稀释至 1L。

b. pH 标准溶液乙（pH＝6.865，25℃）：分别称取预先在 110～130℃ 干燥 2～3h 的磷酸二氢钾（KH_2PO_4）3.388g 和磷酸氢二钠（Na_2HPO_4）3.533g，溶于水并在容量瓶中稀释至 1L。

c. pH 标准溶液丙（pH＝9.180，25℃）：为了使晶体具有一定的组成，应称取与饱和溴化钠（或氯化钠加蔗糖）溶液（室温）共同放置在干燥器中平衡两昼夜的硼砂（$Na_2B_4O_7 \cdot 10H_2O$）3.80g，溶于水并在容量瓶中稀释至 1L。

（2）校正仪器用标准溶液 当被测样品 pH 过高或过低时，应参考表 2-6 配制与其 pH 相近似的标准溶液校正仪器。

（3）标准溶液的保存

① 标准溶液要在聚乙烯瓶中密闭保存。

② 在室温条件下标准溶液一般以保存 1～2 个月为宜，当发现有浑浊、发霉或沉淀现象时，不能继续使用。

③ 在 4℃ 冰箱内存放，且用过的标准溶液不允许再倒回去，这样可延长使用期限。

（4）标准溶液的pH　标准溶液的pH随温度变化而稍有差异。一些常用标准溶液的pH见表2-7。

表 2-6　pH 标准溶液的制备

标准溶液/mol·kg^{-1}	25℃的pH	每 1000mL 25℃水溶液 所需药品量
基本标准		
酒石酸氢钾（25℃饱和）	3.557	6.4g KHC$_4$H$_4$O$_8$①
0.05 柠檬酸二氢钾	3.776	11.4g KH$_2$C$_6$H$_5$O$_7$
0.05 邻苯二甲酸氢钾	4.028	10.1g KHC$_8$H$_4$O$_4$
0.025 磷酸二氢钾＋0.025 磷酸氢二钠	6.865	3.388g KH$_2$PO$_4$＋3.533g Na$_2$HPO$_4$②③
0.008695 磷酸二氢钾＋0.03043 磷酸氢二钠	7.413	1.179g KH$_2$PO$_4$②③ 4.392g Na$_2$HPO$_4$
0.01 硼砂	9.180	3.80g Na$_2$B$_4$O$_7$·10H$_2$O③
0.025 碳酸氢钠＋0.025 碳酸钠	10.012	2.092g NaHCO$_3$＋2.640g Na$_3$CO$_3$
辅助标准		
0.05 四草酸钾	1.679	12.61g KH$_3$·(C$_2$O$_4$)$_2$·2H$_2$O④
氢氧化钙（25℃饱和）	12.454	1.5g Ca(OH)$_2$①

① 大约溶解度。

② 在 110～130℃烘干 2～3h。

③ 必须用新煮沸并冷却的蒸馏水（不含 CO$_2$）配制。

④ 别名草酸三氢钾，使用前在 54℃±3℃干燥 4～5h。

表 2-7　五种标准溶液的 pH①

t/℃	酒石酸氢钾 （25℃饱和）	邻苯二甲酸氢钾 （0.05mol·kg^{-1}）	磷酸二氢钾 （0.025mol·kg^{-1}）＋ 磷酸氢二钠 （0.025mol·kg^{-1}）	磷酸二氢钾 （0.008695mol·kg^{-1}）＋ 磷酸氢二钠 （0.03043mol·kg^{-1}）	硼砂 （0.01mol·kg^{-1}）
0		4.003	6.984	7.534	9.464
5		3.999	6.951	7.500	9.395
10		3.998	6.923	7.472	9.332
15		3.999	6.900	7.448	9.276
20		4.002	6.881	7.429	9.225
25	3.557	4.008	6.865	7.413	9.180
30	3.552	4.015	6.853	7.400	9.139
35	3.548	4.024	6.844	7.389	9.102
38	3.548	4.030	6.840	7.384	9.081
40	3.547	4.035	6.838	7.380	9.068
45	3.547	4.047	6.834	7.373	9.038
50	3.542	4.060	6.833	7.367	9.011
55	3.554	4.075	6.834		8.985
60	3.560	4.091	6.836		8.962
70	3.580	4.126	6.845		8.921
80	3.609	4.164	6.859		8.885
90	3.650	4.205	6.877		8.850
95	3.674	4.227	6.886		8.833

① 溶剂是水。

4. 样品保存

最好现场测定。否则，应在采样后把样品保持在 0～4℃，并在采样后 6h 之内进行测定。

5. 测定步骤

（1）仪器校准　操作程序按仪器使用说明书进行。先将水样与标准溶液调到同一温度，记录测定温度，并将仪器温度补偿旋钮调至该温度上。

用标准溶液校正仪器，该标准溶液与水样 pH 相差不超过 2 个 pH 单位。从标准溶液中取出电极，彻底冲洗并用滤纸吸干。再将电极浸入第二个标准溶液中，其 pH 大约与第一个标准溶液相差 3 个 pH 单位，如果仪器响应的示值与第二个标准溶液的 pH 之差大于 0.1pH 单位，就要检查仪器、电极或标准溶液是否存在问题。当三者均正常时，方可用于测定样品。

（2）样品测定　测定样品时，先用蒸馏水认真冲洗电极，再用水样冲洗，然后将电极浸入样品中，小心摇动或进行搅拌使其均匀，静置，待读数稳定时记下 pH。

二、水质溶解氧的测定：碘量法

依据国家标准《水质　溶解氧的测定　碘量法》GB/T 7489—1987 规定测定。

1. 方法提要

在样品中溶解氧与刚刚沉淀的氢氧化锰（将氢氧化钠或氢氧化钾加入到硫酸锰中制得）反应。酸化后，生成的高价锰化合物将碘化物氧化游离出等当量的碘，用硫代硫酸钠滴定法，测定游离碘量。

2. 仪器与设备

（1）250～300mL 的溶解氧瓶。

（2）25mL 或 50mL 滴定管、锥形瓶、移液管、容量瓶等。

3. 试剂与试样

（1）硫酸锰溶液　称取 480g 硫酸锰（$MnSO_4 \cdot 4H_2O$ 或 364g $MnSO_4 \cdot H_2O$）溶于水，用水稀释至 1000mL。将此溶液加到酸化过的碘化钾溶液中，遇淀粉不得产生蓝色。

（2）碱性碘化钾溶液　称取 500g 氢氧化钠溶解于 300～400mL 水中，另取 150g 碘化钾（或 135g NaI）溶于 200mL 水中，待氢氧化钠溶液冷却后，将两溶液合并，混匀，用水稀释至 1000mL。如有沉淀，则放置过夜后，倾出上清液贮于棕色瓶中。用橡胶塞塞紧，避光保存。此溶液酸化后，遇淀粉应不呈蓝色。

（3）硫酸溶液　1+5。

（4）$10g \cdot L^{-1}$ 淀粉溶液　称取 1g 可溶性淀粉用少量水调成糊状，再用刚煮沸的水冲稀至 100mL，冷却后，加入 0.1g 水杨酸或 0.4g 氯化锌防腐。

（5）$0.004167mol \cdot L^{-1}$ 重铬酸钾标准溶液　称取经 105～110℃烘干 2h 并冷却的重铬酸钾 1.2258g 溶于水，移入 1000mL 容量瓶中，用水定容。

（6）硫代硫酸钠溶液　称取 6.2g 硫代硫酸钠（$Na_2S_2O_3 \cdot 5H_2O$）溶于煮沸且冷却的水中，加入 0.2g 碳酸钠，用水稀释至 1000mL。贮于棕色瓶中，使用前用 $0.004167mol \cdot L^{-1}$ 重铬酸钾标准溶液标定。方法如下：

于 250～300mL 碘量瓶中，加入 100mL 水和 1.0g 碘化钾，加入 10.00mL $0.004167mol \cdot L^{-1}$ 重铬酸钾标准溶液和 5mL 硫酸溶液（1+5），密塞摇匀，于暗处静置 5min 后，用待标定的硫代硫酸钠溶液滴定至溶液呈淡黄色。加入 1mL 淀粉溶液，继续滴定至蓝色刚刚褪去为止，记录用量。

$$c = \frac{10.00 \times 0.004167}{V} \tag{2-4}$$

式中　c——硫代硫酸钠溶液的浓度，$mol \cdot L^{-1}$；

V——滴定时消耗硫代硫酸钠溶液的体积，mL。

4. 测定步骤

（1）溶解氧的固定　用吸管插入溶解瓶的液面下。加入 1mL 硫酸锰溶液、2mL 碱性碘化钾溶液，盖好瓶塞，颠倒混合数次，静置。待棕色沉淀物降至瓶内一半时，再颠倒混合一次，静置，待沉淀物下降到瓶底。一般在取样现场固定。

（2）析出碘　轻轻打开瓶塞，立即用吸管插入液面下加入 2.0mL 硫酸溶液（1+5）。小心盖好瓶塞，颠倒混合摇匀，至沉淀物全部溶解为止，置于暗处 5min。

（3）滴定　吸取 100mL 上述溶液于 250mL 锥形瓶中，用硫代硫酸钠溶液滴定至溶液呈淡黄色。加入 1mL 淀粉溶液，继续滴定至蓝色刚刚褪去为止，记录硫代硫酸钠溶液用量。

5. 结果计算

$$DO = \frac{8cV}{V_{水}} \times 1000 \qquad\qquad (2-5)$$

式中　DO——溶解氧，$mg \cdot L^{-1}$；

　　　c——硫代硫酸钠溶液的浓度，$mol \cdot L^{-1}$；

　　　V——滴定时消耗硫代硫酸钠溶液的体积，mL；

　　　$V_{水}$——水样的体积，mL；

　　　8——氧的换算值，$g \cdot mol^{-1}$。

6. 注意事项

本法适用于较清洁的水样。如果水样中含有氧化还原物质，或藻类、悬浮物、有色物质，就会干扰测定。例如，Fe^{3+} 能将 KI 氧化析出 I_2 而使结果偏高：

$$2Fe^{3+} + 2KI \Longleftrightarrow 2Fe^{2+} + 2K^+ + I_2$$

因此对受污染的水体和工业废水必须采用修正的碘量法。

任务 4　有机化合物的测定

知识准备

想一想　水中常见的有机化合物有哪些？

在水质分析项目中，有机污染是一个十分突出的问题。世界各地的污染以受有机物污染最为普遍，已经对水中生物、人体健康和生态平衡构成严重的威胁。

测定有机污染有两类：一类是测定总有机污染物，可以采用直接测定法（如总有机碳、总有机氮），也可以测定与有机物反应的氧化剂的量，间接反映有机污染物的含量（如生化需氧量、化学需氧量等）；另一类是测定某具体的有机污染物（如酚类、油类、有机磷农药）。

有机污染物种类繁多，组成和含量变化大，因此很多是条件性指标，必须严格控制测量条件，并注明所采用的方法。本节着重讲述化学需氧量的测定方法。

化学需氧量（COD）是在一定条件下，用氧化剂滴定水样时所消耗的量。水中被还原的物质主要有各种有机物（如有机酸、腐殖酸、脂肪酸、石油类化合物、可溶性淀粉等），以及还原性无机物质（如亚硝酸盐、亚铁盐、硫化物等）。在河流污染和工业废水性质的研究以及废水处理厂的运行管理中，它是一个重要的而且能较快测定的有机物污染参数，常以符号 COD 表示。与另一重要有机物污染参数 BOD_5（五日生化需氧量）相比，其测定方法有不受水质限制的优点。当废水只含容易降解的有机物时，试样的化学需氧量约等于它的有机物碳素总生化需氧量。

因为一般有机物无机化的最终产物是二氧化碳、氨和水，所以在理论上有机物的化学需氧量是可以按分子式计算的。但是，在实际测定中，并不是全部有机物都氧化了的，被氧化的有机物的量取决于有机物的结构、所用氧化剂的性质和测定的操作条件。

以往常用高锰酸钾为氧化剂，有机物的氧化很不完全，所得参数常称耗氧量，其值常低于五日生化需氧量。当然耗氧量也可称化学需氧量，但应注明，例如，采用符号 COD_{Mn}。水样加重铬酸钾和硫酸，并加热沸腾时，绝大多数有机物能被氧化，所以近年来一般采用重铬酸盐法测定化学需氧量，采用符号 COD_{Cr}。COD 是衡量水中有机物相对含量的指标之一。由于氧化时受氧化剂的种类、浓度、温度、时间及催化剂的影响，因此 COD 是一个条件性指标。

采用 $K_2Cr_2O_7$ 作为氧化剂称为重铬酸钾法（COD_{Cr}），此法现在已作为测定化学需氧量的标准方法。采用 $KMnO_4$ 作为氧化剂的方法以往称为高锰酸钾法（COD_{Mn}），现在改称高锰酸钾指数，它也被作为水中还原性有机物质和无机物质污染程度的综合指标。但在此条件下，只有部分有机物被氧化并非理论上的需氧量，不能反映水体中有机物的总量。因此，对于同一水样，用 COD_{Cr} 法与 COD_{Mn} 法测得的结果不一定相同。

在实际工作中，对于比较清洁的地面水、饮用水都采用高锰酸钾法，但对于工业废水则必须采用重铬酸钾法。化学需氧量以 $mg \cdot L^{-1}$ 表示。

技能训练

化学需氧量的测定：重铬酸盐法

依据国家标准《水质　化学需氧量的测定　重铬酸盐法》GB 11914—89 规定被列为基准法。

1. 方法提要

在强酸性溶液中，准确加入过量的重铬酸钾标准溶液，加热回流，将水样中还原性物质（主要是有机物）氧化，过量的重铬酸钾以试亚铁灵作指示剂，用硫酸亚铁铵标准溶液回滴，根据所消耗的重铬酸钾标准溶液量来计算水样化学需氧量。

2. 仪器与设备

（1）500mL 全玻璃回流装置。

（2）加热装置（电炉）。

（3）25mL 或 50mL 酸式滴定管、锥形瓶、移液管、容量瓶等。

3. 试剂与试样

（1）$c\left(\dfrac{1}{6}K_2Cr_2O_7\right)=0.2500mol \cdot L^{-1}$ 重铬酸钾标准溶液　称取预先在 120℃ 烘干 2h 的基准或优质纯重铬酸钾 12.258g 溶于水中，移入 1000mL 容量瓶，稀释至标线，摇匀。

（2）$c\left(\dfrac{1}{6}K_2Cr_2O_7\right)=0.0250mol \cdot L^{-1}$ 重铬酸钾标准溶液　将 0.2500mol·L⁻¹ 重铬酸钾标准溶液稀释 10 倍而成。

（3）试亚铁灵指示液　称取 1.485g 邻菲啰啉（$C_{12}H_8N_2 \cdot H_2O$）和 0.695g 硫酸亚铁

（FeSO$_4$·7H$_2$O）溶于水中，稀释至 100mL，贮于棕色瓶中

（4）硫酸亚铁铵标准溶液　$c[(NH_4)_2Fe(SO_4)_2·6H_2O] \approx 0.1mol·L^{-1}$。称取 39.5g 硫酸亚铁铵溶于水中，边搅拌边缓慢加入 20mL 浓硫酸，冷却后移入 1000mL 容量瓶中，加水稀释至标线，摇匀。临用前，用重铬酸钾标准溶液标定。标定方法如下：

准确吸取 10.00mL 0.2500mol·L^{-1} 重铬酸钾标准溶液于 500mL 锥形瓶中，加水稀释至 110mL 左右，缓慢加入 30mL 浓硫酸（$\rho = 1.84g·mL^{-1}$），摇匀。冷却后，加入 3 滴试亚铁灵指示液（约 0.15mL），用硫酸亚铁铵溶液滴定，溶液的颜色由黄色经蓝绿色至红褐色即为终点。

$$c = \frac{0.2500 \times 10.00}{V} \tag{2-6}$$

式中　c——硫酸亚铁铵标准溶液的浓度，mol·L^{-1}；

V——硫酸亚铁铵标准溶液的用量，mL。

（5）硫酸-硫酸银溶液　于 500mL 浓硫酸中加入 5g 硫酸银，放置 1～2d，不时摇动使其溶解。

（6）硫酸汞　结晶或粉末。

4. 测定步骤

（1）取 20.00mL 混合均匀的水样（或适量水样稀释至 20.00mL）置于 250mL 磨口的回流锥形瓶中，准确加入 10mL 重铬酸钾标准溶液及数粒小玻璃珠或沸石，连接磨口回流冷凝管，从冷凝管上口慢慢地加入 30mL 硫酸-硫酸银溶液，轻轻摇动锥形瓶使溶液混匀，加热回流 2h（自开始沸腾计时）。

对于化学需氧量高的废水样，可先取上述操作所需体积的 1/10 的废水样和试剂于 15mm×150mm 硬质玻璃试管中，摇匀，加热后观察是否呈绿色。如果溶液呈绿色，再适当减少废水取样量，直至溶液不变绿色为止，从而确定废水样分析时应取用的体积。稀释时，所取废水样量不得少于 5mL，如果化学需氧量很高，则废水样应多次稀释。废水中氯离子含量超过 30mg·L^{-1} 时，应先把 0.4g 硫酸汞加入回流锥形瓶中，再加入 20.00mL 废水（或适量废水稀释至 20.00mL），摇匀。

（2）冷却后，用 90.00mL 水冲洗冷凝管壁，取下锥形瓶。溶液总体积不得少于 140mL，否则因酸度太大，滴定终点不明显。

（3）溶液再度冷却后，加 3 滴试亚铁灵指示液，用硫酸亚铁铵标准溶液滴定，溶液的颜色由黄色经蓝绿色至红褐色即为终点，记录硫酸亚铁铵标准溶液的用量。

（4）测定水样的同时，取 20.00mL 重蒸馏水，按同样操作步骤做空白实验。记录滴定空白时硫酸亚铁铵标准溶液的用量。

5. 结果计算

$$COD_{Cr} = \frac{c(V_1 - V_2) \times 8000}{V_0} \tag{2-7}$$

式中　c——硫酸亚铁铵标准溶液的浓度，mol·L^{-1}；

V_1——滴定空白时硫酸亚铁铵标准溶液用量，mL；

V_2——滴定水样时硫酸亚铁铵标准溶液用量，mL；

V_0——水样的体积，mL；

8000——$\frac{1}{4}$O$_2$ 的摩尔质量，以 mg·L^{-1} 为单位的换算单位。

知识链接

1. 水质分析仪

WQ-2 型水质多参数分析仪（见图 2-2）运用多种分析方法，配备集成有五种传感器的探头，可现场快速一次测定水中的温度、pH、溶解氧、电导、氧化还原电位五项参数，其结果经 4 位 LED 数显表头直接显示，无须换算，是保护水源、检查水质是否符合标准的理想工具。仪器具有直观方便、操作简便、重量轻、体积小等特点。特别适合于现场测试，广泛应用于环保、水文、化工、水产养殖、自来水厂、污水处理和高校实验室等部门。

2. 水质 COD 在线监测仪

TethysUV 水质 COD 在线监测仪（见图 2-3）基于紫外光谱法测量原理。流通池中的水路被氙灯的紫外光照射，紫外光的某些组分通过流通池而被吸收，从而进行分析。然后，根据朗伯-比耳（Lambert-Beer）定律，以不饱和有机分子在其特征波长（COD 在 UV254nm，NO_3 在 UV220nm，色度在 UV350nm）的吸收为基础，测量出这种光的吸收量。适用范围：水及污水处理、进水口、出水口等检测。

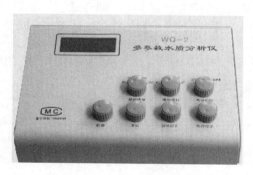

图 2-2　WQ-2 型水质多参数分析仪

图 2-3　TethysUV 水质 COD 在线监测仪

内容小结

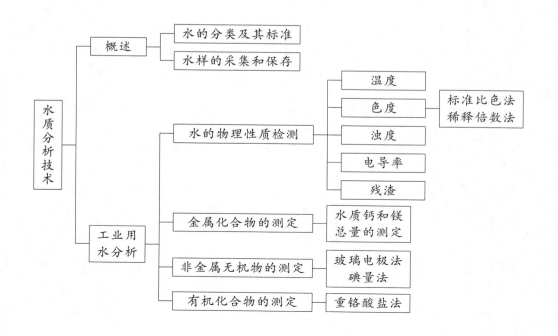

项目二　工／业／用／水／分／析

1. 为什么要进行水质分析？

2. 什么是水质？什么是水质指标？水质标准有哪些类别？

3. 常见水质分析的方法有哪些？水质分析主要用到哪些仪器分析法？

4. 水样的采集中对采样量、采样器有何要求？怎样采集和保存水样？

5. 什么是水的色度？其测定方法有哪些？如何测定？

6. 什么是浊度？如何用分光光度法测定水的浊度？

7. 怎样用电导率仪测定水的电导率？

8. 水的碱度指什么？采用双指示剂测定有哪些情况？用单指示剂（甲基橙）测定出来的为什么就是总碱度？

9. 什么是水的硬度？如何划分硬水和软水？水硬度的测定方法有哪些？ 如何测定？

10. 总铬和六价铬的测定原理分别是什么？六价铬显色条件如何控制？试简述用二苯碳酰二肼分光光度法测定水中铬的基本原理。

11. 如何用酸度计测定水的 pH？

12. 什么是水的溶解氧？如何用碘量法测定水的溶解氧？

13. 什么是化学需氧量？如何用重铬酸钾法测定化学需氧量？

化工产品质量分析技术

知识目标

1. 了解化工生产分析的任务和作用。
2. 了解工业硫酸、碳酸钠的生产工艺及技术指标。
3. 掌握工业硫酸、碳酸钠的主要技术指标的测定方法。

能力目标

1. 能应用所学知识和技能，选择标准方法测定化工产品中主要组分及杂质的含量。
2. 能够解读国家标准，根据检验结果判定化工产品的质量等级。

情境引入

想一想 化工产品的分类及其分析的任务是什么？

化工产品品种繁多，一般可分为有机化工产品和无机化工产品两大类，在国民经济中占有十分重要的地位。化工产品生产的各个环节，根据生产的任务和要求不同，分析的目的也各不相同。化工生产分析主要是对化工产品生产过程中的原料、中间产品及最终产品的分析，用以评定原料和产品的质量，检查工艺过程是否正常，及时发现、消除生产的缺陷，减少废品，正确指导生产，提高产品质量。

项目一 概述

一、原料分析

化工原料是化工生产加工的对象，可以是原始矿物或其他企业的产品等。企业可以根据生产工艺要求选择原料，或根据原料的组成确定生产工艺。对以原始矿物为原料的分析，主要是确定原料的主要成分是否符合生产工艺的要求，以及所含杂质对生产工艺的影响等。用其他企业的产品作为原料时，其质量指标要符合相关标准的规定，检验方法也必须按相关技术标准进行。原料的分析结果应送交企业质检部门和生产指挥控制部门，以确定生产工艺条件和投料配比等，确保生产的正常进行。

二、中间控制分析

对化工生产中间产品的分析称为中间控制分析，简称为中控分析。对中间产品没有质量指标的限制，只需符合生产工艺的要求，对分析结果的精度要求相对较低，但要求在较短时间内获得分析结果。所以，常用快速化学分析方法。现代化的化工企业更多的是采用自动分析仪器进行在线分析，即通过网络系统和计算机处理系统，将各分析控制点获得的数据发送到控制中心，并由控制中心根据分析结果进行处理，将处理结果及时反馈到各个生产控制点，自动调整工艺条件和参数，完成自动化生产。该现代化的分析方法是工业分析发展的趋势。

三、产品质量分析

化工产品质量分析是对产品中相关技术指标进行分析测定，一般包括两大任务：一是对主成分进行测定；二是对杂质含量、外观和物理指标进行检验。常见的杂质分析项目主要有水分、氯化物、硫酸盐、铁、砷及水不溶物等；常见的物理指标主要有浊度、色度、熔点、沸点、密度等。

化工产品的质量指标有严格限制，应符合国家或行业等技术标准的规定。对主成分的分析，必须采用标准分析法，精确度要求较高。对杂质的分析，也应按技术标准规定的方法进行。对不同的分析项目有不同的精度要求，有些分析项目因含量较低，对项目的控制指标以不超过某一标准值为目的，故称为限量分析。尽管杂质的实际含量很小，但和主成分含量测定具有同样重要的作用。若主成分含量达到标准规定的要求，但只要有一项杂质含量不能达到标准规定的要求，同样判为不合格产品。

化工产品的种类繁多，以下主要介绍硫酸、碳酸钠的生产分析。

工业硫酸的生产分析

任务1 工业硫酸的原料分析

知识准备

查一查　我国硫酸生产的现状如何？

硫酸是化学工业重要的原料之一，广泛应用于化工、轻工、纺织、冶金、染料、石油化工和医药等行业生产。硫酸在化肥方面的消费量约占其总消费量的70%。因此，化肥工业的发展直接影响硫酸行业的发展。

一、硫酸生产工艺简介

硫酸在工业上主要采用接触法生产，其工艺流程因采用的原料种类而异。接触法生产硫酸的原料主要有黄铁矿、硫黄、冶炼烟气等，我国一直以黄铁矿为主要原料。

1. 黄铁矿制酸

将黄铁矿原料处理后，加入沸腾焙烧炉，通入空气进行氧化焙烧，产生的二氧化硫气体经净化后进入转化器转化为三氧化硫，再经98.3%硫酸吸收，即得成品硫酸。其反应式为：

$$4FeS_2 + 11O_2 \longrightarrow 8SO_2 + 2Fe_2O_3$$
$$2SO_2 + O_2 \longrightarrow 2SO_3$$
$$SO_3 + H_2O \longrightarrow H_2SO_4$$

2. 硫黄制酸

将硫黄熔融、焚烧产生二氧化硫气体，经废热锅炉、过滤器，再通入空气氧化转化为三氧化硫，经冷却、98.3%硫酸吸收，制得成品硫酸。其反应式为：

$$S + O_2 \longrightarrow SO_2$$
$$2SO_2 + O_2 \longrightarrow 2SO_3$$
$$SO_3 + H_2O \longrightarrow H_2SO_4$$

3. 冶炼烟气制酸

利用有色金属冶炼时产生的二氧化硫烟气为原料，将其中的二氧化硫通过转化器转化为三氧化硫，再经 98.3% 硫酸吸收，制得成品硫酸。其反应式为：

$$2SO_2 + O_2 \longrightarrow 2SO_3$$

$$SO_3 + H_2O \longrightarrow H_2SO_4$$

硫酸生产分析的主要对象是原料矿石、矿渣、中间气体及成品硫酸。主要分析项目有：矿石中有效硫、总硫、砷、氟含量等；矿渣中有效硫含量；净化前后和转化前后气体中二氧化硫、三氧化硫含量；成品硫酸的质量分析等。

二、原料矿石和矿渣中硫的测定

矿石中的硫主要以 FeS_2 形态和 $Fe_2(SO_4)_3$ 形态存在，前者经焙烧能转化为二氧化硫，对硫酸生产有实际意义，因此称为有效硫。而后者不能转化为二氧化硫，二者之和称为总硫。由于在焙烧过程中，会有少量的有效硫转化为硫酸根，这部分转化在进行物料计算时应该考虑，因此有必要对有效硫和总硫分别进行测定。

1. 有效硫的测定

试样在 850℃ 空气流中燃烧，使硫转变为二氧化硫气体逸出，用过氧化氢溶液吸收并将二氧化硫氧化为硫酸，以甲基红-亚甲基蓝作指示剂，用氢氧化钠标准溶液滴定，根据消耗的氢氧化钠标准溶液的量计算出试样中硫的含量。反应式为：

$$4FeS_2 + 11O_2 \longrightarrow 2Fe_2O_3 + 8SO_2 \uparrow$$

$$SO_2 + H_2O_2 \longrightarrow H_2SO_4$$

$$H_2SO_4 + 2NaOH \longrightarrow Na_2SO_4 + 2H_2O$$

2. 总硫的测定

测定总硫的含量通常采用硫酸钡重量法。根据试样分解的方法可分为烧结分解-硫酸钡沉淀重量法和逆王水溶解-硫酸钡沉淀重量法。

（1）烧结分解-硫酸钡沉淀重量法　取一定量的黄铁矿或矿渣试样与烧结剂（$Na_2CO_3 + ZnO$）混合，烧结后试样中的硫转化为硫酸盐，与原来的硫酸盐一起用水浸取后进入溶液。在碱性条件下，用中速滤纸滤除大部分氢氧化物和碳酸盐。再在酸性溶液中用氯化钡溶液沉淀硫酸盐，经过滤、洗涤、干燥后，得到硫酸钡称量形式，称量，由此可计算试样中总硫的质量分数。

（2）逆王水溶解-硫酸钡沉淀重量法　取一定量的黄铁矿或矿渣试样经逆王水（3 体积的浓硝酸和 1 体积的浓盐酸混合）溶解后，其中硫化物中的硫被氧化为硫酸，同时硫酸盐被溶解。为了防止单质硫的析出，溶解时可加入一定量的氧化剂氯酸钾，使单质硫转化为硫酸。用氨水沉淀分离铁盐后，加入氯化钡，将 SO_4^{2-} 沉淀为硫酸钡，沉淀经过滤、洗涤、干燥、称量，由称得硫酸钡的质量即可计算试样中总硫含量。相关反应式为：

$$FeS_2 + 5HNO_3 + 3HCl \longrightarrow 2H_2SO_4 + FeCl_3 + 5NO \uparrow + 2H_2O$$

$$S + KClO_3 + H_2O \longrightarrow H_2SO_4 + KCl$$

$$FeCl_3 + 3NH_3 \cdot H_2O \longrightarrow Fe(OH)_3 \downarrow + 3NH_4Cl$$

$$H_2SO_4 + BaCl_2 \longrightarrow BaSO_4 \downarrow + 2HCl$$

技能训练

矿石中有效硫的测定：燃烧中和法

依据国家标准《硫铁矿和硫精矿中有效硫含量的测定　燃烧中和法》GB/T 2462—1996

规定测定。

适用于硫铁矿和硫精矿产品中有效硫含量大于 10％的测定。

1. 仪器

测定装置如图 3-1 所示。

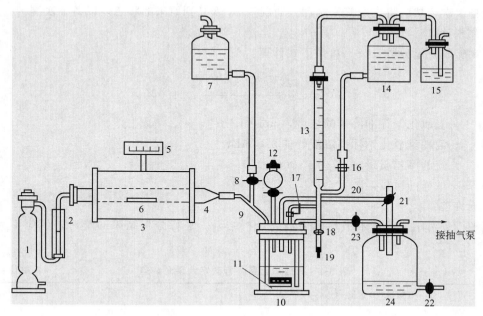

图 3-1　有效硫含量测定装置

1—气体干燥塔；2—转子流量计；3—管式电炉；4—燃烧管；5—温度控制器；6—瓷舟；
7—去离子水贮瓶；8，21～23—二通旋塞；9—冲洗支管；10—吸收瓶；11—气体洗涤器；
12—分液漏斗；13—碱式滴定管；14—氢氧化钠标准溶液贮瓶；15—气体净化瓶；
16～18—玻璃珠滴液开关；19—碱液排放管；20—抽气管；24—废液贮瓶（缓冲瓶）

2. 试剂

(1) 氢氧化钠溶液　$c(NaOH) = 0.1 mol \cdot L^{-1}$。

(2) 过氧化氢溶液　3％（体积分数）。

(3) 甲基红-亚甲基蓝混合指示液　$2g \cdot L^{-1}$ 甲基红的乙醇溶液和 $1g \cdot L^{-1}$ 亚甲基蓝的乙醇溶液等体积混合，贮于棕色瓶内。

3. 测定步骤

(1) 如图 3-1 所示，在抽气的情况下，从分液漏斗加入 60～70mL 水，关闭漏斗旋塞，将空气流量调节至 0.8L · min⁻¹ 左右，然后封闭干燥塔进气口，此时从洗涤器逸出的气泡逐渐减少至停止，说明装置不漏气。

(2) 关闭二通旋塞 23，打开二通旋塞 8，使二氧化硫吸收器与缓冲瓶 24 连通。将炉升温，在抽气的情况下由分液漏斗注入 20mL 过氧化氢溶液（3％）、5～7 滴混合指示剂和80mL 水，当炉温升至 850℃时，滴加氢氧化钠溶液以中和过氧化氢吸收液，至溶液恰好变为亮绿色不变为止。然后切断燃烧炉电源，将氢氧化钠标准溶液调整到滴定管零刻度处。

(3) 称取分析试样硫铁矿 0.2g（通过 $150 \mu m$ 筛，于 100～105℃干燥至恒重，置于干燥器中冷却至室温），精确至 0.001g，平铺于瓷舟中。调节空气流量为 0.8L · min⁻¹，在炉温升至 400℃时，将盛有样品的瓷舟送入燃烧管中部高温处，立即塞上塞子，使其在 450℃条件下燃烧 5～10min。在燃烧过程中随时用氢氧化钠标准溶液（0.1mol·L⁻¹）滴定。然后逐渐升温至 850℃，并在此温度下保持 5min。试样燃烧完全后，用水冲洗 3 次（每次 5mL），继续以氢氧化钠标准溶液滴定至溶液由紫红色恰好变为亮绿色为终点。

（4）关闭二通旋塞 8，打开二通旋塞 23，抽出吸收器内废液，使其进入废液贮瓶 24 中，用水洗涤 3 次，然后将二通旋塞 8 和二通旋塞 23 恢复到原来的状态，以备下次测定。

4. 结果计算

有效硫的质量分数 $w(S)$ 可按下式计算：

$$w(S) = \frac{\frac{1}{2}cVM(S) \times 10^{-3}}{m} \times 100\% \tag{3-1}$$

式中　c——氢氧化钠标准溶液的浓度，mol·L⁻¹；

　　V——消耗氢氧化钠标准溶液的体积，mL；

　$M(S)$——硫的摩尔质量，32.07g·mol⁻¹；

　　m——试样的质量，g。

5. 允许差

取平行分析结果的算术平均值为最终分析结果。平行分析结果的绝对差值应不大于表 3-1 所列允许差。

表 3-1　有效硫含量平行测定结果允许差　　　　　　　　　　　　　单位：%

有效硫(S)含量	允许差
≤20.00	0.30
20.00～30.00	0.40
30.00～40.00	0.50
>40.00	0.60

任务 2　生产过程中净化气和转化气的测定

知识准备

查一查　气体二氧化硫的测定方法。

在硫酸生产中，焙烧炉出口气及尾气中都含有一定量的二氧化硫和三氧化硫气体，二氧化硫的测定，是控制整个硫酸生产过程的主要环节之一。测定焙烧炉气中二氧化硫含量可检验焙烧炉的运转情况，据此对转化炉的工艺条件进行调整，以获得较高的转化率。测定转化炉出口气（转化气）中二氧化硫和三氧化硫的含量，既可确定二氧化硫的转化率，也是检验转化炉运转正常与否的依据。

一、二氧化硫的测定

在反应管中放置一定量的碘标准溶液和淀粉溶液，将含有二氧化硫的混合气通入后，二氧化硫被碘氧化为硫酸，其反应式为：

$$SO_2 + I_2 + 2H_2O \longrightarrow H_2SO_4 + 2HI$$

当碘标准溶液作用完毕时，溶液的蓝色消失，将其余气体收集于量气管中，根据碘标准溶液的用量和余气的体积，即可计算出被测气体中二氧化硫的含量。

二、三氧化硫的测定

炉气通过润湿的脱脂棉球，三氧化硫和二氧化硫均生成酸雾而被捕集，用水溶解被捕集的酸雾，用碘标准溶液滴定亚硫酸，再用氢氧化钠标准溶液滴定溶液中的总酸量，从而计算出三氧化硫的含量。

$$SO_2 + H_2O \longrightarrow H_2SO_3$$

$$SO_3 + H_2O \longrightarrow H_2SO_4$$

$$H_2SO_3 + I_2 + H_2O \longrightarrow H_2SO_4 + 2HI$$

$$H_2SO_4 + 2NaOH \longrightarrow Na_2SO_4 + 2H_2O$$

技能训练

净化气或转化气中二氧化硫的测定：碘-淀粉溶液吸收法

1. 仪器

二氧化硫的测定装置如图 3-2 所示。

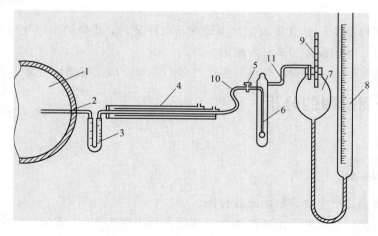

图 3-2　二氧化硫的测定装置

1—气体管道（横截面）；2—取样管；3—过滤管；4—冷凝管；
5—旋塞；6—反应管；7—吸气瓶；8—量气管；
9—温度计；10，11—导气管

2. 试剂

(1) 碘标准溶液　$c(I_2) = 0.1\ mol \cdot L^{-1}$。

(2) 淀粉溶液　$5\ g \cdot L^{-1}$。

(3) 封闭液　氯化钠饱和溶液，含有少量硫酸及甲基橙指示剂，显红色。

3. 测定步骤

(1) 精确移取 $0.1\ mol \cdot L^{-1}$ 碘标准溶液于反应管中，加入 $5\ g \cdot L^{-1}$ 淀粉溶液 2mL，稀释至反应管高度的 3/5 处，拆开导气管 10 及 11，分别和反应管的入口及出口连接。小心上下移动量气管，至管内液面和吸收瓶内液面在同一水平线上，记录量气管液面刻度。

（2）打开旋塞，缓缓降低量气管，使分析气体以每秒2～3个气泡的速度通过仪器系统，直至反应管中溶液蓝色恰好褪去，立即关闭旋塞，使量气管和吸气瓶的液面处于同一水平线上，记录量气管液面刻度、气体温度和大气压力。

4. 结果计算

以体积分数 φ 表示二氧化硫含量，其计算公式如下：

$$\varphi(SO_2) = \frac{cV \times 21.98}{V_t \times \dfrac{p - p_w}{p_s} \times \dfrac{273}{273 + t} + cV \times 21.98} \tag{3-2}$$

式中　c——碘标准溶液的浓度，$mol \cdot L^{-1}$；

$\quad\quad V$——碘标准溶液的体积，mL；

$\quad\quad V_t$——吸收后剩余气体体积，mL；

$\quad\quad p$——大气压力，Pa；

$\quad\quad p_w$——t℃时水的饱和蒸气压，Pa；

$\quad\quad p_s$——标准大气压，Pa；

$\quad\quad t$——气体温度，℃；

21.98——在标准状况下，1mmol SO_2 气体的体积，mL。

5. 讨论

（1）应根据样品中 SO_2 含量确定试剂浓度和取样量，如焙烧炉出口气中 SO_2 含量较高，则应减少取样量，使用较浓的碘标准溶液。

（2）对于温度较高、含粉尘较多的生产气体，必须冷却、过滤后再测定。

任务3 产品硫酸的分析

知识准备

查一查　我国硫酸生产分析的最新标准。

工业硫酸分为浓硫酸和发烟硫酸两类，其质量标准见表3-2，质量标准中的各项指标为测定项目，以下简单介绍有关项目的测定方法。

表3-2　**工业硫酸的质量标准**（GB/T 534—2014）

项　目		指　标					
		浓硫酸			发烟硫酸		
		优等品	一等品	合格品	优等品	一等品	合格品
硫酸（H_2SO_4）的质量分数/%	≥	92.5 或 98.0	92.5 或 98.0	92.5 或 98.0	—	—	—
游离三氧化硫（SO_3）质量分数/%	≥	—	—	—	20.0 或 25.0	20.0 或 25.0	20.0 或 25.0 或 65.0
灰分的质量分数/%	≤	0.02	0.03	0.10	0.02	0.03	0.10
铁（Fe）的质量分数/%	≤	0.005	0.010	—	0.005	0.010	0.030

项　目	指　标					
	浓硫酸			发烟硫酸		
	优等品	一等品	合格品	优等品	一等品	合格品
砷(As)的质量分数/% ≤	0.0001	0.001	0.01	0.0001	0.0001	—
汞(Hg)的质量分数/% ≤	0.001	0.01	—	—	—	—
铅(Pb)的质量分数/% ≤	0.005	0.02	—	0.005	—	—
透明度/mm ≥	80	50	—	—	—	—
色度	不深于标准色度	不深于标准色度	—	—	—	—

注：指标中的"—"表示该类产品的技术要求中没有此项目。

一、硫酸含量的测定

以甲基红-亚甲基蓝为指示剂，用氢氧化钠标准溶液中和滴定，即可计算出硫酸含量。反应式如下：

$$H_2SO_4 + 2NaOH \longrightarrow Na_2SO_4 + 2H_2O$$

二、发烟硫酸中游离三氧化硫的测定

将样品溶于水后，以甲基红-亚甲基蓝为指示剂，用氢氧化钠标准溶液滴定，求出硫酸的总量。然后通过计算求出发烟硫酸中游离的 SO_3 的质量分数。反应式如下：

$$SO_3 + H_2O \longrightarrow H_2SO_4$$
$$H_2SO_4 + 2NaOH \longrightarrow Na_2SO_4 + 2H_2O$$

三、灰分的测定

灰分是指溶解在硫酸中的金属盐类经蒸发灼烧后而留下来的残渣。测定时称量 $25\sim50g$ 试样，置于 $800℃\pm50℃$ 灼烧恒重的石英皿（$60\sim100mL$）中，精确到 $0.01g$，在沙浴或可调温电炉上小心加热蒸发至干，移入高温炉 $800℃\pm50℃$ 内，在 $800℃\pm50℃$ 温度下灼烧 $15min$。取出石英皿，稍冷后置于干燥器中，冷却至室温后称量，精确至 $0.0001g$。

四、铁含量的测定

将试样蒸干后的残渣用盐酸溶解，用盐酸羟胺还原溶液中的三价铁，在 pH 为 $2\sim9$ 的范围内，二价铁离子与邻二氮菲反应生成橙色配合物，在 $510nm$ 波长处测定吸光度。

五、砷含量的测定

硫酸中的砷是由原料矿石引入的，大部分已经在生产中除去，因此成品硫酸中砷的含量很低。由于砷有剧毒，因此用于食品或医药生产的硫酸要求含砷量不得高于 0.00001%。

在硫脲-抗坏血酸存在下，试液中的五价砷预还原为三价砷。在酸性介质中，硼氢化钾还原生成砷化氢，由氩气作为载气将其导入原子化器中分解为原子态砷。以空心阴极灯作激发光源，基态砷原子被激发至高能态，在去活化回到基态时，发射出特征波长的荧光，其荧光强度在一定范围内与被测溶液中的砷浓度成正比，与标准系列比较可测出样品中砷含量。

六、铅含量的测定

试料蒸干后，残渣溶解于稀硝酸中，用原子吸收分光光度计，在波长为 $283.3nm$ 处，以空气-乙炔火焰测定铅的吸光度，用标准曲线法计算测定结果，硫酸中的杂质不干扰测定。

七、汞含量的测定

试料中的汞，用高锰酸钾氧化成二价汞离子。用盐酸羟胺还原过量的氧化剂，加入盐酸羟胺和 EDTA 消除铜和铁的干扰。在 pH 为 0～2 范围内，双硫腙与汞离子反应生成橙色螯合物，用三氯甲烷溶液萃取后，在 490nm 处测量萃取溶液的吸光度。

八、透明度的测定

将盛满试样的透视管置于光源的方格色板上，从液面上方观察方格的轮廓，并从排液口小心放出试样，直至能清晰辨别方格并黑白分明，停止排放，记录试样的液面高度值。取测得的试样液面的高度值为透明度的测定结果。

九、色度的测定

向一支 50mL 比色管中加入 20mL 试样，目视比较试样和标准溶液比色管的色度，试样色度不深于标准色度为合格。

🔧 技能训练

一、硫酸含量的测定和发烟硫酸中游离三氧化硫质量分数的计算

依据国家标准《工业硫酸》GB/T 534—2014。

1. 仪器与设备

玻璃安瓿球　容积 2～3mL，球部直径约为 15mm，毛细管长度约为 45mm。

2. 试剂与试样

（1）氢氧化钠标准滴定溶液　$c(NaOH) = 0.5mol \cdot L^{-1}$。

（2）甲基红-亚甲基蓝混合指示剂　将亚甲基蓝乙醇溶液（$1g \cdot L^{-1}$）与甲基红乙醇溶液（$1g \cdot L^{-1}$）按 1：2 体积比混合。

3. 测定步骤

（1）浓硫酸试样溶液的制备　用已称量的带磨口盖的小称量瓶，称取约 0.7g 试样（精确至 0.0001g），小心移入盛有 50mL 水的 250mL 锥形瓶中，冷却至室温，备用。

（2）发烟硫酸试样溶液的制备

① 将安瓿球称重（精确至 0.0001g），在微火上烤热球部，迅速将该球的毛细管插入试样中，吸入约 0.4～0.7g 试样，立即用火焰将毛细管顶端烧结封闭，并用小火将毛细管外壁所沾上的酸液烤干，再称量，精确到 0.0001g。

② 将上述称量的安瓿球放入盛有 100mL 水的 500mL 具塞锥形瓶中，塞紧瓶塞，用力振摇以粉碎安瓿球，继续振摇直至雾状三氧化硫气体消失，打开瓶塞，用水冲洗瓶塞，再用玻璃棒轻轻压碎安瓿球的毛细管，用水冲洗瓶颈及玻璃棒，将溶液摇匀备用。

（3）滴定

① 于浓硫酸试样溶液中，加入 2～3 滴甲基红-亚甲基蓝混合指示剂，用氢氧化钠标准溶液滴定至溶液呈灰绿色即为终点。

② 于发烟硫酸试样溶液中，加入 2～3 滴甲基红-亚甲基蓝混合指示剂，用氢氧化钠标准溶液滴定至溶液呈灰绿色即为终点。

4. 结果计算

（1）工业硫酸中硫酸的质量分数 w_1 可按式(3-3) 计算：

$$w_1 = \frac{cVM}{m \times 1000} \times 100\%$$ (3-3)

式中 c——氢氧化钠标准滴定溶液的浓度，$mol \cdot L^{-1}$；

V——滴定耗用的氢氧化钠标准滴定溶液体积，mL；

M——$\frac{1}{2}H_2SO_4$ 的摩尔质量（49.04），$g \cdot mol^{-1}$；

m——试样质量，g。

取平行测定结果的算术平均值作为测定结果。

（2）发烟硫酸中游离三氧化硫的质量分数 w_2 可按式（3-4）计算：

$$w_2 = 4.444(w_1 - 1) \times 100\%$$ (3-4)

式中 w_1——按式（3-3）计算的发烟硫酸中硫酸的质量分数；

4.444——游离三氧化硫含量的换算系数。

5. 允许差

浓硫酸中硫酸含量平行测定结果允许绝对偏差不大于 0.20%，发烟硫酸中游离三氧化硫含量平行测定结果允许绝对偏差不大于 0.60%。

二、产品硫酸中铁含量的测定：邻菲罗啉分光光度法

依据国家标准《工业硫酸》GB/T 534—2014 为仲裁法。

1. 仪器与设备

分光光度计。

2. 试剂与试样

（1）硫酸溶液 1+1。

（2）盐酸溶液 1+10。

（3）盐酸羟胺溶液 $10g \cdot L^{-1}$。

（4）乙酸-乙酸钠缓冲溶液 $pH = 4.5$。

（5）邻菲罗啉盐酸溶液 $1g \cdot L^{-1}$。称取 0.1g 邻菲罗啉溶于少量水中，加入 0.5mL 盐酸溶液（1+10），溶解后用水稀释至 100mL，避光保存。

（6）铁标准溶液Ⅰ $0.100mg \cdot mL^{-1}$。称取 0.8635g 的硫酸铁铵（精确至 0.0001g），溶解于 200mL 水中，移至 1000mL 容量瓶中，加入 5mL 浓盐酸，用水稀释至刻度，摇匀。

（7）铁标准溶液Ⅱ $0.010mg \cdot mL^{-1}$。吸取 $0.100mg \cdot mL^{-1}$ 铁标准溶液 10.0mL 于 100mL 容量瓶中，用水稀释至刻度，摇匀。此溶液使用时现配。

3. 测定步骤

（1）试液的制备 称取 10～20g 试样（精确至 0.01g）置于 50mL 烧杯中，在沙浴（或可调电炉）上蒸发至干，冷却，加入 2mL 盐酸（1+10）和 25mL 水，加热使其溶解，移入 100mL 容量瓶中，用水稀释至刻度，摇匀，备用。

（2）标准曲线的绘制

① 取 10 个 50mL 容量瓶，按表 3-3 所示，分别加入 $0.010mg \cdot mL^{-1}$ 铁标准溶液。

表 3-3　铁标准显色溶液的配制

编　号	1	2	3	4	5
铁标准溶液的体积/mL	0	2.50	5.00	7.50	10.00
铁的质量/μg	0	25.0	50.0	75	100

对每一个容量瓶中的溶液作下述处理：加水至约 25mL，加入 $10g \cdot L^{-1}$ 盐酸羟胺溶液 2.5mL、乙酸-乙酸钠缓冲溶液（pH＝4.5）5mL，5min 后加 $1g \cdot L^{-1}$ 邻菲罗啉溶液 5mL，用水稀释至刻度，摇匀，放置 15～30min，显色。

② 在 510nm 波长处，用 1cm 比色皿，以不加铁标准溶液的空白溶液作参比，测出各标准显色溶液的吸光度。

③ 用每一标准显色溶液的吸光度减去空白溶液的吸光度，以所得吸光度值差为纵坐标，对应铁的质量为横坐标绘制工作曲线。

（3）试样的测定

① 取一定量的试液，置于 50mL 容量瓶中，加水至约 25mL，加入 $10g \cdot L^{-1}$ 盐酸羟胺溶液 2.5mL、乙酸-乙酸钠缓冲溶液（pH＝4.5）5mL，5min 后加 $1g \cdot L^{-1}$ 邻菲罗啉溶液 5mL，用水稀释至刻度，摇匀，放置 15～30min，显色。

② 在 510nm 波长处，用 1cm 比色皿，以不加铁标准溶液的空白溶液作参比，测量试液的吸光度。

③ 在测定试液的同时，以同样的步骤、同样量的试剂做空白试验。

4. 结果计算

从试液的吸光度减去空白试液的吸光度，以所得吸光度差值从工作曲线查出对应的铁质量，并按试液吸取比例计算试样中铁的含量，试样中铁的质量分数 w 计算公式如下：

$$w = \frac{m}{m_0} \times 100\% \tag{3-5}$$

式中　　m——试样中铁的质量，g；

　　　　m_0——试样的质量，g。

5. 允许差

平行测定结果允许相对偏差见表 3-4。

表 3-4　铁含量平行测定结果允许相对偏差

铁的质量分数/%	允许相对偏差/%
＞0.005	≤10
≤0.005	≤20

三、产品硫酸中砷含量的测定：原子荧光光度法

依据国家标准《工业硫酸》GB/T 534—2014 为仲裁法。

本方法所用的水全部为电阻率值≥18MΩ·cm 的超纯水，所使用的玻璃器皿均需用 （1＋1）硝酸溶液浸泡 12h 以上或用（1＋3）硝酸溶液浸泡 24h 以上，使用前用自来水反复冲洗后，再用超纯水冲洗干净。

1. 仪器与设备

原子荧光光度计　附有砷空心阴极灯。

2. 试剂与试样

（1）盐酸　优级纯。

（2）盐酸溶液　5＋95。使用优级纯盐酸配制。

（3）硼氢化钾溶液　$15g \cdot L^{-1}$。称取 0.5g 氢氧化钾置于 150mL 烧杯中，加入约 50mL 水使其完全溶解。向其中加入称好的 1.5g 硼氢化钾 [$w(KBH_4)$≥95%]，用水稀释至

100mL，摇匀。此溶液应避光保存，现用现配。

（4）硫脲-抗坏血酸溶液　50g·L^{-1}。分别称取5g硫脲和抗坏血酸，用水微热溶解并稀释至100mL。

（5）砷（As）标准溶液Ⅰ　0.1mg·mL^{-1}。

（6）砷（As）标准溶液Ⅱ　1μg·mL^{-1}。量取1.00mL砷标准溶液（0.1mg·mL^{-1}）置于100mL容量瓶中，用水稀释至刻度，摇匀。此溶液使用时现配。

（7）砷（As）标准溶液Ⅲ　0.1μg·mL^{-1}。量取10.00mL砷标准溶液（1μg·mL^{-1}）置于100mL容量瓶中，加入20mL硫脲-抗坏血酸溶液（50g·L^{-1}）和5mL盐酸（优级纯），用水稀释至刻度，摇匀。此溶液使用时现配。

（8）氩气　纯度达到99.99%以上。

3. 测定步骤

（1）工作曲线的绘制　根据试样中含砷量的多少，选作下列两曲线之一：含砷量0～0.5μg，或含砷量0～5μg。

取5只50mL容量瓶，按照表3-5分别加入砷标准溶液（1μg·mL^{-1}或0.1μg·mL^{-1}），再依次加入2.5mL盐酸（优级纯）、10mL硫脲-抗坏血酸溶液（50g·L^{-1}），用水稀释至刻度，摇匀。

将原子荧光光度计调至最佳工作条件，用（5＋95）盐酸溶液作载流液、15g·L^{-1}硼氢化钾溶液作还原剂，以载流溶液为空白溶液，测定溶液的荧光强度。

以上述溶液中砷的浓度（单位为μg·mL^{-1}）为横坐标，对应的荧光强度值为纵坐标，绘制工作曲线或根据所得吸光度值计算出线权性回归方程。

（2）测定　若试样为浓硫酸，称取2～5g试样，精确到0.01g，小心缓慢地移入盛有少量水的50mL烧杯中，冷却后转移至50mL容量瓶中，加入10mL硫脲-抗坏血酸溶液（50g·L^{-1}），用水稀释至刻度，摇匀，放置30min以上。

若试样为发烟硫酸，称取2～5g试样，精确到0.01g，置于50mL烧杯中，在沙浴（或可调温电炉）上缓慢蒸发至干，冷却，加入2.5mL盐酸（优级纯）和25mL水，加热溶解残渣，移入50mL容量瓶中，加入10mL硫脲-抗坏血酸溶液，用水稀释至刻度，摇匀，放置30min以上。

如果试样中的砷含量较高，可将试液用（5＋95）盐酸溶液做适当稀释后进行测定。

在与标准溶液系列相同的测定条件下，用原子荧光光度计测定试液的荧光强度。

根据试液和空白试验溶液的荧光强度值从工作曲线上查出或用线性回归方程计算出砷的浓度。

表3-5　加入砷标准溶液的体积及相应的砷浓度

标准曲线的含砷量 /μg	砷标准溶液的浓度 /μg·mL^{-1}	砷标准溶液的体积 /mL	相应的砷浓度 /μg·mL^{-1}
0～0.5	0.1	0.50	1
		1.00	2
		2.00	4
		4.00	8
		5.00	10
0～5	1	0.50	10
		1.00	20
		2.00	40
		4.00	80
		5.00	100

4. 结果计算

砷（As）的质量分数 w 按下式计算：

$$w = \frac{(\rho_1 - \rho_0)V \times 10^{-9}}{m} \times 100\%$$

$$(3-6)$$

式中　ρ_1——式液中砷的浓度的数值，$\mu g \cdot L^{-1}$；

　　　ρ_0——空白试验溶液中砷的浓度的数值，$\mu g \cdot L^{-1}$；

　　　V——被测溶液的体积的数值，mL；

　　　m——试料的质量的数值，g。

5. 允许差

平行测定结果允许相对偏差见表3-6。

表 3-6　砷含量平行测定结果允许相对偏差

砷的质量分数/%	允许相对偏差/%
>0.00005	≤20
≤0.00005	≤30

四、产品硫酸中铅含量的测定：原子吸收分光光度法

依据国家标准《工业硫酸》GB/T 534—2014。

1. 仪器与设备

（1）称量移液管　容量约10mL。

（2）滴瓶　容量约30mL。

（3）原子吸收分光光度计　附有铅空心阴极灯。

2. 试剂与试料

（1）硝酸溶液　1+2。

（2）铅标准溶液Ⅰ　$1mg \cdot mL^{-1}$。称取1.600g预先在105℃烘干至恒重的硝酸铅，溶解于600mL水和65mL硝酸中，移入1000mL容量瓶中，稀释至刻度，摇匀。

（3）铅标准溶液Ⅱ　$100\mu g \cdot mL^{-1}$。准确吸取10.0mL $1mg \cdot mL^{-1}$铅标准溶液，置于100mL容量瓶中，加50mL硝酸溶液（1+2），用水稀释至刻度，摇匀。

（4）乙炔　由乙炔钢瓶或乙炔发生器供给。

（5）空气　由空气压缩机供给。

3. 测定步骤

（1）试液的制备　用装满试样的滴瓶，以差减法称取试样10～30g（精确至0.01g），置于100mL烧杯中，在沙浴（或可调电炉）上缓慢蒸发至干，冷却，加5mL硝酸溶液（1+2）和25mL水，加热至残渣溶解。再蒸发至干，冷却，用5mL硝酸溶液（1+2）低温加热溶解残渣，冷却后移入10mL容量瓶中，用水稀释至刻度，摇匀。

（2）标准曲线的绘制

① 取5个50mL容量瓶，按表3-7所示，分别加入$100\mu g \cdot mL^{-1}$铅标准溶液。向每个容量瓶中，加入25mL硝酸溶液（1+2），用水稀释至刻度，摇匀。

表 3-7　铅标准显色溶液的配制

编　号	1	2	3	4	5
铅标准溶液体积/mL	0	1.0	2.0	3.0	4.0
铅的质量浓度/$\mu g \cdot mL^{-1}$	0	2.0	4.0	6.0	8.0

② 将原子吸收分光光度计调至最佳工作状态，点燃空气-乙炔火焰。以水净化燃烧器，待仪器稳定后，在波长 283.3nm 处测量铅标准系列溶液的吸光度。

③ 用每个标准溶液的吸光度减去空白溶液的吸光度，得到相应的吸光度值差，以铅含量为横坐标，对应的吸光度值差为纵坐标，绘制标准曲线。

（3）试液的测定　在 283.3nm 波长处，用同样的方法测定试液的吸光度值。在测定试液的同时，用 5mL 硝酸溶液（1＋2）代替试液，进行空白试验。

4. 结果计算

从试液的吸光度值减去空白试液的吸光度值，以所得吸光度值差从标准曲线查得对应的铅质量，并按试液的体积计算试样的铅含量。试样中铅的质量分数 w 可用下式计算：

$$w = \frac{m}{m_0} \times 100\% \tag{3-7}$$

式中　m——试样中铅的质量，g；

m_0——试样的质量，g。

5. 允许差

平行测定结果允许相对偏差见表 3-8。

表 3-8　铅含量平行测定结果允许相对偏差

铅的质量分数/%	允许相对偏差/%
＞0.005	≤20
≤0.005	≤25

五、产品硫酸中汞含量的测定：双硫腙分光光度法

依据国家标准《工业硫酸》GB/T 534—2014 为仲裁法。

1. 仪器与设备

（1）试验用常规仪器　凡未曾用于汞含量测定的仪器，包括盛放试剂和试样的玻璃瓶，在使用前应按下列方法顺序洗涤：

① 器壁上如有油污，则用肥皂和刷子刷洗；

② 用（1＋1）硝酸溶液浸泡 12h 以上或用（1＋3）硝酸溶液浸泡 24h 以上，用自来水冲洗干净；

③ 用 4 体积浓度为 100g/L 的硫酸溶液与 1 体积高锰酸钾溶液混合配制的高锰酸钾洗液洗涤，用自来水反复冲洗后，再用蒸馏水冲洗干净。

（2）分光光度计　具有 3cm 比色皿。

2. 试剂与试样

（1）硫酸溶液　490g·L^{-1}。

（2）乙酸溶液　360g·L^{-1}，用密度约为 1.05g·mL^{-1} 的无水乙酸（冰醋酸）配制。

（3）EDTA 溶液　7.45g·L^{-1}。溶解 7.45g EDTA 于水中，移至 1000mL 容量瓶中，稀释至刻度，摇匀。

（4）高锰酸钾溶液　40g·L^{-1}。

（5）盐酸羟胺溶液　100g·L^{-1}。

（6）双硫腙三氯甲烷溶液Ⅰ　150mg·L^{-1}。用三氯甲烷配制该溶液，并贮存于密封、干燥的棕色瓶中。保存于25℃以下的避光处，两周内有效。

（7）双硫腙三氯甲烷溶液Ⅱ　3mg·L^{-1}。吸取5.00mL双硫腙三氯甲烷溶液（150mg·L^{-1}），置于干燥的250mL容量瓶中，用三氯甲烷稀释至刻度，摇匀。该溶液使用时现配，置于避光、阴凉处。

（8）汞标准溶液Ⅰ　1mg·mL^{-1}。称取1.354g氯化汞，溶解于25mL盐酸中，然后转移至1000mL容量瓶中，用水稀释至刻度，摇匀。该溶液置于阴凉处，两个月内有效。

（9）汞标准溶液Ⅱ　20μg·mL^{-1}。吸取5.00mL汞标准溶液（1mg·mL^{-1}），置于250mL容量瓶中，加入5mL盐酸，用水稀释至刻度，摇匀。此溶液使用时现配。

（10）汞标准溶液Ⅲ　1μg·mL^{-1}。吸取5.00mL汞标准溶液（20μg·mL^{-1}），置于100mL容量瓶中，加入2.5mL盐酸，用水稀释至刻度，摇匀。此溶液使用时现配。

3. 测定步骤

（1）试液的制备　称取试样约10g（精确至0.01g），小心缓慢地移入盛有15mL水的100mL烧杯中，冷却至室温。滴加40g·L^{-1}高锰酸钾溶液使溶液呈紫红色。盖上表面皿，在60℃水浴中放置30min。冷却至室温，逐滴加入100g·L^{-1}盐酸羟胺溶液，使紫红色褪尽。将试液移入500mL分液漏斗中，漏斗的颈部应预先擦干，并塞入一小团脱脂棉。

试样中的含汞量若大于10μg，应适当减少取样量，在将试液移入500mL分液漏斗后，添加硫酸溶液（490g·L^{-1}），使硫酸总量约为10g。

（2）标准曲线的绘制

① 取6个500mL分液漏斗，用棉花或滤纸擦干其颈部，并塞入一小团脱脂棉，按表3-9所示，分别加入1μg·mL^{-1}汞标准溶液。

表 3-9　汞标准显色溶液的配制

编　号	1	2	3	4	5	6
汞标准溶液体积/mL	0	2.0	4.0	6.0	8.0	10.0
汞的质量/μg	0	2.0	4.0	6.0	8.0	10.0

对每一分液漏斗中的溶液作下述处理：加入20mL硫酸溶液（490g·L^{-1}），用水稀释至200mL，加1mL盐酸羟胺溶液（100g·L^{-1}）、10mL乙酸溶液（360g·L^{-1}）、10mL EDTA溶液（7.45g·L^{-1}）和20.0mL双硫腙三氯甲烷溶液（3mg·L^{-1}）。剧烈振荡1min，静置10min，使两相分层。

② 放出分液漏斗中的部分有机相，置于3cm的比色皿中，在490nm波长处，以不加汞标准溶液的空白溶液作参比，用分光光度计测出各标准溶液的吸光度。

③ 从每一标准溶液的吸光度值减去空白溶液的吸光度值，以所得吸光度值差为纵坐标，相应的汞质量为横坐标，绘制标准曲线。

（3）试液的测定　在盛有试液的分液漏斗中，加水至约200mL，然后按上述标准系列同样的方法显色。按上述标准系列同样的方法测量试液的吸光度。

4. 结果计算

从试液的吸光度值减去空白试液的吸光度值，根据所得吸光度值差，从标准曲线查得对应的汞质量，试样中汞的质量分数w可用下式计算：

$$w = \frac{m}{m_0} \times 100\%$$

(3-8)

式中　m——试样中汞的质量，g；

　　　m_0——试样的质量，g。

5. 允许差

平行测定结果允许相对偏差见表 3-10。

表 3-10　汞含量平行测定结果允许相对偏差

汞的质量分数/%	允许相对偏差/%
>0.005	≤20
≤0.005	≤25

工业碳酸钠的生产分析

任务 1　工业碳酸钠的母液分析

知识准备

查一查　我国纯碱生产的现状如何？

碳酸钠（Na_2CO_3），俗称纯碱，又称苏打或碱灰，工业纯碱纯度为 98%～99%，依颗粒大小、堆积密度不同，可分为超轻质纯碱（堆积密度 300～440kg·m^{-3}）、轻质纯碱（堆积密度 450～600kg·m^{-3}）和重质纯碱（堆积密度 800～1100kg·m^{-3}）。

纯碱是重要的基础化工原料，在国民经济中占有重要的地位。主要用于化工、玻璃、冶金、造纸、印染、合成洗涤剂、石油化工、食品工业等。

生产纯碱的方法主要有联合制碱法、氨碱法等。1932 年我国科学家侯德榜将制碱工业和合成氨工业联合起来，提出联合制碱法，该方法使制碱工业对原材料的利用有了大幅度的提高，后来被中国化学会命名为侯氏制碱法。氨碱法是当前应用最广泛的纯碱生产方法，具有生产工艺成熟、原料来源方便、适于大规模连续作业、产品纯度高、成本低等优点。

一、工业碳酸钠生产工艺简介——氨碱法

氨碱法是将石灰石煅烧得到二氧化碳，用盐水吸收氨后，再进行碳酸化得到 $NaHCO_3$，煅烧 $NaHCO_3$ 后便得到纯碱（Na_2CO_3）。将碳酸化过滤的母液加石灰乳分解，再将分解出来的氨用蒸馏方法回收。主要反应式如下：

$$CaCO_3 \longrightarrow CaO + CO_2 \uparrow$$

$$NaCl + NH_3 + CO_2 + H_2O \longrightarrow NaHCO_3 + NH_4Cl$$

$$2NaHCO_3 \longrightarrow Na_2CO_3 + CO_2 \uparrow + H_2O \uparrow$$

$$2NH_4Cl + Ca(OH)_2 \longrightarrow 2NH_3 \uparrow + CaCl_2 + 2H_2O$$

在氨碱法生产的分析中，除了对原料和产品进行分析外，还要对生产过程中各种母液、盐水等进行分析。分析项目主要有全氨、游离氨、全氯、二氧化碳，以及铁、钙、镁、硫酸根和硫化物等。

二、母液分析

1. 母液中氨的测定

母液中的氨包括游离氨和结合氨，二者之和为总氨。游离氨主要是以 $NH_3 \cdot H_2O$ 形态存在的，可以采用甲基橙为指示剂，用硫酸标准溶液滴定。在试样中加入氢氧化钠溶液，结合氨与氢氧化钠作用形成游离氨，在加热煮沸后，与本来含有的游离氨一起随水蒸气蒸出。将蒸出的氨用硫酸标准溶液吸收，然后用氢氧化钠标准溶液滴定过剩的硫酸，根据所消耗的硫酸的量计算出总氨含量。总氨含量与游离氨含量的差值即为结合氨的含量。主要反应式如下：

$$(NH_4)_2SO_4 + 2NaOH \longrightarrow Na_2SO_4 + 2NH_3\uparrow + 2H_2O$$

$$2NH_3 + H_2SO_4 \longrightarrow (NH_4)_2SO_4$$

$$2NaOH + H_2SO_4 \longrightarrow Na_2SO_4 + 2H_2O$$

2. 母液中二氧化碳的测定

用过量的硫酸分解试样，将碳酸盐和碳酸氢盐释放出的二氧化碳气体导入量气管中，测量生成二氧化碳的体积，计算出二氧化碳的含量。

技能训练

工业碳酸钠生产过程母液中的二氧化碳的测定

1. 仪器

如图 3-3 所示。

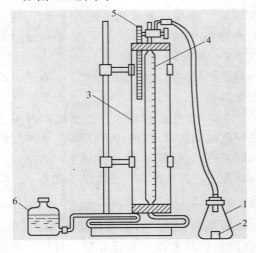

图 3-3　二氧化碳测定装置

1—二氧化碳发生器；2—内瓶；

3—水套；4—具三通旋塞的量气管；

5—温度计；6—水准瓶

2. 试剂

硫酸溶液：$3mol \cdot L^{-1}$。

3. 测定步骤

（1）旋转三通旋塞使量气管与大气相通，将封闭液调至零位。

（2）吸取试样清液 10.0mL，注入二氧化碳发生器中。吸取 330mL 硫酸溶液（$3mol \cdot L^{-1}$）注入发生器的内瓶中（勿与试样接触），塞紧瓶塞。旋转三通旋塞，使量气管与发生器相通，测定量气管内气体的体积。

（3）轻轻摇动发生器，使硫酸与试样充分混合至反应完全，待量气管内液面稳定后，再次测定量气管内气体的体积。同时记录温度和大气压力。

4. 结果计算

以质量浓度表示的二氧化碳含量按下式计算：

$$\rho(CO_2) = \frac{(p - p_w)V_1 M(CO_2)}{8.314 \times (237 + t) \times V \times 10^{-3}} \tag{3-9}$$

式中　$\rho(CO_2)$——以质量浓度表示的二氧化碳含量，$g \cdot L^{-1}$；

V——试样的体积，mL；

p——测量时的大气压，kPa；

p_w——饱和氯化钠水溶液的饱和蒸气压，kPa；

t——测量时气体的温度，℃；

V_1——生成二氧化碳的体积，L；

$M(CO_2)$——二氧化碳的摩尔质量，$44.01g \cdot mol^{-1}$；

8.314——气体通用常数，$kPa \cdot dm^3 \cdot mol^{-1} \cdot K^{-1}$。

任务 2　工业碳酸钠的成品分析

知识准备

查一查　工业碳酸钠的分析方法。

工业碳酸钠的质量标准应符合表 3-11。

表 3-11　工业碳酸钠的质量标准 (GB 210.1—2004)

指标项目		指　　标		
		优等品	一等品	合格品
总碱量(以 Na_2CO_3 计)的质量分数/%	≥	99.2	98.8	98.0
氯化物(以 NaCl 计)的质量分数/%	≤	0.70	0.90	1.20
铁(Fe)的质量分数/%	≤	0.0035	0.006	0.010
硫酸盐(以 SO_4^{2-} 计)的质量分数/%	≤	0.03①	—	—
水不溶物的质量分数/%	≤	0.03	0.10	0.15
堆积密度②/$g \cdot mL^{-1}$	≥	0.90	0.90	0.90
粒度、筛余物(180μm)/%	≥	70.0	65.0	60.0

① 为氨碱产品控制指标。

② 为重质碳酸控制指标。

一、总碱量的测定

总碱量的测定方法很多，主要采用酸碱滴定法。酸碱滴定法中若选用常用的酸碱指示剂，如甲基橙、酚酞等，则往往会使滴定终点和化学计量点相差较远，给测定结果带来较大的误差，因此常采用混合指示剂来指示终点，以减小测定误差。

工业碳酸钠可以和酸反应放出 CO_2 和 H_2O，反应式为：

$$Na_2CO_3 + 2HCl \longrightarrow 2NaCl + CO_2 \uparrow + H_2O$$

以 HCl 标准溶液作为滴定剂，以溴甲酚绿-甲基红混合指示剂作为指示剂，在室温下滴定至试样溶液由绿色变为暗红色，即为滴定终点。根据滴定所消耗 HCl 标准溶液的体积和浓度即可求得工业碳酸钠中碳酸钠的含量。

二、氯化物含量的测定

纯碱的生产以食盐水为主要原料，虽然在工艺过程中对食盐水进行了精制，除去了钙离子和镁离子等杂质，但氯离子作为杂质之一，对纯碱的质量仍具有重要的影响。对于常量组分氯化物含量的测定一般采用莫尔法，国家标准（GB/T 210.2—2004）中推荐使用汞量法，对于低含量氯离子的测定可采用电位滴定法。

在微酸性的水或乙醇-水溶液中，用强电离的硝酸汞标准溶液将氯离子转化为弱电离的氯化汞，用二苯偶氮碳酰肼指示剂与过量的 Hg^{2+} 生成紫红色配合物来判断终点。反应式如下：

$$Hg^{2+} + 2Cl^- \longrightarrow HgCl_2 \downarrow$$

三、铁含量的测定

铁含量的测定方法很多，常量组分的铁可采用配位滴定法、氧化还原滴定法等进行测定；微量组分铁含量的测定通常采用光化学分析法，如分光光度法、原子吸收法等。纯碱中铁含量的测定采用邻菲罗啉分光光度法。

将试样溶解，用盐酸羟胺还原溶液中的三价铁离子，在 pH 为 2～9 的范围内，二价铁离子与邻菲啰啉反应生成橙红色配合物，在 510nm 波长处测定吸光度。

四、硫酸盐含量的测定

在待测溶液中加入过量的 $BaCl_2$ 溶液，使 SO_4^{2-} 全部生成 $BaSO_4$ 沉淀，反应如下：

$$Ba^{2+} + SO_4^{2-} \longrightarrow BaSO_4 \downarrow$$

过滤、洗涤、干燥后，称量沉淀的质量，利用称量所获得的质量即可计算 SO_4^{2-} 的含量。

五、水不溶物含量的测定

水不溶物的测定方法是将试样溶于 $50℃ \pm 5℃$ 的水中，将不溶物采用古氏坩埚抽滤，过滤、洗涤、干燥并称量。

六、堆积密度的测定

堆积密度是指在特定条件（特定条件是指自然堆积、振动、敲击或施加一定压力的堆积等）下，在既定容积的容器内，疏松状（小块、颗粒、纤维）材料的质量与所占体积之比值。

七、粒度的测定

通常采用筛分法将纯碱试样通过一定孔径的筛孔，计算筛余物的含量。

八、烧失量的测定

烧失量为灼烧后失去的重量，碳酸钠试料在 250～270℃ 下加热至恒重，加热时失去游离水和碳酸氢钠分解出的水及二氧化碳而使试样减轻，根据失去的质量计算烧失量。

技能训练

一、工业碳酸钠产品中总碱量的测定

依据国家标准《工业碳酸钠及其试验方法　第 2 部分：工业碳酸钠试验方法》GB/T 210.2—2004。

1. 仪器

滴定试验常用仪器。

2. 试剂与试样

（1）HCl 标准滴定溶液 c(HCl) ≈1mol·L^{-1}，量取 90mL 浓盐酸，注入 1000mL 水，用无水碳酸钠作基准物进行标定，得到其准确浓度。

（2）溴甲酚绿-甲基红混合指示液 pH=5.1，将溴甲酚绿乙醇溶液（1g·L^{-1}）与甲基红乙醇溶液（2g·L^{-1}）按 3∶1 体积比混合，摇匀。

（3）试样 工业碳酸钠产品，在 250～270℃下干燥至恒重，精确至 0.0002g。

3. 测定步骤

（1）用分析天平准确称取已恒重的试样 1.7g 左右，置于 250mL 锥形瓶中。

（2）用 50mL 蒸馏水溶解。

（3）向锥形瓶中加入 10 滴溴甲酚绿-甲基红指示剂，用 1mol·L^{-1} 的 HCl 标准滴定溶液滴定至溶液刚刚变色时，暂停滴定，于电炉上煮沸 2min，冷却后继续滴定至溶液呈暗红色为终点。

（4）平行测定三次，计算总碱度，取算术平均值作为测定结果。同时做空白试验。

4. 结果计算

以质量分数表示的总碱度（以 Na$_2$CO$_3$ 计）w 可按下式计算：

$$w=\frac{c(V_1-V_0)\times\dfrac{M\left(\frac{1}{2}Na_2CO_3\right)}{1000}}{m}\times100\% \qquad (3-10)$$

式中　　　c——盐酸标准滴定溶液的物质的量浓度，mol·L^{-1}；

　　　　　V_1——滴定试样消耗盐酸标准滴定溶液的体积，mL；

　　　　　V_0——空白试验消耗盐酸标准滴定溶液的体积，mL；

　　　　　m——试样的质量，g；

$M\left(\frac{1}{2}Na_2CO_3\right)$——$\frac{1}{2}Na_2CO_3$ 的摩尔质量，g·mol^{-1}。

5. 讨论

（1）溴甲酚绿-甲基红指示剂是一种常用的混合指示剂，其变色点在 pH=5.1，颜色为灰色，其酸式色为酒红色，碱式色为绿色，变色范围很窄，方法误差小。

（2）若测定结果以干基计，则称量的样品须在 250～270℃的温度下烘干至恒重，否则测定的结果以湿基计。

（3）滴定至近终点时须煮沸溶液后再继续滴定，否则会影响测定结果。

（4）平行测定结果的绝对差值不大于 0.2%。

二、工业碳酸钠产品中氯化物含量的测定

依据国家标准《工业碳酸钠及其试验方法　第 2 部分：工业碳酸钠试验方法》GB/T 210.2—2004。

1. 仪器

滴定管。

2. 试剂

（1）硝酸溶液　1+1。

（2）硝酸溶液　1＋7。

（3）氢氧化钠溶液　40g·L^{-1}。

（4）硝酸汞标准滴定溶液　0.05mol·L^{-1}。

（5）溴酚蓝指示液　1g·L^{-1}。

（6）二苯偶氮碳酰肼指示液　5g·L^{-1}。

3. 测定步骤

（1）硝酸汞标准溶液（0.05mol·L^{-1}）的配制和标定　称取 17.13g 硝酸汞 [Hg(NO$_3$)$_2$·H$_2$O]，置于 250mL 烧杯中，加入 7mL 硝酸溶液（1＋1），加入少量水溶解，必要时过滤，移入 1000mL 容量瓶中，加水至刻度，摇匀。

注意：配制浓度为 0.025mol·L^{-1} 的硝酸汞标准溶液时，称取 8.57g 硝酸汞，其他试剂用量也减半。

标定时，用移液管移取 25mL 氯化钠标准溶液（0.1mol·L^{-1}），置于锥形瓶中，加 100mL 水和 2～3 滴溴酚蓝指示液（1g·L^{-1}），滴加硝酸溶液（1＋7）至溶液由蓝变黄，再过量 2～6 滴，加 1mL 二苯偶氮碳酰肼指示液（5g·L^{-1}），用相应浓度的硝酸汞标准溶液滴定至溶液颜色由黄色变为紫红色。同时做空白试验。

硝酸汞标准溶液的浓度按下式计算：

$$c = \frac{\frac{1}{2}c(NaCl)V_1}{V - V_0} \tag{3-11}$$

式中　c——硝酸汞标准溶液的浓度，mol·L^{-1}；

$c(NaCl)$——氯化钠标准溶液的浓度，mol·L^{-1}；

V_1——移取氯化钠标准溶液的体积，mL；

V——滴定所消耗的硝酸汞标准溶液的体积，mL；

V_0——滴定空白试验溶液所消耗的硝酸汞标准溶液的体积，mL。

（2）试样的测定　称取约 2g 试样，精确至 0.01g，置于 250mL 锥形瓶中。加 40mL 水溶解试样，加入 2 滴溴酚蓝指示液（1g·L^{-1}），滴加硝酸溶液（1＋1）中和至溶液变黄后，滴加氢氧化钠溶液至试验溶液变蓝，再用硝酸溶液（1＋7）调至溶液恰呈黄色，再过量 2～3 滴。加入 1mL 二苯偶氮碳酰肼指示液（5g·L^{-1}），用硝酸汞标准溶液滴定至溶液由黄色变为与参比溶液相同的紫红色即为终点。

4. 结果计算

氯化物（以 NaCl 计）的质量分数 w 可按下式计算：

$$w(NaCl) = \frac{2c(V - V_0)M(NaCl) \times 10^{-3}}{m(1 - w_0)} \times 100\% \tag{3-12}$$

式中　c——硝酸汞标准滴定溶液的浓度，mol·L^{-1}；

V——滴定中消耗硝酸汞标准溶液的体积，mL；

V_0——参比溶液制备中所消耗硝酸汞标准滴定溶液的体积，mL；

m——试料的质量，g；

w_0——烧失量的质量分数；

$M(NaCl)$——氯化钠的摩尔质量，58.44g·mol^{-1}。

5. 讨论

（1）配制硝酸汞标准溶液时，称取 10.85g 氧化汞，置于 250mL 烧杯中，加入 20mL 硝酸溶液（1＋1），加少量水溶解，必要时过滤，移入 1000mL 容量瓶中，加水至刻度，摇匀。

（2）实际测定时应根据试样中 Cl^- 的含量来确定合适的硝酸汞标准溶液的浓度。一般当试样中 Cl^- 含量为 0.01～2mg 时，硝酸汞标准溶液的浓度应为 0.001～0.02mol·L^{-1}；当试样中 Cl^- 含量为 2～25mg 时，硝酸汞标准溶液的浓度应为 0.02～0.03mol·L^{-1}；当试样中 Cl^- 含量为 25～80mg 时，硝酸汞标准溶液的浓度应为 0.03～0.1mol·L^{-1}。

（3）取平行测定结果的算术平均值为测定结果，平行测定结果的绝对差值不大于 0.02％。

三、工业碳酸钠产品中铁含量的测定：邻菲罗啉分光光度法

依据国家标准《工业碳酸钠及其试验方法 第 2 部分：工业碳酸钠试验方法》GB/T 210.2—2004。

1. 仪器

分光光度计：带有厚度为 3cm 的吸收池。

2. 试剂

（1）盐酸 1＋1，1＋3。

（2）氨水 2＋3，1＋9。

（3）硫酸铁铵 分析纯。

（4）硫酸 分析纯。

（5）乙酸-乙酸钠缓冲溶液 pH＝4.5。

（6）抗坏血酸 2％，使用期限为 10d。

（7）邻菲罗啉 0.2％，避光保存。

（8）铁标准溶液Ⅰ 0.10mg·mL^{-1}。称取 0.863g 硫酸铁铵，精确至 0.001g，置于 200mL 烧杯中，加入 100mL 水、10mL 硫酸，溶解后全部转移到 1000mL 容量瓶中，用水稀释至刻度，摇匀。

（9）铁标准溶液Ⅱ 0.010mg·mL^{-1}。移取 50.0mL 0.10mg·mL^{-1}铁标准溶液置于 500mL 容量瓶中，稀释至刻度，摇匀。该溶液现用现配。

3. 测定步骤

（1）标准曲线的绘制 按表 3-12 所示，在 7 个 100mL 容量瓶中分别加入给定体积的 0.010mg·mL^{-1}铁标准溶液，加水至约 50mL，用盐酸溶液调整 pH 约为 2，加 2.5mL 抗坏血酸溶液、10mL 缓冲溶液、5mL 邻菲罗啉溶液，用水稀释至刻度，摇匀。显色后，在 510nm 处、用 3cm 吸收池，以试剂空白为参比，测定溶液的吸光度。以吸光度 A 为纵坐标、以铁的质量为横坐标绘制标准曲线。

表 3-12 铁标准系列溶液的配制

编号	1	2	3	4	5	6	7
铁溶液的体积/mL	0	1.00	2.00	4.00	6.00	8.00	10.00
铁的质量浓度/μg·mL^{-1}	0	10.0	20.0	40.0	60.0	80.0	100.0

（2）试液的配制 称取 10g 试样，精确至 0.01g，置于烧杯中，加少量水润湿，滴加 35mL 盐酸溶液（1＋1），煮沸 3～5min，冷却（必要时过滤），移入 250mL 容量瓶中，加水至刻度，摇匀。

用移液管移取 50mL 试验溶液，置于 100mL 烧杯中；另取 7mL 盐酸溶液（1＋1）于另

一烧杯中，用氨水（2+3）中和后，与试验溶液一并用氨水（1+9）和盐酸溶液（1+3）调节 pH 为 2（用精密 pH 试纸检验）。分别移入 100mL 容量瓶中，用水稀释至刻度，摇匀。

（3）测定　移取一定量的上述试液于 50mL 容量瓶中，按照标准曲线绘制的步骤，选用 3cm 吸收池，以水为参比，测定试验溶液和空白试验溶液的吸光度。用试验溶液的吸光度减去空白试验溶液的吸光度，从工作曲线上查出相应的铁的质量。

4. 结果计算

按试液吸取比例计算试样中铁的含量，试样中铁（Fe）的质量分数 w 可按下式计算：

$$w = \frac{m_1}{m \times 10^3 \times (1-w_0)} \times 100\% \qquad (3-13)$$

式中　m_1——试样中铁的质量，mg；

$\quad\ m$——移取试验溶液中所含试料的质量，g；

$\quad w_0$——烧失量的质量分数。

取平行测定结果的算术平均值为测定结果。平行测定结果的绝对差值：优等品、一等品不大于 0.0005%，合格品不大于 0.001%。

四、工业碳酸钠产品中硫酸盐含量的测定：硫酸钡重量法

依据国家标准《工业碳酸钠及其试验方法　第 2 部分：工业碳酸钠试验方法》GB/T 210.2—2004 为仲裁法。

1. 仪器

瓷坩埚、高温炉等。

2. 试剂

（1）氨水。

（2）盐酸溶液　1+1。

（3）氯化钡溶液　100g·L^{-1}。

（4）硝酸银溶液　5g·L^{-1}。

（5）甲基橙指示液　1g·L^{-1}。

3. 测定步骤

（1）称取约 20g 试样，精确至 0.01g，置于烧杯中，加 50mL 水，搅拌，滴加 70mL 盐酸（1+1）中和试样并使之酸化，用中速定量滤纸过滤并洗涤，滤液和洗涤液收集于烧杯中，控制溶液体积约为 250mL。

（2）滴加 3 滴甲基橙指示液（1g·L^{-1}），用氨水中和后再加 6mL 盐酸溶液（1+1）酸化，煮沸，在不断搅拌下滴加 25mL 氯化钡溶液（100g·L^{-1}）（约 90s 加完），在不断搅拌下继续煮沸 2min。在沸水浴上放置 2h，停止加热，静置 4h，用慢速定量滤纸过滤，用热水洗涤沉淀，直到取 10mL 滤液与 1mL 的硝酸银溶液（5g·L^{-1}）混合，5min 后仍保持透明为止。

（3）将滤纸连同沉淀一起移入预先在 800℃±25℃下恒重的瓷坩埚中，灰化后移入高温炉中，在 800℃±25℃灼烧至恒重。

4. 结果计算

硫酸盐含量以 SO_4^{2-} 的质量分数 $w(SO_4^{2-})$ 表示，可按下式计算：

$$w(SO_4^{2-}) = \frac{m_1 \times \dfrac{M(SO_4^{2-})}{M(BaSO_4)}}{m(1-w_0)} \times 100\% \qquad (3-14)$$

式中　　m_1——灼烧后硫酸钡的质量，g；

　　　　m——试样的质量，g；

　　　　w_0——按烧失量测定方法测得的烧失量的质量分数；

　　$M(\mathrm{SO_4^{2-}})$——硫酸根离子的摩尔质量，96.08g·mol^{-1}；

　　$M(\mathrm{BaSO_4})$——硫酸钡的摩尔质量，233.37g·mol^{-1}。

　　取平行测定结果的算术平均值为测定结果，平行测定结果的绝对差值不大于0.006％。

五、工业碳酸钠产品中水不溶物含量的测定

依据国家标准《工业碳酸钠及其试验方法　第2部分：工业碳酸钠试验方法》GB/T 210.2—2004。

1. 仪器

（1）古氏坩埚　容量30mL。

（2）坩埚的铺制

① 酸洗石棉法　将古氏坩埚置于抽滤瓶上，在筛板上下各匀铺一层酸洗石棉，边抽滤边用平头玻璃棒压紧，每层厚约3mm。用50℃±5℃水洗涤至滤液中不含石棉毛。将坩埚移入干燥箱内，于110℃±5℃下烘干后称量。重复洗涤，干燥至恒重。

② 试纸法　将古氏坩埚置于抽滤瓶上，在筛板下铺一层石棉滤纸，在筛板上铺两层石棉滤纸，边抽滤边用平头玻璃棒压紧。用50℃±5℃水洗涤滤纸，将坩埚移入干燥箱内，于110℃±5℃下烘干后称量，重复洗涤，干燥至恒重。

2. 试剂

（1）酚酞指示液　10g·L^{-1}。

（2）酸洗石棉　取适量酸洗石棉，浸泡于盐酸溶液（1+3）中，煮沸20min，用布氏漏斗过滤并洗涤至中性。再用100g·L^{-1}无水碳酸钠溶液浸泡并煮沸20min，用布氏漏斗过滤并洗涤至中性（用酚酞指示液检查），以水调成糊状，备用。

（3）石棉滤纸。

3. 测定步骤

（1）称取20～40g试样，精确至0.01g，置于烧杯中，加入200～400mL约40℃的水溶解，维持试验溶液温度在50℃±5℃。

（2）用已恒重的古氏坩埚过滤，以50℃±5℃的水洗涤不溶物，直至在20mL洗涤液与20mL水中加2滴酚酞指示液后所呈现的颜色一致为止。

（3）将古氏坩埚连同不溶物一并移入干燥箱内，在110℃±5℃下干燥至恒重。

4. 结果计算

水不溶物的质量分数w可按下式计算：

$$w=\frac{m_1}{m(1-w_0)}\times100\%\qquad\qquad(3\text{-}15)$$

式中　　m_1——水不溶物的质量，g；

　　　　m——试料的质量，g；

　　　　w_0——按烧失量测定方法测得的烧失量的质量分数。

　　取平行测定结果的算术平均值为测定结果，平行测定结果的绝对差值：优等品和一等品不大于0.006％，合格品不大于0.008％。

六、工业碳酸钠产品中烧失量的测定

依据国家标准《工业碳酸钠及其试验方法 第2部分：工业碳酸钠试验方法》GB/T 210.2—2004。

1. 仪器

称量瓶：直径30mm×25mm或瓷坩埚（容积约30mL）。

2. 测定步骤

称取约2g试样，精确至0.002g，置于250～270℃恒重的称量瓶或瓷坩埚内，移入烘箱或高温炉中，在250～270℃下加热至恒重。

3. 结果计算

烧失量的质量分数 w_0 按下式计算：

$$w_0 = \frac{m_0}{m} \times 100\%$$ (3-16)

式中　m_0——试料加热时失去的质量，g；

　　　m——试料的质量，g。

取平行测定结果的算术平均值为测定结果，平行测定结果的绝对差值不大于0.04％。

内容小结

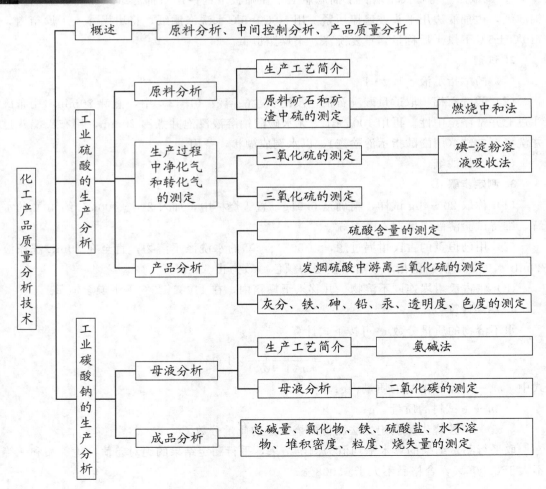

1. 化工生产分析的主要内容有哪些？ 有何重要意义？
2. 如何测定原料矿石和矿渣中有效硫及总硫含量？
3. 简述碘-淀粉溶液吸收法测定二氧化硫的原理及方法。
4. 如何用吸收中和法测定三氧化硫的含量？
5. 简述硫酸中砷、 铅、 汞含量测定的原理及方法。
6. 简述氨碱法生产纯碱的生产工艺过程。
7. 简述总碱量的测定原理。
8. 称取可溶性氯化物样品 0.2266 g， 加入 30.00 mL 浓度为 0.1120 mol·L^{-1} 的 AgNO$_3$ 标准溶液， 过量的 AgNO$_3$ 用 0.1185 mol·L^{-1} NH$_4$SCN 标准溶液滴定， 消耗 6.50 mL。 试计算试样中氯的质量分数。
9. 下表中列出了某些工业产品的分析项目， 根据所学的知识， 提出合适的分析方法。

工业产品	测定项目	分析方法
工业碳酸氢铵	总碱量	
	氯化物的含量	
	灰分含量	
	铁含量	
	砷含量	
工业三聚磷酸钠	pH	
	颗粒度	
	总五氧化二磷含量	
工业盐酸	HCl 含量	
	铁含量	
	硫酸盐含量	

硅酸盐分析技术

知识目标

1. 了解硅酸盐的分类、组成及表示方法和主要的分析项目。
2. 了解硅酸盐试样的准备和制备方法，掌握熔融和烧结法的原理。
3. 了解系统分析和分析系统的基本概念，熟悉硅酸盐岩石分析系统和硅酸盐水泥分析系统。
4. 了解硅酸盐中水分和烧失量的测定，掌握硅酸盐中二氧化硅的测定原理及方法，了解各种金属氧化物的测定方法。

能力目标

1. 能选择合适的试样处理方法分解处理硅酸盐试样。
2. 能按照硅酸盐试样的特点设计全分析流程，正确选择各主要分析项目的分析方法。
3. 能运用氟硅酸钾容量法或氯化铵重量法测定硅酸盐样品中二氧化硅的含量。
4. 能运用 EDTA 配位滴定法测定硅酸盐中氧化铁和氧化铝的含量。
5. 能运用二安替比林甲烷光度法测定硅酸盐样品中二氧化钛的含量。
6. 能运用 EDTA 配位滴定法测定硅酸盐中氧化钙和氧化镁的含量。
7. 能运用火焰光度法或原子吸收法测定硅酸盐中氧化钾和氧化钠的含量。

> **想一想** 什么是硅酸盐？硅酸盐制品有哪些？
>
> 硅酸盐是由 SiO_2 和金属氧化物所形成的盐类，是硅酸中的氢被 Al、Fe、Ca、Mg、K、Na 及其他金属离子取代而形成的盐。硅酸是 SiO_2 的水合物，它有多种组成。如偏硅酸（H_2SiO_3）、正硅酸（H_4SiO_4）及焦硅酸（$H_6Si_2O_7$）等，可用 $xSiO_2 \cdot yH_2O$ 表示，习惯上常用简单的偏硅酸表示硅酸。因为 x、y 的比例不同，取代的金属离子不同，形成元素不同，含量也有很大差异，所以有多种硅酸盐。硅酸盐在自然界的分布很广，种类繁多、结构复杂，大多是硅铝酸盐，均难溶于水。硅酸盐约占地壳组成的 3/4，是构成地壳、岩石、土壤和许多矿物的主要成分。

项目一
硅酸盐分析

任务 概述

知识准备

想一想 硅酸盐在工业生产中的作用。

一、硅酸盐的种类、组成和分析意义

1. 硅酸盐的种类和组成

硅酸盐可分为天然硅酸盐和人造硅酸盐。天然硅酸盐包括硅酸盐岩石和硅酸盐矿物等，在自然界分布较广，约占地壳质量的 85% 以上。工业上常见的有白云母[$KAl_2(AlSi_3O_{10})(OH)_2$]、正长石[$K(AlSi_3O_8)$]、滑石[$Mg_3Si_4O_{10}(OH)_2$]、石棉[$CaMg_3(Si_4O_{12})$]、高岭土[$Al_2(Si_4O_{10})(OH)_2$]、石英（$SiO_2$）等。此外，几乎所有矿石中都含有硅酸盐杂质。人造硅酸盐是以天然硅酸盐为原料，经加工而制得的工业产品，如水泥、玻璃、陶瓷、水玻璃和耐火材料等。

硅酸盐不仅种类繁多，而且根据其生成条件的不同，其化学成分也各不相同。在硅酸盐中 SiO_2 是其主要组成成分。在地质学上通常根据 SiO_2 含量的多少，将硅酸盐划分为五种类型，即极酸性岩[$w(SiO_2)>78\%$]、酸性岩[$65\%<w(SiO_2)<78\%$]、中性岩[$55\%<w(SiO_2)<65\%$]、基性岩[$38\%<w(SiO_2)<55\%$]和超基性岩[$w(SiO_2)<38\%$]。

硅酸盐的组成复杂，常用硅酸酐（SiO_2）和构成硅酸盐的所有金属氧化物的化学式表示硅酸盐的组成，例如：

正长石　$K_2O \cdot Al_2O_3 \cdot 6SiO_2$

白云母　$K_2O \cdot 3Al_2O_3 \cdot 6SiO_2 \cdot 2H_2O$

石　棉　$CaO \cdot 3MgO \cdot 4SiO_2$

水　泥
$$\begin{cases} 2CaO \cdot SiO_2 \\ 3CaO \cdot SiO_2 \\ 3CaO \cdot Al_2O_3 \\ 4CaO \cdot Al_2O_3 \cdot Fe_2O_3 \end{cases}$$

2. 硅酸盐的分析意义

硅酸盐分析是分析化学在硅酸盐生产中的应用，主要研究硅酸盐生产中的原料、材料、成品、半成品的组成的分析方法及其原理。工业分析工作者对岩石、矿物、硅酸盐产品中主要成分进行系统的全面测定，称为全分析。这在地质学的研究和勘探、工业原料、工业建设中具有十分重要的意义。

在地质学中，根据全分析结果可以了解岩石的成分变化、元素在地壳内的迁移情况和变化规律，阐明岩石的成因，指导地质普查勘探工作。

在工业建设方面，许多岩石和矿物本身就是工业、国防上的重要材料和原料，如硅酸盐中的长石、云母、石棉、滑石、石英砂等；工业生产中许多元素如锂、铍、硼、铷、铯、锆等主要取自硅酸盐岩石。工业生产过程中常常对硅酸盐生产中的原料、成品、半成品和废渣等进行分析，以指导、监控生产工艺过程和鉴定产品质量。

二、硅酸盐的分析项目

在硅酸盐工业中，硅酸盐的分析项目是由硅酸盐的组成和生产工艺的要求来决定的，一般测定项目为水分、烧失量、不溶物、SiO_2、Al_2O_3、Fe_2O_3、TiO_2、CaO、MgO、Na_2O、K_2O等。依据物料组成的不同，有时还需测定MnO、P_2O_5、F、Cl、SO_3、硫化物、FeO等。

硅酸盐分析常用的分析方法有重量分析法、容量分析法和仪器分析法。根据准确度要求的不同，也可以分为标准分析法和快速分析法。

硅酸盐全分析，要求各项的质量分数总和应在$100\% \pm 0.5\%$，一般不应超过$100\% \pm 1\%$。如果偏离较多，则表明有某种主要成分未被测定或存在较大偏差，应从主要成分的含量测定查找原因，也可能是在加和总结果时将某些成分的结果重复相加。

三、硅酸盐试样的准备和分解

1. 硅酸盐试样的准备

（1）磨碎　原材料试样在制备过程中，可取一定数量的试样，用四分法或缩分器将试样缩减至约25g，然后放在玛瑙研钵中研细至全部通过0.080mm分样筛，装入小试样瓶，放入干燥器中保存，供分析用，其余试样作为原样保存备用。

（2）试样的烘干　试样吸附的水分为无效成分，一般在分析前应将其除去。除去吸附水分的办法通常是烘箱干燥法。如黏土、生料、石英砂、矿渣等原材料，可在105～110℃下干燥2h。

2. 硅酸盐试样的分解

（1）酸分解法　酸分解法操作简单、快速，应优先采用。硅酸盐能否被酸分解，主要取决于其中二氧化硅含量和碱性氧化物含量之比。其比值越大，越不易被酸分解。相反，碱性氧化物含量越高，则越易被酸分解，甚至可溶于水。现将硅酸盐分析中常用的无机酸和它们的性质，以及在分解过程中所起的作用等简述如下。

① 盐酸。在硅酸盐系统分析中，利用盐酸的强酸性、氯离子的配位性，可以分解正硅酸盐矿物、品质较好的水泥和水泥熟料试样。

用盐酸分解试样时，宜用玻璃、塑料、陶瓷、石英等器皿，不宜使用金、铂、银等器皿。

② 磷酸。磷酸是中强酸。在 $200\sim300℃$（通常在 $250℃$ 左右）温度下磷酸变成焦磷酸，具有很强的配位能力，能溶解不被盐酸、硫酸分解的硅酸盐、硅铝酸盐、铁矿石等矿物试样。

③ 氢氟酸。氢氟酸是弱酸，但却是分解硅酸盐试样最有效的溶剂，因为 F^- 可与硅酸中的主要成分硅、铝、铁等形成稳定的易溶于水的配离子，大多数硅酸盐均可被氢氟酸分解。由于 F^- 的存在对某些测定有干扰，试样分解后须将其除去。氢氟酸常与硫酸或高氯酸混合使用，硫酸、高氯酸的存在，不但可以防止反应过程中四氟化硅的水解，而且还能有效除氟（加热冒白烟），同时可使钛、锆、铌、钽等转化为硫酸盐或高氯酸盐，防止其生成氟化物挥发损失。

当用氢氟酸处理试样时，由于 HF 能与玻璃作用，因此不能在玻璃器皿中进行，也不宜用镍器皿，只能用铂金器皿或塑料器皿。目前国内广泛采用聚四氟乙烯器皿。

④ 硝酸。硝酸是具有强氧化性的强酸，作为溶剂它兼有酸的作用和氧化作用，溶解能力强且速度快。一般用于单项测定时溶解试样。如用氟硅酸钾容量法测定水泥熟料中的 SiO_2 时，多用硝酸分解试样。

⑤ 硫酸。浓硫酸具有强氧化性和脱水作用，可用来分解萤石（CaF_2）和破坏试样中的有机物。硫酸的沸点（$338℃$）比较高。溶样时加热蒸发到冒出 SO_3 白烟，可除去试验溶液中挥发性的 HCl、HNO_3、HF 及水，此性质在硅酸盐分析中应用较多。

⑥ 高氯酸。高氯酸是最强的酸，水溶液的恒沸点为 $203℃$，用它蒸发赶走低沸点酸后，残渣加水很容易溶解，而用 H_2SO_4 蒸发后的残渣常常不易溶解。因此，$HClO_4$ 可用于除去溶样后剩余的氢氟酸。热的浓高氯酸具有强氧化性和脱水性，遇有机物或某些无机还原剂时会激烈反应，发生爆炸。

（2）熔融法　不能被酸直接分解的硅酸盐，可用熔融的方法在高温条件下，通过对样品晶格的破坏，使难溶晶体转化为易溶晶体。根据所使用熔剂性质的不同，分为碱熔融法和酸熔融法。使用碱性物质作为熔剂熔融分解试样的方法称为碱熔融法，主要用于酸性氧化物（如二氧化硅）含量相对较高的样品的分解处理，实际应用中较多，主要有以下类型。

① 碳酸钠。碳酸钠是大多数硅酸盐以及其他矿物最常用的重要熔剂之一。将试样与过量的无水碳酸钠混匀在高温下熔融，难溶于水和酸的石英及硅酸盐岩石转变为易溶的碱金属硅酸盐混合物。用碳酸钠分解试样，不仅操作方便，而且对系统分析中 SiO_2、Fe_2O_3、Al_2O_3、TiO_2、MnO、CaO 及 MgO 等的测定，不会带来影响。

$$SiO_2 + Na_2CO_3 \longrightarrow Na_2SiO_3 + CO_2 \uparrow$$

$$K_2Al_2Si_6O_{16} + 7Na_2CO_3 \longrightarrow 6Na_2SiO_3 + K_2CO_3 + 2NaAlO_2 + 6CO_2 \uparrow$$

② 碳酸钾。碳酸钾熔点为 $891℃$，其吸湿性较强，同时钾盐被沉淀吸附的倾向比钠盐大，从沉淀中将其洗出较为困难，一般在重量法的系统分析中，很少采用碳酸钾作熔剂。但

如含有铌、钽的试样，由于铌酸、钽酸的钠盐微溶于水，不溶于高浓度的钠盐，因此在分解这类试样时，需用碳酸钾作熔剂。当碳酸钠和碳酸钾混合使用时，可降低熔点（700℃），用于测定硅酸盐中氟和氯的试样分解。

③ 氢氧化钠（钾）。NaOH、KOH 都是分解硅酸盐的有效熔剂，硅酸盐都可以被它们熔融分解后转变为可溶性的碱金属硅酸盐。氢氧化钠（钾）分解法与碳酸钠法比较，主要是熔融分解的温度较低，不必使用铂器皿。但其分解能力不如碳酸钠法。用氢氧化钠（钾）作熔剂进行熔融时，可将熔剂与试样混合后覆盖一层熔剂，放入 350～400℃高温炉中，保温10min，再升至 600～650℃，保温 5～8min 即可。氢氧化钠（钾）分解法一般在铁、镍、银等坩埚中进行。

④ 硼酸盐。硼砂（$Na_2B_4O_7$）主要用于难分解的矿物，如铬铁矿、高铝试样、尖晶石、锆石、炉渣等的分析中。硼砂熔样的制备溶液不能用于钠和钾的测定，单独使用时熔剂的黏度太大，不易使试样在熔剂中均匀地分散；同时熔融后的熔块，用酸分解也非常缓慢，故通常是把硼砂与碳酸钠（钾）混合在一起应用。硼砂熔融在铂坩埚中进行，通常在喷灯上熔融20～40min，即可将试样分解完全。

偏硼酸锂也是一种碱性较强的熔剂，可用于分解多种矿物（包括很多难熔矿物）。熔样速度快，大多数试样仅需数分钟即可熔融分解完全，所制得的试样溶液，可进行钾、钠等各项元素的测定。其不足之处是熔融物最后冷却呈球状，较难脱坩和被酸浸取。

（3）烧结法　烧结法又称半熔法，是使试样与固体试剂在低于熔点温度下进行反应，达到分解试样的目的。加热温度低，时间长，但不易腐蚀坩埚，通常可以在瓷坩埚中进行。

烧结法的特点是：熔样时间短，操作速度快，烧结块易从坩埚中脱出，同时也减小了对铂坩埚的损害，熔剂用量少，引入的干扰离子少，此法多用于较易熔试样的处理，而对一些较难熔的试样则难以分解完全。

四、硅酸盐系统分析方法

1. 系统分析和分析系统

在一份试样分解后，通过分离或掩蔽的方法消除干扰，再系统地、连贯地进行数个项目的依次测定称为系统分析。

分析系统是在系统分析中从试样分解、组分分离到依次测定的程序安排。当测定一个试样中多个组分时，建立一个科学的分析系统，进行多项目的系统分析，可以减少试样用量，避免重复工作，加快分析速度，降低成本，提高工作效率。

分析系统的优劣不仅影响分析速度和成本，而且影响分析结果的可靠性。一个好的分析系统必须具备以下条件。

① 称样次数少。在系统分析中，一次称样可测定较多的项目。不仅可减少称样次数、分解试样的操作，节省时间和试剂，还可以减少由于这些操作所引入的误差。

② 尽可能避免分析过程的介质转换和引入分离方法，以加快分析速度，减少引入误差的机会。

③ 所选测定方法的精密度和准确度要高，选择性要好。

④ 适用范围广。分析系统适用的试样类型多，且分析系统中各测定项目的含量变化范围大。

⑤ 称样、试样分解、分离、测定等操作易与计算机联用，实现自动分析。

2. 硅酸盐岩石分析系统

硅酸盐试样的系统分析，从 20 世纪 40 年代至今已有多种分析系统，可粗略地分为经典分析系统和快速分析系统两大类。

（1）经典分析系统　硅酸盐经典分析系统基本上是建立在沉淀分离和重量法的基础上的，是定性分析化学中元素分组法的定量发展，是有关岩石全分析中出现最早，在一般情况下可获得准确分析结果的多元素分析流程。

经典分析系统分析的步骤包括试样的分解、二氧化硅的分离和测定、氧化物的沉淀和测定、草酸钙的沉淀和测定、磷酸铵镁的沉淀和测定等，该分析系统如图 4-1 所示。

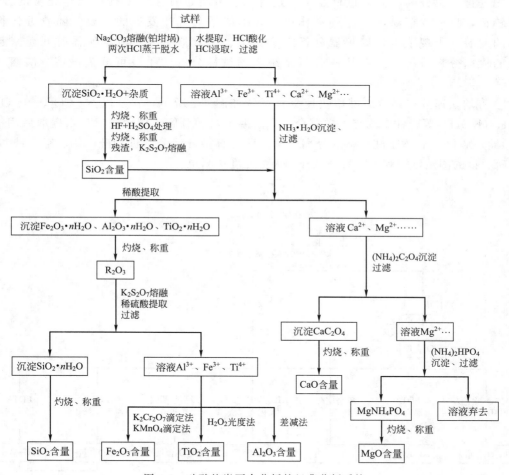

图 4-1　硅酸盐岩石全分析的经典分析系统

试样在铂坩埚中用碳酸钠熔融，熔块用水提取、盐酸酸化，两次盐酸蒸干脱水，灼烧、称量，然后用氢氟酸-硫酸处理沉淀，再灼烧，称量。根据损失的质量确定二氧化硅的含量。

沉淀硅酸后的滤液及测定二氧化硅所剩余残渣处理液，用氨水两次沉淀铁、铝、钛等氢氧化物，过滤、洗涤。沉淀用盐酸溶解，定容。移取溶液分别用重铬酸钾或高锰酸钾滴定法测定氧化铁、差减法测定氧化铝、过氧化氢光度法测定二氧化钛。

在分离氢氧化物沉淀后的滤液中，加入草酸铵将钙转化为草酸钙沉淀。用重量法测定氧化钙含量，或将草酸钙沉淀溶于硫酸，用高锰酸钾容量法测定。

在分离草酸钙沉淀后的滤液中，加入磷酸氢二铵沉淀镁，用重量法测定氧化镁的含量。另取试样进行氧化钾和氧化钠的测定。

在经典分析系统中，一份称样只能测定 SiO_2、Fe_2O_3、Al_2O_3、TiO_2、CaO 和 MgO 共六项，而 K_2O、Na_2O、MnO、P_2O_5 需另取试样测定，故不是一个完善的分析系统。但由于其分析结果比较准确，在标准试样的研制、外检试样分析及仲裁分析中仍有应用。

（2）快速分析系统　硅酸盐经典分析系统的主要特点是具有显著的连续性，基于将元素先进行分组分离，然后进行测定，这种系统分析过程需对干扰物质作完善的分离，耗时较长，且需要精湛与熟练的操作技术，不能适应生产发展的需要。随着近代科学技术的发展，出现了很多以仪器分析方法为主、完成整个分析流程所需时间越来越短的新的快速分析系统。这些快速分析系统依据试样分解的手段可分为碱熔、酸溶、锂盐熔融三类。

① 碱熔快速分析系统。碱熔快速分析系统如图 4-2 所示，它是以 Na_2CO_3、Na_2O_2 或 $NaOH$（KOH）等碱性熔剂与试样混合，在高温下熔融分解，熔融物以热水提取后用盐酸（或硝酸）酸化，不必经过复杂的分离手续，即可直接分液分别进行硅、铝、锰、铁、钙、镁、磷、钛的测定，钾和钠需另外取样用火焰光度法测定。

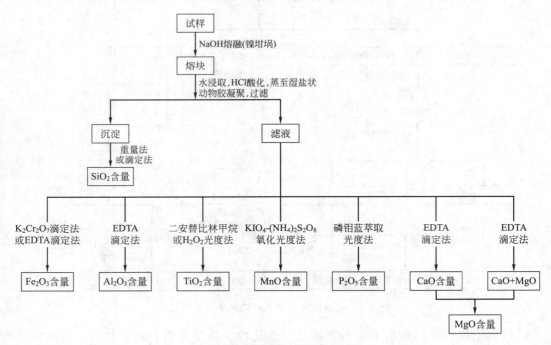

图 4-2　NaOH 熔融快速分析系统

② 酸溶快速分析系统。酸溶快速分析系统是将试样在铂坩埚或聚四氟乙烯烧杯中用 HF 或 $HF-HClO_4$、$HF-H_2SO_4$ 分解，驱除 HF，制成硫酸或盐酸-硼酸溶液。分离后，分别测定铁、铝、钙、镁、钛、磷、锰、钾、钠。与碱熔快速分析相类似，硅可用无火焰原子吸收光度法、硅钼蓝光度法、氟硅酸钾滴定法测定；铝可用 EDTA 滴定法、无火焰原子吸收光度法、分光光度法测定，铁、钙、镁常用 EDTA 滴定法、原子吸收分光光度

法测定；锰多用分光光度法、原子吸收光度法测定；钛和磷多用光度法测定；钠和钾多用火焰光度法、原子吸收光度法测定。经第二次取样酸溶后，硅可用无火焰原子吸收光度法、硅钼蓝光度法、氟硅酸钾滴定法测定。图 4-3 所示的是酸溶快速分析系统流程的实例。

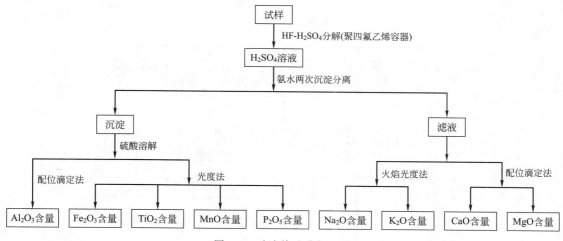

图 4-3　酸溶快速分析系统

③ 锂盐熔融快速分析系统。锂盐熔融分解快速分析系统是在热解石墨坩埚或用石墨粉作内衬的瓷坩埚中用偏硼酸锂、碳酸锂-硼酸酐（8：1）或四硼酸锂于 850～900℃熔融分解试样，熔块经盐酸提取后以硅钼蓝差示光度法测定硅，以铬天青 S 光度法测定铝，二安替比林甲烷光度法和磷钼蓝光度法分别测定钛和磷，原子吸收光度法测定铁、锰、钙、镁、钾、钠。图 4-4 所示为锂硼酸盐熔融分解快速分析系统实例。

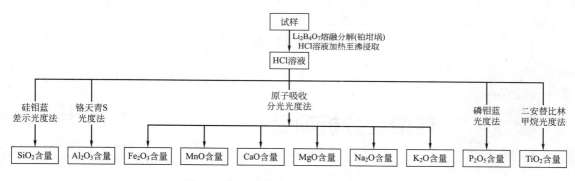

图 4-4　锂硼酸盐熔融分解快速分析系统

3. 硅酸盐水泥分析系统

硅酸盐水泥的分析方法经过长期的实践与发展，已形成了许多经典的标准分析方法（基准法）和简单实用的快速分析方法（代用法）。基准法以重量法和滴定分析法为主，准确度高，但分析周期较长；而代用法则以分光光度法和原子吸收分光光度法为主，试样量少，分析速度快，精密度高，测定项目多，自动化程度高。《水泥化学分析方法》（GB/T 176—2008）规定了硅酸盐水泥的基准法和代用法，硅酸盐水泥代用法分析系统见图 4-5。

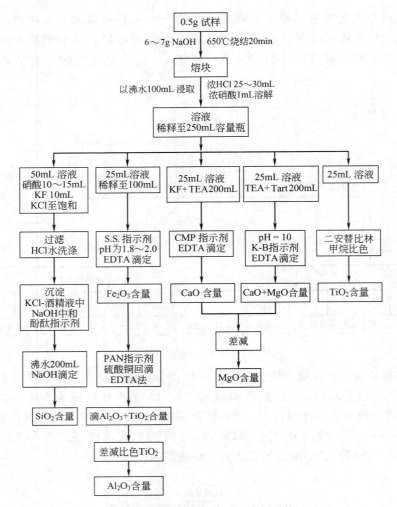

图 4-5 硅酸盐水泥代用法分析系统

硅酸盐分析项目

任务 1 水分和烧失量的测定

知识准备

想一想 硅酸盐中水分和烧失量的测定意义。

一、水分的测定

根据水分与岩石、矿物的结合状态不同，可以将水分为吸附水和化合水两类。

1. 吸附水的测定

对于一般样品，取风干样品于 105～110℃下烘 2h；对于含水分多或易被氧化的样品，在真空恒温干燥箱中干燥后称重测定或在较低温度 60～80℃下烘干测定。

由于吸附水并非矿物内的固定组成部分，因此在计算总量时，该水分不参与计算总量。对于易吸湿的试样，则应在同一时间称出各份分析试样，测定吸附水并加以扣除。

2. 化合水的测定

化合水包括结晶水和结构水两部分。结晶水以 H_2O 分子状态存在于矿物晶格中，如石膏 $CaSO_4 \cdot 2H_2O$ 等，通常在较低的温度（低于 300℃）下灼烧即可排出，有的甚至在测定吸附水时就可能部分逸出。结构水是以化合状态的氢或氢氧根存在于矿物的晶格中，需加热到 300～1300℃才能分解而放出的水分。

化合水的测定方法有重量法、气相色谱法、库仑法等。

二、烧失量的测定

烧失量，又称为灼烧减量，是试样在 1000℃灼烧后所失去的质量。烧失量主要包括化合水、二氧化碳和少量的硫、氟、氯、有机质等，一般主要指化合水和二氧化碳。在硅酸盐全分析中，当亚铁、二氧化碳、硫、氟、氯、有机质含量很低时，可以用烧失量代替化合水等易挥发组分，参加总量计算，使平衡达到 100%。但是，当试样的组成复杂或上述组分中某些组分的含量较高时，高温灼烧过程中的化学反应比较复杂，如有机物、硫化物、低价化合物被氧化，碳酸盐、硫酸盐分解，碱金属化合物挥发，吸附水、化合水、二氧化碳被排除等。有的反应使试样的质量增加，有的反应却使试样的质量减少，因此，严格地说，烧失量是试样中各组分在灼烧时的各种化学反应所引起的质量增加和减少的代数和。在样品较为复杂时，测定烧失量就没有意义了。

在建筑材料、耐火材料、陶瓷配料等物料的全分析中，烧失量的测定结果对工艺过程具有直接的指导意义。若烧失量的取舍不当，将造成分析结果总量的偏高或偏低。例如，对于试样组成比较简单的硅酸盐岩石，可测烧失量，并将烧失量测定结果直接计入总量；对于组成较复杂的试样，应测定水分、二氧化碳、硫、氟、氯等组分，不测烧失量。

测定时，称取约 1g 试样（精确至 0.0001g），置于已灼烧恒重的瓷坩埚中，将盖斜置于坩埚上，放在马弗炉内从低温开始逐渐升高温度，在 950℃±25℃下灼烧 15～20min，取出坩埚置于干燥器内冷却至室温，称量，直至恒重。

烧失量（以质量分数表示）按下式计算：

$$烧失量 = \frac{m_1 - m_2}{m_1} \times 100\% \tag{4-1}$$

式中　m_1——试料的质量，g；

　　　m_2——灼烧后试料的质量，g。

任务 2　二氧化硅含量的测定

 **知识准备**

查一查　硅酸盐中二氧化硅的测定方法。

项目二　硅／酸／盐／分／析／项／目

二氧化硅是硅酸盐的主要测定项目之一，进行矿石全分析时也需测定二氧化硅的含量。硅酸盐中二氧化硅的测定方法较多，通常采用重量法和氟硅酸钾容量法。对硅含量低的试样，可采用硅钼蓝光度法和原子吸收分光光度法。

一、硅酸凝聚重量法

硅酸凝聚重量法中使用最广泛的凝聚剂是动物胶。动物胶是一种富含氨基酸的蛋白质，在水中形成亲水性胶体。因为其中氨基酸的氨基和羧基并存，在不同酸度条件下，它们或接受质子或放出质子，显示为两性电解质。当 pH＝4.7 时，其放出和接受的质子数相等，动物胶粒子的总电荷为零，即体系处于等电态。在 pH＜4.7 时，其中氨基—NH_2 与 H^+ 结合成—NH_3^+ 而带正电荷；pH＞4.7 时，其中羧基电离放出质子，成为—COO^-，使动物胶粒子带负电荷：

$$pH<4.7 \quad R\begin{array}{c} NH_2 \\ \\ COOH \end{array} +H^+ \longrightarrow R\begin{array}{c} NH_3^+ \\ \\ COOH \end{array}$$

$$pH>4.7 \quad R\begin{array}{c} NH_2 \\ \\ COOH \end{array} \longrightarrow R\begin{array}{c} NH_2 \\ \\ COO^- \end{array} +H^+$$

在酸性介质中，由于硅酸胶粒带负电荷，动物胶质点带正电荷，可以发生相互吸引和电性中和，使硅酸胶体凝聚。另外，由于动物胶是亲水性很强的胶体，因此它能从硅酸质点上夺取水分，破坏其水化外壳，促使硅酸凝聚。

具体方法是试样经碱熔分解，盐酸提取后，将溶液蒸发至湿盐状。加入盐酸，用动物凝胶凝聚硅酸，过滤使硅酸与其他元素分离。沉淀经 1000℃ 灼烧后，即可得二氧化硅含量。

二、氯化铵重量法

试样用无水碳酸钠烧结，使不溶的硅酸盐转化为可溶性的硅酸钠，用盐酸分解熔融块。

$$Na_2SiO_3 + 2HCl \longrightarrow H_2SiO_3 + 2NaCl$$

加入足量的固体氯化铵，于沸水浴上加热蒸发，使硅酸迅速脱水析出。沉淀用中速滤纸过滤，沉淀经灼烧后，得到含有铁、铝等杂质的不纯二氧化硅。

然后用氢氟酸处理沉淀，使沉淀中的二氧化硅以 SiF_4 形式挥发，失去的质量即为纯二氧化硅的量。

$$SiO_2 + 6HF \longrightarrow H_2SiF_6 + 2H_2O$$

$$H_2SiF_6 \longrightarrow SiF_4 \uparrow + 2HF \uparrow$$

用分光光度法测定滤液中可溶性二氧化硅的量，二者之和即为二氧化硅的总量。

三、氟硅酸钾容量法

氟硅酸钾容量法确切地应称为氟硅酸钾沉淀分离-酸碱滴定法，该法应用广泛。

在试样经苛性碱熔剂（KOH 或 NaOH）熔融后，加入硝酸使硅生成游离硅酸。在有过量的氟离子和钾离子存在的强酸性溶液中，使硅形成氟硅酸钾（K_2SiF_6）沉淀，反应式如下：

$$2K^+ + H_2SiO_3 + 6F^- + 4H^+ \longrightarrow K_2SiF_6 \downarrow + 3H_2O$$

沉淀经过滤、洗涤及中和残余酸后，加沸水使氟硅酸钾沉淀水解，然后以酚酞为指示剂，用氢氧化钠标准滴定溶液滴定生成的氢氟酸，终点颜色为粉红色。

$$K_2SiF_6 + 3H_2O \longrightarrow 2KF + H_2SiO_3 + 4HF$$

$$HF + NaOH \longrightarrow NaF + H_2O$$

四、硅钼蓝光度法

在酸性介质中，硅酸与钼酸铵生成黄色硅钼杂多酸（硅钼黄），在硫酸亚铁、氯化亚锡、抗坏血酸等还原剂作用下，硅钼黄被还原为硅钼蓝。在 660nm 处测定生成物的吸光度，从而求出二氧化硅的含量，此时摩尔吸收系数为 $8.3 \times 10^3 L \cdot mol^{-1} \cdot cm^{-1}$。其有关反应式如下：

$$H_4SiO_4 + 12H_2MoO_4 \longrightarrow H_8[Si(Mo_2O_7)_6] + 10H_2O$$

$$H_8[Si(Mo_2O_7)_6] + C_6H_8O_6 \longrightarrow H_8[SiMo_2O_6(Mo_2O_7)_5] + C_6H_6O_6 + H_2O$$

硅钼杂多酸存在的不同形态与溶液的酸度、温度、显色时间和稳定剂的加入等因素有关。酸度对生成黄色硅钼酸的形态的影响最大，用硅钼黄光度法来测定硅，可控制溶液酸度为 $pH = 3.0 \sim 3.8$，用硅钼蓝光度法来测定硅，可控制酸度为 $pH = 1.0 \sim 1.8$；温度对硅钼蓝显色影响较小，温度低时显色反应速率会变慢，一般加入还原剂后，须放置 5min 后测定吸光度。

硅含量较高或测定液长时间放置时，硅酸容易聚合而不与钼酸铵反应，使测定无法进行。可加入一定量氟化物使聚合硅酸解聚。同时，加入一定量的乙醇可加速硅钼黄的形成，并增加其稳定性。

技能训练

一、纯二氧化硅的测定：氯化铵重量法

依据国家标准《水泥化学分析方法》GB/T 176—2008 规定被列为基准法。

1. 仪器与设备

（1）马弗炉。

（2）铂坩埚。

（3）瓷蒸发皿。

（4）电炉。

（5）容量瓶。

2. 试剂

（1）盐酸　1+1、3+97。

（2）硫酸　1+4。

（3）无水碳酸钠（Na_2CO_3）　将无水碳酸钠用玛瑙研钵研至粉末。

（4）焦硫酸钾（$K_2S_2O_7$）　将市售焦硫酸钾在瓷蒸发皿中加热熔化，待气泡停止发生后，冷却，砸碎，贮于磨口瓶中。

（5）硝酸银溶液　$5g \cdot L^{-1}$。

（6）钼酸铵溶液　$50g \cdot L^{-1}$。

（7）抗坏血酸溶液　$5g \cdot L^{-1}$。

3. 测定步骤

（1）称取约 0.5g 试样（精确至 0.0001g），置于铂坩埚中，在 950～1000℃ 下灼烧

5min，冷却。用玻璃棒仔细压碎块状物，加入 0.30g±0.01g 已磨细的无水碳酸钠，混匀，再将坩埚置于 950～1000℃下灼烧 10min，取出坩埚冷却。

（2）将烧结块移入瓷蒸发皿中，加少量水润湿，用平头玻璃棒压碎块状物，盖上表面皿，从皿口慢慢滴入 5mL 盐酸及 2～3 滴硝酸，待反应停止后取下表面皿，用平头玻璃棒压碎块状物使其分解完全，用热盐酸（1+1）清洗坩埚数次，洗液合并于蒸发皿中。将蒸发皿置于蒸汽水浴上，皿上放一玻璃三角架，再盖上表面皿。蒸发至糊状后，加入 1g 氯化铵，充分搅匀，在蒸汽水浴上蒸发至干后继续蒸发 10～15min。蒸发期间用平头玻璃棒仔细搅拌并压碎大颗粒。

（3）取下蒸发皿，加入 10～20mL 热盐酸（3+97），搅拌使可溶性盐类溶解。用中速定量滤纸过滤，用胶头擦棒擦洗玻璃棒及蒸发皿，用热盐酸（3+97）洗涤沉淀 3～4 次。然后用热水充分洗涤沉淀，直至检验无氯离子为止。滤液及洗液收集于 250mL 容量瓶中。

（4）将沉淀连同滤纸一并移入铂坩埚中，将盖斜置于坩埚上，烘干并灰化后放入 950～1000℃的马弗炉内灼烧 60min。取出坩埚置于干燥器中，冷却至室温，称量。反复灼烧，直至恒重（m_1）。

（5）向坩埚中慢慢加入数滴水润湿沉淀，加入 3 滴硫酸（1+4）和 10mL 氢氟酸，放入通风橱内电热板上缓慢蒸发至干，升高温度继续加热至三氧化硫白烟完全逸尽。将坩埚放入 950～1000℃的马弗炉内灼烧 30min。取出坩埚置于干燥器中，冷却至室温，称量。反复灼烧，直至恒重（m_2）。

（6）在上述经过氢氟酸处理后得到的残渣中加入 0.5g 焦硫酸钾，在喷灯上熔融，熔块用热水和数滴盐酸（1+1）溶解，溶液并入分离二氧化硅后得到的滤液和洗液中。用水稀释至标线，摇匀。此溶液（A）用来测定溶液残留的可溶性二氧化硅、氧化铁、氧化铝、氧化钙、氧化镁、二氧化钛等。

二、可溶性二氧化硅的测定：硅钼蓝分光光度法

测定步骤接上述试验。

1. 二氧化硅标准溶液的配制

称取 0.2000g 经 1000～1100℃新灼烧过 30min 以上的二氧化硅（SiO_2），置于铂坩埚中，加入 2g 无水碳酸钠，搅拌均匀，在 1000～1100℃高温下熔融 15min，冷却。用热水将熔块浸出，放于盛有热水的 300mL 塑料杯中，待全部溶解后冷却至室温，移入 1000mL 容量瓶中，用水稀释至标线，摇匀，移入塑料瓶中保存。此标准溶液中二氧化硅的浓度为 0.2000mg·mL^{-1}。

吸取 10.00mL 上述标准溶液于 100mL 容量瓶中，用水稀释至标线，摇匀，移入塑料瓶中保存。此标准溶液中二氧化硅的浓度为 0.02000mg·mL^{-1}。

2. 工作曲线的绘制

吸取 0.02000mg·mL^{-1} 二氧化硅标准溶液 0、2.00mL、4.00mL、5.00mL、6.00mL、8.00mL、10.00mL，分别放入不同的 100mL 容量瓶中，加水稀释至约 40mL，依次加入 5mL 盐酸（1+1）、8mL 乙醇（95%）、6mL 钼酸铵溶液（50g·L^{-1}）。放置 30min 后，加入 20mL 盐酸（1+1）、5mL 抗坏血酸溶液（5g·L^{-1}），用水稀释至标线，摇匀。放置 60min 后，用分光光度计、10mm 比色皿，以水作参比，于波长 660nm 处测定溶液的吸光度，绘制工作曲线或求出线性回归方程。

3. 样品测定

从待测溶液 A 中吸取 25.00mL 放入 100mL 容量瓶中，按照工作曲线绘制中的测定方法处理待测液并测定溶液的吸光度，然后求出二氧化硅的含量（m_3）。

4. 结果计算

纯二氧化硅的质量分数按下式计算：

$$w(纯\ SiO_2) = \frac{m_1 - m_2}{m} \times 100\% \tag{4-2}$$

可溶性二氧化硅的质量分数按下式计算：

$$w(可溶\ SiO_2) = \frac{m_3 \times 10^{-3}}{m \times \frac{25}{250}} \times 100\% \tag{4-3}$$

式中　m_1——灼烧后未经氢氟酸处理的沉淀及坩埚的质量，g；

　　　m_2——用氢氟酸处理并经灼烧后的残渣及坩埚的质量，g；

　　　m_3——测定的 100mL 溶液中二氧化硅的含量，即从曲线上查得，mg；

　　　m——试料的质量，g。

总 SiO_2 的质量分数按下式计算：

$$w(总\ SiO_2) = w(纯\ SiO_2) + w(可溶\ SiO_2) \tag{4-4}$$

5. 讨论

（1）试样的处理　以碳酸钠烧结法分解试样，应预先将固体碳酸钠用玛瑙研钵研细，碳酸钠的加入量要相对准确，需用分析天平称量 0.30g 左右。若加入量不足，则试料烧结不完全，测定结果不稳定；若加入量过多，则烧结块不易脱埚。加入碳酸钠后，要用玻璃棒仔细混匀，否则试料烧结不完全。

用盐酸浸出烧结块后，应控制溶液体积，若溶液太多，蒸干耗时太长。通常加 5mL 浓盐酸溶解烧结块，再以约 5mL HCl（1+1）和少量的水洗净坩埚。

（2）氯化铵的作用　因为氯化铵是强电解质，当浓度足够大时，对硅酸胶体有盐析作用，从而加快硅酸胶体的凝聚。大量 NH_4^+ 的存在，还减少了硅酸胶体对其他阳离子的吸附，而硅酸胶粒吸附的 NH_4^+ 在加热时即可除去，从而获得比较纯净的硅酸沉淀。

（3）脱水的温度与时间　脱水的温度不要超过 110℃，应采用水浴加热。若温度过高，某些氯化物（$MgCl_2$、$AlCl_3$ 等）将变成碱式盐，甚至与硅酸结合成难溶的硅酸盐，用盐酸洗涤时不易除去，使硅酸沉淀夹带较多的杂质，结果偏高。反之，若脱水温度不够或时间不够，则可溶性硅酸不能完全转变成不溶性硅酸，在过滤时会透过滤纸，使二氧化硅结果偏低，且过滤速度很慢。

为加速脱水，氯化铵不要在一开始就加入，否则由于大量氯化铵的存在，使溶液的沸点升高，水的蒸发速率反而降低。应在蒸至糊状后再加氯化铵，继续蒸发至干。黏土试样要多蒸发一些时间，直至蒸发到干粉状。

（4）沉淀的洗涤　为防止钛、铝、铁水解产生氢氧化物沉淀及硅酸形成胶体漏失，首先应以温热的稀盐酸（3+97）将沉淀中夹杂的可溶性盐类溶解，用中速定量滤纸过滤，以热稀盐酸溶液（3+97）洗涤沉淀 3～4 次，然后再以热水充分洗涤沉淀，直到无氯离子为止。但洗涤次数不要过多，否则漏失的可溶性硅酸会明显增加。一般洗液体积不超过 120mL。另外，洗涤的速度要快，防止因温度降低而使硅酸形成胶冻，以致过滤更加困难。

（5）沉淀的灼烧　试验证明，在 950～1000℃ 充分灼烧（约 1.5h），并且在干燥器中冷却至与室温一致，灼烧温度对结果的影响并不显著。

灼烧后生成的无定形二氧化硅极易吸水，故每次灼烧后冷却的条件应保持一致，且称量要迅速。

灼烧前滤纸一定要缓慢灰化完全。坩埚盖要半开，不要产生火焰，以防造成二氧化硅沉淀的损失。同时，也不能有残余碳存在，以免高温灼烧时发生下述反应而使结果产生负误差。

$$SiO_2 + 3C \rightleftharpoons SiC + 2CO\uparrow$$

（6）氢氟酸的处理　即使严格掌握烧结、脱水、洗涤等步骤的试验条件，在二氧化硅沉淀中吸附的铁、铝等杂质的量也能达到 0.1%～0.2%，如果在脱水阶段蒸发得过干，吸附量还会增加。消除此吸附现象的最好办法就是将灼烧过的不纯二氧化硅沉淀用氢氟酸加硫酸处理。其反应式如下：

$$SiO_2 + 4HF \longrightarrow SiF_4\uparrow + 2H_2O$$

处理后，SiO_2 以 SiF_4 形式逸出，减轻的质量即为纯 SiO_2 的质量。

（7）漏失二氧化硅的回收　试验证明，当采用盐酸-氯化铵法一次脱水蒸干、过滤测定二氧化硅时，会有少量硅酸漏失到滤液中，其量约为 0.10%。为得到比较准确的结果，在基准法中规定对二氧化硅滤液进行比色测定，以回收漏失的二氧化硅。

由于一方面二氧化硅吸附杂质使结果偏高，另一方面二氧化硅漏失使结果偏低，两者能部分抵消，故在水泥厂的日常分析中，既不用氢氟酸处理，也不用比色法从滤液中回收漏失的二氧化硅，分析结果也能满足生产要求。

三、二氧化硅的测定：氟硅酸钾容量法

依据国家标准《水泥化学分析方法》GB/T 176—2008 规定被列为代用法。

1. 仪器与设备

（1）马弗炉。

（2）银（镍）坩埚。

（3）塑料杯。

（4）碱式滴定管。

（5）容量瓶。

2. 试剂

（1）氢氧化钾固体　分析纯。

（2）氟化钾溶液　150g·L⁻¹。

（3）氯化钾溶液　50g·L⁻¹。

（4）氯化钾-乙醇溶液　50g·L⁻¹。

（5）酚酞指示剂溶液　10g·L⁻¹。

（6）氢氧化钠标准滴定溶液　$c(NaOH) = 0.15mol·L^{-1}$。

氢氧化钠标准滴定溶液对二氧化硅的滴定度按下式计算：

$$T_{SiO_2} = c(NaOH) \times 15.02 \tag{4-5}$$

式中　T_{SiO_2}——每毫升氢氧化钠标准滴定溶液相当于二氧化硅的质量，$mg·mL^{-1}$；

　　　15.02——$\frac{1}{4}SiO_2$ 的摩尔质量，$g·mol^{-1}$。

3. 测定步骤

（1）称取约 0.5g 的试样（精确至 0.0001g），置于银坩埚中，加入 6～7g 氢氧化钾，盖上坩埚盖（留有缝隙），在 650～700℃ 的高温下熔融 20min，取出冷却。

（2）将坩埚放入盛有 100mL 近沸腾水的 300mL 烧杯中，盖上表面皿，于电热板上适当加热，待熔块完全浸出后，取出坩埚，用水冲洗坩埚和盖，在搅拌下一次加入 25～30mL 盐酸，再加入 1mL 硝酸，用热盐酸（1+5）洗净坩埚和盖，将溶液加热至沸，冷却，然后移入 250mL 容量瓶中，用水稀释至标线，摇匀。此溶液（B）可供测定二氧化硅、氧化铁、氧化铝、氧化钙、氧化镁、二氧化钛。

（3）吸取 50.00mL 待测溶液 B，放入 300mL 塑料杯中，加入 10～15mL 硝酸，搅拌，冷却至 30℃ 以下，加入氯化钾，仔细搅拌至饱和并有少量氯化钾析出，再加 2g 氯化钾及 10mL 氟化钾溶液（150g·L⁻¹）仔细搅拌（如氯化钾析出量不够，应再补充加入），在 30℃ 以下放置 15～20min，其间搅拌 1～2 次。

（4）用中速滤纸过滤，用氯化钾溶液（50g·L⁻¹）洗涤塑料杯及沉淀 3 次。将滤纸连同沉淀取下置于原塑料杯中，沿杯壁加入 10mL 30℃ 以下的氯化钾-乙醇溶液（50g·L⁻¹）及 1mL 酚酞指示剂溶液（10g·L⁻¹），用 0.15mol·L⁻¹ 氢氧化钠标准滴定溶液中和未洗尽的酸，仔细搅动滤纸并擦洗杯壁直至溶液呈红色（过滤、洗涤、中和残余酸的操作应迅速，以防止氟硅酸钾沉淀的水解）。向杯中加入约 200mL 沸水（煮沸后并用氢氧化钠溶液中和至酚酞呈微红色的沸水），用 0.15mol·L⁻¹ 氢氧化钠标准滴定溶液滴定至微红色。

4. 结果计算

二氧化硅的质量分数按下式计算：

$$w(\mathrm{SiO_2}) = \frac{T_{\mathrm{SiO_2}} V \times 5}{m \times 1000} \times 100\%$$

(4-6)

式中　$w(\mathrm{SiO_2})$——二氧化硅的质量分数；

　　　$T_{\mathrm{SiO_2}}$——每毫升氢氧化钠标准滴定溶液相当于二氧化硅的质量，mg·mL⁻¹；

　　　V——滴定时消耗氢氧化钠标准滴定溶液的体积，mL；

　　　m——试料的质量，g；

　　　5——全部试样与所分取试样溶液的体积比。

5. 讨论

（1）试样的分解　单独称样测定二氧化硅时，可采用氢氧化钾为熔剂，在镍坩埚中熔融；或以碳酸钾作熔剂，在铂坩埚中熔融。进行系统分析时，多采用氢氧化钠作熔剂，在银坩埚中熔融。对于高铝试样，最好改用氢氧化钾或碳酸钾熔样，因为在溶液中易生成比 $\mathrm{K_3AlF_6}$ 溶解度更小的 $\mathrm{Na_3AlF_6}$ 而干扰测定。

（2）溶液的酸度　溶液的酸度应保持在氢离子浓度为 3mol·L⁻¹ 左右。在使用硝酸时，于 50mL 试验液中加入 10～15mL 浓硝酸即可。酸度过低易形成其他金属的氟化物沉淀而干扰测定；酸度过高将使 $\mathrm{K_2SiF_6}$ 沉淀反应不完全，还会给后面的沉淀洗涤、残余酸的中和操作带来麻烦。

使用硝酸比盐酸好，既不易析出硅酸胶体，又可以减弱铝的干扰。溶液中共存的 $\mathrm{Al^{3+}}$ 在生成 $\mathrm{K_2SiF_6}$ 的条件下亦能生成 $\mathrm{K_3AlF_6}$（或 $\mathrm{Na_3AlF_6}$）沉淀，从而严重干扰硅的测定。$\mathrm{K_3AlF_6}$ 在硝酸介质中的溶解度比在盐酸中的大，不会析出沉淀，从而防止了 $\mathrm{Al^{3+}}$ 的干扰。

（3）氯化钾的加入量　氯化钾应加至饱和，过量的钾离子有利于K_2SiF_6沉淀完全，这是本法的关键之一。加入固体氯化钾时，要不断搅拌，压碎氯化钾颗粒，溶解后再加，直到不再溶解为止，再过量1～2g。

（4）氟化钾的加入量　氟化钾的加入量要适宜，一般硅酸盐试样在含有0.1g试料的试验溶液中，加入10mL KF·2H$_2$O溶液（150g·L^{-1}）。如加入量过多，则Al^{3+}易与过量的氟离子生成K_3AlF_6沉淀，该沉淀水解生成氢氟酸而使结果偏高，反应式如下：

$$K_3AlF_6 + 3H_2O \Longrightarrow 3KF + H_3AlO_3 + 3HF$$

量取氟化钾溶液时应用塑料量杯，否则会因腐蚀玻璃而带入空白。

（5）氟硅酸钾沉淀的陈化　从加入氟化钾溶液开始，沉淀放置15～20min为宜。放置时间短，K_2SiF_6沉淀不完全；放置时间过长，会增强Al^{3+}的干扰。特别是高铝试样，更要严格控制。K_2SiF_6的沉淀反应是放热反应，所以冷却有利于沉淀反应完全，沉淀时的温度不超过25℃。

（6）氟硅酸钾的过滤和洗涤　氟硅酸钾属于中等细度晶体，过滤时用一层中速滤纸。为加快过滤速度，宜使用带槽长颈塑料漏斗，并在漏斗颈中形成水柱。

过滤时应采用倾泻法，先将溶液倒入漏斗中，将氯化钾固体和氟硅酸钾沉淀留在塑料杯中，溶液滤完后，再用氯化钾溶液（50g·L^{-1}）洗烧杯2次、漏斗1次，洗涤液总量不超过25mL。洗涤液的温度不宜超过30℃。

（7）中和残余酸　氟硅酸钾晶体中夹杂的金属阳离子不会干扰测定，而夹杂的硝酸却严重干扰测定。当采用洗涤法来彻底除去硝酸时，会使氟硅酸钾严重水解，因而只能洗涤2～3次，残余的酸则采用中和法消除。

中和残余酸的操作十分关键，要快速、准确，以防氟硅酸钾提前水解。中和时，要将滤纸展开、捣烂，用塑料棒反复挤压滤纸，使其吸附的酸能进入溶液而被碱中和，最后还要用滤纸擦洗杯内壁，中和至溶液呈红色。中和完放置后如有褪色，则不能再作为残余酸继续中和了。

（8）水解和滴定过程　氟硅酸钾沉淀的水解反应分为两个阶段，即氟硅酸钾沉淀的溶解反应及氟硅酸根离子的水解反应，反应式如下：

$$K_2SiF_6 \Longrightarrow 2K^+ + [SiF_6]^{2-}$$
$$[SiF_6]^{2-} + 3H_2O \Longrightarrow H_2SiO_3 + 2F^- + 4HF$$

两步反应均为吸热反应，水温越高、体积越大，越有利于反应进行。故实际操作中，应用刚刚沸腾的水，并使总体积在200mL以上。

上述水解反应随着氢氧化钠溶液的加入，K_2SiF_6不断水解，直到滴定终点时才趋于完全。故滴定速度不宜过快，且应保持溶液的温度在终点时不低于70℃为宜。若滴定速度太慢，硅酸会发生水解而使终点不敏锐。

任务3　氧化铁含量的测定

查一查　硅酸盐中氧化铁的测定方法。

测定氧化铁的方法很多，目前常用的是重铬酸钾氧化还原滴定法、EDTA 配位滴定法和原子吸收分光光度法，如样品中铁含量很低时，可采用磺基水杨酸分光光度法和邻菲啰啉分光光度法。

一、重铬酸钾氧化还原滴定法

重铬酸钾滴定法是测定硅酸盐岩石矿物中铁含量的经典方法，具有简便、快速、准确和稳定等优点，在实际工作中应用较广。在测定试样中的全铁、高价铁时，首先要将制备溶液中的高价铁还原为低价铁，然后再用重铬酸钾标准滴定溶液滴定。根据所用还原剂的不同有不同的测定体系，其中常用的是氯化亚锡还原-重铬酸钾滴定法（又称汞盐重铬酸钾法）、三氯化钛还原-重铬酸钾滴定法、硼氢化钾还原-重铬酸钾滴定法等。

（1）氯化亚锡还原-重铬酸钾滴定法　在热盐酸介质中，以 $SnCl_2$ 为还原剂，将溶液中的 Fe^{3+} 还原为 Fe^{2+}，过量的 $SnCl_2$ 用 $HgCl_2$ 除去，在硫酸-磷酸混合酸的存在下，以二苯胺磺酸钠为指示剂，用 $K_2Cr_2O_7$ 标准滴定溶液滴定 Fe^{2+}，直到溶液呈现稳定的紫色为终点。

（2）无汞盐-重铬酸钾滴定法　由于汞盐剧毒，污染环境，又提出了改进还原方法，避免使用汞盐的重铬酸钾滴定法。其中，三氯化钛还原法应用较普遍。

在盐酸介质中，用 $SnCl_2$ 将大部分的 Fe^{3+} 还原为 Fe^{2+} 后，以钨酸钠为指示剂，再用 $TiCl_3$ 溶液将剩余的 Fe^{3+} 还原。当 Fe^{3+} 全部被还原为 Fe^{2+} 后，过量一滴 $TiCl_3$ 溶液使钨酸钠还原为五价钨的化合物而使溶液呈蓝色。然后滴入 $K_2Cr_2O_7$ 溶液使蓝色恰好褪去。溶液中的 Fe^{2+} 以二苯胺磺酸钠为指示剂，用 $K_2Cr_2O_7$ 标准滴定溶液滴定。

二、EDTA 滴定法

在 pH 为 1.8～2.0 及 60～70℃ 的溶液中，以磺基水杨酸为指示剂，用 EDTA 标准溶液直接滴定溶液中的三价铁离子。此法适用于 Fe_2O_3 含量小于 10% 的试样，如水泥、生料、熟料、黏土、石灰石等。

用 EDTA 直接滴定 Fe^{3+}，一般以磺基水杨酸或其钠盐作指示剂。在溶液 pH 为 1.8～2.0 时，磺基水杨酸钠能与 Fe^{3+} 生成紫红色配合物，能被 EDTA 所取代。反应过程如下：

$$Fe^{3+} + Sal^{2-} \rightleftharpoons [Fe(Sal)]^+$$
（紫红色）

$$Fe^{3+} + H_2Y^{2-} \rightleftharpoons FeY^- + 2H^+$$
（黄色）

$$[Fe(Sal)]^+ + H_2Y^{2-} \rightleftharpoons FeY^- + Sal^{2-} + 2H^+$$
（黄色）（无色）

终点时溶液颜色由紫红色变为亮黄色。试样中铁含量越高，黄色越深；铁含量低时为浅黄色，甚至近无色。溶液中含有大量 Cl^- 时，FeY^- 与 Cl^- 生成黄色更深的配合物，所以，在盐酸介质中滴定比在硝酸介质中滴定可以得到更明显的终点。

三、磺基水杨酸光度法

在不同的 pH 条件下 Fe^{3+} 与磺基水杨酸形成的配合物的组成和颜色不同。在 pH 为 1.8～2.5 的溶液中，形成 1∶1 红紫色的配合物；在 pH 为 4～8 时，形成 1∶2 褐色的配合物；在 pH 为 8～11.5 的氨性溶液中，形成 1∶3 黄色的配合物，该黄色配合物最稳定。因此，可在 pH 为 8～11.5 的氨性溶液中用磺基水杨酸光度法测定铁，其最大吸收波长为 420nm。

四、邻菲罗啉光度法

Fe^{2+} 与邻菲罗啉在 pH 为 2～8 的条件下，生成 1∶3 螯合物，该螯合物呈红色，在 500～510nm 处有一吸收峰，其摩尔吸收系数为 $9.6×10^3L·mol^{-1}·cm^{-1}$。红色螯合物的生成在室温条件下约 30min 即可显色完全，并可稳定 16h 以上。该方法简便快捷，条件易控制，稳定性和重现性好。

邻菲罗啉只与 Fe^{2+} 起反应。在显色体系中加入抗坏血酸，可将试液中的 Fe^{3+} 还原为 Fe^{2+}。因此，邻菲罗啉光度法不仅可以测定亚铁，而且可以连续测定试液中的亚铁和高铁，或者测定它们的总量。

硅酸盐试样中某些氧化铁的含量较低，普遍采用邻菲罗啉光度法。例如，石灰石的《建材用石灰石、生石灰和熟石灰化学分析方法》GB/T 5762—2012，石膏、白色铝酸盐水泥的《铝酸盐水泥化学分析方法》GB/T 205—2008 等。

技能训练

氧化铁的测定：EDTA 滴定法

依据国家标准《水泥化学分析方法》GB/T 176—2008 规定被列为基准法。

1. 仪器

滴定分析法常用仪器。

2. 试剂

（1）氨水溶液　1+1。

（2）盐酸溶液　1+1。

（3）氢氧化钾溶液　$200g·L^{-1}$。

（4）磺基水杨酸钠指示剂溶液　$100g·L^{-1}$。

（5）CMP 混合指示剂　称取 1.000g 钙黄绿素、1.000g 甲基百里香酚蓝、0.200g 酚酞与 50g 已在 105℃烘干过的硝酸钾混合，研细，保存在磨口瓶中。

（6）碳酸钙标准溶液　$c(CaCO_3)=0.024mol·L^{-1}$。称取 0.6g（精确至 0.0001g）已于 105～110℃烘过 2h 的碳酸钙，置于 400mL 烧杯中，加入约 100mL 水，盖上表面皿，沿杯口滴加盐酸（1+1）至碳酸钙全部溶解，加热煮沸数分钟。将溶液冷至室温，移入 250mL 容量瓶中，用水稀释至标线，摇匀。

（7）EDTA 标准滴定溶液　$c(EDTA)=0.015mol·L^{-1}$。称取约 5.6g EDTA（乙二胺四乙酸二钠盐）置于烧杯中，加约 200mL 水，加热溶解，过滤，用水稀释至 1L。

标定：吸取 25.00mL 碳酸钙标准溶液（$0.024mol·L^{-1}$）于 400mL 烧杯中，加水稀释至约 200mL，加入适量的 CMP 混合溶液，在搅拌下加入氢氧化钾溶液（$200g·L^{-1}$）至出现绿色荧光后再过量 2～3mL，以 EDTA 标准滴定溶液滴定至绿色荧光消失并呈现红色即为终点。

EDTA 标准滴定溶液的浓度按下式计算：

$$c(EDTA)=\frac{m×25×1000}{250V×100.09} \tag{4-7}$$

式中　$c(EDTA)$——EDTA 标准滴定溶液的浓度，$mol·L^{-1}$；

V——滴定时消耗 EDTA 标准滴定溶液的体积，mL；

m——配制碳酸钙标准溶液的碳酸钙的质量，g；

100.09——碳酸钙的摩尔质量，$g \cdot mol^{-1}$。

EDTA 标准滴定溶液对氧化铁的滴定度按下式计算：

$$T_{Fe_2O_3} = c(EDTA) \times 79.84 \tag{4-8}$$

式中　$T_{Fe_2O_3}$——每毫升 EDTA 标准滴定溶液相当于氧化铁的质量，$mg \cdot mL^{-1}$；

79.84——$\frac{1}{2} Fe_2O_3$ 的摩尔质量，$g \cdot mol^{-1}$。

3. 测定步骤

从待测溶液 A 或 B 中吸取 25.00mL 放入 300mL 烧杯中，加水稀释至约 100mL，用氨水（1+1）和盐酸（1+1）调节溶液 pH 在 1.8～2.0 之间（用精密 pH 试纸检验）。将溶液加热至 70℃，加入 10 滴磺基水杨酸钠指示剂溶液（$100g \cdot L^{-1}$），用 $0.015mol \cdot L^{-1}$ EDTA 标准滴定溶液，缓慢滴定至亮黄色（终点时溶液温度应不低于 60℃）。保留此溶液供测定氧化铝用。

4. 结果计算

氧化铁的质量分数按下式计算：

$$w(Fe_2O_3) = \frac{T_{Fe_2O_3} V \times \frac{250}{25}}{m \times 1000} \times 100\% \tag{4-9}$$

式中　$w(Fe_2O_3)$——氧化铁的质量分数；

$T_{Fe_2O_3}$——每毫升 EDTA 标准滴定溶液相当于氧化铁的质量，$mg \cdot mL^{-1}$；

V——滴定时消耗 EDTA 标准滴定溶液的体积，mL；

m——试料的质量，g。

5. 讨论

（1）准确控制溶液的 pH 是本法的关键。如果 pH<1，则 EDTA 不能与 Fe^{3+} 定量配位；同时，磺基水杨酸钠与 Fe^{3+} 生成的配合物也很不稳定，致使滴定终点提前，滴定结果偏低。如果 pH>2.5，则 Fe^{3+} 易水解，使 Fe^{3+} 与 EDTA 的配位能力减弱甚至完全消失。在实际样品的分析中，还必须考虑共存的其他金属阳离子特别是 Al^{3+}、TiO^{2+} 的干扰。试验证明，pH>2 时，Al^{3+} 的干扰增强，而 TiO^{2+} 的含量一般不高，其干扰作用不显著。因此，对于单独 Fe^{3+} 的滴定，当有 Al^{3+} 共存时，溶液的最佳 pH 范围为 1.8～2.0（室温下），滴定终点变色最明显。

（2）准确控制溶液的温度在 60～70℃。在 pH 为 1.8～2.0 时，Fe^{3+} 与 EDTA 的配位反应速率较慢，这是因为部分 Fe^{3+} 水解生成羟基配合物，需要离解时间。一般在滴定时，溶液的起始温度以 70℃ 为宜，高铝类样品一定不要超过 70℃。在滴定结束时，溶液的温度不宜低于 60℃。

（3）溶液的体积一般以 80～100mL 为宜。体积过大，滴定终点不敏锐；体积过小，溶液中 Al^{3+} 浓度相对增高，干扰增强，同时溶液的温度下降较快，对滴定不利。

（4）滴定近终点时，要加强搅拌，缓慢滴定，最后要半滴半滴地加入 EDTA 溶液，每加半滴，强烈搅拌数秒，直至无残余红色为止。如滴定过快，Fe_2O_3 的结果将偏高，接着测定 Al_2O_3 时，结果又会偏低。

（5）一定要保证溶液中的铁全部以 Fe^{3+} 存在，因为在 pH 为 1.8～2.0 时，Fe^{2+} 不能与

EDTA 定量配位而使铁的测定结果偏低。所以在测定总铁时，应先将溶液中的 Fe^{2+} 氧化为 Fe^{3+}。例如，在用氢氧化钠熔融试样且制成溶液时，一定要加入少量浓硝酸。

（6）由于在测定溶液中的铁后还要继续测定 Al_2O_3 的含量，因此，磺基水杨酸钠指示剂的用量不宜多，以防止其与 Al^{3+} 配位反应而使 Al_2O_3 的测定结果偏低。

任务 4　氧化铝含量的测定

知识准备

查一查　硅酸盐中氧化铝的测定方法。

铝的测定方法有很多，有重量法、可见分光光度法、滴定法、原子吸收分光光度法、等离子体发射光谱法等。重量法的手续烦琐，已很少采用。光度法测定铝的方法很多，出现了许多新的显色剂和显色体系，特别是三苯甲烷类和荧光酮类显色剂的显色体系的研究很活跃。原子吸收分光光度法测定铝，由于在空气-乙炔焰中铝易生成难溶化合物，测定的灵敏度极低，而且共存离子的干扰严重，需用笑气-乙炔焰，因此限制了它的普遍应用。在硅酸盐中铝含量常常较高，多采用滴定分析法。如试样中铝含量很低时，可采用铬天青 S 比色法。

铝与 EDTA 等氨羧配位剂能形成稳定的配合物（Al-EDTA 的 $lgK=16.13$；Al-CYDTA 的 $lgK=17.6$），因此，可用配位滴定法测定铝。滴定铝的方式主要有直接滴定法、返滴定法和置换滴定法。

一、EDTA 直接滴定法

在 pH 为 3 左右的条件下，加热，使 TiO^{2+} 水解为 $TiO(OH)_2$ 沉淀，然后以 PAN 和等量的 EDTA-Cu 为指示剂，用 EDTA 标准溶液直接滴定 Al^{3+}，终点时稍过量的 EDTA 夺取了 PAN-Cu 中的 Cu^{2+}，使 PAN 释放出来，终点呈亮黄色。

$$Al^{3+}+CuY^{2-} \Longrightarrow AlY^-+Cu^{2+}$$
$$Cu^{2+}+PAN \Longrightarrow Cu^{2+}\text{-}PAN$$
（红色）
$$Al^{3+}+H_2Y^{2-} \Longrightarrow AlY^-+2H^+$$
$$Cu^{2+}\text{-}PAN+H_2Y^{2-} \Longrightarrow CuY^{2-}+PAN+2H^+$$
（黄色）

二、铜盐返滴定法

在滴定铁后的溶液中，加入对铝、钛过量的 EDTA 标准滴定溶液，加热至 $70\sim80℃$，调整溶液的 pH 为 $3.8\sim4.0$，煮沸 $1\sim2min$，以 PAN 为指示剂，用铜盐标准滴定溶液返滴过量的 EDTA，终点时溶液由黄色变为亮紫色，扣除钛的含量后即为三氧化铝的含量。

在 pH 为 $2\sim3$ 的溶液中，加入过量的 EDTA，发生下列反应：

$$Al^{3+}+H_2Y^{2-} \Longrightarrow AlY^-+2H^+$$
$$TiO^{2+}+H_2Y^{2-} \Longrightarrow TiOY^{2-}+2H^+$$

将溶液 pH 调至约 4.3 时，剩余的 EDTA 用 $CuSO_4$ 标准滴定溶液返滴定：

$$Cu^{2+}+H_2Y^{2-}（剩余）\Longrightarrow CuY^{2-}+2H^+$$
（蓝色）

$$Cu^{2+} + PAN \Longleftrightarrow Cu^{2+}\text{-}PAN$$
$$\text{(红色)}$$

三、氟化铵置换滴定法

向滴定铁后的溶液中，加入 10mL 100g·L^{-1} 的苦杏仁酸溶液掩蔽 TiO^{2+}，然后加入 EDTA 标准滴定溶液至过量 10~15mL（对铝而言），调节溶液 pH 为 6.0，煮沸数分钟，使铝及其他金属离子和 EDTA 配合，以半二甲酚橙为指示剂，用乙酸铅标准滴定溶液回滴过量的 EDTA。再加入氟化铵溶液使 Al^{3+} 与 F^- 生成更为稳定的配合物 $[AlF_6]^{3-}$，煮沸置换 Al-EDTA 配合物中的 EDTA，然后再用铅标准溶液滴定置换出的 EDTA，相当于溶液中 Al^{3+} 的含量。

氟化铵置换法单独测得的氧化铝是纯氧化铝的含量，不受测定铁、钛滴定误差的影响，选择性较高，结果稳定，适用于铁高铝低的试样（如铁矿石等）或含有少量有色金属的试样。

四、铬天青 S 分光光度法

铝与三苯甲烷类显色剂普遍存在显色反应，且大多在 pH 为 3.5~6.0 的酸度下进行显色。在 pH 为 4.5~5.4 的条件下，铝与铬天青 S（简写为 CAS）进行显色反应生成 1∶2 的有色配合物，且反应迅速完成，可稳定约 1h。在 pH 为 5.4 时，有色配合物的最大吸收波长为 545nm，其摩尔吸光系数为 4×10^4 L·mol^{-1}·cm^{-1}。该体系可用于测定试样中低含量的铝。

在 Al-CAS 法中，引入阳离子或非离子表面活性剂，生成 Al-CAS-CP 或 Al-CAS-CT-MAB 等三元配合物，其灵敏度和稳定性都显著提高，能稳定 4h 以上。

技能训练

氧化铝的测定

方法一：EDTA 直接滴定法

依据国家标准《水泥化学分析方法》GB/T 176—2008 规定被列为基准法。

1. 仪器

滴定分析法常用仪器。

2. 试剂

（1）氨水溶液　1+1。

（2）盐酸溶液　1+1。

（3）缓冲溶液（pH=3）　将 3.2g 无水乙酸钠溶于水中，加 120mL 冰醋酸，用水稀释至 1L，摇匀。

（4）PAN 指示剂溶液　将 0.2g 1-(2-吡啶偶氮)-2-萘酚溶于 100mL 95%（体积分数）乙醇中。

（5）EDTA-Cu 溶液　用浓度均为 0.015mol·L^{-1} 的 EDTA 标准滴定溶液和硫酸铜标准滴定溶液等体积混合而成。

（6）溴酚蓝指示液　将 0.2g 溴酚蓝溶于 100mL 乙醇（1+4）中。

（7）EDTA 标准滴定溶液　c(EDTA)=0.015mol·L^{-1}。

EDTA 标准滴定溶液对氧化铝的滴定度按下式计算：

$$T_{Al_2O_3} = c(EDTA) \times 50.98 \tag{4-10}$$

式中　$T_{Al_2O_3}$——每毫升 EDTA 标准滴定溶液相当于氧化铝的质量，$mg \cdot mL^{-1}$；

　　　50.98——$\dfrac{1}{2}Al_2O_3$ 的摩尔质量，$g \cdot mol^{-1}$。

3. 测定步骤

（1）将滴定完铁的溶液用水稀释至 200mL，加 1～2 滴溴酚蓝指示剂溶液（$2g \cdot L^{-1}$），滴加氨水（1+1）至溶液出现蓝紫色，再滴加盐酸（1+1）至黄色，加入 15mL 的乙酸-乙酸钠缓冲溶液（pH=3），加热至微沸并保持 1min。

（2）加入 10 滴 EDTA-Cu 溶液及 2～3 滴 PAN 指示剂溶液（$2g \cdot L^{-1}$），用 $0.015mol \cdot L^{-1}$ EDTA 标准滴定溶液滴定至红色消失，继续煮沸，滴定，直至溶液经煮沸后红色不再出现并呈稳定的亮黄色为止。

4. 结果计算

氧化铝的质量分数按下式计算：

$$w(Al_2O_3) = \frac{T_{Al_2O_3} V \times \dfrac{250}{V_0}}{m \times 1000} \times 100\% \tag{4-11}$$

式中　$w(Al_2O_3)$——氧化铝的质量分数；

　　　$T_{Al_2O_3}$——每毫升 EDTA 标准滴定溶液相当于氧化铝的质量，$mg \cdot mL^{-1}$；

　　　V——滴定时消耗 EDTA 标准滴定溶液的体积，mL；

　　　V_0——移取试样溶液的体积，mL；

　　　m——试料的质量，g。

5. 讨论

（1）该法最适宜的 pH 范围为 2.5～3.5。当溶液的 pH<2.5 时，Al^{3+} 与 EDTA 配位能力降低；当 pH>3.5 时，Al^{3+} 水解作用增强，均会引起铝的测定结果偏低。但如果 Al^{3+} 的浓度太高，即使是在 pH 为 3 的条件下，其水解倾向也会增大。所以，含铝和钛高的试样不应采用直接滴定法。

（2）TiO^{2+} 在 pH 为 3 煮沸的条件下能水解生成 $TiO(OH)_2$ 沉淀。为使 TiO^{2+} 充分水解，在调整溶液 pH 为 3 之后，应先煮沸 1～2min，再加入 EDTA-Cu 和 PAN 指示剂。

（3）PAN 指示剂的用量，一般以在 200mL 溶液中加入 2～3 滴为宜。指示剂加入太多，溶液底色较深，不利于终点的观察。

方法二：铜盐返滴定法

依据国家标准《水泥化学分析方法》GB/T 176—2008 规定被列为代用法。

1. 仪器

滴定分析法常用仪器。

2. 试剂

（1）氨水溶液　1+1。

（2）缓冲溶液（pH=4.3）　将 42.3g 无水乙酸钠溶于水中，加 80mL 冰醋酸，用水稀释至 1L，摇匀。

（3）EDTA 标准滴定溶液　$c(\text{EDTA})=0.015\text{mol}\cdot\text{L}^{-1}$。

（4）PAN 指示剂溶液　配制方法同"一、EDTA 直接滴定法"。

（5）硫酸铜标准滴定溶液　$c(\text{CuSO}_4)=0.015\text{mol}\cdot\text{L}^{-1}$，将 3.7g 硫酸铜（$\text{CuSO}_4\cdot5\text{H}_2\text{O}$）溶于水中，加 4~5 滴硫酸（1+1），用水稀释至 1L，摇匀。

（6）EDTA 标准滴定溶液与硫酸铜标准滴定溶液的体积比的标定　从滴定管缓慢放出 10~15mL $c(\text{EDTA})=0.015\text{mol}\cdot\text{L}^{-1}$ 的 EDTA 标准滴定溶液于 400mL 烧杯中，用水稀释至约 150mL，加 15mL pH=4.3 的缓冲溶液，加热至沸，取下稍冷，加 5~6 滴 PAN 指示液，以硫酸铜标准滴定溶液滴定至亮紫色。

EDTA 标准滴定溶液与硫酸铜标准滴定溶液的体积比按下式计算：

$$K=\frac{V_1}{V_2} \tag{4-12}$$

式中　K——每毫升硫酸铜标准滴定溶液相当于 EDTA 标准滴定溶液的体积；

V_1——EDTA 标准滴定溶液的体积，mL；

V_2——滴定时消耗硫酸铜标准滴定溶液的体积，mL。

3. 测定步骤

向滴定完铁的溶液中加入 $0.015\text{mol}\cdot\text{L}^{-1}$ 的 EDTA 标准滴定溶液至过量 10~15mL（对铝、钛总量而言），用水稀释至 150~200mL。将溶液加热至 70~80℃后，在搅拌下加数滴氨水（1+1）使溶液 pH 在 3.0~3.5 之间（用精密 pH 试纸检验），加入 15mL 缓冲溶液（pH=4.3），煮沸 1~2min，取下稍冷，加入 4~5 滴 PAN 指示剂溶液（$2\text{g}\cdot\text{L}^{-1}$），用硫酸铜标准滴定溶液滴定至亮紫色。

4. 结果计算

氧化铝的质量分数按下式计算：

$$w(\text{Al}_2\text{O}_3)=\frac{T_{\text{Al}_2\text{O}_3}(V_1-KV_2)\times\dfrac{250}{V_0}}{m\times1000}\times100\%-0.64w(\text{TiO}_2) \tag{4-13}$$

式中　$w(\text{Al}_2\text{O}_3)$——氧化铝的质量分数；

$T_{\text{Al}_2\text{O}_3}$——每毫升 EDTA 标准溶液相当于氧化铝的质量，$\text{mg}\cdot\text{mL}^{-1}$；

V_1——加入 EDTA 标准溶液的体积，mL；

V_2——滴定时消耗硫酸铜标准溶液的体积，mL；

K——每毫升硫酸铜标准溶液相当于 EDTA 标准滴定溶液的体积，mL；

V_0——移取试样溶液的体积，mL；

$w(\text{TiO}_2)$——用二安替比林甲烷光度法测得的二氧化钛的质量分数；

0.64——二氧化钛对氧化铝的换算系数；

m——试料的质量，g。

5. 讨论

（1）常见的返滴定法有以 PAN 为指示剂的铜盐返滴定法和以二甲酚橙为指示剂的锌盐返滴定法。前者多用于水泥化学分析中，只适用于一氧化锰含量在 0.5% 以下的试样。后者常用于耐火材料、玻璃及其原料中铝的测定。

（2）铜盐返滴定法选择性差，主要是铁、钛的干扰，故不适于复杂的硅酸盐分析。溶液中的 TiO^{2+} 可完全与 EDTA 配位，因此测定的结果为 Al^{3+} 和 TiO^{2+} 的总量。工厂有时用铝、

钛总量表示 Al_2O_3 的含量。若要求纯的 Al_2O_3 含量，可采用以下方法扣除 TiO_2 的含量：

① 在返滴定完 Al^{3+} 和 TiO^{2+} 之后，加入苦杏仁酸（β-羟基乙酸）溶液，夺取 $TiOY^{2-}$ 中的 TiO^{2+}，从而置换出等物质的量的 EDTA，再用 $CuSO_4$ 标准滴定溶液返滴定，即可测得钛含量；

② 加入钽试剂、磷酸盐、乳酸或酒石酸等试剂掩蔽钛；

③ 另行测定钛含量。

（3）Mn^{2+} 与 EDTA 定量配位的最低 pH 为 5.2，对配位滴定 Al^{3+} 的干扰程度随溶液的 pH 的增大和 Mn^{2+} 浓度的增大而增强。在 pH 为 4 左右时，溶液中共存的 Mn^{2+} 约有一半能与 EDTA 配位。如果 MnO 含量低于 0.5mg，其影响可以忽略不计，若达到 1mg 以上，不仅使 Al_2O_3 的测定结果明显偏高，而且使滴定终点拖长。一般对于 MnO 含量高于 0.5% 的试样，采用直接滴定法或氟化铵置换-EDTA 配位滴定法测定。

（4）F^- 能与 Al^{3+} 逐级形成 AlF^{2+}、AlF_2^+、…、AlF_6^{3-} 等稳定的配合物，会干扰 Al^{3+} 与 EDTA 的配位。如溶液中 F^- 的含量高于 2mg，Al^{3+} 的测定结果将明显偏低，且终点变化不敏锐。一般对于氟含量高于 5% 的试样，需采取措施消除氟的干扰。

任务 5 二氧化钛含量的测定

知识准备

查一查 硅酸盐中二氧化钛的测定方法。

钛的测定方法很多，由于硅酸盐试样中含钛量较低，例如，TiO_2 在普通硅酸盐水泥中的含量为 0.2%～0.3%，在黏土中为 0.4%～1%，所以通常采用光度法测定。常用的是过氧化氢光度法和二安替比林甲烷光度法等。另外，钛的配位滴定法通常有苦杏仁酸置换-铜盐溶液返滴定法和过氧化氢配位-铋盐溶液返滴定法。

一、过氧化氢光度法

在酸性条件下，TiO^+ 与 H_2O_2 形成 1:1 的黄色 $[TiO(H_2O_2)]^{2+}$ 配离子，其 $\lg K = 4.0$，$\lambda_{max} = 405nm$，$\varepsilon_{405} = 740 L \cdot mol^{-1} \cdot cm^{-1}$。过氧化氢光度法简便快速，但灵敏度和选择性较差。

显色反应可以在硫酸、硝酸或盐酸介质中进行，一般在 5%～6% 的硫酸溶液中显色。显色反应的速率和配离子的稳定性受温度的影响，通常在 20～25℃ 显色，3min 可显色完全，稳定时间在 1d 以上。过氧化氢的用量，以控制在 50mL 显色体积中，加 3% 过氧化氢 2～3mL 为宜。

二、二安替比林甲烷光度法

在盐酸介质中，二安替比林甲烷（DAPM）与 TiO^{2+} 生成极为稳定的组成为 1:3 的黄色配合物。在波长 420nm 处测定其吸光度，摩尔吸光系数约为 $1.47 \times 10^4 L \cdot mol^{-1} \cdot cm^{-1}$。

$$TiO^{2+} + 3DAPM + 2H^+ \Longleftrightarrow [Ti(DAPM)_3]^{4+} + H_2O$$

三、苦杏仁酸置换-铜盐溶液返滴定法

将测定过铁的溶液，调节 pH 至 3.8～4.0，加入过量的 EDTA 与铝和钛反应。再用铜盐回滴

剩余的 EDTA，以测定试样中 Al^{3+} 和 TiO^{2+} 的总量。然后加入苦杏仁酸与 $TiOY^{2-}$ 配合物中的 TiO^{2+} 反应，生成更稳定的苦杏仁酸配合物，同时释放与 TiO^{2+} 等物质的量的 EDTA，仍以 PAN 为指示剂，以铜盐标准滴定溶液返滴定释放出的 EDTA，从而求得 TiO^{2+} 的含量。

该方法可在测定铁和铝同一份溶液中进行连续滴定，常用于生料、熟料和黏土等的 TiO_2 含量小于 1%的试样的测定。

四、过氧化氢配位-铋盐溶液返滴定法

在滴完 Fe^{3+} 的溶液中，加入适量过氧化氢溶液，使之与 TiO^{2+} 生成 $[TiO(H_2O_2)]^{2+}$ 黄色配合物，然后再加入过量 EDTA，使之生成更稳定的三元配合物 $[TiO(H_2O_2)Y]^{2-}$。剩余的 EDTA 以半二甲酚橙（SXO）为指示剂，用铋盐溶液返滴定。其反应式为：

$$TiO^{2+} + H_2O_2 \Longrightarrow [TiO(H_2O_2)]^{2+}$$
$$[TiO(H_2O_2)]^{2+} + H_2Y^{2-} \Longrightarrow [TiO(H_2O_2)Y]^{2-} + 2H^+$$
$$Bi^{3+} + H_2Y^{2-}（剩余）\Longrightarrow BiY^- + 2H^+$$
$$Bi^{3+} + SXO \Longrightarrow Bi^{3+}\text{-SXO}$$
$$\text{（黄色）}\qquad\text{（红色）}$$

此法多应用于矾土、高铝水泥、钛渣等含钛量较高的试样，被列入《铝酸盐水泥化学分析方法》GB/T 205—2008 中。

技能训练

二氧化钛的测定：二安替比林甲烷光度法

依据国家标准《水泥化学分析方法》GB/T 176—2008 规定测定。

1. 仪器

分光光度法常用仪器。

2. 试剂

（1）盐酸溶液　1+2、1+10。

（2）硫酸溶液　1+9。

（3）乙醇溶液　95%。

（4）焦硫酸钾　将焦硫酸钾在瓷蒸发皿中加热熔化，加热至无泡沫发生，冷却并压碎熔融物，贮存于密封瓶中。

（5）抗坏血酸溶液　$5g \cdot L^{-1}$。将 0.5g 抗坏血酸溶于 100mL 水中，过滤后使用，用时现配。

（6）二安替比林甲烷溶液　$30g \cdot L^{-1}$盐酸溶液。将 3g 二安替比林甲烷溶于 100mL 盐酸溶液（1+10）中，过滤后使用。

3. 测定步骤

（1）二氧化钛标准溶液的配制　称取 0.1000g 经高温（950±25）℃灼烧过的二氧化钛（光谱纯），置于铂坩埚中，加入 2g 焦硫酸钾，在 500～600℃熔融至透明。冷却后，熔块用硫酸（1+9）浸出，加热至 50～60℃，使熔块完全溶解，冷却至室温移入 1000mL 容量瓶中，用硫酸（1+9）稀释至标线，摇匀。此标准溶液每毫升含有 0.100mg 二氧化钛。

吸取 100.00mL 上述标准溶液于 500mL 容量瓶中，用硫酸（1+9）稀释至标线，摇匀，此标准溶液每毫升含有 0.0200mg 二氧化钛。

（2）工作曲线的绘制　吸取 $0.02mg \cdot mL^{-1}$ 二氧化钛标准溶液 0、2.50mL、5.00mL、7.50mL、10.00mL、12.50mL、15.00mL 分别放入 100mL 容量瓶中，依次加入 10mL 盐酸（1+2）、10mL 抗坏血酸溶液（$5g \cdot L^{-1}$）、5mL 乙醇溶液（95%）、20mL 二安替比林甲烷溶液（$30g \cdot L^{-1}$），用水稀释至标线，摇匀。放置 40min 后，以水作参比于 420nm 处测定溶液的吸光度。绘制工作曲线或求出线性回归方程。

（3）样品测定　吸取 25.00mL 待测溶液 A 或 B 放入 100mL 容量瓶中，加入 10mL 盐酸（1+2）及 10mL 抗坏血酸溶液（$5g \cdot L^{-1}$），放置 5min。加入 5mL 乙醇溶液（95%）、20mL 二安替比林甲烷溶液（$30g \cdot L^{-1}$），用水稀释至标线，摇匀。放置 40min 后，用上述方法测定溶液的吸光度。

4. 结果计算

二氧化钛的质量分数按下式计算：

$$w(TiO_2) = \frac{m(TiO_2) \times \frac{250}{25}}{m \times 1000} \times 100\% \tag{4-14}$$

式中　$w(TiO_2)$——二氧化钛的质量分数；

$\quad\quad m(TiO_2)$——100mL 测定溶液中二氧化钛的含量，mg；

$\quad\quad m$——试料的质量，g。

5. 讨论

（1）比色用的试样溶液可以是氯化铵重量法测定硅后的溶液，也可以用氢氧化钠熔融后的盐酸溶液。但加入显色剂前，需加入 5mL 乙醇，以防止溶液浑浊而影响测定。

（2）该法有较高的选择性。在此条件下大量的铝、钙、镁、铍、锰（Ⅱ）、锌、镉及 BO_3^{3-}、SO_4^{2-}、EDTA、$C_2O_4^{2-}$、NO_3^- 和 100mg PO_4^{3-}、5mg Cu^{2+}、Ni^{2+}、Sn^{4+}、3mg Co^{2+} 等均不干扰。Fe^{3+} 能与二安替比林甲烷形成棕色配合物，铬（Ⅲ）、钒（Ⅴ）、铈（Ⅳ）本身具有颜色，使测定结果产生显著的正误差，可加入抗坏血酸还原。

（3）反应介质选用盐酸，因硫酸溶液会降低配合物的吸光度。比色溶液最适宜的盐酸酸度范围为 $0.5 \sim 1mol \cdot L^{-1}$。如果溶液的酸度太低，一方面很容易引起 TiO^{2+} 的水解；另一方面，当以抗坏血酸还原 Fe^{3+} 时，由于 TiO^{2+} 与抗坏血酸形成不易破坏的微黄色配合物，而导致测定结果的偏低。如果溶液酸度达 $1mol \cdot L^{-1}$ 以上，有色溶液的吸光度将明显下降。

任务 6　氧化钙和氧化镁含量的测定

知识准备

查一查　硅酸盐中氧化钙和氧化镁的测定方法。

在硅酸盐试样中钙和镁通常共存，需同时测定。在快速分析系统中，是在一份溶液中控制不同条件分别测定。常用的方法是配位滴定法和原子吸收分光光度法。

一、EDTA 配位滴定法

在一定条件下，Ca^{2+}、Mg^{2+} 能与 EDTA 形成稳定的 1∶1 的配合物，选择适宜的酸度条件和适当的指示剂，可用 EDTA 标准滴定溶液直接滴定测定钙和镁。其测定方法是：调节溶液 pH>12.5，使 Mg^{2+} 生成难溶的 $Mg(OH)_2$ 沉淀，用 EDTA 标准滴定溶液滴定法测

定 Ca^{2+} 的含量；另取一份溶液，控制其 pH 为 10，用 EDTA 滴定法测定 Ca^{2+} 和 Mg^{2+} 的总量，扣除氧化钙的含量，即得氧化镁含量。

二、原子吸收分光光度法

用原子吸收分光光度法测定钙和镁时，是以氢氟酸-高氯酸分解或氢氧化钠熔融-盐酸分解试样，用盐酸溶解试样制成溶液。吸取一定量的试液，加入氯化锶消除硅、铝、钛等的干扰，用空气-乙炔火焰，于 422.4nm 和 285.2nm 波长处分别测定钙和镁的吸光度。以 CaO 计其灵敏度为 $0.084\mu g \cdot mL^{-1}$。以 MgO 计其灵敏度为 $0.017\mu g \cdot mL^{-1}$。该方法操作简便、选择性和灵敏度高，是钙和镁较理想的分析方法。

技能训练

一、氧化钙的测定：EDTA 配位滴定法

依据国家标准《水泥化学分析方法》GB/T 176—2008 规定被列为基准法。

1. 仪器

滴定分析法常用仪器。

2. 试剂

（1）三乙醇胺　1＋2。

（2）氢氧化钾溶液　$200g \cdot L^{-1}$。

（3）EDTA 标准滴定溶液　$c(EDTA)=0.015mol \cdot L^{-1}$。

EDTA 标准滴定溶液对氧化钙的滴定度按下式计算：

$$T_{CaO}=c(EDTA)\times 56.08 \tag{4-15}$$

式中　T_{CaO}——每毫升 EDTA 标准滴定溶液相当于氧化钙的质量，$mg \cdot mL^{-1}$；

56.08——CaO 的摩尔质量，$g \cdot mol^{-1}$。

（4）钙黄绿素-甲基百里香酚蓝-酚酞混合指示剂（CMP 混合指示剂）　称取 1.000g 钙黄绿素、1.000g 甲基百里香酚蓝、0.2g 酚酞与 50g 已在 105~110℃烘干过的硝酸钾，混合研细，保存在磨口瓶中。

3. 测定步骤

吸取 25mL 待测溶液 A 放入 300mL 烧杯中，加水稀释至约 200mL。加入 5mL 三乙醇胺溶液（1＋2）及适量的 CMP 混合指示剂，在搅拌下加入氢氧化钾溶液至出现绿色荧光后再过量 5~8mL，此时溶液酸度在 pH 为 13 以上，用 EDTA 标准滴定溶液滴定至绿色荧光完全消失并呈现红色。

4. 结果计算

氧化钙的质量分数按下式计算：

$$w(CaO)=\frac{T_{CaO}V\times \frac{250}{25}}{m\times 1000}\times 100\% \tag{4-16}$$

式中　$w(CaO)$——氧化钙的质量分数；

T_{CaO}——每毫升 EDTA 标准滴定溶液相当于氧化钙的质量，$mg \cdot mL^{-1}$；

V——滴定时消耗 EDTA 标准滴定溶液的体积，mL；

m——试料的质量，g。

5. 讨论

（1）铁、铝、钛的干扰可用三乙醇胺掩蔽，少量锰与三乙醇胺也能生成绿色配合物而被掩蔽。

（2）在使用 CMP 指示剂时，不能在光线直接照射下观察终点，应使光线从上向下照射。近终点时应观察整个液层，至烧杯底部绿色荧光消失呈现红色为止。加入 CMP 的量不宜过多，否则终点呈深红色，变化不敏锐。

（3）测定高铁试样中的 Ca^{2+} 时，加入三乙醇胺后充分搅拌，加入氢氧化钾至溶液黄色变浅，再加入少量 CMP 指示剂，在搅拌下继续加入氢氧化钾溶液 5~8mL，使 Mg^{2+} 能完全生成氢氧化镁沉淀。

二、氧化镁的测定：原子吸收分光光度法

依据国家标准《水泥化学分析方法》GB/T 176—2008 规定被列为基准法。

1. 仪器

原子吸收光谱仪、镁空心阴极灯等仪器。

2. 试剂

（1）盐酸　1+1。

（2）氯化锶溶液　50g·L^{-1}。将 152.2g 氯化锶溶解于水中，加水稀释至 1L，必要时过滤后使用。

（3）氧化镁标准溶液　0.05mg·mL^{-1}。称取 1.000g（精确至 0.0001g）已于（950±25）℃灼烧至恒重的氧化镁（光谱纯），置于 250mL 烧杯中，加入 50mL 水，再缓缓加入 20mL 盐酸（1+1），低温加热至全部溶解，冷却至室温后移入 1000mL 容量瓶中，用水稀释至刻度，摇匀。此标准溶液为 1mg·mL^{-1}。

吸取 25.0mL 上述标准溶液放入 500mL 容量瓶中，用水稀释至标线，摇匀。此标准溶液为 0.05mg·mL^{-1}。

3. 测定步骤

（1）氢氟酸-高氯酸分解试样　称取约 0.1g 试样，精确至 0.0001g，置于铂坩埚中，加入 0.5~1mL 水润湿，加入 5~7mL 氢氟酸和 0.5mL 高氯酸，放入通风橱内低温电热板上加热，近干时摇动铂坩埚以防止溅失。待白色浓烟完全驱尽后，取下冷却。加入 20mL 盐酸（1+1），温热至溶液澄清，冷却后，移入 250mL 容量瓶中，加入 5mL 氯化锶溶液，用水稀释至标线，摇匀。此溶液（C）供原子吸收光谱法测定氧化镁、氧化铁、氧化钾和氧化钠等用。

（2）标准曲线的绘制　吸取 0.05mg·mL^{-1} 的氧化镁标准溶液 0.00、2.00mL、4.00mL、6.00mL、8.00mL、10.00mL、12.00mL 于一系列 500mL 容量瓶中，加入 30mL 盐酸及 10mL 氯化锶溶液，用水稀释至标线，摇匀。将原子吸收光谱仪调节至最佳工作状态，在空气-乙炔火焰中，用镁空心阴极灯，于波长 285.2nm 处，测定溶液中镁的吸光度，绘制工作曲线。

（3）试样的测定　吸取 10mL 待测溶液 C 放入 250mL 容量瓶中，加入盐酸（1+1）及氯化锶溶液，使测定溶液中盐酸的体积分数为 6%，锶的浓度为 1mg·mL^{-1}。用水稀释至标线，摇匀。按上述测定方法测定溶液中镁的吸光度，在工作曲线上查出试样中氧化镁的含量。

4. 结果计算

试样中氧化镁的质量分数按下式计算：

$$w(MgO) = \frac{m_1 \times \frac{250}{10.00}}{m \times 1000} \times 100\% \qquad (4\text{-}17)$$

式中　$w(MgO)$——氧化镁的质量分数；

　　　　m_1——与标准溶液相当的氧化镁的质量，mg；

　　　　m——试样的质量，g。

任务7　氧化钾和氧化钠含量的测定

知识准备

查一查　硅酸盐中氧化钾和氧化钠的测定方法。

钾和钠的测定方法有重量法、滴定法、火焰光度法、原子吸收分光光度法、等离子体发射光谱法等。

一、火焰光度法

火焰光度法测定钾和钠是基于在火焰光度计上钾和钠原子被火焰热能（空气-乙炔焰温度1840℃；空气-煤气焰温度2225℃）激发后发射出具有固定波长的特征辐射。钾的火焰为紫色，波长766.5nm；钠的火焰为黄色，波长589.0nm。可分别用765～770nm（钾）和558～590nm（钠）的滤光片将钾、钠的辐射分离，以光电池或光电管和检流计进行检测。由于光电流的大小即特征辐射的强度，与试样中钾、钠的含量有关，故可用标准比较法或标准曲线法确定钾、钠含量。

介质与酸度条件，一定量 Cl^-、SO_4^{2-}、ClO_4^-、NO_3^- 的存在均不影响测定结果，即可在 HCl、H_2SO_4、$HClO_4$、HNO_3 等介质中进行测定。但在硝酸介质中的测定结果较稳定，重现性较好。因此，常在0.5%的硝酸溶液中进行测定。常用 HF 和 H_2SO_4 分解试样，也可用锂盐或铵盐分解试样。若试样分解时使用了氢氟酸，则应在试样分解完全后加热除尽氟，并转为硝酸介质，尽快测定，以防 F^- 对器皿腐蚀而使测定结果偏高。

二、原子吸收分光光度法

原子吸收分光光度法测定钾和钠是一种干扰少、灵敏度高、简便快速的分析方法。该方法是于浓度小于 $0.6mol \cdot L^{-1}$ 的盐酸、硝酸或过氯酸介质中，用空气-乙炔火焰激发，分别在766.5nm 和589.0nm 波长下测定钾和钠的吸光度。氧化钾和氧化钠浓度小于 $5mol \cdot L^{-1}$ 时，线性关系良好，其灵敏度分别为：氧化钾 $0.12\mu g \cdot mL^{-1}$、氧化钠 $0.054\mu g \cdot mL^{-1}$。

由于钾和钠易电离，在火焰中钾和钠的基态原子的电离将导致其吸光度降低。钾的这一现象尤其明显。对此，可以通过适当提高燃烧器高度或加入氯化锶来消除。

技能训练

氧化钾和氧化钠的测定：原子吸收分光光度法

依据国家标准《水泥化学分析方法》GB/T 176—2008规定被列为代用法。

1. 仪器

原子吸收光谱仪、钾和钠空心阴极灯等仪器。

2. 试剂

（1）盐酸　1+1。

（2）氯化钾和氯化钠　光谱纯。

（3）氯化锶溶液　50g·L⁻¹。将152.2g氯化锶溶解于水中，加水稀释至1L，必要时过滤后使用。

（4）氧化钾和氧化钠标准溶液　称取1.5829g已于105～110℃烘过2h的氯化钾及1.8859g已于105～110℃烘过2h的氯化钠，精确至0.0001g，置于烧杯中，加水溶解后，移入1000mL容量瓶中，用水稀释至标线，摇匀贮存于塑料瓶中。此标准溶液每毫升含1mg氧化钾及1mg氧化钠。

吸取50.00mL上述标准溶液放入1000mL容量瓶中，用水稀释至标线，摇匀贮存于塑料瓶中。此标准溶液每毫升含0.05mg氧化钾和0.05mg氧化钠。

3. 测定步骤

（1）标准曲线的绘制　吸取每毫升含0.05mg氧化钾及0.05mg氧化钠的标准溶液0.00、2.50mL、5.00mL、10.00mL、15.00mL、20.00mL、25.00mL分别放入500mL容量瓶中，加入30mL盐酸及10mL氯化锶溶液，用水稀释至标线，摇匀贮存于塑料瓶中。将原子吸收光谱仪调节至最佳工作状态，在空气-乙炔火焰中，分别用钾元素空心阴极灯于波长766.5nm处和钠元素空心阴极灯于波长589.0nm处，以水校零测定溶液的吸光度。用测得的吸光度作为相对应的氧化钾和氧化钠含量的函数，绘制工作曲线。

（2）试样的测定　吸取10mL待测溶液C放入250mL容量瓶中，加入盐酸（1+1）及氯化锶溶液，使测定溶液中盐酸的体积分数为6%，锶的浓度为1mg·mL⁻¹。用水稀释至标线，摇匀。用原子吸收光谱仪，在空气-乙炔火焰中，分别用钾元素空心阴极灯于波长766.5nm处和钠元素空心阴极灯于波长589.0nm处，在与上述相同的仪器条件下测定溶液的吸光度，在工作曲线上查出氧化钾的含量和氧化钠的含量。

4. 结果计算

试样中氧化钾及氧化钠的质量分数分别按下式计算：

$$w(K_2O) = \frac{m_1 \times \frac{250}{10.00}}{m \times 1000} \times 100\% \tag{4-18}$$

$$w(Na_2O) = \frac{m_2 \times \frac{250}{10.00}}{m \times 1000} \times 100\% \tag{4-19}$$

式中　$w(K_2O)$——氧化钾的质量分数；

$w(Na_2O)$——氧化钠的质量分数；

m_1——与标准溶液相当的氧化钾的质量，mg；

m_2——与标准溶液相当的氧化钠的质量，mg；

m——试样的质量，g。

知识链接

HY-GF3型硅酸盐成分快速测定仪（见图4-6）是针对硅酸盐行业长期以来采用重量法、容量法、分光光度法、火焰光度法及原子吸收光度法联合进行材料的化学分析，流程长，不能满足生产工艺控制要求而研制的。仪器是根据光度分析原理研制而成的新型光度分析仪，采用计算机数据处理系统，可在数小时内完成一个样品的全分析，更适用于对多个样品的联测（最多一次可以测定10个样品）。本机测量精确度符合国家标准《陶瓷材料及制品化学分析方法》GB/T 4734—1996 和《陶瓷原料化学成分光度分析方法》QB/T 2578—2002 中对精确度的要求，适用于陶瓷、耐火材料、无机非金属矿产、建材、地质等领域的硅酸盐化学成分的系统分析。

图 4-6　HY-GF3 型硅酸盐成分快速测定仪

内容小结

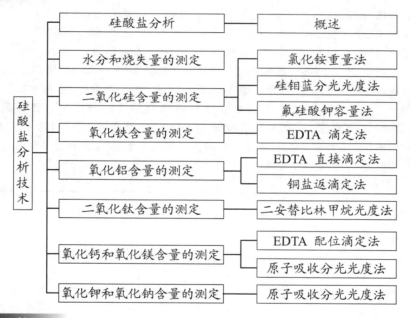

硅酸盐分析技术	硅酸盐分析	概述
	水分和烧失量的测定	氯化铵重量法
	二氧化硅含量的测定	硅钼蓝分光光度法
		氟硅酸钾容量法
	氧化铁含量的测定	EDTA 滴定法
	氧化铝含量的测定	EDTA 直接滴定法
		铜盐返滴定法
	二氧化钛含量的测定	二安替比林甲烷光度法
	氧化钙和氧化镁含量的测定	EDTA 配位滴定法
		原子吸收分光光度法
	氧化钾和氧化钠含量的测定	原子吸收分光光度法

练一练

1. 组成硅酸盐岩石矿物的主要元素有哪些？硅酸盐全分析通常测定哪些项目？

2. 何谓岩石全分析？它在工业建设中有何意义？

3. 在硅酸盐试样的分解中，酸分解法、熔融法中常用的溶（熔）剂有哪些？各溶（熔）剂的使用条件是什么？各有何特点？

4. 何谓系统分析和分析系统？一个好的分析系统必须具备哪些条件？硅酸盐分析的主要分析系统有哪些？硅酸盐经典分析系统与快速分析系统各有什么特点？

5. 硅酸盐中二氧化硅的测定方法有哪些？其测定原理是什么？各有何特点？

6. 重量法测定二氧化硅的方法有哪些？各有什么优缺点？

7. 氟硅酸钾容量法常用的分解试样的熔剂是什么？为什么？应如何控制氟硅酸钾沉淀和水解滴定的条件？最后用氢氧化钠标准滴定溶液滴定时，为什么试液温度不能低于 70℃？

8. 硅酸盐中铁的测定方法有哪些？基准法中反应温度和酸度对测定有何影响？

9. 无汞盐-重铬酸钾法测定铁时，还原高价铁时，选用什么样的指示剂？

10. EDTA 滴定法测定铝的滴定方式有几种？

11. 简述氟化铵置换 EDTA 配位滴定法测定铝的方法原理。

12. 简述铬天青 S 光度法测定铝的原理，本法的主要优缺点是什么？

13. 在钛的测定中，H_2O_2 光度法和二安替比林甲烷光度法的显色介质是什么？为什么？两种方法各有何特点？

14. 在钙镁离子共存时，用 EDTA 配位滴定法测定其含量，如何克服相互之间的干扰？当大量镁存在时，如何进行钙的测定？

15. 钙黄绿素-甲基百里香酚蓝-酚酞混合指示剂是如何指示反应终点的？

16. 原子吸收分光光度法测定钙、镁、钾、钠时介质及仪器条件应如何选择？

17. 称取某硅酸盐试样 1.200g，以氟硅酸钾容量法测定硅的含量，滴定时消耗 0.1500mol·L^{-1} NaOH 标准溶液 7.500mL，试求该试样中二氧化硅的含量。

18. 称取含铁、铝的试样 0.2015g，溶解后调节溶液 pH 为 2.0，以磺基水杨酸作指示剂，用 0.02008mol·L^{-1} EDTA 标准溶液滴定至红色消失并呈亮黄色，消耗 15.20mL。然后加入 EDTA 标准溶液 25.00mL，加热煮沸，调 pH 为 4.3，以 PAN 作指示剂，趁热用 0.2112mol·L^{-1} 硫酸铜标准溶液返滴定，消耗 8.16mL。试计算试样中 Fe_2O_3 和 Al_2O_3 的含量。

煤质分析技术

知识目标

1. 了解煤的组成及各组分的重要性质。
2. 了解煤的分析方法的分类及分析项目。
3. 了解煤试样制备的目的、工具及方法。
4. 掌握煤中水分、灰分、挥发分和固定碳的测定原理及方法。
5. 掌握煤的各种基准分析结果的换算。
6. 了解煤中碳、氢、氧、氮和硫的测定原理及方法。
7. 了解煤的发热量的测定原理及计算方法。

能力目标

1. 能正确测定空气干燥煤样中的水分、灰分和挥发分含量。
2. 能用艾氏卡等方法测定煤中全硫含量。

想一想 你对煤有哪些了解？煤的用途有哪些？

煤是植物遗体覆盖在地层下，经过漫长的岁月及复杂的生物化学和物理化学作用，转化而成的固体有机可沉积岩，是一种组成、结构非常复杂且极不均匀的包括许多有机和无机化合物的混合物。根据成煤植物的不同，可将煤分为两大类，即腐殖煤和腐泥煤。由高等植物形成的煤称为腐殖煤，它又可分为陆殖煤和残殖煤，通常讲的煤就是指腐殖煤中的陆殖煤。陆殖煤分为泥炭、褐煤、烟煤和无烟煤四类。腐泥煤是由低级植物和浮游动物形成的煤，在煤化过程中由腐泥转变而成，还保持着本身结构的低级植物和浮游动物的残留物，如藻煤、烛煤、油页岩等，是制造人造液体燃料和润滑油的宝贵原料。煤炭产品主要有原煤（选出矸石以后的煤）、精煤（经精选后符合质量要求的煤）、商品煤（作为商品出售的煤）等。

煤的用途很多，它不仅作为人类生活所需热能的重要供给源之一，也是化学工业和冶金业生产的重要原料。

项目一

概述

一、煤的组成及各组分的重要性质

煤是由有机质、矿物质和水组成的。有机质和部分矿物质是可燃的，水和大部分矿物质是不可燃的。

煤中有机物由碳、氢、氧、氮和硫等元素组成，其中碳和氢是有机物的主要组成元素，占煤中有机物的 95% 以上，是煤燃烧放热的主要成分；硫、磷也可以燃烧，但在燃烧时生成的氧化物腐蚀设备，污染大气，因此，硫、磷是煤中的有害成分；氧和氮在燃烧时不放热，称为煤中的惰性成分。煤中碳含量随着其变质程度的加深而增高，与此相反，氢含量随煤变质程度的加深而降低。

煤中矿物质主要是碱金属、碱土金属、铁、铝等的碳酸盐、硅酸盐、硫酸盐、磷酸盐及硫化物。除硫化物外，矿物质不能燃烧，但随着煤的燃烧过程变为灰分。正是由于矿物质的存在使煤的可燃部分比例相应减少，影响煤的发热量。

煤中的水分，主要存在于煤的孔隙结构中。水分的存在会影响燃烧稳定性和热传导，本身不能燃烧放热，还要吸收热量汽化为水蒸气。

煤的各组分如图 5-1 所示。

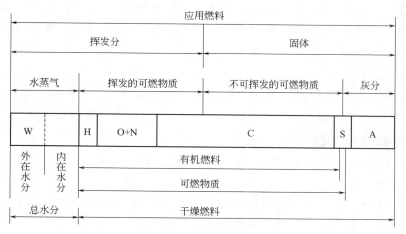

图 5-1　煤的各组分

二、煤的分析方法

煤的分析，一般可分为工业分析、元素分析、物理性质测定、工艺性质测定和煤灰成分分析等。工业上最重要和最常见的分析项目是煤的工业分析和元素分析。

1. 工业分析

在国家标准中，煤的工业分析包括煤的水分（M）、灰分（A）、挥发分（V）和固定碳（FC）等指标的测定。通常煤的水分、灰分、挥发分是直接测出的，而固定碳是用差减法计算出来的。广义上讲，煤的工业分析还包括煤的全硫分和发热量的测定，又称为煤的全工业分析。

煤的工业分析是了解煤质特性的主要指标，也是评价煤质的基本依据。根据测定结果，初步了解煤中各成分的含量，判断煤的性质、种类以及各种煤的加工利用效果及其工业价值和用途。同时可以利用工业分析数据，推算出煤的发热量，为煤质的评价提供重要的参数。因此，煤的工业分析是煤的生产或使用部门最常见的分析项目，又称为技术分析或实用分析。

2. 元素分析

煤的元素分析通常是指煤中碳、氢、氧、氮、硫等项目的分析。元素分析结果是对煤进行科学分类的主要依据之一，在工业上作为计算发热量、干馏产物的产率和热量平衡的依据。元素分析结果表明了煤的固有成分，更符合煤的客观实际。

煤中的稀有元素很多，但一般是指有提取价值的锗、镓、铀、钒、钽等元素。当煤中的锗、镓等稀有元素含量超过一定值时即有提取价值。

除硫外，煤中还含有一些有害元素，如磷、氯、砷、氟、汞等。可以根据特殊的需要进行检测。

项目二　煤试样的制备

煤是一种固体不均匀物料，其组成不论是粒度方面还是在化学成分方面都极不均匀。

因此，只有通过严格的采样及制样程序才能得到与整批煤组成极为接近的煤试样。煤样应按照国家标准《煤样的制备方法》GB 474—2008 进行制备，本标准适用于褐煤、烟煤及无烟煤。

一、制样总则

试样制备的目的是通过破碎、混合、缩分和干燥等步骤将采集的煤样制备成能代表原来煤样特性的分析（试验）用煤样。

二、制样的设施、设备和工具

（1）制样室（包括制样、存样、干燥、浮选等房间）应宽大敞亮，不受风雨及外来灰尘的影响，要有除尘设备。

制样室应为水泥地面。堆掺缩分区还需要在水泥地面上铺以厚度 6mm 以上的钢板。贮存煤样的房间不应有热源，不受强光照射，无任何化学药品。

（2）破碎机　颚式破碎机、锤式破碎机、对辊破碎机、钢制棒（球）磨机、其他密封式研磨机以及无系统偏倚、精密度符合要求的各种缩分机和联合破碎机等。

（3）锤子、手工磨碎煤样的钢板和钢辊等。

（4）不同规格的二分器。

（5）十字分样板、铁锹、镀锌铁盘或搪瓷盘、毛刷、台秤、托盘天平、磅秤、清扫设备和磁铁等。

（6）贮存全水分煤样和分析试验煤样的严密容器。

（7）振筛机。

（8）标准筛　筛孔孔径为 25mm、13mm、6mm、3mm、1mm 和 0.2mm 及其他孔径的方孔筛，3mm 的圆孔筛。

（9）鼓风干燥箱　温度可控。

三、制样方法

1. 缩分

缩分是制样的最关键的程序，目的在于减少试样量。试样缩分可以用机械方法，也可用人工方法进行。为减小人为误差，应尽量使用机械方法缩分。当机械缩分使试样完整性破坏，如水分损失、粒度离析等时，或煤的粒度过大使得无法使用机械缩分时，应该用人工方法缩分。人工方法本身可能会造成偏倚，特别是当缩分煤量较大时。

（1）机械缩分方法　机械缩分器以切割大量的小质量试样的方式从试样中取出一部分或若干部分。图 5-2 为旋转锥形缩分器，煤流落在一旋转锥上，然后通过一带盖的可调开口进入接收器，锥每旋转一周，收集一部分试样。

机械缩分可对未经破碎的单个子样、多个子样或总样进行，也可对破碎到一定粒度的试样进行。缩分可采用定质量缩分或定比缩分方式。

缩分时，各次切割样质量应均匀，为此，供入缩分器的煤流应均匀，切割器开口应固定，供料方式应使煤流的粒度离析减到最小。

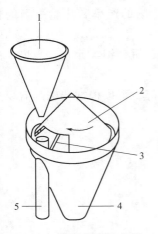

图 5-2　旋转锥形缩分器

1—供料；2—旋转锥；3—可调开口；4—弃样；5—缩分后试样

缩分后子样的质量应满足以下要求：每一缩分阶段的全部缩分后子样合并的总样的质量，应不小于表5-1规定的相应采样目的和标称最大粒度下的质量；并且子样的质量满足式(5-1)的要求；如子样质量太少，不能满足这两个要求，则应将其进一步破碎后再缩分。

$$m_a = 0.06d \tag{5-1}$$

式中　m_a——子样质量，kg；

　　　d——试样的标称最大粒度，mm。

表 5-1　缩分后总样最小质量

标称最大粒度 /mm	一般和共用煤样 /kg	全水分煤样 /kg	粒度分析煤样/kg	
			精密度1%	精密度2%
150	2600	500	6750	1700
100	1025	190	2215	570
80	565	105	1070	275
50	170	35	280	70
25	40	8	36	9
13	15	3	5	1.25
6	3.75	1.25	0.65	0.25
3	0.7	0.65	0.25	0.25
1.0	0.10	—	—	—

（2）人工缩分方法

① 二分器法。二分器是一种简单而有效的缩分器（结构见图5-3）。它由两组相对交叉排列的格槽及接收器组成。两侧格槽数相等，每侧至少8个。格槽开口尺寸至少为试样标称最大粒度的3倍，但不能小于5mm。格槽对水平面的倾斜度至少为60°。为防止粉煤和水分损失，接收器与二分器主体应配合严密，最好是封闭式。

使用二分器缩分煤样，缩分前可不混合。缩分时，应使试样呈柱状沿二分器长度来回摆动供入格槽。供料要均匀并控制供料速度，勿使试样集中于某一端，勿发生格槽阻塞。

当缩分需分几步或几次通过二分器时，各步或各次通过后，应交替地从两侧接收器中收取留样。

② 棋盘缩分法。将试样充分混合后，铺成一厚度不大于试样标称最大粒度3倍且均匀的长方块［见图5-4(a)］。如试样量大，铺成的长方块大于2m×2.5m，则应铺2个或2个以上质量相等的长方块，并将各长方块分成20个以上的小块［见图5-4(b)］，再从各小块中部分别取样。

取样应使用平底取样小铲和插板［见图5-4(c)］。小铲的开口尺寸至少为试样标称最大

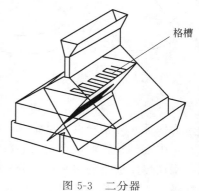

图 5-3　二分器

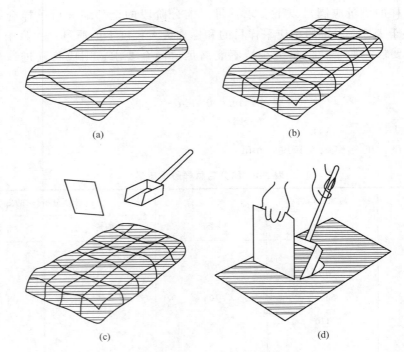

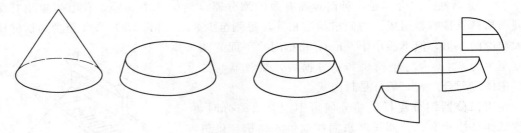

图 5-4　棋盘缩分法

粒度的 3 倍，边高应大于试样堆厚度。取样时，先将插板垂直插入试样层至底部，再插入铲至样层底部。将铲向插板方向水平移动至二者合拢，提起取样铲和插板，取出试样（子样）［见图 5-4(d)］。为保证缩分精密度和防止水分损失，混合和取样操作要迅速，取样时样品不要撒落，从各小方块中取出的子样量要相等。

　　③ 堆锥四分法。堆锥四分法是一种比较方便的方法，但有粒度离析，操作不当会产生偏倚。堆锥四分法操作如图 5-5 所示。

图 5-5　堆锥四分法

　　为保证缩分精密度，堆锥时，应将试样一小份、一小份地从样堆顶部撒下，使之从顶到底、从中心到外缘形成有规律的粒度分布，并至少倒堆 3 次。摊饼时，应从上到下逐渐拍平或摊平成厚度适当的扁平体。分样时，将十字分样板放在扁平体的正中间，向下压至底部，煤样被分成四个相等的扇形体。将相对的两个扇形体弃去，另两个扇形体留下继续下一步制样。为减少水分损失，操作要快。

　　2. 破碎

　　破碎的目的是增加试样颗粒数，减小缩分误差。同样质量的试样，粒度越小，颗粒数越多，缩分误差越小。但破碎耗时间、耗体力、耗能量，而且会产生试样、特别是水分损失。

因此，制样时不应将大量大粒度试样一次破碎到试验试样所要求的粒度，而应采用多阶段破碎缩分的方法来逐渐减小粒度和试样量，但缩分阶段也不宜多。

破碎应该用机械设备，但允许用人工方法将大块试样破碎到第 1 破碎阶段的最大供料粒度。破碎机的出料粒度取决于机械的类型及破碎口尺寸（颚式、对辊式）或速度（锤式、球式）。破碎机要求破碎粒度准确，破碎时试样损失和残留少；用于制备全水分、发热量和黏结性等煤样的破碎机，更要求生热和空气流动程度尽可能小。因此，不宜使用圆盘磨和转速大于 $950r \cdot min^{-1}$ 的锤碎机和高速球磨机（大于 20Hz）。制备有粒度范围要求的特殊试验样时应采用逐级破碎法。

破碎设备应经常用筛分法来检查其出料标称最大粒度。

3. 混合

混合的目的是使煤样尽可能均匀。从理论上讲，缩分前进行充分混合会减小制样误差，但实际并非完全如此。如在使用机械缩分器时，缩分前的混合对保证缩分精密度没有多大必要，而且混合还会导致水分损失。

一种可行的混合方法，是使试样多次（3 次以上）通过二分器或多容器缩分器，每次通过后把试样收集起来，再供入缩分器。

在试样制备最后阶段，用机械方法对试样进行混合能提高分样精密度。

4. 空气干燥

空气干燥是将煤样铺成均匀的薄层，在环境温度下使之与大气湿度达到平衡。煤层厚度不能超过煤样标称最大粒度的 1.5 倍或表面负荷为 $1g \cdot cm^{-2}$。

表 5-2 给出了在环境温度低于 40℃下，使煤样与大气达到平衡所需的时间。这只是推荐性的，在一般情况下已足够。如果需要的话，可以适当延长，但延长的时间应尽可能短，特别是对于易氧化煤。

表 5-2　不同环境温度下的干燥时间

环境温度/℃	干燥时间/h
20	不超过 24
30	不超过 6
40	不超过 4

煤样干燥可用温度不超过 50℃、带空气循环装置的干燥室或干燥箱进行，但干燥后、称样前应将干燥煤样置于环境温度下冷却并使之与大气湿度达到平衡。冷却时间视干燥温度而定，如在 40℃下进行干燥，则一般冷却 3h 即足够。但在下列情况下，不应在高于 40℃温度下干燥：

① 易氧化煤；

② 受煤的氧化影响较大的测定指标（如黏结性和膨胀性）用煤样；

③ 空气干燥作为全水分测定的一部分。

煤试样经制备后，应保存在对试样惰性的密闭容器（如塑料瓶或玻璃瓶）中，贴上标签，写明物料的名称、来源、编号、数量、包装情况、存放环境、采样部位、所采试样数和试样量、采样日期和采样人等。

项目三 煤的工业分析

任务1 煤的水分分析

知识准备

想一想 煤中的水分有哪几种存在形式？

煤的水分，是煤炭计价中的一个辅助指标。煤的水分直接影响煤的使用、运输和贮存。煤的水分增加，煤中有用成分相对减少，且水分在燃烧时变成蒸汽要吸热，因而降低了煤的发热量。煤的水分增加，还增加了无效运输，并给卸车带来了困难。特别是冬季寒冷地区，经常发生冻车，影响卸车和生产。因此，水分是煤质评价的基本指标，煤中水分的含量越低越好。煤中水分的结合状态可分为游离水和化合水两大类。

一、游离水

以物理吸附或附着方式与煤结合的水分称为游离水分，又分为外在水分和内在水分两种。

外在水分（M_f）又称自由水分或表面水分。它是指附着于煤粒表面的水膜和存在于直径大于 10^{-5} cm 的毛细孔中的水分，用符号 M_f 表示。此类水分是在开采、贮存及洗煤时带入的，覆盖在煤粒表面上，其蒸气压与纯水的蒸气压相同，在空气中（一般规定温度为 20℃，相对湿度为 65%）风干 1～2d 后，即蒸发而失去，所以这类水分又称为风干水分，即在一定条件下煤样与周围空气湿度达到平衡时所失去的水分。除去外在水分的煤叫风干煤。

内在水分（M_{inh}）是指吸附或凝聚在煤粒内部直径小于 10^{-5} cm 的毛细孔中的水分，用符号 M_{inh} 表示。由于毛细孔的吸附作用，这部分水的蒸气压低于纯水的蒸气压，故较难蒸发除去，需要在高于水的正常沸点的温度下才能除尽，这种在一定条件下煤样达到空气干燥状态时所保持的水分称为空气干燥煤样水分，用符号 M_{ad} 表示。除去内在水分的煤叫干燥煤。

煤的外在水分和内在水分的总和称为收到基全水分，用符号 M_t 表示。

二、化合水

以化合的方式与煤中的矿物质结合的水，即通常所说的结晶水。如存在于硫酸钙（$CaSO_4 \cdot 2H_2O$）和高岭土（$2Al_2O_3 \cdot 4SiO_2 \cdot 4H_2O$）中的水。游离水在 105～110℃ 的温度下经过 1～2h 即可蒸发掉，而化合水要在 200℃ 以上才能解析。

在实际中，常测定煤中空气干燥煤样水分，即空气干燥煤样（粒度＜0.2mm）在规定条件下测得的水分，以 M_{ad} 表示。测定方法有三种，即通氮干燥法、甲苯蒸馏法和空气干燥法。其中通氮干燥法和甲苯蒸馏法适用于所有煤种；空气干燥法仅适用于烟煤和无烟煤。

在仲裁分析中遇到有空气干燥煤样水分进行基的换算时，应用通氮干燥法测定空气干燥煤样的水分。

煤的水分测定

依据国家标准《煤的工业分析方法》GB/T 212—2008。

本标准规定了煤的两种水分测定方法。其中方法一适用于所有煤种，方法二仅适用于烟煤和无烟煤。

方法一：通氮干燥法

1. 方法提要

称取一定量的空气干燥煤样，置于105～110℃干燥箱中，在干燥氮气流中干燥到质量恒定，然后根据煤样的质量损失计算出水分的质量分数。

2. 仪器与设备

（1）小空间干燥箱　箱体严密，具有较小的自由空间，有气体进出口，并带有自动控温装置，能保持温度在105～110℃范围内。

（2）玻璃称量瓶　直径40cm，高25cm，并带有严密的磨口盖。

（3）干燥器　内装有变色硅胶或粒状无水氯化钙。

（4）流量计　量程为100～1000mL·min^{-1}。

（5）分析天平　感量0.1mg。

3. 试剂与试样

（1）氮气　纯度99.9%，含氧量小于0.01%。

（2）变色硅胶　工业用品，使用前烘干。

（3）煤试样　粒度≤0.2mm的空气干燥煤样。

4. 测定步骤

（1）称取粒度为0.2mm以下的空气干燥煤样1g±0.1g（精确至0.0002g），于已预先干燥至恒重的称量瓶中。轻轻摇动称量瓶，使煤样均匀铺开。

（2）将称量瓶盖斜放在称量瓶口，并送入预先通入干燥氮气（在称量瓶放入干燥箱前10min开始通氮气，流量为以每小时换气15次计算）已加热到105～110℃的干燥箱中干燥。烟煤烘干1.5h，褐煤和无烟煤烘干2h。

（3）从干燥箱中取出称量瓶，立即将盖子盖好，放入干燥器中冷却至室温（约20min）后，称量。

（4）进行检查性干燥。每次30min，直至连续两次干燥煤样质量的减少不超过0.0010g或质量增加时为止。在后一种情况下，要采用质量增加前一次的质量为计算依据。水分在2%以下时，不必进行检查性干燥。

5. 结果计算

空气干燥煤样水分的质量分数可按下式计算。

$$M_{ad} = \frac{m_1}{m} \times 100\%$$

(5-2)

式中　M_{ad}——空气干燥煤样水分的质量分数；

m_1——煤样干燥后失去的质量，g；

m——煤样的质量，g。

方法二：空气干燥法

1. 方法提要

称取一定量的空气干燥煤样，置于 105～110℃ 鼓风干燥箱中，在空气流中干燥至质量恒定，根据煤样的质量损失计算出水分的质量分数。

2. 仪器与设备

与通氮干燥法相同。

3. 试剂与试样

（1）变色硅胶　工业用品，使用前烘干。

（2）煤试样　粒度≤0.2mm 的空气干燥煤样。

4. 测定步骤

（1）称取粒度为 0.2mm 以下的空气干燥煤样 1g±0.1g（精确至 0.0002g），放入已恒重的称量瓶中。轻轻摇动称量瓶，使煤样均匀铺开。

（2）将称量瓶盖斜放在称量瓶口，放入预先鼓风（在称量瓶放入干燥箱前 3～5min 开始鼓风，以使温度均匀）并已加热至 105～110℃ 的干燥箱中。鼓风加热，烟煤干燥 1h，无烟煤干燥 1～1.5h。

（3）从干燥箱中取出称量瓶，立即盖上盖子，放入干燥器中冷却至室温（约 20min），称量。

（4）检查性干燥。每次 30min，直至连续两次干燥煤样质量的减少不超过 0.0010g 或质量增加为止。在后一种情况下，要采用质量增加前一次的质量为计算依据。水分在 2% 以下时，不必进行检查性干燥。

5. 结果计算

与通氮干燥法相同。

6. 水分测定的精密度

水分测定的精密度如表 5-3 规定。

表 5-3　水分测定的精密度

水分（M_{ad}）/%	重复性限/%
＜5.00	0.20
5.00～10.00	0.30
＞10.00	0.40

任务 2　煤的灰分分析

知识准备

想一想　什么是煤的灰分？

煤的灰分是指在规定条件下煤中所有可燃物质完全燃烧以及煤中矿物质在一定温度下产

生一系列分解、化合等反应后剩余的残渣。如黏土、石膏、碳酸盐、黄铁矿等矿物质在煤的燃烧中发生分解和化合，有一部分变成气体逸出，留下的残渣就是灰分。

煤的灰分全部来自煤中矿物质，但它的组成、质量等与煤中矿物质不同，是矿物质在空气中经过一系列复杂的化学反应后剩余的残渣。因此，确切地说煤的灰分应称为灰分产率。

煤的灰分增加，不仅增加了无效运输，更重要的是影响煤作为工业原料和能源的使用。当煤用作动力燃料时，灰分增加，煤中可燃物质含量相对减少，煤的发热量降低。同时，煤中矿物质燃烧灰化时要吸收热量，大量排渣还要带走热量，因而也降低了煤的发热量。另外，煤中灰分增加，还会影响锅炉操作（如易结渣、熄火），加剧设备磨损，增加排渣量等。当煤用于炼焦时，灰分增加，焦炭灰分也随之增加，从而降低了高炉的利用系数。因此，煤的灰分是表征煤质的主要指标，也是煤炭计价的辅助指标之一。

煤灰可以用来制造硅酸盐水泥、制砖等，还可以用来改良土壤，此外，从煤灰中可提炼锗、镓、钒等重要元素。

技能训练

煤的灰分测定

依据国家标准《煤的工业分析方法》GB/T 212—2008。

本标准包括两种测定煤中灰分的方法——缓慢灰化法和快速灰化法。缓慢灰化法为仲裁法，快速灰化法可作为常规分析方法。

方法一：缓慢灰化法

1. 方法提要

称取一定量的空气干燥煤样于灰皿中，放入马弗炉，以一定的速度加热到（815±10）℃，灰化并灼烧到质量恒定，以灼烧后残留物的质量占煤样质量的百分数作为煤样的灰分。

2. 仪器与设备

（1）马弗炉　能保持温度815℃±10℃。炉膛具有足够的恒温区，炉后壁的上部带有直径为25～30mm的烟囱，下部离炉膛底20～30mm处有一个插热电偶的小孔，炉门上有一个直径为20mm的通气孔。

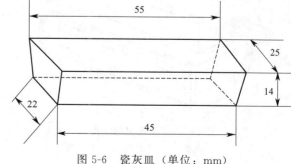

图 5-6　瓷灰皿（单位：mm）

（2）瓷灰皿　长方体的器皿，底面长45mm，宽22mm，高14mm，如图5-6所示。

（3）耐热瓷板或石棉板　尺寸要与炉膛相适应。

（4）干燥器　内装有变色硅胶或粒状无水氯化钙。

（5）分析天平　感量0.00010g。

3. 试剂与试样

（1）变色硅胶　工业用品，使用前烘干。

（2）煤试样　粒度≤0.2mm 的空气干燥煤样。

4. 测定步骤

（1）称取粒度为 0.2mm 以下的空气干燥煤样 1g±0.1g（精确至 0.0002g），置于已恒重灰皿中，轻轻摇动灰皿，使煤样的分布每平方厘米的质量不超过 0.15g。

（2）将灰皿送入温度不超过 100℃ 的马弗炉中，关上炉门并使炉门留有 15mm 左右的缝隙。在不少于 30min 的时间内将炉温缓慢升至约 500℃，并在此温度下保持 30min。继续升温到 815℃±10℃，并在此温度下灼烧 1h。

（3）从炉中取出灰皿，放在耐热瓷板或石棉板上，在空气中冷却 5min 左右，移入干燥器中冷却至室温（约 20min），然后称量。

（4）检查性灼烧，每次 20min，直到连续两次灼烧的质量变化不超过 0.0010g 为止，用最后一次灼烧后的质量为计算依据，灰分低于 15% 时，不必进行检查性灼烧。

5. 结果计算

煤的灰分可按下式计算。

$$A_{ad}=\frac{m_1}{m}\times100\%$$
（5-3）

式中　A_{ad}——空气干燥煤样灰分的质量分数；

m_1——残留物的质量，g；

m——煤样的质量，g。

方法二：快速灰化法

（一）灰分快速测定仪测定法

1. 方法提要

将装有煤样的灰皿放在预先加热至 815℃±10℃ 的灰分快速测定仪的传送带上，煤样被自动送入仪器内完全灰化，然后送出。以残留物的质量占煤样质量的百分数作为煤样的灰分。

2. 仪器与设备

灰分快速测定仪，如图 5-7 所示。其他仪器同缓慢灰化法。

3. 试剂与试样

（1）变色硅胶　工业用品，使用前烘干。

（2）煤试样　粒度≤0.2mm 的空气干燥煤样。

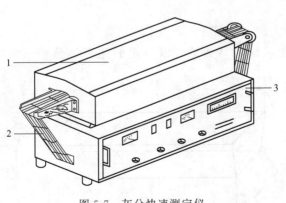

图 5-7　灰分快速测定仪
1—管式电炉；2—传送带；3—控制仪

4. 测定步骤

（1）将灰分快速测定仪预先加热至 815℃±10℃。

（2）开动传送带，将传送速度调节至 17mm·min^{-1} 左右或其他合适的速度。

（3）称取粒度为 0.2mm 以下的空气干燥煤样 0.5g±0.01g（精确至 0.0002g），置于已恒重的灰皿中，轻轻摇动灰皿，使煤样均匀地平铺于灰皿底部，使其每平方厘米的质量不超过 0.08g。

（4）将盛有煤样的灰皿放在灰分快速测定仪的传送带上，灰皿即自动送入炉中。

（5）当灰皿从炉内送出时，取下放在耐热瓷板或石棉板上，在空气中冷却 5min 左右，然后移入干燥器中冷却至室温（约 20min）后，称量。

（二）马弗炉快速测定法

1. 方法提要

将装有煤样的灰皿由炉外逐渐送入预先加热至 815℃±10℃ 的马弗炉中灰化并灼烧至恒重。以残留物的质量占煤样的质量分数作为灰分产率。

2. 仪器与设备

同缓慢灰化法相同。

3. 试剂与试样

（1）变色硅胶　工业用品，使用前烘干。

（2）煤试样　粒度≤0.2mm 的空气干燥煤样。

4. 分析步骤

（1）称取粒度为 0.2mm 以下的空气干燥煤样 1g±0.1g（精确至 0.0002g），置于已恒重的灰皿中，轻轻摇动灰皿，使煤样均匀平铺于灰皿底部，每平方厘米的质量不超过 0.15g。将盛有煤样的灰皿预先分排在耐热瓷板或石棉板上。

（2）将马弗炉加热至 850℃，打开炉门，将放有灰皿的耐热瓷板或石棉板缓慢地推入马弗炉中，先使第一排灰皿中的煤样灰化。恒温 5～10min 后，煤样不再冒烟时，以每分钟不大于 2cm 的速度把第二、第三、第四排灰皿按顺序推入炉内炽热部分（若煤样着火发生爆炸，试验应作废）。

（3）关上炉门并使炉门留有 15mm 左右的缝隙，在 815℃±10℃ 的温度下灼烧 40min。

（4）从炉中取出灰皿，在空气中冷却 5min 左右，然后移入干燥器中冷却至室温（约 20min），称量。

（5）检查性灼烧，每次 20min，直到连续两次灼烧的质量变化不超过 0.001g，用最后一次灼烧后的质量为计算依据。如发现检查灼烧时结果不稳定，应改用缓慢灰化法重新测定。灰分低于 15% 时，不必进行检查性灼烧。

5. 结果计算

与缓慢灰化法相同。

6. 灰分测定的精密度

灰分测定的重复性和再现性如表 5-4 规定。

表 5-4　灰分测定的重复性和再现性

灰分/%	重复性限 A_{ad}/%	再现性临界差 A_d/%
<15.00	0.20	0.3
15.00～30.00	0.30	0.5
>30.00	0.50	0.7

任务 3　煤的挥发分分析

知识准备

想一想　煤的灰分和挥发分有何区别？

煤的挥发分，即煤在一定温度下隔绝空气加热，逸出物质（气体或液体）中减去水分后的含量。剩下的残渣称为焦渣。因为挥发分不是煤中固有的，而是在特定温度下热解的产物，所以确切地说应称为挥发分产率。

煤的挥发分主要由水分、碳氢氧化物和碳氢化合物（CH_4 为主）组成，但物理吸附水（包括外在水和内在水）和矿物质生成的二氧化碳不属于挥发分范围。

煤的挥发分大致反映了煤的成煤程度，根据挥发分产率的高低，可以初步判别煤的种类和用途。挥发分高的煤在干馏时得到的化学产品量必然多，适用于煤焦油工业。根据残留焦渣的性质，还可初步估计煤是否适用于炼焦及估算焦炭的产量。因此挥发分是判断煤质的重要指标之一，尽管世界各国的测定方法规范不尽相同，而使测定结果稍有差异，但各国都以煤的挥发分作为煤的第一分类指标。

煤的挥发分测定结果随试验条件如温度、加热时间和所用坩埚的大小、形状、材质等不同而有差异，尤其以加热温度与时间最为重要，因此，必须严格按规范的试验操作条件进行测定。

技能训练

煤的挥发分测定

依据国家标准《煤的工业分析方法》GB/T 212—2008。

1. 方法提要

称取一定量的空气干燥煤样，放入带盖的瓷坩埚中，在 $900℃ \pm 10℃$ 温度下，隔绝空气加热 7min。以减少的质量占煤样质量的百分数，减去该煤样的水分含量作为煤样的挥发分产率。

2. 仪器与设备

（1）挥发分坩埚　带有配合严密的盖的瓷坩埚，形状和尺寸如图 5-8 所示。坩埚总质量为 15～20g。

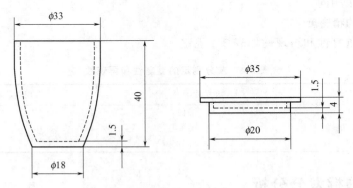

图 5-8　挥发分坩埚（单位：mm）

（2）马弗炉　带有高温计和调温装置，能保持温度在 $900℃ \pm 10℃$，并有足够的恒温区。炉子的热容量为当起始温度为 920℃ 时，放入室温下的坩埚架和若干坩埚，关闭炉门后，在 3min 内恢复到 $900℃ \pm 10℃$。炉后壁有一排气孔和一个插热电偶的小孔。小孔位置应使热电偶插入炉内后其热接点在坩埚底和炉底之间，距炉底 20～

30mm 处。

(3) 坩埚架 用镍铬丝或其他耐热金属丝制成。其规格尺寸以能使所有的坩埚都在马弗炉恒温区内，且坩埚底部位于热电偶热接点上方并距炉底 20～30mm 为宜。

(4) 坩埚架夹。

(5) 压饼机 螺旋式或杠杆式压饼机，能压制直径约 10mm 的煤饼。

(6) 干燥器 内装有变色硅胶或粒状无水氯化钙。

(7) 秒表。

3. 试剂与试样

(1) 变色硅胶 工业用品，使用前烘干。

(2) 煤试样 粒度≤0.2mm 的空气干燥煤样。

4. 测定步骤

(1) 称取粒度为 0.2mm 以下的空气干燥煤样 1g±0.01g（精确至 0.0002g），置于预先在 900℃温度下灼烧至质量恒定的带盖瓷坩埚中，轻轻摇动坩埚，使煤样铺平、分布均匀，盖上盖，放在坩埚架上。褐煤和长焰煤挥发分产率较高，应预先压饼，并切成约 3mm 的小块。

(2) 将马弗炉预先加热至 920℃左右，打开炉门，迅速将放有坩埚的架子送入恒温区并关上炉门，立即启动秒表，准确加热 7min。坩埚及架子刚放入后，炉温会有所下降，但必须在 3min 内使炉温恢复至 900℃±10℃，否则此试验作废，加热时间包括温度恢复时间在内。

(3) 从炉内取出坩埚，在空气中冷却 5min，移入干燥器中冷却至室温（约 20min），称量。

5. 结果计算

空气干燥煤样的挥发分可按下式计算。

$$V_{ad} = \frac{m_1}{m} \times 100\% - M_{ad} \tag{5-4}$$

式中 V_{ad}——空气干燥煤样的挥发分；

m_1——煤样加热后减少的质量，g；

m——煤样的质量，g；

M_{ad}——空气干燥煤样水分的质量分数。

另外，在测定煤的挥发分条件下，不仅有机质发生热分解，煤中的矿物质也同时发生相应的变化。当矿物质量不大时，可以不加考虑。但当煤中的碳酸盐含量高时，则必须校正由碳酸盐分解而产生的误差。分析结果的计算如下。

当空气干燥煤样中碳酸盐二氧化碳含量为 2%～12%时，挥发分为：

$$V_{ad} = \frac{m_1}{m} \times 100\% - M_{ad} - w_{ad}(CO_2) \tag{5-5}$$

当空气干燥煤样中碳酸盐二氧化碳含量大于 12%时，挥发分为：

$$V_{ad} = \frac{m_1}{m} \times 100\% - M_{ad} - [w_{ad}(CO_2) - w_{ad,焦}(CO_2)] \tag{5-6}$$

式中 $w_{ad}(CO_2)$——空气干燥煤样中碳酸盐二氧化碳的质量分数；

$w_{ad,焦}(CO_2)$——焦渣中二氧化碳对煤样量的质量分数。

6. 挥发分测定的精密度

挥发分测定的重复性和再现性如表5-5规定。

表5-5 挥发分测定的重复性和再现性

挥发分/%	重复性限 V_{ad}/%	再现性临界差 V_d/%
<20.00	0.30	0.50
20.00~40.00	0.50	1.00
>40.00	0.80	1.50

7. 注意事项

（1）因为挥发分测定是一个规范性很强的试验项目，所以必须严格控制试验条件，尤其是加热温度和加热时间。测定温度应严格控制在900℃±10℃，总加热时间（包括温度恢复时间）要严格控制在7min，用秒表计时。

（2）坩埚从马弗炉取出后，在空气中冷却时间不宜过长，以防焦渣吸水。坩埚在称量前不能开盖。

（3）褐煤、长焰煤水分和挥发分很高，如以松散状态放入900℃炉中加热，则挥发分会骤然大量释放，把坩埚盖顶开并带走炭粒，使结果偏高，且重复性差。因此应将煤样压成饼，切成3mm小块，使试样紧密可减缓挥发分的释放速率，因而可有效地防止煤样爆燃、喷溅，使测定结果可靠。

任务4 煤固定碳含量的计算及不同基准的换算

知识准备

想一想 什么是煤的固定碳？煤的基准有哪些？

一、固定碳含量的计算

在煤的工业分析中，认为煤中除水分、灰分、挥发分外的可燃性固体物是煤燃烧放热的主要成分，称为固定碳。固定碳含量越高，发热量也越高，煤质越好。固定碳是煤的发热量的重要来源，所以有的国家以固定碳作为煤发热量计算的主要参数，固定碳也是合成氨用煤的一个重要指标。固定碳含量一般不是测试获得的，而是通过下式计算：

$$FC_{ad} = 1 - (M_{ad} + A_{ad} + V_{ad}) \tag{5-7}$$

式中　FC_{ad}——空气干燥煤样的固定碳含量；

M_{ad}——空气干燥煤样的水分含量；

A_{ad}——空气干燥煤样的灰分含量；

V_{ad}——空气干燥煤样的挥发分含量。

二、不同基准分析结果的换算

1. 煤的各种基准

煤的各种基准及其符号如表5-6所示。

2. 不同基准分析结果的换算计算

以上煤的水分、灰分、挥发分和固定碳四种煤的工业分析测定项目，在表示分析结果时，

表 5-6　煤的各种基准及其符号

煤的各种基准	定　义	符号
收到基	以收到状态的煤为基准,收到基煤中含有的水分是收到基水分(M_{ar}),除去此水分后,即为干燥煤	ar
空气干燥基	以与空气湿度达到平衡状态的煤为基准。空气干燥基煤中含有的水分是空气干燥煤样水分(M_{ad}),除去此水分后,即为干燥煤	ad
干燥基	以假想无水状态的煤为基准	d
干燥无灰基	以假想无水、无灰状态的煤为基准	daf
干燥无矿物质基	以假想无水、无矿物质状态的煤为基准	dmmf
恒湿无灰基	以假想含最高内在水分、无灰状态的煤为基准	maf
恒湿无矿物质基	以假想含最高内在水分、无矿物质状态的煤为基准	m,mmf

必须指明基准。例如,A_{ad}表示以空气干燥基煤表示的灰分,FC_d则表示以干燥基煤表示的固定碳。煤中某一组分含量以不同基准的煤表示时,会有不同的数据,不能进行相互比较。若要比较不同煤的某组分含量,则应先换算为同一基准。

空气干燥基与其他基准进行换算时,可应用下列公式计算。

（1）收到基煤样的灰分和挥发分

$$X_{ar} = X_{ad} \times \frac{100\% - M_{ar}}{100\% - M_{ad}} \tag{5-8}$$

（2）干燥基煤样的灰分和挥发分

$$X_d = X_{ad} \times \frac{100\%}{100\% - M_{ad}} \tag{5-9}$$

（3）干燥无灰基煤样的挥发分

$$V_{daf} = V_{ad} \times \frac{100\%}{100\% - M_{ad} - A_{ad}} \tag{5-10}$$

当空气干燥煤样中碳酸盐二氧化碳含量大于 2% 时:

$$V_{daf} = V_{ad} \times \frac{100\%}{100\% - M_{ad} - A_{ad} - w_{ad}(CO_2)} \tag{5-11}$$

式中　X_{ar}——收到基煤样的灰分产率或挥发分产率,%;

X_{ad}——空气干燥基煤样的灰分产率或挥发分产率,%;

M_{ar}——收到基煤样的水分含量,%;

X_d——干燥基煤样的灰分产率或挥发分产率,%;

V_{daf}——干燥无灰基煤样的挥发分产率,%。

知识链接

TYGF-6000 工业分析仪（见图 5-9）可同时进行 19 个试样的水分、灰分、挥发分三项指标间任意组合测定或单独测定;模块化电子天平,综合热重分析技术,保证测试时称量准确;放入样品后,只需点击鼠标即可自动完成测试并打印结果,操作简单;采用《煤炭分析试验方法一般规定》GB/T 483—2007、《煤的工业分析方法》GB/T 212—2008、《焦炭工业分析测定方法》GB/T 2001—2013 及美国 ASTM D5142 等标准,水分、挥发分、灰分的测试流程、条件和结果均满足国家标准要求。适用于电力、煤炭、冶金、石化、煤化、环保、水泥、造纸、地质勘探、粮食、饲料等行业部门对煤炭、焦炭等物质水分、灰分、挥发分进行自动测定。

图 5-9　TYGF-6000 工业分析仪

项目四

煤的元素分析

煤中存在的元素有数十种之多，但通常所指的煤的元素组成主要是五种元素，即碳、氢、氧、氮和硫。在煤中含量很少、种类繁多的其他元素，一般不作为煤的元素组成，而只当作煤中伴生元素或微量元素。煤的元素分析，是研究煤的变质程度，计算煤的发热量，估算煤的干馏产物的重要指标，也是工业中以煤作燃料时进行热量计算的基础。

以下简单介绍煤中碳、氢、氧、氮及硫五种元素的分析方法。

任务1　煤中碳和氢的分析

查一查　煤中碳和氢的分析方法。

一、煤中的碳

一般认为，煤是由带脂肪侧链的大芳环和稠环所组成的。这些稠环的骨架是由碳元素构成的。因此，碳元素是组成煤的有机高分子的最主要元素。同时，煤中还存在着少量的无机碳，主要来自碳酸盐类矿物，如石灰岩和方解石等。碳含量随煤化度的升高而增加。在我国泥炭中干燥无灰基碳含量为 $55\%\sim62\%$；成为褐煤以后碳含量就增加到 $60\%\sim76.5\%$；烟煤的碳含量为 $77\%\sim92.7\%$；一直到高变质的无烟煤，碳含量为 88.98%。个别煤化度更高的无烟煤，其碳含量多在 90% 以上，如北京、四望峰等地的无烟煤，碳含量高达 $95\%\sim98\%$。因此，整个成煤过程，也可以说是增碳过程。

二、煤中的氢

氢是煤中第二个重要的组成元素。除有机氢外，在煤的矿物质中也含有少量的无机氢。它主要存在于矿物质的结晶水中，如高岭土（$Al_2O_3 \cdot 2SiO_2 \cdot 2H_2O$）、石膏（$CaSO_4 \cdot 2H_2O$）等都含有结晶水。在煤的整个变质过程中，随着煤化度的加深，氢含量逐渐减少。煤化度低的煤，氢含量高；煤化度高的煤，氢含量低。总的规律是氢含量随碳含量的增加而降低。尤其在无烟煤阶段就尤为明显。当碳含量由 92% 增至 98% 时，氢含量则由 2.1% 降到 1% 以下。通常碳含量在 $80\% \sim 86\%$ 之间时，氢含量最高。在烟煤的气煤、气肥煤段，氢含量能高达 6.5%。在碳含量为 $65\% \sim 80\%$ 的褐煤和长焰煤段，氢含量多数小于 6%。但变化趋势仍是随着碳含量的增加氢含量减少。

三、煤中碳和氢的分析：燃烧-气体吸收称量法

1. 方法提要

称取一定量的空气干燥煤样在氧气流中燃烧。其中的氢和碳转变成水和二氧化碳，分别用吸水剂和二氧化碳吸收剂吸收，由吸收剂增重计算煤中氢和碳的含量。煤样中硫和氯对测定的干扰在三节炉中用铬酸铅和银丝卷消除，在二节炉中用高锰酸银热解产物消除。氮对碳测定的干扰用粒状二氧化锰消除。

燃烧：煤试样 $+ O_2 \xrightarrow{800℃} CO_2 \uparrow + H_2O \uparrow + SO_3 \uparrow + NO_2 \uparrow + Cl_2 \uparrow + \cdots$

脱硫：$4PbCrO_4 + 4SO_2 \xrightarrow{600℃} 4PbSO_4 + 2Cr_2O_3 + O_2 \uparrow$

$\qquad 4PbCrO_4 + 4SO_3 \xrightarrow{600℃} 4PbSO_4 + 2Cr_2O_3 + 3O_2 \uparrow$

脱氯：$2Ag + Cl_2 \xrightarrow{180℃} 2AgCl$

脱氮：$MnO_2 + 2NO_2 \longrightarrow Mn(NO_3)_2$

吸收：$CaCl_2 \xrightarrow{2H_2O} CaCl_2 \cdot 2H_2O \xrightarrow{4H_2O} CaCl_2 \cdot 6H_2O$

$\qquad 2NaOH + CO_2 \longrightarrow Na_2CO_3 + H_2O$

2. 结果计算

空气干燥煤样的碳、氢含量按下式计算：

$$C_{ad} = \frac{0.2729 m_1}{m} \times 100\% \qquad\qquad (5\text{-}12)$$

$$H_{ad} = \frac{0.1119(m_2 - m_3)}{m} \times 100\% - 0.1119 M_{ad} \qquad\qquad (5\text{-}13)$$

式中　C_{ad}——空气干燥基煤样的碳含量；

$\qquad H_{ad}$——空气干燥基煤样的氢含量；

$\qquad m_1$——吸收二氧化碳管的增量，g；

$\qquad m_2$——吸收水分管的增量，g；

$\qquad m_3$——水分空白值，g；

$\qquad m$——煤样的质量，g；

$\quad$ 0.2729——将二氧化碳折算成碳的因数；

$\quad$ 0.1119——将水折算成氢的因数；

M_{ad}——空气干燥煤样的水分含量，%。

当空气干燥煤样中碳酸盐和二氧化碳含量大于 2% 时，则：

$$C_{ad} = \frac{0.2729m_1}{m} \times 100\% - 0.2729w_{ad}(CO_2) \qquad (5-14)$$

式中　$w_{ad}(CO_2)$——空气干燥煤样中碳酸盐和二氧化碳的含量。

任务2　煤中氮的分析及氧的计算

知识准备

查一查　《煤中氮的测定方法》GB/T 19227—2008。

一、煤中的氮

煤中的氮含量比较少，一般为 0.5%～3.0%。氮是煤中唯一的完全以有机状态存在的元素。煤中有机氮化物被认为是比较稳定的杂环和复杂的非环结构的化合物，其原生物可能是动、植物脂肪。植物中的植物碱、叶绿素和其他组织的环状结构中都含有氮，而且相当稳定，在煤化过程中不发生变化，成为煤中保留的氮化物。以蛋白质形态存在的氮，仅在泥炭和褐煤中发现，在烟煤中很少，几乎没有发现。煤中氮含量随煤的变质程度的加深而减少。它与氢含量的关系是，随氢含量的增高而增高。

二、煤中氮的分析：凯氏定氮法

1. 方法提要

称取一定量的空气干燥煤样，加入混合催化剂和硫酸，加热分解，氮转化为硫酸氢铵。加入过量的氢氧化钠溶液，把氨蒸出并吸收在硼酸溶液中。用硫酸标准溶液滴定，根据硫酸的用量，可计算煤中氮的含量。

$$煤试样 + H_2SO_4 \xrightarrow{催化剂} NH_4HSO_4 + CO_2\uparrow + H_2O$$

$$NH_4HSO_4 + 2NaOH \longrightarrow Na_2SO_4 + NH_3\uparrow + 2H_2O$$

$$NH_3 + H_3BO_3 \longrightarrow NH_4H_2BO_3$$

$$2NH_4H_2BO_3 + H_2SO_4 \longrightarrow 2H_3BO_3 + (NH_4)_2SO_4$$

2. 结果计算

空气干燥煤样的氮含量按下式计算：

$$N_{ad} = \frac{c(V_1 - V_2) \times 0.014}{m} \times 100\% \qquad (5-15)$$

式中　N_{ad}——空气干燥煤样的氮含量；

　　　c——硫酸标准溶液的浓度，$mol \cdot L^{-1}$；

　　　V_1——硫酸标准溶液的用量，mL；

　　　V_2——空白试验时硫酸标准溶液的用量，mL；

　　　0.014——氮 $\left(\frac{1}{2}N_2\right)$ 的毫摩尔质量，$g \cdot mmol^{-1}$；

m——煤样的质量，g。

三、煤中的氧

氧是煤中第三个重要的组成元素。它以有机和无机两种状态存在。有机氧主要存在于含氧官能团，如羧基（—COOH）、羟基（—OH）和甲氧基（—OCH$_3$）等中；无机氧主要存在于煤中水分、硅酸盐、碳酸盐、硫酸盐和氧化物等中。煤中有机氧随煤化度的加深而减少，甚至趋于消失。褐煤在干燥无灰基碳含量小于70％时，其氧含量可高达20％以上。烟煤碳含量在85％附近时，氧含量几乎都小于10％。当无烟煤碳含量在92％以上时，其氧含量都降至5％以下。

四、煤中氧的计算

空气干燥煤样的氧含量按下式计算：

$$O_{ad} = 100 - C_{ad} - H_{ad} - N_{ad} - S_{t,ad} - M_{ad} - A_{ad} \qquad (5\text{-}16)$$

当空气干燥煤样中碳酸盐和二氧化碳含量＞2％时，则：

$$O_{ad} = 100 - C_{ad} - H_{ad} - N_{ad} - S_{t,ad} - M_{ad} - A_{ad} - w_{ad}(CO_2) \qquad (5\text{-}17)$$

式中　　O_{ad}——空气干燥煤样的氧含量，％；

$\qquad S_{t,ad}$——空气干燥煤样的全硫含量，％；

$\qquad M_{ad}$——空气干燥煤样的水分含量，％；

$\qquad A_{ad}$——空气干燥煤样的灰分含量，％；

$w_{ad}(CO_2)$——空气干燥煤样中碳酸盐和二氧化碳的含量，％。

任务3　煤中全硫的分析

知识准备

想一想　硫在煤中的作用如何？

煤中硫分，按其存在的形态分为有机硫和无机硫两种。有的煤中还有少量的单质硫。无机硫以硫化物和硫酸盐形式存在，硫化物主要存在于黄铁矿中，在某些特殊矿床中也含有其他金属硫化物（如ZnS、PbS、CuS等）。硫酸盐中主要以硫酸钙存在，有时也含有其他硫酸盐。有机硫通常含量较低，但组成却很复杂，主要以硫醚、硫醇、二硫化物、噻吩类杂环硫化物及硫醌等形式存在。焦炭中的硫则主要以FeS状态存在。

硫是煤中的有害成分，作为动力燃料用煤，若含硫量高，则燃烧时产生的硫氧化物将对金属设备产生严重的腐蚀作用，同时污染大气，并对生态环境造成恶劣的影响。煤作为化工生产原料时，由硫产生的二氧化硫、硫化氢不仅腐蚀金属设备，还能使催化剂中毒。例如，煤用于制半水煤气时，产生的硫化氢含量高且不易除净，用此水煤气生产合成氨，其中的硫化氢会使催化剂中毒而失效，如果增加脱硫设备，则生产成本增加。

炼焦工业用煤，高含量的硫被带入焦炭，用这种焦炭炼钢，会使钢铁产生热脆性而无法使用。所以煤中硫含量也是评价煤质的重要指标之一，工业生产部门为了更好地掌握煤的质量，合理有效地利用资源，必须分析煤中全硫含量。

　　煤中全硫是无机硫和有机硫的总和。在一般分析中不要求分别测定无机硫或有机硫，而只测定全硫。全硫的测定方法有很多，主要有艾氏卡法、库仑滴定法和高温燃烧中和法等。而艾氏卡法是世界公认的测定煤中全硫含量的标准方法，在仲裁分析时，应用艾氏卡法，后两种方法为快速分析法。在国家标准《煤中全硫的测定方法》GB/T 214—2007 中规定了煤中全硫测定的方法原理和操作步骤。

技能训练

煤中硫的测定：艾氏卡法

依据国家标准《煤中全硫的测定方法》GB/T 214—2007。

1. 方法提要

将煤样与艾氏卡试剂（Na_2CO_3＋MgO）混合均匀，在 $800\sim850\,℃$ 灼烧，煤中各种硫化物生成硫酸盐。

$$煤 \xrightarrow{O_2} CO_2\uparrow + H_2O + N_2\uparrow + SO_2\uparrow + SO_3\uparrow$$

$$3Na_2CO_3 + 2SO_2 + SO_3 + O_2 \longrightarrow 3Na_2SO_4 + 3CO_2\uparrow$$

$$3MgO + 2SO_2 + SO_3 + O_2 \longrightarrow 3MgSO_4$$

煤中原有硫酸盐与碳酸钠反应生成可溶性硫酸钠：

$$CaSO_4 + Na_2CO_3 \longrightarrow Na_2SO_4 + CaO + CO_2\uparrow$$

将生成的硫酸盐（Na_2SO_4、$MgSO_4$）溶解，在微酸性溶液中，加入氯化钡使 SO_4^{2-} 生成 $BaSO_4$ 沉淀析出：

$$MgSO_4 + Na_2SO_4 + 2BaCl_2 \longrightarrow 2BaSO_4\downarrow + 2NaCl + MgCl_2$$

沉淀经陈化、过滤、洗涤、灰化、灼烧，称量硫酸钡的质量再换算出煤中含硫量。

艾氏卡试剂中的 MgO 熔点较高（$2800\,℃$），当煤样与艾氏卡试剂混合在 $800\sim850\,℃$ 灼烧时，通气充分接触，以利于溶剂对生成硫化物的吸收。

2. 仪器与设备

（1）分析天平　感量 0.0001g。

（2）马弗炉　附有测温和控温仪表，能升温至 $900\,℃$，温度可调并可通风。

（3）瓷坩埚　容量为 30mL 和 10～20mL 两种。

3. 试剂与材料

（1）艾氏卡试剂　以 2 份质量的化学纯轻质氧化镁与 1 份质量的化学纯无水碳酸钠混匀并研细至粒度小于 0.2mm，保存于密闭容器中。

（2）盐酸溶液　1＋1。

（3）氯化钡溶液　$100g\cdot L^{-1}$。

（4）甲基橙溶液　$2g\cdot L^{-1}$。

（5）硝酸银溶液　$10g\cdot L^{-1}$，加入几滴硝酸，贮存于深色瓶中。

（6）滤纸　中性定性滤纸和致密无灰定量滤纸。

4. 测定步骤

（1）称取粒度小于 0.2mm 的空气干燥煤样 1.00g±0.01g（精确至 0.0002g）和艾氏卡试剂 2g（精确至 0.1g）置于 30mL 瓷坩埚中，仔细充分混合均匀，再用 1g（精确至 0.1g）艾氏卡试剂覆盖。

（2）将已装有煤样的坩埚放进通风良好的马弗炉中，并在 1~2h 内从室温逐渐加热到 800~850℃，在该温度下保持 1~2h。

（3）从马弗炉中取出坩埚，冷却至室温。用玻璃棒将坩埚中的灼烧物仔细搅拌、捣碎。如在搅松的灼烧物中发现有未燃尽的黑色煤粒，则可以在 800~850℃ 下继续灼烧 0.5h。然后转移到 400mL 烧杯中。用热水冲洗坩埚内壁，将冲洗液收集在烧杯中，再加入 100~150mL 刚煮沸的水，充分搅拌。如果此时尚有黑色煤粒漂浮在液面上，则本次测定作废。

（4）用中速滤纸以倾析法过滤，滤液用另一个 400mL 烧杯承接。用热水冲洗 3 次，然后将残渣转移入滤纸中，以少量多次的洗涤原则冲洗烧杯，洗涤液并入上述烧杯中。再用热水仔细清洗残渣至少 10 次，洗涤液的总体积约为 250~300mL。

（5）在上述滤液中加入 2~3 滴甲基橙指示剂，滴加盐酸溶液（1＋1）至刚呈红色，再过量 2mL，使溶液呈微酸性。将溶液加热至沸，在不断搅拌下滴入氯化钡溶液 10mL，在近沸状况下保持 2h，最后溶液体积为 200mL 左右。

（6）将溶液与其中沉淀放置过夜（陈化）后，用致密无灰定量滤纸过滤，并用热水洗至无 Cl^- 为止（用硝酸银溶液检查）。

（7）将带沉淀的滤纸包好，置入已灼烧至质量恒定的瓷坩埚中。先在低温下灰化，然后在 800~850℃ 的马弗炉内灼烧 20~40min。取出坩埚，稍冷却后放入干燥器中，冷却至室温（约 25~30min），称量。

（8）每配制一批艾氏卡试剂或更换其他任何试剂时，应进行 2 个以上空白试验（在不加煤样的条件下，同上操作）。硫酸钡质量的差不得大于 0.0010g，取算术平均值作为空白值。

5. 结果计算

$$S_{t,ad} = \frac{(m_1 - m_2) \times 0.1374}{m} \times 100\%$$ 　　　　　　　（5-18）

式中　$S_{t,ad}$——空气干燥煤样中全硫的质量分数；

　　　　m——煤样质量，g；

　　　　m_1——灼烧后硫酸钡的质量，g；

　　　　m_2——空白试验硫酸钡的质量，g；

　　0.1374——由硫酸钡换算为硫的换算因数。

6. 方法精密度

艾氏卡法测定全硫的精密度要求见表 5-7。

表 5-7　艾氏卡法测定煤中全硫含量的精密度

全硫质量分数 $S_t/\%$	重复性限 $S_{t,ad}/\%$	再现性临界差 $S_{t,d}/\%$
≤1.50	0.05	0.10
1.50(不含)~4.0	0.10	0.20
>4.0	0.20	0.30

7. 注意事项

（1）必须在通风条件下进行半熔反应，否则煤粒燃烧不完全而且部分硫不能转化为 SO_2。

（2）调节酸度到微酸性，同时加热，使 CO_3^{2-} 生成 CO_2，从而消除 CO_3^{2-} 的影响。

知识链接

TYDL-2000 微机定硫仪（见图 5-10）依据库仑滴定法的原理，由单片机系统负责高温炉的升温控制，采集温度、测量结果的数据，并将数据传输给主控微机，由微机系统进行数据处理，显示炉温、测量结果、送样位置等信息，向单片机系统发送控制命令，整个测试过程由微机控制自动完成。该系统采用《煤中全硫的测定方法》GB/T 214—2007、《煤炭分析试验方法一般规定》GB/T 483—2007、《深色石油产品硫含量测定法（管式炉法）》GB/T 387—1990 等标准，适用于电力、煤矿、冶金、化工、水泥、地质勘探、科研院校等部门煤、焦炭、石油等可燃物质中的全硫测定。

图 5-10 TYDL-2000 微机定硫仪

项目五 煤发热量的测定

 **知识准备**

想一想 什么是煤的发热量？计算煤的发热量有何用途？

在煤质分析中，发热量是煤质分析的主要项目之一。尤其是燃烧用煤，其发热量的高低直接决定着商品价值。同时，燃煤或焦炭工艺过程的热平衡、热效率、耗煤量的计算等都必须以煤的发热量为依据。研究部门通过对煤的发热量的测定，推知煤的变质程度，或以煤的发热量来划分煤的类型。

煤发热量的表示方法：煤的发热量是指单位质量的煤完全燃烧时所产生的热量，以符号 Q 表示，也称为热值，单位为 $J \cdot g^{-1}$。发热量是供热用煤或焦炭的主要质量指标之一。

发热量可以使用热量计直接测定，也可以由工业分析的结果粗略地计算。现行企业中测定煤的发热量不属于常规分析项目，发热量的表示方法有弹筒发热量、恒容高位发热量和恒容低位发热量三种。

1. 弹筒发热量

单位质量的试样在充有过量氧气的氧弹内燃烧，其燃烧产物组成为氧气、氮气、二氧化碳、硝酸和硫酸、液态水以及固态灰时放出的热量称为弹筒发热量。

2. 恒容高位发热量

单位质量的试样在充有过量氧气的氧弹内燃烧，其燃烧产物组成为氧气、氮气、二氧化碳、二氧化硫、液态水以及固态灰时放出的热量称为恒容高位发热量。高位发热量即由弹筒发热量减去硝酸和硫酸校正热后得到的发热量。

3. 恒容低位发热量

单位质量的试样在充有过量氧气的氧弹内燃烧，其燃烧产物组成为氧气、氮气、二氧化碳、二氧化硫、气态水以及固态灰时放出的热量称为恒容低位发热量。低位发热量即由高位发热量减去水（煤中原有的水和煤中氢燃烧生成的水）的汽化热后得到的发热量。

国家标准《煤的发热量测定方法》GB/T 213—2008 中规定了煤的高位发热量的测定方法和低位发热量的计算方法。适用于泥煤、褐煤、烟煤、无烟煤和碳质岩石以及焦炭的发热量测定。测定方法以经典的氧弹式热量计法为主，在此简要介绍该标准中的氧弹式热量计法。

技能训练

煤的发热量的测定：氧弹式热量计法

依据国家标准《煤的发热量测定方法》GB/T 213—2008。

1. 方法提要

煤的发热量在氧弹热量计中测定。测定时，称取一定量的煤试样，置于充有过量氧气的氧弹内完全燃烧，根据试样燃烧前后量热系统产生的温升，并对点火热等附加热进行校正即可求得试样的弹筒发热量。氧弹热量计的热容量通过在相似条件下燃烧一定的基准量热物苯甲酸来确定。

从弹筒发热量中扣除硝酸形成热和硫酸校正热（硫酸与二氧化硫形成热之差）后即得高位发热量。对煤中的水分（煤中原有的水和氢燃烧生成的水）的汽化热进行校正后求得煤的低位发热量。由于弹筒发热量是在恒定体积下测定的，所以它是恒容发热量。

2. 仪器与设备

我国氧弹量热法采用的量热计有恒温式和绝热式两种，两者的基本结构相似，其区别在于热交换的控制方式不同。前者在外筒内装入大量的水，使外筒水温基本保持不变，以减少热交换；后者是让外筒水温随内筒水温而变化，故在测定过程中内、外筒之间可以认为没有热交换。恒温式量热计如图 5-11 所示，主要由氧弹、内筒、外筒、量热温度计、点火装置等组成。

（1）氧弹　由耐热、耐腐蚀的镍铬钼合金制成，如图 5-12 所示。氧弹应不受燃烧过程中出现的高温和腐蚀性产物的影响而产生热效应；能承受充氧压力和燃烧过程而产生的瞬时高压；在试验过程中能保持完全气密等性能。弹筒的容积为 250～350mL，弹盖上应装有供

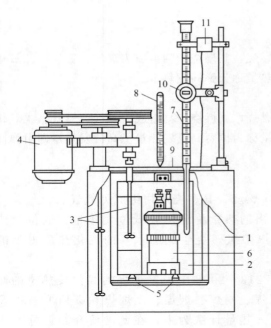

图 5-11　恒温式量热计

1—外筒；2—内筒；3—搅拌器；4—电动机；

5—绝缘支柱；6—氧弹；7—量热温度计；

8—外筒温度计；9—电极；10—放大镜；

11—振荡器

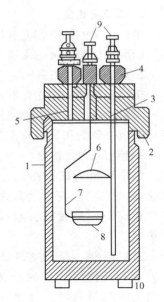

图 5-12　氧弹

1—弹体；2—弹盖；3—进气管；

4—进气阀；5—排气管；6—遮火罩；

7—电极柱；8—燃烧皿；9—接线柱；

10—弹脚

充氧气和排气的阀门以及点火电源的接线电极。

（2）内筒　由紫铜、黄铜或不锈钢制成，断面可为圆形、菱形成其他适当形状。氧弹装入内筒中，加水 2000～3000mL，将氧弹浸没。为使内筒中水温均匀，装有搅拌器进行搅拌。内筒外表面应电镀抛光，以减少与外筒的热辐射。

（3）外筒　用金属制成的双层容器，一般外壁是圆形，内壁的形状则以内筒的形状而定，内外筒之间保持 10cm 的距离。外筒要光亮，尽量减少辐射作用。

（4）量热温度计　内筒温度测量误差是发热量测量误差的主要来源，因此要使用具有 0.001℃精度的贝克曼温度计或者数字显示的精密温度计等。在使用贝克曼温度计时，为了能够准确读取数值，常安装有大约 5 倍的放大镜和照明灯等附属设备。为了克服水银温度计中水银柱和毛细管间的附着力，常装有电动振荡器（若无电动振荡器，也可用套有橡皮套的细玻璃棒轻轻敲击温度计）。

（5）点火装置　将一根已知热值的细金属丝接在氧弹内的两电极之间，通电后金属丝发热，最后熔断，将煤试样引燃。根据金属丝的量计算出其燃烧时产生的热量，在测定的总热量值中扣除。

3. 测定步骤

（1）试样的称取及燃烧前的准备

① 称取粒度为 0.2mm 以下的空气干燥煤样 1～1.1g（精确至 0.0002g）于燃烧皿中。对于燃烧时易飞溅的煤，可用已知质量的擦镜纸包紧，或先用压饼机将煤样压成饼状，再将其切成 2～4mm 的小块。对于不易燃烧完全的煤样，可先在燃烧皿底铺上一层石棉垫，但注意不能使煤样漏入石棉垫底部，否则燃烧不完全。若加了石棉垫仍燃烧不完全，则可提高

充氧压力促进燃烧。采用石英燃烧皿时，不必加石棉垫。

② 取一段已知质量的点火丝，两端接在氧弹内的两个电极柱上，注意使点火丝与试样保持接触或保持有一小段距离。对于易飞溅的煤样要特别注意点火丝不能接触燃烧皿，两电极之间或燃烧皿与另一电极之间也不能接触，以免发生短路，造成点火失败甚至烧毁燃烧皿。

③ 将 10mL 蒸馏水加入氧弹里，用以吸收煤燃烧时产生的氮氧化物和硫氧化物，然后拧紧氧弹盖。在拧紧氧弹盖时应注意避免由于振动而使调好的燃烧皿与点火丝的位置改变，造成点火失败。

④ 接好氧气导管，缓慢将氧气充入氧弹里，直至压力达到 2.6～2.8MPa。充氧气时间不得少于 30s。

⑤ 准确称取一定质量的水加入到内筒里（以将氧弹完全浸没的水量为准），所加入的水量与标定仪器的热容量时所用的水量质量一致（偏差在 ±1g 以内）。先调节好外筒水温使之与室温相差在 1℃ 以内。而内筒温度的调节以终点时内筒温度比外筒温度高 1℃ 左右为宜。

⑥ 将装好一定质量水的内筒小心置入外筒的绝缘支架上，再将氧弹小心放入内筒，同时检漏。如有气泡出现，则表明氧弹气密性不良，应查出原因，及时排除，重新充氧。

⑦ 接上点火电极插头，装好搅拌器和量热温度计，并盖上外筒盖。温度计的水银球应与氧弹主体的中部在同一水平线上。在靠近量热温度计的露出水银柱的部位，应另悬一支普通温度计，用以测定露出柱的温度。

（2）点火燃烧及测定

① 开动搅拌器，5min 后开始计时和读取内筒温度（t_0），并立即通电点火。随后记下外筒温度和露出柱温度（t_0'）。外筒温度读准至 0.05K，内筒温度借助放大镜读准至 0.001K。每次读数前，应开动振荡器振动 3～5s。

② 注意观察内筒温度，如在 30s 内温度急剧上升，则表明点火成功。点火后 100s 时读一次内筒温度（t_{100s}），读准至精度 0.01K 即可。

③ 在接近终点时，以每分钟间隔读取一次内筒温度，读准至精度 0.001K。以第一个下降温度作为终点温度（t_n）。

④ 试验完成后停止搅拌，取出内筒和氧弹，开启放气阀，放出燃烧废气，打开氧弹，仔细观察弹筒和燃烧皿内部。如果有试样燃烧不完全的迹象或有炭黑存在，试验作废。

⑤ 找出未烧完的点火丝，量出长度，用于计算实际消耗量。

最后，用蒸馏水充分冲洗氧弹内各部位、放气阀、燃烧皿内外和燃烧残渣。把全部洗液（共约 100mL）收集在烧杯里，可供测硫使用。

4. 结果计算

空气干燥煤样弹筒发热量 Q_{ad} 可按下式计算：

$$Q_{b,ad} = \frac{EH[(t_n + h_n) - (t_0 + h_0) + C] - (q_1 + q_2)}{m} \tag{5-19}$$

式中　$Q_{b,ad}$——空气干燥煤样弹筒发热量，$J \cdot g^{-1}$；

　　　E——热量计的热容量，$J \cdot K^{-1}$；

　　　H——贝克曼温度计的平均分度值；

　　　t_0——点火时温度，℃；

　　　t_n——终点温度，℃；

　　　h_0 和 h_n——点火及终点温度校正值，由贝克曼温度计检定证书中查得，℃；

　　　C——辐射校正系数或冷却校正系数，℃；

q_1——点火丝发热量（应扣除燃烧剩余部分），J；

q_2——添加物如包纸等产生的总热量，J；

m——空气干燥煤样的质量，g。

知识链接

TYHW-6000 微机全自动量热仪（见图 5-13）主要由恒温式量热仪、自动恒温仪及微机量热控制系统等部分组成。采用微机控制，保持了计算机全部功能，并可使用各种通用软件，使用量热仪测量系统可自动标定量热系统的热当量（热容量），测量发热量。输入硫、水分、氢等数据，即可换算并打印出弹筒发热量、高位发热量、低位发热量等结果。该机采用《煤的发热量测定方法》GB/T 213—2008、《煤炭分析试验方法一般规定》GB/T 483—2007、《水泥黑生料发热量测定方法》JC/T 1005—2006、《石油产品热值测定法》GB/T 384—81（1988 年确认）等标准，适用于煤炭、石油、化工、食品、木材、炸药等可燃物质发热量的测定。

图 5-13　TYHW-6000 微机全自动量热仪

内容小结

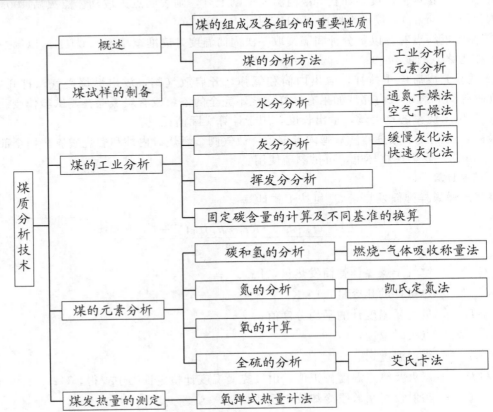

1. 煤主要由哪些组分组成的？各组分所起的作用如何？
2. 煤的工业分析和元素分析项目和任务有什么不同？
3. 进行煤中全水分测定时，在什么情况下测得的水分是实验室收到基煤样的全水分？
4. 什么是煤的灰分？煤的灰分测定有几种方法？各自有什么特点？
5. 什么是煤的挥发分？如何测定煤的挥发分？
6. 如何获得煤的固定碳数据？
7. 煤中硫含量的测定有哪几种方法？各有什么特点？
8. 艾氏卡法测煤中全硫的基本原理是什么？
9. 什么是煤的发热量？其测定意义是什么？
10. 称取空气干燥煤样 1.0000g，测定其水分时失去质量为 0.0600g，求空气干燥煤样水分含量。
11. 称取空气干燥煤样 1.2000g，测定其挥发分时失去质量为 0.1420g，测定灰分时残渣的质量是 0.1125g，如已知此煤中 M_{ad} 为 4.00%，求试样中挥发分、灰分和固定碳的质量分数。
12. 称取空气干燥煤样 1.2000g，灼烧后残余物的质量是 0.1000g，已知该空气干燥煤样水分为 1.50%，收到基水分为 2.45%，求收到基和干燥基的灰分质量分数。
13. 称取空气干燥煤样 1.0000g，测定挥发分时，失去质量为 0.2842g，已知空气干燥煤样水分为 2.50%，灰分为 9.00%，收到基水分为 5.40%，求以空气干燥基、干燥基、干燥无灰基、收到基表示的挥发分和固定碳的质量分数。

钢铁分析技术

知识目标

1. 了解钢铁的分类和牌号表示方法。
2. 了解钢铁五元素在钢铁中的存在形式及对钢铁性质的影响。
3. 掌握钢铁样品的采取和钢铁样品的分解方法。
4. 理解并掌握钢铁碳的分析方法类型和测定原理。
5. 理解并掌握钢铁硫的分析方法类型和测定原理。
6. 理解并掌握钢铁磷的分析方法类型和测定原理。
7. 理解并掌握钢铁锰的分析方法类型和测定原理。
8. 理解并掌握钢铁硅的分析方法类型和测定原理。

能力目标

1. 能选择合适设备正确采取和制备钢铁样品。
2. 能根据不同的分析方法正确选择分解试剂并分解不同类型的钢铁样品。
3. 能熟练使用管式高温炉，采用燃烧-气体容量法准确测定钢铁中碳含量。
4. 能采用重量法准确测定钢铁中硫含量。
5. 能采用铋磷钼蓝光度法准确测定钢铁中磷含量。
6. 能采用硝酸铵氧化还原可视滴定法准确测定钢铁中锰含量。
7. 能采用还原型硅钼盐分光光度法准确测定钢铁中硅含量。

想一想 你对钢铁有哪些了解？钢铁都有哪些种类？

纯金属及合金经熔炼加工制成的材料称为金属材料。金属材料通常分为黑色金属和有色金属两大类。黑色金属材料是指铁、铬、锰及它们的合金，通常称为钢铁材料。常用钢铁材料有钢、生铁、铁合金、铸铁及各种合金（高温合金、精密合金等）。各类钢铁是由铁矿石及其他辅助原料在高炉、转炉、电炉等各种冶金设备中冶炼而成的产品。

钢铁分析的概念有两种含义，广义的钢铁分析包括钢铁的原材料分析、生产过程的控制分析和产品、副产品及废渣分析等；狭义的钢铁分析是指钢铁中碳、硫、磷、锰、硅五元素分析和铁合金、合金钢中主要合金元素的分析。

项目一 概 述

一、钢铁材料的分类

钢铁的分类是依据钢铁中除基本体元素铁以外的杂质的化学成分的种类和数量不同而区分的，一般分为钢、生铁、铁合金和铸铁。

钢是指含碳量低于 2% 的铁碳合金，其成分除铁和碳外，还有少量硅、锰、硫、磷等杂质元素，合金钢还有镍、铬、钼、钨、钒、钛等合金元素。钢的分类方法很多，按化学成分可分为碳素钢和合金钢两大类。碳素钢按含量可分为工业纯铁（碳 ≤0.04%）、低碳钢（碳 ≤0.25%）、中碳钢（碳 0.25%～0.60%）和高碳钢（碳 >0.60%）。合金钢按合金元素总量可分为普通低合金钢（合金元素总量 5%～10%）和高合金钢（合金元素总量 >10%）；按硫、磷含量又分为质量钢（硫、磷 ≤0.04%）、高级质量钢（硫 ≤0.03%，磷 ≤0.035%）和特殊质量钢（硫、磷 ≤0.025%）。

生铁是含碳量高于 2% 的铁碳合金，一般含碳 2.5%～4%、硅 0.5%～3%、锰 0.5%～6% 及少量的硫和磷。根据生铁中碳的存在形式可分为白口铁和灰口铁。白口铁硬且脆，断口呈白色，难于加工，主要用于炼钢，因此也称为炼钢生铁。灰口铁一般含硅量较高（可达 3.75%），含硫量稍低（<0.06%），断口呈灰色。灰口铁硬度低，流动性大，便于加工，主要用于铸造，因此也称为铸造生铁。

铁合金是含有炼钢时所需的各种合金元素的特种生铁，用作炼钢时的脱氧剂或合金元素添加剂。铁合金主要以所含的合金元素来分，如硅铁、铬铁、钼铁、钨铁、钛铁、硅锰合金、稀土合金等。用量最大的是硅铁、锰铁和铬铁。

铸铁也是一种含碳量高于 2% 的铁碳合金，是用铸造生铁原料经重熔调配成分再浇注而成的机件，一般称为铸铁件。铸铁分类方法较多，按断口颜色可分为灰口铸铁、白口铸铁和麻口铸铁三类；按化学成分不同，可分为普通铸铁和合金铸铁两类；按组织、性能不同，可分为普通灰口铁、孕育铸铁、可锻铸铁、球墨铸铁、蠕墨铸铁和特殊性能铸铁（耐热、耐蚀、耐磨铸铁等）。

二、钢铁产品牌号的表示方法

我国目前钢铁产品牌号表示方法是依据国家标准《钢铁产品牌号表示方法》GB/T 221—2008 的规定。标准规定通常用大写汉语拼音字母、化学元素符号和阿拉伯数字相结合的方法表示。采用汉语拼音字母或英文字母表示产品名称、用途、特性和工艺方法时，一般从产品名称中选取有代表性的汉字的汉语拼音的首位字母或英文单词的首位字母。当和另一产品所取字母重复时，改取第二个字母或第三个字母，或同时取两个（或多个）汉字或英文单词的首位字母。字母个数原则上只取一个，一般不超过三个。元素符号表示钢的化学成分。阿拉伯数字表示成分含量或作其他代号。

元素含量的表示方法是：含碳量一般在牌号头部，对于不同种类的钢，其单位取值也不同。如碳素结构钢、低合金钢以万分之一（0.01%）含碳量为单位，不锈钢、高速工具钢等以千分之一（0.1%）为单位。如 20A 钢平均含碳量为 0.20%，2CrB 平均含碳量也为 0.20%。合金钢元素的含量写在元素符号后面，一般以百分之一为单位，低于 1.5% 的不标含量。

生铁牌号由产品名称代号与平均含硅或钒量（以 0.1% 为单位）组成，铁合金牌号用主元素名称和平均含量百分数表示。铸铁牌号中还含有该材料的重要物理性能参数。

项目二

钢铁试样的采取、制备及分解

钢或生铁的铸锭、铁液、钢液在取样时，均需按一定的手续采取才能得到平均试样。钢的采取、制备、分解应按照国家标准《钢和铁　化学成分测定用试样的取样和制样方法》GB/T 20066—2006 和《钢的成品化学成分允许偏差》GB/T 222—2006 进行。

一、钢铁样品的取样规则

① 常用的取样工具：钢制长柄取样勺（容积约为 200mL）；铸模（70mm×40mm×30mm）；砂模或钢制模。

② 在出铁口取样是用长柄勺舀取铁液，预热取样勺后重新舀取铁液，浇入铁模内，此铸件作为送检样。

③ 在铁液包或混铁车中取样时，应在铁液装至 1/2 时取一个样或更严格一点：在装入铁液的初、中、末期各阶段的中点各取一个样。

④ 当用铸铁机生产商品铸铁时，考虑到从炉前到铸铁厂的过程中铁液成分的变化，应选择在从铁液包倒入铸铁机的中间时刻取样。

⑤ 从炼钢炉内的钢液中取样，一般是用取样勺从炉内舀出钢液，清除表面的渣子之后

浇入金属铸模中，凝固后作为送检样。

⑥ 从冷的生铁块中取送检样时，一般是随机地从一批铁块中取 3 个以上的铁块作为送检样。当一批的总量超过 30t 时，每超过 10t 增加一个铁块。每批的送检样由 3～7 个铁块组成。

⑦ 钢坯一般不取送检样，其化学成分由钢液包中取样分析决定。

⑧ 钢材制品一般不分析，若要取样可用切割的方法。

二、分析试样的制备

试样的制取方法有钻取法、刨取法、车取法、捣碎法、压延法，以及锯、抢、锉取法等。针对不同送检试样的性质、形状、大小等采取不同方法制取分析试样。

1. 生铁试样的制备

（1）白口铁　由于白口铁硬度大，只能用大锤打下，砂轮机磨光表面，再用冲击钵碎至过 100 号筛。

（2）灰口铁　由于灰口铁中碳主要以碳化物形式存在，要防止其在制样过程中产生高温氧化。清除送检样表面的杂质后，用直径 20～50mm 的钻头在送检样中央垂直钻孔（80～150r·min^{-1}），将表面层的钻屑弃去，继续钻进 25mm 深，制成 50～100g 试样。选取 5g 粗大的钻屑用于定碳，其余用研钵碎磨至过 20 号筛（0.84mm），供分析其他元素用。

2. 钢样的制备

（1）钢液中取来的送检样　一般采用钻取方法，制取分析试样时应尽可能选取代表送检样平均组成的部分垂直钻取厚度不超过 1mm 的切屑。

（2）半成品及成品钢材送检样

① 大断面的初轧坯、方坯、扁坯、圆钢、方钢、锻钢件等，样屑应从钢材的整个横断面或半个横断面上刨取；或从钢材横断面中心至边缘的中间部位（或对角线 1/4 处）平行于轴线钻取；或从钢材侧面垂直于轴中心线钻取，此时钻孔深度应达钢材或钢坯轴心处。

② 小断面钢材等，样屑从钢材的整个断面上刨取（焊接钢管应避开焊缝）；或从断面上沿轧制方向钻取，钻取孔应对称均匀分布；或从钢材外侧面的中间部位垂直于轧制方向用钻通的方法钻取。

③ 钢板宽度小于 1m 时，沿钢板宽度剪切一条宽 50mm 的试料；钢板宽度大于或等于 1m 时，沿钢板宽度自边缘至中心剪切一条宽 50mm 的试料。将试料两端对齐，折叠 1～2 次或多次，并压紧弯折处，然后在其长度的中间，沿剪切的内边刨取，或自表面钻通的方法钻取。

厚钢板不能折叠时，则按上述的纵轧或横轧钢板所述相应折叠的位置钻取或刨取，然后将等量样屑混合均匀。

三、钢铁试样的分解

钢铁试样主要采用酸分解法，常用的有盐酸、硫酸和硝酸。三种酸可单独或混合使用，分解钢铁样品时，若单独使用一种酸时，往往分解不够彻底；混合使用时，可以取长补短，且能产生新的溶解能力。有时针对某些试样，还需加过氧化氢、氢氟酸或磷酸等。一般均采用稀酸溶解试样，而不用浓酸，防止溶解反应过于激烈。对于某些难溶的试样，则可采用碱溶分解法。

不同类型的钢铁试样有不同的分解方法，现简略介绍如下。

（1）生铁和碳素钢 常用稀硝酸分解，常用（1＋1）～（1＋5）的稀硝酸，也有用稀盐酸（1＋1）分解的。

（2）合金钢和铁合金 针对不同对象需用不同的分解方法。

① 硅钢、含镍钢、钒钢、钼铁、钨铁、硅铁、硼铁、硅钙合金、稀土硅铁、硅锰铁合金：可以在塑料器皿中，先用浓硝酸分解，待剧烈反应停止后再加氢氟酸继续分解；或用过氧化钠（或过氧化钠和碳酸钠的混合熔剂）于高温炉中熔融分解，然后以酸提取。

② 铬铁、高铬钢、耐热钢、不锈钢：为了防止生成氧化膜而产生钝化，不宜用硝酸分解，而应在塑料器皿中用浓盐酸加过氧化氢分解。

③ 高碳铬铁、含钨铸铁：由于所含游离碳较高，且不为酸所溶解，因此试样应于塑料器皿中用硝酸加氢氟酸分解，并通过脱脂过滤除去游离碳。

④ 钛铁：宜用硫酸（1＋1）溶解，并冒白烟1min，冷却后用盐酸（1＋1）溶解盐类。

⑤ 高碳铬铁：宜用过氧化钠熔融分解，再用酸提取。

（3）燃烧法 于高温炉中用燃烧法将钢铁试样中的碳和硫转化为 CO_2 和 SO_2，这是钢铁中碳和硫含量测定的常用分解法。

项目三
钢铁中元素的分析

钢铁中碳、硫、磷、锰、硅是钢铁中的五大基本元素，是影响其质量的主要成分，是钢铁生产的控制项目。当然还有铬、钒、铜、钨、钼、镍等许多合金元素。本项目分别设计碳、硫、磷、锰、硅这五大基本元素的测定任务。

任务1 钢铁中碳的测定

知识准备

查一查 钢铁中碳的测定方法有哪些？

碳是钢铁的重要元素，它对钢铁的性能影响很大。碳是区别铁与钢、决定钢号、品质的主要标志。一般来说，钢中含碳量为 0.05％～1.7％，铁中含碳量大于 1.7％，碳含量小于 0.03％的钢称为超低碳钢。碳在钢铁中主要以两种形式存在，一种是游离碳，另一种是化合碳。游离碳一般不与酸作用，而化合碳能溶解于酸。在钢中一般是以化合碳为主，游离碳只存在于铁及经退火处理的高碳钢中。

在冶炼过程中了解和掌握碳含量的变化，对冶炼的控制有着重要的指导意义。在工厂化验室中，各种形态化合碳的测定属于相分析的任务，在成分分析中，通常是测定碳的含量。化合碳的含量是由总碳量和游离碳量之差求得的。对有些特殊试样（如生铁试样），有时就需要测定游离碳或化合碳含量。

测定钢铁总碳方法很多，通常都是将试样置于高温氧气流中燃烧，使之转化为二氧化碳再用适当方法测定。如气体容量法、吸收重量法、电导法、电量法、非水滴定法、光度滴定法、色谱法、微压法及红外吸收法等。目前应用较广泛的是燃烧后气体容量法、燃烧后非水滴定法和燃烧后库伦滴定法，近年来红外定碳仪的使用也日益增多。

一、燃烧-气体容量法

燃烧-气体容量法自1939年应用以来，由于它操作迅速、手续简单、分析准确度高，因而迄今仍广泛应用，被国内外推荐为标准方法。其缺点是要有熟练的操作技巧，分析时间长，对于低碳的测定误差较大。

试料与助熔剂在高温（1200～1350℃）管式炉内通氧燃烧，使钢铁中的碳和硫被定量氧化为CO_2和SO_2，混合气体经除硫剂（活性MnO_2）后收集于量气管中，以氢氧化钾溶液吸收其中的CO_2，吸收前后气体体积之差即为CO_2的体积，以此计算碳含量。

本方法适用于生铁、铁粉、碳钢、高温合金及精密合金中碳量的测定。测定范围为$0.10\%\sim2.0\%$。

定量氧化：

$$C+O_2 \longrightarrow CO_2 \uparrow$$
$$4Fe_3C+13O_2 \longrightarrow 4CO_2 \uparrow +6Fe_2O_3$$
$$Mn_3C+3O_2 \longrightarrow CO_2 \uparrow +Mn_3O_4$$
$$4Cr_3C_2+17O_2 \longrightarrow 8CO_2 \uparrow +6Cr_2O_3$$
$$4FeS+7O_2 \longrightarrow 4SO_2 \uparrow +2Fe_2O_3$$
$$3MnS+5O_2 \longrightarrow 3SO_2 \uparrow +Mn_3O_4$$

吸收SO_2和CO_2：

$$MnO_2+SO_2 \longrightarrow MnSO_4$$
$$2KOH+CO_2 \longrightarrow K_2CO_3+H_2O$$

二、非水滴定法

非水滴定法是发展较晚的定碳方法，具有快速、简便、准确的特点。该法不需要特殊的玻璃器皿，具有较宽的分析范围。对于低碳测定有较高的准确度，因此，它在国内外得到广泛的应用。

根据酸碱质子理论，当二氧化碳进入甲醇或乙醇介质后，由于甲醇、乙醇的质子自递常数均比水小，接受质子的能力比水大，故二氧化碳进入醇中后酸性得到增强。同样，醇钾（甲醇钾、乙醇钾）在醇中的碱性较氢氧化钾在水中的碱性强。这两种增强，使醇钾滴定二氧化碳时的突跃比在水中大。这就有可能选择适当的指示剂来指示滴定终点。

另外，甲醇和乙醇的极性均比水小，根据"相似相溶"原理，二氧化碳在醇中的溶解度比在水中大，这也有利于二氧化碳的直接滴定。丙酮是一种惰性溶剂，介电常数更小，几乎不具极性，对二氧化碳有更大的溶解能力。所以在甲醇体系中，加入等体积的丙酮，对改善滴定终点有明显的效果。

经燃烧生成的二氧化碳，导入乙醇-乙醇胺介质中，二氧化碳的酸性增强，然后以百里酚酞-甲基红为指示剂，用乙醇钾标准溶液进行滴定。加入乙醇胺的目的是增强体系对二氧化碳的吸收能力。体系中加入丙三醇，可防止乙醇钾乙酯的沉淀析出，增强体系的稳定性。

主要反应：

$$KOH + C_2H_5OH \longrightarrow C_2H_5OK + H_2O$$

$$NH_2C_2H_4OH + CO_2 \longrightarrow HOC_2H_4NHCOOH$$

$$C_2H_5OK + HOC_2H_4NHCOOH \longrightarrow C_2H_5OCOOK + NH_2C_2H_4OH$$

本方法碳量的测定范围为 $0.02\% \sim 5.00\%$。

三、电导法

电导法是利用溶液的电导能力来进行定量分析的一种方法。电导定碳是电导分析的具体应用，是在特定的电导池中，装入一定量的能够吸收二氧化碳的电解质溶液，当导入二氧化碳后，溶液的电导率即发生变化。由于电导率的改变与导入的二氧化碳的量成正比，因此可以从记录仪表上得出碳的含量。常用的吸收液有：氢氧化钠吸收液，氢氧化钡吸收液，高氯酸钡吸收液。

1. 氢氧化钠吸收液

反应为：$CO_2 + 2OH^- \longrightarrow CO_3^{2-} + H_2O$。由于吸收了二氧化碳，溶液中每增加一个 CO_3^{2-}，就减少两个 OH^-，所以该反应的结果，使溶液的电导率下降。氢氧化钠吸收液吸收能力强，也没有沉淀产生，但由于反应中 OH^- 减少的同时增加了 CO_3^{2-}，电导率变化不大，灵敏度不是太高，所以用于含碳量较高的测定。

2. 氢氧化钡吸收液

氢氧化钡吸收二氧化碳生成了碳酸钡，降低了溶液中 OH^- 和 Ba^{2+} 浓度，没有离子浓度的增加，因而溶液的电导率大大降低，所以氢氧化钡吸收液具有较高的灵敏度。但由于氢氧化钡只是中强度的碱，吸收能力不太强，因而只适用于低含碳量的测定。同时碳酸钡沉淀易污染电极和吸收杯，给测定带来不便。

3. 高氯酸钡吸收液

反应为：$Ba^{2+} + CO_2 + H_2O \longrightarrow BaCO_3 \downarrow + 2H^+$。由该反应可知，溶液中每减少一个 Ba^{2+}，增加两个 H^+，溶液的电导率大幅度提高，因而灵敏度较高，且吸收液较稳定，不易受空气中二氧化碳的干扰，但对二氧化碳的吸收能力很弱，需采用强化吸收装置和很小的氧气流量，应用不太广泛。

影响电导分析的因素主要有三个：一是温度，温度每提高 $1^\circ\!C$，电导率提高 2% 左右，故要对电导池进行恒温；二是吸收液浓度，电导分析只适用于稀溶液，因而电导定碳的吸收液都是低浓度的溶液；三是电导分析对溶剂纯度要求很高，否则产生严重干扰。

四、燃烧-库仑法

库仑法是在电解分析法的基础上发展起来的，但不是称量电解析出物，而是测量电解过程中所消耗的电量来进行定量分析，所以也叫电量分析法。

试样在通氧的高频炉或电阻炉内燃烧，将生成的二氧化碳混合气体导入已调好固定 pH 的（A 态）高氯酸钡吸收液中，由于二氧化碳的反应，使溶液 pH 改变（A' 态），然后用电解的办法电解生成的 H^+，使溶液 pH 回复到 A 态。根据法拉第电解定律，通过电路设计，使每个电解脉冲具有恒定电量，从而实现数显浓度直读、自动定碳的目的。

主要反应为：

$$Ba(ClO_4)_2 + CO_2 + H_2O \longrightarrow BaCO_3 \downarrow + 2HClO_4$$

电解：

$$2H^+ + 2e^- \longrightarrow H_2\uparrow（阴极反应:吸收杯）$$

$$H_2O - 2e^- \longrightarrow 2H^+ + \frac{1}{2}O_2\uparrow（阳极反应:副杯）$$

$$2H^+ + BaCO_3 \longrightarrow Ba^{2+} + H_2O + CO_2\uparrow$$

五、燃烧-感应炉红外吸收法

试料在纯氧气流中通过高频感应炉，在高温有助熔剂存在的条件下燃烧，将碳转化为二氧化碳和一氧化碳，测量氧气流中的二氧化碳和一氧化碳的红外吸收光谱。

技能训练

钢铁中总碳的测定：燃烧-气体容量法

依据国家标准《钢铁及合金　碳含量的测定　管式炉内燃烧后气体容量法》GB/T 223.69—2008。

1. 仪器与设备

分析中，除下列规定外，仅用通常的实验室仪器、设备。

设备装置见图 6-1。

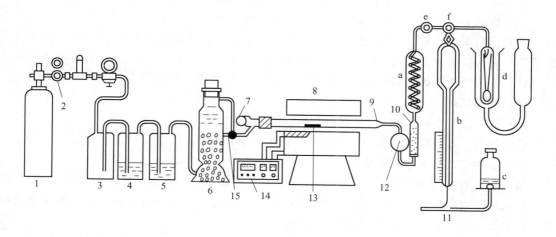

图 6-1　气体容量法定碳装置

1—氧气瓶；2—分压表（带流量计和缓冲阀）；3—缓冲瓶；4，5—洗气瓶（Ⅰ，Ⅱ）；
6—干燥塔；7—供氧活塞；8—管式炉；9—燃烧管；10—除硫管；11—容量定碳仪
（包括蛇形管 a、量气管 b、水准瓶 c、吸收瓶 d、小活塞 e、三通活塞 f）；
12—球形干燥管；13—瓷舟；14—温度自动控制器；15—供氧旋塞

（1）氧净化装置

① 缓冲瓶。

② 洗气瓶Ⅰ：内盛高锰酸钾-氢氧化钾溶液，溶液的装入量约为洗气瓶Ⅰ容积的 1/3。

③ 洗气瓶Ⅱ：内盛硫酸（密度约为 $1.84\text{g}\cdot\text{mL}^{-1}$），硫酸装入量约为洗气瓶Ⅱ容积的 1/3。

④ 干燥塔：上层装碱石棉（或碱石灰），下层装无水氯化钙，中间隔以玻璃棉，底部及

顶端也铺以玻璃棉。

（2）管式炉　附热电偶与温度控制器。高温加热设备也可用高频加热装置。

（3）燃烧管　瓷管长600mm、内径23mm（也可采用近似规格的瓷管）。瓷管的粗口端连接玻璃磨口塞，锥形端用橡皮管连接于球形干燥管。使用时先检查是否漏气，然后灼烧。燃烧管与氧净化装置以及干燥管、除硫管连接用的橡皮塞，用硅橡胶为好。

（4）瓷舟　瓷舟长88mm或97mm，使用前应在1200℃的管式炉中通氧灼烧2～4min。也可于1000℃的高温炉中灼烧1h以上，冷却后贮于盛有碱石棉或碱石灰及无水氯化钙的未涂油脂的干燥器中备用。

（5）球形干燥管　球形干燥管内装干燥的玻璃棉。

（6）除硫管　除硫管为长约100mm、直径10～15mm的玻璃管，内装4g颗粒活性二氧化锰（或粒状钒酸银），两端塞有脱脂棉。如试样硫含量质量分数在0.20%以上，则应增加除硫剂的用量，或多加一个除硫管。

（7）定碳仪（气体体积测量仪）

蛇形管a：套内装冷却水，用以冷却混合气体。

量气管b：用以测量气体体积。

水准瓶c：内盛酸性氯化钠溶液。

吸收瓶d：内盛40%氢氧化钾溶液。

小活塞e：它可以通过f使a和b接通，也可分别使a或b通大气。

三通活塞f：它可以使a与b接通，也可使b与d接通。

定碳仪应装置在距离管式炉300～500mm的地方并避免阳光直接照射。量气管必须保持清洁，有水滴附着在气管内壁时，须用铬酸洗液清洗。

（8）长钩　用低碳镍铬丝或耐热合金丝制成，用以推进、拉出瓷舟。

2. 试剂与试样

（1）氧　纯度不低于99.5%（体积分数）。

（2）溶剂　适于洗涤试样表面的油质或污垢，如丙酮等。

（3）活性二氧化锰（或钒酸银）　粒状。

（4）高锰酸钾-氢氧化钾溶液　称取30g氢氧化钾溶于70mL高锰酸钾饱和溶液中。

（5）硫酸封闭溶液　1000mL水中加1mL硫酸（密度约为1.84g·mL^{-1}），滴加数滴的甲基橙溶液（1g·L^{-1}），至呈稳定的浅红色。

（6）氯化钠封闭溶液　称取26g氯化钠溶于74mL水中，滴加数滴的甲基橙溶液（1g·L^{-1}），滴加硫酸（1+2）至呈稳定的浅红色。

（7）助熔剂　锡粒、铜、氧化铜、五氧化二钒、铁粉。各助熔剂中碳的含量一般都不应超过质量分数0.0050%。使用前应做空白试验，并从试料的测定值中扣去。

（8）玻璃棉。

3. 测定步骤

安全须知：对燃烧分析来说，危险主要来自预先灼烧瓷舟和熔融时的烧伤。分析中无论何时取用瓷舟都必须使用镊子并用适宜的容器盛放。操作盛氧钢瓶必须有正规的预防措施。由于狭窄空间中存在高浓度氧时有引发火灾的危险，因此必须将燃烧过程的氧有效地从设备中排出。

（1）升温　装上瓷管，接通电源，升温。铁、碳钢和低合金钢试样，升温至 1200～1250℃；中高合金钢、高温合金等难熔试样，升温至 1350℃。

（2）准备工作　通入氧，检查整个装置的管路及活塞是否漏气。调节并保持仪器装置在正常的工作状态。当更换水准瓶内的封闭溶液、玻璃棉、除硫剂和高锰酸钾-氢氧化钾溶液后，均应先燃烧几次高碳试样，使其二氧化碳饱和后才能开始分析操作。

（3）空白试验　吸收瓶、水准瓶内的溶液与待测混合气体的温度应基本一致，不然，将会产生正、负空白值。在分析试样前应按测定步骤（6）中①（不加试样）和②反复做空白试验，直至得到稳定的空白试验值。由于室温的变化和分析中引起的冷凝管内水温的变动，在测量试料的过程中须经常做空白试验。

（4）检查仪器　选择适当的标准试样按分析步骤的规定测量，以检查仪器装置，在装置达到要求后才能开始试样分析。

（5）试料量　以适当的溶剂洗涤试样表面的油质或污垢。加热蒸发除去残留的洗涤液。按表 6-1 称取试料量。

表 6-1　试料量

碳含量（质量分数）/%	试料量/g
0.10～0.50	2.00±0.01，准确至 5mg
＞0.50～1.00	1.00±0.01，准确至 1mg
＞1.00～2.00	0.50±0.01，准确至 0.1mg

（6）测定

① 将试料置于瓷舟中，按表 6-2 规定取适量助熔剂覆盖于试料上。

表 6-2　助熔剂量

试料种类	加入量/g				
	锡粒	铜或氧化铜	锡粒＋铁粉（1＋1）	氧化铜＋铁粉（1＋1）	五氧化二钒＋铁粉（1＋1）
铁、碳钢和低合金钢	0.25～0.50	0.25～0.50			
中高合金钢、高温合金等难熔试样			0.25～0.50	0.25～0.50	0.25～0.50

② 启开玻璃磨口塞，将装好试料和助熔剂的瓷舟放入瓷管内，用长钩推至瓷管加热区的中部，立即塞紧磨口塞，预热 1min。按照定碳仪操作规程操作，记录读数（体积或含量），并从记录的读数中扣除所有的空白试验值。

③ 启开玻璃磨口塞，用长钩将瓷舟拉出。检查试料是否燃烧完全。如熔渣不平、熔渣断面有气孔，则表明燃烧不完全，须重新称试料测定。

4. 结果计算

容量定碳仪量气管的刻度，通常是在 101.3kPa 和 16℃时按每毫升滴定剂相当于每克试样含碳 0.05% 而刻制的。在实际测定中，当测量气体体积时的温度、压力和量气管刻度规定的温度、压力不同时，需加以校正，即将读出的数值乘以压力、温度校正系数 f。f 值可自压力、温度校正系数表中查出，也可根据气态方程式算出。这种计算可化为一个通用式（6-1），对于任意压力 p、任意温度 T 的体积 V_T，换算为 101.3kPa 和 16℃时的体积

V_{16}。通常把 101.3kPa 和 16℃时的体积 V_{16} 与任意温度、压力下所占体积之比作为碳的校正系数 f。

$$f = \frac{V_{16}}{V_T} = \frac{p}{0.3872T} \tag{6-1}$$

式中　f——校正系数；

　　　p——测量条件下的大气压（扣除饱和水蒸气的压力）；

　　　T——测量时的热力学温度。

按式(6-2)计算碳的含量（标尺刻度单位是毫升）。

$$w(C) = \frac{AVf}{m} \times 100\% \tag{6-2}$$

式中　$w(C)$——碳的质量分数；

　　　A——温度 16℃、气压 101.3kPa，封闭溶液液面上每毫升二氧化碳中含碳质量（用硫酸封闭溶液作封闭时，A 值为 0.0005000g；用氯化钠封闭溶液作封闭时，A 值为 0.0005022g），g；

　　　V——吸收前与吸收后气体的体积差，即二氧化碳的体积，mL；

　　　f——压力、温度校正系数，采用不同封闭溶液时其值不同；

　　　m——试料的质量，g。

5. 注意事项

燃烧-气体容量法通过测定二氧化碳的体积来求出碳的含量。因此，在测定过程中，必须避免温差所产生的影响，即避免测量过程中冷凝管、量气管和吸收管三者之间温度上的差异。

新更换水准瓶所盛溶液、玻璃棉、除硫剂、氢氧化钾溶液后，应做几次高碳试样，用二氧化碳进行饱和后，方能进行操作。观察试样是否完全燃烧，如燃烧不完全，则需重新分析；如表面有坑状等不光滑之处，则表明燃烧不完全。

此外，应用标准样品检查仪器各部件是否正常以及操作条件是否合格等。

知识链接

HXE-80 型碳硫联测分析仪（见图 6-2）采用电弧燃烧炉燃烧样品，非水滴定法定碳、酸碱滴定法定硫。测量范围：C 为 0.01%～12.70%，S 为 0.003%～2.00%。测量时间：45s 左右。测量精度：碳符合 GB/T 223.69—2008 标准，硫符合 GB/T 223.68—1997 标准。适合普碳钢、高中低合金钢、不锈钢、生铸

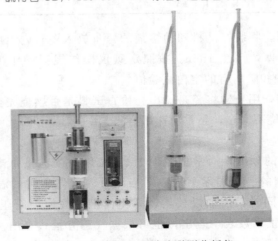

图 6-2　HXE-80 型碳硫联测分析仪

铁、球墨铸铁、合金铸铁、锰铁等多种材料中碳、硫元素的检测。

任务 2 钢铁中硫的测定

知识准备

钢铁中硫是极有害的杂质。硫主要由原料引入，它在钢铁中主要以 FeS、MnS 的形式存在，夹杂于钢晶柱之间。当钢中有大量 Mn 存在时，主要以 MnS 存在，当 Mn 含量不足时，则以 FeS 存在。FeS 熔点低，当加热压制钢铁时，因 FeS 熔融使钢晶柱失去连接作用而破裂。这就是硫使钢铁形成"热脆"的原因。同时，硫也易于在钢凝固时产生"偏析"，使钢的疲劳限度、可塑性、耐磨性、耐腐蚀性等性能显著下降。所以硫是有害元素，钢铁的有关技术标准规定：碳素钢含硫不得超过 0.05%，优质钢含硫不得超过 0.02%。

测定硫的方法有高温燃烧法（分为碘量法、酸碱滴定法、光度法）、重量法和溶解法（氧化钢色谱法和硫化氢光度法）等。

一、燃烧-碘量法

燃烧法是目前应用最广的分析方法，因为该法具有简便、快速以及适应性广等特点。燃烧法是基于试样在高温下通氧燃烧，使硫氧化为二氧化硫，然后加以测定。但是，这一方法硫的回收率不高，使测定结果的准确度和重现性受到影响。通常硫的回收率小于 90%，有时甚至更低。常用的有：燃烧-滴定法、燃烧-分光光度法、燃烧-电导法、库仑法、红外光谱法。

将钢铁试样在 1000~1250℃ 高温下通氧燃烧，硫被氧化为二氧化硫。燃烧后的混合气体经除尘管除去各类粉尘后，被含有淀粉的水溶液吸收，生成亚硫酸。

$$3MnS + 5O_2 \longrightarrow Mn_3O_4 + 3SO_2 \uparrow$$
$$3FeS + 5O_2 \longrightarrow Fe_3O_4 + 3SO_2 \uparrow$$
$$SO_2 + H_2O \longrightarrow H_2SO_3$$

在酸性条件下，以淀粉为指示剂，用碘酸钾-碘化钾标准滴定溶液滴定至蓝色不消失为终点。然后根据浓度和消耗的体积，计算出钢铁中硫的含量。

$$IO_3^- + 5I^- + 6H^+ \longrightarrow 3I_2 + 3H_2O$$
$$I_2 + SO_3^{2-} + H_2O \longrightarrow 2I^- + SO_4^{2-} + 2H^+$$

过量的碘被淀粉吸附，产生蓝色的吸附配合物即为终点。本法中氧气的干燥也是很重要的。进入吸收杯的氧气流量以 $3L \cdot min^{-1}$ 为宜，过大、过小对测定均有影响。

二、燃烧-酸碱滴定法

经燃烧生成的二氧化硫，以含有过氧化氢的水溶液吸收，生成的硫酸用氢氧化钠标准滴定溶液滴定。采用甲基红-溴甲酚绿混合指示剂，终点由红变绿变化较明显。此法不存在二氧化硫不稳定逸出或接触氧化的缺陷，因而对滴定速度没有要求，适合于碳硫联合测定，且终点十分敏锐。但氢氧化钠标准滴定溶液易吸收空气中的二氧化碳，所以需加保护装置。配制时也应采用经煮沸数分钟并冷却后的蒸馏水，以除去水中的二氧化碳。或者改用硼酸钠滴定法，可克服酸碱滴定法的缺点，同时保留其优点。该法采用含有 0.2% 硫酸钾和 4% 过氧化氢的水溶液吸收二氧化硫，生成的硫酸以亚甲基蓝-甲基红为指示剂，用硼酸钠标准溶液滴定，终点变化敏锐。

三、碳、硫联合测定

高温燃烧法定碳和高温燃烧法定硫都是先将钢铁中碳和硫转化为二氧化碳和二氧化硫后再测定。因此，在实际工作中，往往利用一个试样同时测定碳和硫的含量，称为碳和硫的联合测定。目前应用最为普遍的碳硫联合测定法有以下几种。

1. 燃烧碘量法定硫-气体容积法定碳

二氧化硫用水吸收后生成亚硫酸，然后以淀粉为指示剂用碘标准溶液滴定；将二氧化碳用氢氧化钾溶液吸收，吸收前后的体积之差即为二氧化碳的体积，由量气管读数并计算结果。

2. 燃烧碘量法定硫-非水滴定法定碳

二氧化硫用水吸收后生成亚硫酸，然后以淀粉为指示剂用碘标准溶液滴定；将二氧化碳导入乙醇-乙醇胺介质中，然后以百里酚酞-甲基红为指示剂，用乙醇钾标准溶液滴定。

3. 高频引燃-红外碳硫分析仪

二氧化硫和二氧化碳并随氧气流经红外池时产生红外吸收。根据它们各自特定波长的红外吸收与其浓度的关系，经微机运算处理，测定试样中碳、硫含量。

四、氧化铝色谱分离-硫酸钡重量法

重量法是先将试样中的硫经酸分解氧化后转变为硫酸盐，然后在盐酸介质中加入氯化钡，生成硫酸钡沉淀，因此称为硫酸钡重量法。该法是国内外广为采用的标准分析方法，具有较高的准确度。用于钢铁分析时，由于共沉淀现象较为严重，干扰离子多，又因为硫酸钡在水中有较大的溶解度，所以得到的结果常出现负偏差。

试样溶于王水中，并加溴水氧化，使硫转变为可溶性的硫酸盐。然后加入高氯酸加热冒烟，使硅酸、钨酸、铌酸等脱水，过滤除去。将滤液通过氧化铝色谱柱，硫酸根被吸附在色谱柱上，而与其他绝大多数金属离子分离。色谱柱上的硫酸根，以氨水淋洗。淋洗液经调节酸度后，加氯化钡沉淀硫酸根，过滤洗涤后灼烧称量。经色谱分离后，有少量铬酸根离子被淋洗，将与硫酸钡产生共沉淀，对测定有干扰。六价铬的共沉淀较三价铬严重，加入过氧化氢将铬还原为三价，再与乙酸生成配离子，从而消除了铬的影响。钢铁中其他共存元素均不干扰测定。本法适用于 0.02% 以上硫的测定。

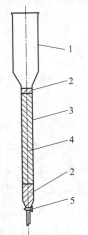

图 6-3 色谱分离吸附柱
1—蓄水器（约 50mL）；2—玻璃棉塞；3—柱管（长约 120～150mm，内径 10～11mm）；4—铝柱（长约 100mm）；5—活塞

技能训练

钢铁中硫含量的测定：重量法

依据国家标准《钢铁及合金 硫含量的测定 重量法》GB/T 223.72—2008。

1. 仪器与设备

（1）分析天平。

（2）锥形瓶　磨口缩颈，容积 1000mL。

（3）阿里因（Allihn）冷凝管　4 或 6 个球形。

（4）色谱分离吸附柱如图 6-3 所示。

制备吸附柱：将柱管的下端装入单孔橡胶塞中，使塞子正好在柱管活塞的下面，起到固定柱管在抽滤瓶中的密封衬垫作用。

将管子装入抽滤瓶中，并在管子细端放置约 20mm 厚的玻璃棉。打开活塞，将足够的氧化铝悬浮液倒入管中，制成 100～20mm 长的柱，用盐酸（1+19）溶液沿蓄水器边缘将所有氧化铝颗粒冲洗进入管中。嵌入玻璃棉塞并用玻璃棒往下压至与氧化铝接触并压紧。应确保顶部塞子上面、柱壁无氧化铝颗粒。

加入 20mL 盐酸（1+19）溶液通过柱子，再加入 20mL 水。然后加入 20mL 氨水（1+19）溶液过柱，之后用 20mL 水洗柱，合并后面两种洗出液并调整溶液 pH 直至氨性消失，检查是否有铝盐存在。若放置时有氢氧化铝沉淀出现，则先用 20mL 盐酸（1+9）溶液，再用 20mL 水洗柱。用 20mL 氨水（1+19）溶液和 20mL 水重复处理，同前，检查氨洗出液中是否有铝盐。

若仍有氢氧化铝沉淀，则在不空吸的情况下，用盐酸（1+1）溶液过柱 1h，再用 50mL 水洗涤。将 20mL 氨水（1+19）和 20mL 水通过柱，检查洗出液中是否有铝盐。

重复这个洗涤程序直至证明柱子的洗出液中没有铝盐为止。最后，用 30mL 盐酸（1+19）溶液洗涤柱子。

柱子不用时，关上活塞，将柱管充满盐酸（1+19）溶液，蓄水器塞上一个橡胶塞。

2. 试剂与试样

（1）氧化铝　为色层分离制备的氧化铝。颗粒大小相当于 75～150μm 筛目。

可使用标明碱性、中性、酸性的氧化铝。

将大约 200g 干燥的氧化铝放入盛有 300mL 水的 400mL 烧杯中，将烧杯放在水槽中，插入一根内径 5mm 的玻璃管，并伸到烧杯底部，另一端与水管相接，调节水流使悬浮的细颗粒从烧杯边缘溢出，连续这个操作直到停止水流 1min 内不沉淀的所有细颗粒全部溢出。倒出粗粒上面的清液，加入盐酸，使其覆盖氧化铝，搅拌后放置不少于 12h，倒出盐酸按照上述步骤水洗涤氧化铝。将洗涤过的氧化铝与盐酸（1+19）溶液制成悬浮液，以制备吸附柱。

（2）溴　质量分数不低于 90%。

（3）硝酸　ρ 约 1.40g·mL^{-1}。

（4）硝酸　ρ 约 1.40g·mL^{-1}，稀释为 1+1。

（5）盐酸　ρ 约 1.19g·mL^{-1}。

（6）盐酸　ρ 约 1.19g·mL^{-1}，稀释为 1+1。

（7）盐酸　ρ 约 1.19g·mL^{-1}，稀释为 1+9。

（8）盐酸　ρ 约 1.19g·mL^{-1}，稀释为 1+19。

（9）高氯酸　ρ 约 1.54g·mL^{-1}。

（10）高氯酸　ρ 约 1.54g·mL^{-1}，稀释为 1+49。

（11）混合酸　盐酸（5）和硝酸（3）以适宜比例混合以保证试料全部溶解。该溶液须现用现配。

（12）氨水　ρ 约 0.90g·mL^{-1}。

（13）氨水　ρ 约 0.90g·mL^{-1}，稀释为 1+19。

（14）氨水　ρ 约 0.90g·mL^{-1}，稀释为 1+99。

（15）硫酸　相当于每升约含 48mg 硫的溶液。加入 2.8mL 硫酸（ρ 约 1.84g·mL^{-1}）到大约 500mL 水中，稀释到 1000mL 并混匀。取出 30mL 该溶液稀释到 1000mL 并混匀。

（16）氯化钡（$BaCl_2 \cdot 2H_2O$）溶液　1.22g·L^{-1}。溶解 1.22g 氯化钡（$BaCl_2 \cdot 2H_2O$）于水中，稀释到 1000mL，并混匀。使用前用致密滤纸过滤。1mL 该溶液约相当于 0.16mg 的硫。

（17）甲基橙（$C_{14}H_{14}N_3NaO_3S$）溶液　0.50g·L^{-1}。

(18) 冰乙酸（CH_3COOH）　ρ 约 $1.05\ g\cdot mL^{-1}$。

(19) 过氧化氢（H_2O_2）　ρ 约 $1.10\ g\cdot mL^{-1}$。

3. 测定步骤

(1) 试料量　按照 GB/T 20066—2006 或适当的国家标准取、制样，按预计的硫含量取试料量。

硫含量小于 0.005%（质量分数），称取两份试料，每份约 10g，精确至 0.001g。

硫含量在 0.005%～0.05%（质量分数），称取一份试料约 10g，精确至 0.001g。

硫含量大于 0.05%（质量分数），选适当试料量，以使被测定的硫量在 0.001～0.005g，精确至 0.001g。

(2) 空白试验　每次试验，在相同条件下，使用测定中所使用的规定量的试剂，但省去试料，进行空白试验。硫含量小于 0.005%（质量分数）时，用的是两份 10g 试料，因此在同样条件下，应进行两次空白试验。

(3) 试料的溶解

① 可溶于稀硝酸的试料：将试料放置在干燥的锥形瓶中，加入 1mL 溴并连通冷凝器。为了尽可能控制反应，慢慢加入 50mL 硝酸（1+1）。稍后再慢慢加入 50mL 硝酸（1+1）。当停止冒烟时，用少量水冲洗冷凝器内壁，收集洗涤物于锥形瓶中。

② 不溶于稀硝酸的试料：将试料放置在干燥的锥形瓶中，加入 1mL 溴并连通冷凝器。为了控制反应，慢慢加入混合酸。对于难溶试料，需稍微加热至冷凝的蒸气达到冷凝器的第一个球为止，冷却后，再微热，直至试料全部溶解。若溴消耗过快，则需补加溴。

溶解完成后，加热试液到沸腾直至冷凝的蒸气正好达到冷凝器的第一个球，冷却。5～6min 后加 50mL 水通过冷凝器进入锥形瓶，将锥形瓶和冷凝器分开，将内容物定量转移到 500mL 烧杯中并用水洗涤锥形瓶内壁。

(4) 硫酸盐的加入　用滴定管分别加入 10.0mL 硫酸到每一个试料和空白试验的试液中。

(5) 冒高氯酸烟及过滤　加入 120mL 高氯酸。加热至冒大量白烟。用干燥的表面皿盖住并继续冒烟至碳化物完全分解，铬全部被氧化。冷却 5～6min 后，加入 200mL 热水溶盐。用 12.5cm 的致密滤纸过滤到 800mL 的烧杯中，用温的高氯酸仔细洗涤烧杯和滤纸，弃去滤纸。

试液的体积应为 500～600mL，若体积过大，则应浓缩试液。

(6) 硫酸盐的色层分离　将色层分离吸附柱插入抽滤瓶中，用 30mL 水洗涤柱子以清除任何先前洗脱时残留的氨水溶液。用 10mL 盐酸（1+19）酸化柱子。弃去洗脱液。

定量转移试液到柱子中，抽吸，以每分钟小于 10mL 的流速通过柱子。在氧化铝的上方总要保留一些试液。

用 25mL 盐酸（1+19）洗涤烧杯，将洗涤液转移至柱子上以同样流速通过，并重复一次。用 20mL 水洗涤烧杯并转移至柱子上，重复两次。

将吸附柱从抽滤瓶中移出，用水冲洗柱子下端。

(7) 用氨水洗脱　在柱下面放置一个 250mL 烧杯，使柱下端与杯内壁接触。加 15mL 氨水（1+19）使其以重力流过，再加 40mL 氨水（1+99），使其完全流入杯内。加 30～40mL 水通过柱子，收集到烧杯中。

(8) 硫酸盐的沉淀和称量　于洗脱液中加几滴甲基橙溶液，用盐酸（1+9）中和并过量 2mL。蒸发溶液至约 50mL，用直径 9cm 的致密滤纸过滤，收集滤液至 250mL 烧杯中，用少量水洗涤原烧杯和滤纸 4 次。

加 1mL 冰乙酸和 5 滴过氧化氢还原溶液中少量的铬离子，待蓝色消失，边不断搅拌边用滴定管滴加一定量的氯化钡溶液（氯化钡溶液的加入量与试样中硫的估计量以及加入硫酸量是化学计量关系）。放置 1h 后，再用同一滴定管加入 20mL 过量的氯化钡溶液。搅拌后盖上表面皿，放置约 12h。

用直径 9cm 致密滤纸或一个小的无灰纸浆垫过滤。冷水洗涤 6 次，每次 5～10mL。

将铂坩埚预先加热到 800℃，在干燥器中冷却并称至恒重，准确至 0.1mg 后，放入沉淀和滤纸。在尽可能低的温度下（不超过 550℃）干燥、灰化，直至烧除碳化物，最后加热到 800℃。在干燥器中冷却，在分析天平上称量，准确至 0.1mg，反复至恒重。

4. 结果计算

以质量分数表示的硫含量由式(6-3) 计算。

$$w(S) = \frac{m_1 - m_2}{m_0} \times 0.1374 \times 100\%\qquad(6\text{-}3)$$

式中　$w(S)$——硫的质量分数；

　　　m_1——试料中测得硫酸钡的质量，g；

　　　m_2——空白试验中得到的硫酸钡的质量，g；

　　　m_0——试料的质量，g；

　　0.1374——由硫酸钡换算到硫的换算系数。

知识链接

HXE-7B 型电脑碳硫分析仪（见图 6-4）采用电弧燃烧炉燃烧样品，气体容量法定碳、碘量法自动滴定定硫，碳硫测定均为全自动，计算机控制工作流程，性能稳定可靠，与电子天平联机不定量称样，经电脑数据处理后，由屏幕直接显示，打印结果，且可保存日期、炉号及结果等原始档案。测量范围：C 为0.02%～6.00%（需改变称样量），S 为 0.003%～2.00%。测量时间：45s 左右。测量精度：碳符合 GB/T 223.69—2008 标准，硫符合 GB/T 223.68—1997 标准。适合普碳钢、高中低合金钢、不锈钢、生铸铁、球墨铸铁、合金铸铁、锰铁等多种材料中碳硫元素的测定。

图 6-4　HXE-7B 型电脑碳硫分析仪

任务 3　钢铁中磷的测定

知识准备

磷为钢铁中普通元素之一，也是有害元素，通常由冶炼原料带入，也有为达到某些特殊性能而由人工加入的。磷在钢铁中主要以固溶体、磷化铁（Fe_2P、Fe_3P）及其他合金元素的磷化物和少量磷酸盐夹杂物的形式存在，常呈离析状态。Fe_3P 质硬，影响塑性和韧性，易发生冷脆。在凝结过程中易产生偏析，降低力学性能。在铸造工艺上，可加大铸件缩孔、缩松的不利影响。在某些情况下，磷的加入也有有利的方面，磷能固溶强化铁素体，提高钢铁的拉伸强度。磷能强化 α 铁和 γ 铁，改善钢铁的切削性能，故易切钢都要求有较高的磷含量。

磷能提高钢材的耐腐蚀性。含铜时，效果更加显著。利用磷的脆性，可冶炼炮弹钢，提高爆炸威力。铜合金中加入适量磷，能提高合金的韧性、硬度、耐磨性和流动性。在含铋的钢中加入少量磷，可消除因铋而引起的脆性。

钢铁中磷的测定方法有多种。一般都是使磷转化为磷酸，再与钼酸铵作用生成磷钼酸，在此基础上可以用重量法（沉淀物为 $MgNH_4PO_4 \cdot 6H_2O$）、酸碱滴定法、磷钼蓝光度法等进行测定。其中磷钼蓝光度法不仅可以对钢铁中的磷进行测定，而且可以对其他有色金属和矿物中微量的磷进行测定。

一、二安替比林甲烷-磷钼酸重量法

向试样中加溶解酸，加热溶解及一系列处理后。在 $0.24 \sim 0.60 mol \cdot L^{-1}$ 盐酸溶液中，加二安替比林甲烷-磷酸钠混合沉淀剂，形成二安替比林甲烷-磷钼酸沉淀 $(C_{23}H_{24}N_4O_2)_3 \cdot H_3PO_4 \cdot 12MoO_3 \cdot 2H_2O$。过滤洗涤后烘至恒重，用丙酮-氨水溶解沉淀，再烘至恒重，由失重求得磷量。

二、磷钼蓝光度法

磷在钢铁中主要以金属磷化物的形式存在，经硝酸分解后生成正磷酸和亚磷酸，用高锰酸钾或过硫酸铵氧化处理后，全部转化为正磷酸。在酸性溶液中，磷酸与钼酸生成黄色的磷钼杂多酸，可被硫酸亚铁、氯化亚锡、抗坏血酸等还原成蓝色的磷钼杂多酸（磷钼蓝）。

$$3Fe_3P + 41HNO_3 \longrightarrow 9Fe(NO_3)_3 + 3H_3PO_4 + 14NO\uparrow + 16H_2O$$
$$H_3PO_4 + 12H_2MoO_4 \longrightarrow H_7[P(Mo_2O_7)_6] + 10H_2O$$

磷钼蓝杂多酸的吸收峰在波长 905nm 处，$\varepsilon_{905} = 5.34 \times 10^4$；通常在 690nm 波长处测量吸光度，这时 $\varepsilon_{690} = 1.30 \times 10^4$。以吸光度为纵坐标对浓度作标准工作曲线，可查出不同光度下的磷含量。

$$w(P) = \frac{m_1 \times 10^{-6}}{m} \times 100\% \tag{6-4}$$

式中　$w(P)$——磷的质量分数；

　　　m_1——由标准工作曲线上查出的磷量，μg；

　　　m——试样的质量，g。

技能训练

钢铁中磷的测定：铋磷钼蓝分光光度法

依据国家标准《钢铁及合金　磷含量的测定　铋磷钼蓝分光光度法和锑磷钼蓝分光光度法》GB/T 223.59—2008。

1. 仪器与设备

（1）分光光度计。

（2）实验室常用仪器。

2. 试剂与材料

（1）氢氟酸　ρ 约 $1.15g \cdot mL^{-1}$。

（2）高氯酸　ρ 约 $1.67g \cdot mL^{-1}$。

（3）盐酸　ρ 约 $1.19g \cdot mL^{-1}$。

（4）硝酸　ρ 约 $1.42g \cdot mL^{-1}$。

（5）氢溴酸　ρ 约 $1.49g \cdot mL^{-1}$。

（6）硫酸　ρ 约 $1.84g \cdot mL^{-1}$。

（7）硫酸　$1+1$。将硫酸（6）缓慢加入水中，边加入边搅动，稀释为 $1+1$。

（8）盐酸-硝酸混合酸　$2+1$。

（9）氢溴酸-盐酸混合酸　$1+2$。

（10）抗坏血酸溶液　$20g \cdot L^{-1}$。

（11）钼酸铵溶液　$30g \cdot L^{-1}$。

（12）亚硝酸钠溶液　$100g \cdot L^{-1}$。

（13）硝酸铋溶液　$10g \cdot L^{-1}$。

（14）铁溶液 A　$5mg \cdot mL^{-1}$。

（15）铁溶液 B　$1mg \cdot mL^{-1}$。

（16）磷标准溶液 A　$100\mu g \cdot mL^{-1}$。

（17）磷标准溶液 B　$5.0\mu g \cdot mL^{-1}$。

3. 测定步骤

（1）试料量　根据磷含量按表 6-3 称取试样，精确至 $0.0001g$。

表 6-3　试料量

磷含量（质量分数）/%	试料量/g
$0.005 \sim 0.050$	0.50
$0.050 \sim 0.300$	0.10

（2）测定

① 试料处理。将试料置于 150mL 烧杯中，加 $10 \sim 15mL$ 盐酸-硝酸混合酸，加热溶解，滴加氢氟酸，加入量视硅含量而定。待试样溶解后，加 10mL 高氯酸，加热至刚冒高氯酸烟，取下，稍冷。加 10mL 氢溴酸-盐酸混合酸除砷，加热至刚冒高氯酸烟，再加 5mL 氢溴酸-盐酸混合酸再次除砷，继续蒸发冒高氯酸烟（如试料中铬含量超过 5mg，则将铬氧化至六价后，分次滴加盐酸除铬），至烧杯内部透明后回流 $3 \sim 4min$（如试料中锰含量超过 4mg，回流时间保持 $15 \sim 20min$），蒸发至湿盐状，取下，冷却。

沿杯壁加入 20mL 硫酸，轻轻摇匀，加热至盐类全部溶解，滴加亚硝酸钠溶液将铬还原至低价并过量 $1 \sim 2$ 滴，煮沸驱除氮氧化物，取下，冷却。移入 100mL 容量瓶中，用水稀释至刻度，混匀。

移取 10.00mL 上述试液两份，分别置于 50mL 容量瓶中。

② 显色。

显色液：加 2.5mL 硝酸铋溶液、5mL 钼酸铵溶液，每加一种试剂必须立即混匀。用水冲洗瓶口或瓶壁，使溶液体积约为 30mL，混匀。加 5mL 抗坏血酸溶液，用水稀释至刻度，混匀。

参比液：与显色液同样操作，但不加钼酸铵溶液，用水稀释至刻度，混匀。

在室温下放置 20min。

③ 吸光度测量。将部分溶液移入合适的吸收皿中，以参比液为参比，于分光光度计波长 700nm 处测量吸光度。减去随同试料所做空白试验的吸光度，从校准曲线上查出相应的磷含量。

（3）校准曲线的绘制及测定

① 校准曲线的绘制。磷的质量分数小于 0.050% 时，移取 0、0.50mL、1.00mL、2.00mL、3.00mL、5.00mL 磷标准溶液 B，分别置于 6 个 50mL 容量瓶中，各加入 10.0mL 铁溶液 A；磷的质量分数大于 0.050% 时，移取 0、1.00mL、2.00mL、3.00mL、4.00mL、6.00mL 磷标准溶液 B，分别置于 6 个 50mL 容量瓶中，各加入 10.0mL 铁溶液 B。

② 吸光度测定。以零浓度校准溶液为参比，于分光光度计波长 700nm 处测量各校准溶液的吸光度。以磷的质量为横坐标、吸光度值为纵坐标，绘制校准曲线。

4. 结果计算

磷含量以质量分数计，按下式计算。

$$w(\mathrm{P}) = \frac{m_1 V \times 10^{-6}}{m V_1} \times 100\% \tag{6-5}$$

式中　$w(\mathrm{P})$——磷的质量分数；

　　　V_1——分取试液的体积，mL；

　　　V——试液的总体积，mL；

　　　m_1——从校准曲线上查得的磷含量，μg；

　　　m——试料的质量，g。

任务 4 **钢铁中锰的测定**

知识准备

锰是钢铁的基本元素之一，也是重要的合金元素。一部分由矿石引入，另一部分是钢铁冶炼中作为脱硫剂、脱氧剂掺入的，还有一部分是作为合金元素加入的。钢铁中锰是以 MnS、Mn_3C、$MnSi$ 或 $FeMnSi$ 等形态存在的。锰在钢中的含量一般为 0.3%～0.8%，超过 0.8% 的称为合金钢。生铁中锰含量在 0.5%～2%。

锰和氧、硫有较强的化合能力，故为良好的脱氧剂和脱硫剂，能降低钢的热脆性，提高热加工性能。锰溶于铁中，可提高铁素体和奥氏体的硬度和强度，并降低临界转变温度以细化珠光体，间接提高珠光体钢强度，锰还能提高钢的淬透性，具有良好的热处理性能。

作为一种合金元素，锰的加入也有不利的一面。锰含量过高时，有使钢晶粒粗化的倾向，并提高钢的回火脆敏感性。冶炼浇注和锻轧后冷却不当时，易产生白点。在铸铁生产中，锰过高时，缩孔倾向加大，在强度、硬度、耐磨性提高的同时，塑性、韧性有所降低。

钢铁中锰根据其含量的不同，分别采用不同的方法测定。常用 $KMnO_4$ 分光光度法和氧化还原容量法，分光光度法是利用 MnO_4^- 的紫红色进行测定，采用的氧化剂有 KIO_4 和 $(NH_4)_2S_2O_8$ 等，此法灵敏度不高，适用于锰含量较低的测定，一般用氧化还原容量法。

一、过硫酸铵氧化滴定法

试样经过混酸（硝酸、硫酸、磷酸）溶解，锰呈现锰（Ⅱ）状态，在氧化性酸溶液中，以硝酸银作为催化剂，用过硫酸铵氧化为锰（Ⅶ），然后用砷酸钠标准滴定溶液滴定。

$$3MnS+14HNO_3 \longrightarrow 3Mn(NO_3)_2+3H_2SO_4+8NO\uparrow+4H_2O$$
$$MnS+H_2SO_4 \longrightarrow MnSO_4+H_2S\uparrow$$
$$3Mn_3C+28HNO_3 \longrightarrow 9Mn(NO_3)_2+10NO\uparrow+3CO_2\uparrow+14H_2O$$
$$2Ag^++S_2O_8^{2-}+2H_2O \longrightarrow Ag_2O_2+2H_2SO_4$$
$$5Ag_2O_2+2Mn^{2+}+4H^+ \longrightarrow 10Ag^++2MnO_4^-+2H_2O$$
$$5AsO_3^-+2MnO_4^-+6H^+ \longrightarrow 5AsO_4^-+2Mn^{2+}+3H_2O$$
$$5NO_2^-+2MnO_4^-+6H^+ \longrightarrow 5NO_3^-+2Mn^{2+}+3H_2O$$

二、硝酸铵氧化还原滴定法

试样经酸溶解后，在磷酸微冒烟的状态下，用硝酸铵将锰定量氧化至三价，产生稳定的 $[Mn(PO_4)_2]^{3-}$ 或 $[Mn(H_2P_2O_7)_2]^{3-}$ 配阴离子，以 N-苯代邻氨基苯甲酸为指示剂，用硫酸亚铁铵标准滴定溶液滴定至紫红色消失为终点。钒、铈有干扰必须予以校正。本法适用于碳钢、合金钢、高温合金及精密合金中锰量的测定。测定范围为 $2.00\%\sim3.00\%$。

三、高碘酸钠（钾）氧化光度法

试样经酸溶解后，在硫酸、磷酸介质中，用高碘酸钠（钾）将锰氧化为七价，以高锰酸特有的紫红色进行光度测定，测量其吸光度。计算出锰的质量分数。本方法用高碘酸钠（钾）氧化光度法测定碳素钢、低合金钢、硅钢和纯铁中的锰含量。本方法适用于碳素钢、低合金钢、硅钢和纯铁中质量分数为 $0.010\%\sim2.00\%$ 的锰量的测定。

$$2Mn^{2+}+5IO_6^{5-}+14H^+ \longrightarrow 2MnO_4^-+5IO_3^-+7H_2O$$

■ 技能训练

钢铁中锰的测定：硝酸铵氧化还原可视滴定法

依据国家标准《钢铁及合金　锰含量的测定　电位滴定或可视滴定法》GB/T 223.4—2008。

1. 仪器与设备

普通实验室仪器。

2. 试剂

（1）硝酸铵（固体）。

（2）尿素。

（3）磷酸　ρ 约 $1.69g \cdot mL^{-1}$。

（4）硝酸　ρ 约 $1.42g \cdot mL^{-1}$。

（5）盐酸　ρ 约 $1.19g \cdot mL^{-1}$。

(6) 硫酸（1+3）　ρ 约 $1.84g \cdot mL^{-1}$，稀释为 1+3。

(7) 硫酸（5+95）　ρ 约 $1.84g \cdot mL^{-1}$，稀释为 5+95。

(8) N-苯代邻氨基苯甲酸溶液　$2g \cdot L^{-1}$。

(9) 重铬酸钾溶液　$c\left(\frac{1}{6}K_2Cr_2O_7\right) = 0.01500mol \cdot L^{-1}$。

(10) 硫酸亚铁铵标准滴定溶液　$c[(NH_4)_2Fe(SO_4)_2 \cdot 6H_2O] = 0.015mol \cdot L^{-1}$。

① 溶液的制备。将 5.9g 硫酸亚铁铵溶于 1000mL 硫酸中，混匀。

② 溶液的标定（用前标定）。移取 20.00mL 重铬酸钾溶液 3 份，分别置于 250mL 锥形瓶中。加入 20mL 硫酸、5mL 磷酸。加水至体积约为 150mL。以下操作按测定步骤中试液制备进行。

三份溶液所消耗硫酸亚铁铵标准溶液体积（mL）的极差值不超过 0.05mL，取其平均值为 V_1。

③ N-苯代邻氨基苯甲酸校正。移取 5.00mL 重铬酸钾溶液三份，分别置于 250mL 锥形瓶中。加 20mL 硫酸、5mL 磷酸。用硫酸亚铁铵标准溶液滴定至接近终点。加 2 滴 N-苯代邻氨基苯甲酸指示剂，继续滴定至紫红色消失，记下滴定管度数 V'。再加入 5.00mL 重铬酸钾溶液，继续用硫酸亚铁铵标准溶液滴定至终点，记下滴定管度数 V''。计算（$V''-V'$），三份溶液（$V''-V'$）的平均值即为 2 滴 N-苯代邻氨基苯甲酸溶液的校正值 V_0。

④ 计算。将滴定重铬酸钾标准溶液所消耗的硫酸亚铁铵标准滴定溶液的体积进行校正后再进行计算。硫酸亚铁铵标准滴定溶液的浓度为 c，数值以 $mol \cdot L^{-1}$ 表示，按下式计算：

$$c = \frac{0.01500 \times 20.00}{V_1 - V_0} \tag{6-6}$$

式中　V_1——滴定所消耗的硫酸亚铁铵标准滴定溶液的平均体积，mL；

　　　V_0——2 滴 N-苯代邻氨基苯甲酸溶液的校正值，mL。

3. 测定步骤

(1) 试样量　根据表 6-4 称取试样，精确至 0.0001g。

表 6-4　试样量

锰质量分数/%	试样量/g
2～5	0.50
5～15	0.20
15～25	0.10

(2) 测定

① 试液制备。将试料置于 300mL 锥形瓶中，加入 15mL 磷酸 [高合金钢可先用 15mL 盐酸-硝酸的混合酸（3+1）溶解]，缓慢加热至完全溶解后，滴加硝酸破坏碳化物。

继续加热，蒸发至液面平静刚出现微烟（温度控制在 200～240℃）。取下锥形瓶，立即加入 2g 硝酸铵，摇动锥形瓶并排除氮氧化物。氮氧化物必须除尽，可以吹去或加 0.5～1.0g 尿素。放置 1～2min，使溶液温度降至 80～100℃。

② 滴定。于溶液中加入 60mL 硫酸，摇匀。将溶液体积稀释至约 150mL，冷却至室温。用硫酸亚铁铵标准溶液滴定至接近终点。加 2 滴 N-苯代邻氨基苯甲酸指示剂，继续滴定至紫红色刚好消失，记录所加入的硫酸亚铁铵溶液的体积 V_2。

③ 钒和铈的理论校正。含钒和铈的样品，锰含量可以按理论值进行校正。1% 钒相当于

1.08％锰，1％铈相当于 0.40％锰。

钒含量可以按 ISO 4942、ISO 4947 或 ISO 9647 规定的操作进行测定，也可以按适当的钢国家标准进行测定。

4. 结果计算

样品中的锰质量分数为 $w(\text{Mn})$，按下式计算：

$$w(\text{Mn}) = \frac{c(V_2 - V_0) \times 54.94}{m_0 \times 1000} \times 100\% - 1.08w(\text{V}) - 0.40w(\text{Ce}) \qquad (6\text{-}7)$$

式中　c——硫酸亚铁铵标准滴定溶液的浓度，$\text{mol} \cdot \text{L}^{-1}$；

V_0——2 滴 N-苯代邻氨基苯甲酸溶液的校正值，mL；

V_2——滴定锰、钒、铈消耗硫酸亚铁铵标准滴定溶液的体积，mL；

m_0——试料量，g；

54.94——锰的摩尔质量，$\text{g} \cdot \text{mol}^{-1}$；

$w(\text{V})$——样品中钒的质量分数；

$w(\text{Ce})$——样品中铈的质量分数。

如果样品中铈含量小于 0.01％或钒含量小于 0.005％，则计算锰含量时可以忽略，式（6-7）可简化为：

$$w(\text{Mn}) = \frac{c(V_2 - V_0) \times 54.94}{m_0 \times 1000} \times 100\% \qquad (6\text{-}8)$$

任务 5　钢铁中硅的测定

知识准备

硅是钢铁中常见元素之一，主要以固溶体、FeSi、Fe_2Si、FeMnSi 的形式存在，有时也可发现少量的硅酸盐夹杂物。除高碳硅钢外，一般不存在碳化硅。硅与氧的亲和力仅次于铝和钛，而强于锰、铬、钒，是炼钢过程中常用的脱硫剂。硅固溶于铁素体和奥氏体中，能提高钢的强度和硬度，在常见元素中，硅的这种作用仅次于磷。硅能提高钢的抗氧性、耐蚀性。不锈耐酸钢、耐热不起皮钢种便是以硅作为主要的合金元素之一。

目前钢铁中硅的测定方法很多，主要有重量法、滴定法、光度法等。重量法是最经典的测定方法，具有准确、适用范围广等特点。光度法具有简单、快速、准确等特点，是目前实际应用最广泛的方法。其中应用最多的是硅钼蓝光度法。

一、高氯酸脱水重量法测定钢铁中硅的含量

试样用酸分解，或用碱熔后酸化，在高氯酸介质中蒸发冒烟使硅酸脱水，经过滤洗涤后，将沉淀灼烧成二氧化硅，在硫酸存在下加氢氟酸使硅呈四氟化硅挥发除去，由氢氟酸处理前后的质量差计算硅含量。

二、还原型硅钼酸盐光度法测定酸溶硅含量

试样用稀酸溶解后，使硅转化为可溶性硅酸：

$$3\text{FeSi} + 16\text{HNO}_3 \longrightarrow 3\text{Fe(NO}_3)_3 + 3\text{H}_4\text{SiO}_4 + 7\text{NO}\uparrow + 2\text{H}_2\text{O}$$

$$\text{FeSi} + \text{H}_2\text{SO}_4 + 4\text{H}_2\text{O} \longrightarrow \text{FeSO}_4 + \text{H}_4\text{SiO}_4 + 3\text{H}_2\uparrow$$

加高锰酸钾氧化碳化物，再加亚硝酸钠还原过量的高锰酸钾，在弱酸性溶液中，加入钼酸，使其与 H_4SiO_4 反应生成氧化型的黄色硅钼杂多酸（硅钼黄），在草酸的作用下，用硫酸亚铁铵将其还原为硅钼蓝。

$$H_4SiO_4 + 12H_2MoO_4 \longrightarrow H_8[Si(Mo_2O_7)_6] + 10H_2O$$

于波长 810nm 处测定硅钼蓝的吸光度。本法适用于铁、碳钢、低合金钢中 0.030% ～ 1.00% 酸溶硅含量的测定。

三、硅钼蓝-丁基罗丹明 B 光度法测定合金钢中硅的含量

硅酸与钼酸反应生成硅钼杂多酸，用抗坏血酸的强酸性溶液还原生成的硅钼蓝，在约 1.9mol·L^{-1} 硫酸介质中，硅钼杂多蓝与丁基罗丹明 B 形成水溶性三元离子缔合物，其组成硅：钼：丁基罗丹明 B 为 1：12：5，每 100mL 显色液中含硅 0～8μg，体系服从朗伯-比耳定律，颜色可稳定 1h。30mg 钙、镁、锰（Ⅱ）、铝、铜（Ⅱ）、镍，15mg 铁（Ⅲ）、氟，0.5mg 钴、钒、钨（Ⅵ）、铬（Ⅵ），0.1mg 铅，0.5mg 磷（Ⅴ）、砷（Ⅴ）不干扰，是测定微量、痕量硅的简便快速而又足够准确的方法之一。

技能训练

钢铁中硅的测定：还原型硅钼酸盐分光光度法

依据国家标准《钢铁 酸溶硅和全硅含量的测定 还原型硅钼酸盐分光光度法》GB/T 223.5—2008。

1. 仪器与设备

（1）分光光度计。

（2）聚丙烯或聚四氟乙烯烧杯 容积 250mL。

（3）铂坩埚 容积 30mL。

2. 试剂与试样

（1）纯铁 硅的含量小于 0.004%。

（2）混合熔剂 二份碳酸钠和一份硼酸研磨至粒度小于 0.2mm，混匀。

（3）硫酸（1+3） 于 600mL 水中，边搅拌边小心加入 250mL 硫酸（ρ 约 1.84g·mL^{-1}），冷却后，用水稀释至 1000mL，混匀。

（4）硫酸（1+9） 于 800mL 水中，边搅拌边小心加入 100mL 硫酸（ρ 约 1.84g·mL^{-1}），冷却后，用水稀释至 1000mL，混匀。

（5）硫酸-硝酸混合酸 于 500mL 水中，边搅拌边小心加入 35mL 硫酸（ρ 约 1.84g·mL^{-1}）和 45mL 硝酸（ρ 约 1.42g·mL^{-1}），冷却后，用水稀释至 1000mL，混匀。

（6）高锰酸钾溶液 22.5g·L^{-1}。

（7）过氧化氢溶液 1+4。

（8）钼酸钠溶液 将 2.5g 二水合钼酸钠（Na$_2$MoO$_4$·2H$_2$O）溶于 50mL 水中，以中密度滤纸过滤。使用前加入 15mL 硫酸（1+9），用水稀释至 100mL，混匀。

（9）草酸溶液 50g·L^{-1}。

（10）抗坏血酸溶液 20g·L^{-1}。

（11）硅标准溶液 10.0μg·mL^{-1}，4.0μg·mL^{-1}。

3. 测定步骤

（1）试料分解和试液制备

① 酸溶性硅测定的试料分解和试液制备。将试料置于 250mL 聚丙烯或聚四氟乙烯烧杯中。称量为 0.20g 和 0.10g 时加入 25mL 硫酸-硝酸混合酸；称量为 0.40g 时加入 30mL 硫酸-硝酸混合酸。盖上盖子，微热溶解试料，溶解过程中不断补加水，保持溶液体积无明显减少。

用水稀释至约 60mL，小心将试液加热至沸，滴加高锰酸钾至析出水合二氧化锰沉淀，保持微沸 2min。滴加过氧化氢至二氧化锰沉淀恰好溶解，并加热微沸 5min 使过氧化氢分解。冷却，将试液转移至 100mL 单标线容量瓶中，用水稀释至刻度，混匀。

② 全硅测定的试料分解和试液制备。将试料置于 250mL 聚丙烯或聚四氟乙烯烧杯中。称量为 0.20g 和 0.10g 时加入 30mL 硫酸-硝酸混合酸；称量为 0.40g 时加入 35mL 硫酸-硝酸混合酸。盖上盖子，微热溶解试料，溶解过程中不断补加水，以保持溶液体积无明显减少。

当溶液反应停止时，用低灰分慢速滤纸过滤溶液，滤液收集于 250mL 烧杯中。用 30mL 热水洗涤烧杯和滤纸，用带橡胶头的棒擦下黏附在杯壁上的颗粒并全部转移至滤纸上。

将滤纸及残渣置于铂坩埚中，干燥，灰化，在高温炉中于 950℃ 灼烧。冷却后，加 0.25g 混合熔剂与残渣混合，再覆盖 0.25g 混合熔剂，在高温炉中于 950℃ 熔融 10min。冷却后，擦净坩埚外壁，将坩埚置于盛有滤液的 250mL 烧杯中，缓缓搅拌使熔融物溶解，用水洗净坩埚。

小心将试液加热至沸，滴加高锰酸钾溶液至析出水合二氧化锰沉淀，保持微沸 2min。滴加过氧化氢至二氧化锰沉淀恰好溶解，加热微沸 5min 使过氧化氢分解。冷却，将试液转移至 100mL 单标线容量瓶中，用水稀释至刻度，混匀。

（2）显色　分取 10.00mL 制备的试液两份于两个 50mL 硼硅酸盐玻璃单标线容量瓶中，加 10mL 水。一份溶液制备显色液，另一份溶液制备参比液。

在 15～25℃ 温度的条件下，按下述方法处理每一种试液和参比液，用移液管加入所有试剂溶液。

显色液按下列顺序加入试剂溶液，每次加入一种溶液后都要摇动：

① 10.0mL 钼酸钠溶液，静置 20min；

② 5.0mL 硫酸（1＋3）；

③ 5.0mL 草酸溶液；

④ 立即加入 5.0mL 抗坏血酸溶液。

参比液按下列顺序加入试剂溶液，每次加入一种溶液后都要摇动：

① 5.0mL 硫酸（1＋3）；

② 5.0mL 草酸溶液；

③ 10.0mL 钼酸钠溶液；

④ 立即加入 5.0mL 抗坏血酸，用水稀释至刻度，混匀。每一种试液（试料溶液和空白液）及各自的参比液静置 30min。

（3）分光光度测定　用适合的吸收皿，于分光光度计波长 810nm 处，测量每份显色溶液对各自参比溶液的吸光度。

（4）校准曲线的建立

① 校准曲线溶液的制备。分取 10.00mL 铁基空白试验溶液 7 份于 7 个硼硅酸盐玻璃单标线 50mL 容量瓶中。按表 6-5 分别加入硅标准溶液，补加水至 20mL。

表 6-5　硅标准溶液加入量

硅含量（质量分数）/%	硅标准溶液加入量/mL	硅标准溶液/$\mu g \cdot mL^{-1}$	吸收皿厚度/cm
0.010～0.050	0、0、1.00、2.00、3.00、4.00、5.00	4.0	2
0.050～0.25	0、0、1.00、2.00、3.00、4.00、5.00	10.0	1
0.25～1.00	0、0、2.00、4.00、6.00、8.00、10.00	10.0	0.5

其中一份不加硅标准溶液的空白试验溶液用于制备参比溶液，另 6 份试液用于制备显色溶液。

② 分光光度测定。用适合的吸收皿（见表 6-5），于分光光度计波长 810nm 处，测量各校准曲线显色溶液对参比溶液的吸光度。

③ 校准曲线的绘制。以校准曲线溶液的吸光度为纵坐标，校准曲线溶液中加入的硅量与分取纯铁溶液中的硅量之和为横坐标，绘制校准曲线。

4. 结果计算

硅的质量分数按下式计算：

$$w(\text{Si}) = \frac{m_1 V}{m V_1 \times 10^6} \times 100\% \qquad (6-9)$$

式中　$w(\text{Si})$——硅的质量分数；

　　　m_1——从工作曲线上查得硅的质量，g；

　　　V_1——移取试验溶液的体积，mL；

　　　V——试验溶液的总体积，mL；

　　　m——称样量，g。

5. 注意事项

（1）溶样时，不宜长时间煮沸，并需适当吹入水，以防止温度过高、酸度过大，使部分硅酸聚合。

（2）草酸除迅速破坏磷（砷）钼酸外，也能逐渐分解硅钼酸，故加入草酸后，应于 1min 内加硫酸亚铁铵，否则结果偏低。快速分析时，也可将草酸、硫酸亚铁铵在临用前等体积混合，一次加入。

知识链接

KDS-3A 锰磷硅分析仪（见图 6-5）采用智能动态跟踪和标准曲线非线性回归等技术，直读含量，自动打

图 6-5　KDS-3A 锰磷硅分析仪

印结果。采用微机技术自动跟踪检测，可存储多条标准曲线，断电不受影响。标准曲线自动建立，自动判断检测误差，确保数据准确。采用了先进的冷光源技术使数据更加稳定。测量范围：Si 为 0.10%～5.00%，Mn 为 0.010%～15.00%，P 为 0.005%～0.500%。测量精度：符合 GB/T 223.5—2008 标准。比色时间：约 3s。可以满足冶金、机械、铸造等行业在炉前、成品、来料化验等方面对材料锰、磷、硅多元素分析的需求。

内容小结

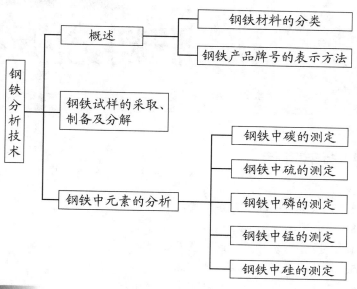

练一练

1. 钢铁有哪些分类方法和类型？
2. 钢铁成分化学分析用的钢铁试样一般可采用哪些方法采取？应注意哪些问题？
3. 钢铁试样主要用什么方法分解？主要的分解试剂有哪些？各有什么特点？
4. 钢铁中的五大元素对钢铁的性质产生什么影响？
5. 钢铁中的碳一般以什么形式存在？各有什么特点？应注意哪些方面的问题？
6. 试述燃烧-气体容量法测定钢铁中碳含量的测定原理。应注意哪些方面的问题？
7. 硫在钢铁中的存在形式是什么？硫对钢铁的性能有何影响？
8. 试述重量法测定硫的原理，有哪些注意问题？
9. 钢铁中磷的存在形式是什么？磷对钢铁的性能有何影响？
10. 钢铁中锰的存在形式是什么？试述硝酸铵氧化还原滴定法测定锰的原理。
11. 钢铁中硅的存在形式是什么？试述硅钼蓝测定硅的原理。
12. 称取钢样 1.000g，在 20℃、101.3kPa 时，测得二氧化碳的体积为 5.00mL，试样中碳的质量分数是多少？

肥料分析技术

知识目标

1. 了解肥料的作用和分类。
2. 了解磷肥中磷的存在形式及作用。
3. 了解氮肥中氮的存在形式。
4. 掌握磷肥分析项目的原理及计算。
5. 掌握氮肥中各种氮的测定原理。
6. 掌握钾肥中钾含量的测定方法及原理。

能力目标

1. 能采用卡尔·费休法测定复合肥中游离水的含量。
2. 能采用甲醛法测定农业用氮肥中氨态氮的含量。
3. 能采用蒸馏后滴定法测定肥料中硝态氮和尿素中总氮的含量。
4. 能采用适当溶剂和方法提取磷肥中水溶性磷和柠檬酸溶性磷。
5. 能采用磷钼酸喹啉重量法测定磷肥中有效磷含量。
6. 能采用四苯硼酸钾重量法和四苯硼酸钠容量法测定钾肥中钾含量。

想一想　你见过绿油油的麦田吗？见过花圃中鲜艳欲滴的花朵吗？它们生长得多么饱满、茁壮啊！知道这是谁的功劳吗？功劳者为植物生长所需的碳、氢、氧、氮、磷、钾、钙、镁等营养元素。而能够大量、稳定提供这些营养元素的正是肥料。

项目一　概　述

任务1 肥料的作用、分类和主要质检项目

知识准备

想一想　肥料的作用是什么？常见的化学肥料如何分类及其检测项目？

一、肥料的作用和分类

肥料是以提供植物养分为其主要功能的物质，是促进植物生长、提高农作物产量的重要物质之一。它除了能为农作物的生长提供必需的营养元素外，还能起到调节养料的循环、改良土壤的理化性质、促进农业增产的作用。

作物的营养元素（即植物养分）包括三类：一是主要营养元素，包括 C、H、O、N、P、K；二是次要营养元素，包括 Ca、Mg、S；三是微量元素，包括 Cu、Fe、Zn、Mn、Mo、B、Cl。这些营养元素对于作物生长和成熟都是不可缺少的，也是不可替代的。

碳、氢、氧三种元素可从空气中或水中获得，一般不需特殊供应。Ca、Mg、S、Fe、Cl 等元素在土壤中的量也已足够，只有 N、P、K 需要不断补充，因此 N、P、K 被称为肥料三要素。氮是植物叶和茎生长不可缺少的元素。磷对植物发芽、生根、开花、结果，使籽粒饱满起重要作用。钾能使植物茎秆强壮，促使淀粉和糖类的形成，并增强对病害的抵抗力。

肥料按其来源、存在状态、营养元素的性质等有多种分类方法。从来源可分为自然肥料和化学肥料；从存在状态可分为固态肥料与液态肥料；从组成可分为无机肥料与有机肥料；从性质可分为酸性肥料、碱性肥料与中性肥料；从含有效元素上来分，可分为氮肥、磷肥、钾肥；从所含营养元素的种类可分为单元肥料与复合肥料；从发挥肥效速度上来分，可分为速效肥与缓效肥。近年来又迅速发展起来了一些新型肥料，如叶面肥、微生物肥料等。叶面肥又有含氨基酸叶面肥和微量元素叶面肥；微生物肥料又分为根瘤菌肥料、固氮菌肥料、磷细菌肥料、硅酸盐细菌肥料、复合微生物肥料等。人畜粪便、草木炭、植物腐质等是自然肥料；而以矿物、空气、水和化工原料经化学和机械加工方法制造的是化学肥料。化学肥料的品种很多，最重要的有氮肥、磷肥和钾肥 3 种，例如尿素、碳酸铵、碳酸氢铵、氯化铵、硫酸铵和氨水等属于氮肥；过磷酸钙、磷酸钙和磷酸属于磷肥；氯化钾则为钾肥。上面所述的是基础的化肥，其肥效为单一性的，土地长期偏施某种肥料会使植物中最需要的氮、磷和钾 3 种元素失调，土质恶化、板结，最终造成农作物产量下降，更严重的是土质劣化后要相当一段时间的调理才能"复苏"。为使农作物生长过程中能及时得到多种综合元素的肥料（主要指 N、P、K），人们又开始生产和使用含有多种综合元素的肥料，这种肥料统称为复混肥料（包括复合肥料和混合肥料）。目前，生产和施用复混肥料已引起世界各国的普遍重视。复混肥料全世界的消费量已超过化肥总消费量的 1/3，而我国约占国内化肥总消费量的 18％，我国作物多样化，土壤也由过去克服单一营养元素缺乏的所谓"校正施肥"转入多种营养成分配合的"平衡施肥"。目前已有粮、棉、油、林业、果业、蔬菜、花草等系列的专用复合肥。

人们发现农作物在生长过程中，必须从自然界吸收各种化学元素作为养分来构成其有机体。现已知农作物有机体中含有 60 多种元素，主要的元素是碳、氢、氧、氮、磷、硫、钾、镁、钙、铁、锰、锌、铜、硼、氯、钼等，但硼、锌、钼、铜、钴、锰及碘等元素含量甚少，常称为微量元素。研究发现，玉米缺锌会出现白芽病；烟草缺锰引起叶片失绿坏死；此外，还发现粮、棉、油和糖等农作物的生长都需要硼，作物缺硼时，会导致生长点死亡、根腐烂、开花少、果实空等。农作物对微量元素的需求除了从土壤中得到外，也从施用的微量元素复合肥料中吸取。这样在化肥的系列中，又增添了一个根据不同作物对微量元素需求的不同而制作的微量元素复合肥料。

二、化肥产品的质量检验主要项目

不管肥料的品种多少，最基本的仍是氮、磷、钾和微量元素。微量金属元素的测定方法在基础分析化学中已有详尽的讨论。本章主要讨论基础化肥：氮肥、磷肥和钾肥的分析方法原理和具体的试验操作。氮肥、磷肥和钾肥对农作物生长所起的作用见表 7-1。

表 7-1　氮肥、磷肥和钾肥对农作物生长的作用

种类	氮　肥	磷　肥	钾　肥
对植物生长的作用	氮是构成植物体内蛋白质、核酸、叶绿素的主要成分。氮肥能促进茎、叶茂盛，叶色浓绿，产量高、品质好	磷能促使农作物根系发达，增强抗旱、抗寒能力，早熟，穗粒增多，籽粒饱满	钾能促使农作物茎秆粗壮，增强抗病、抗倒伏、抗旱、抗寒能力,促进糖和淀粉的生成
常用化肥	碳酸氢铵（NH_4HCO_3），尿素[$CO(NH_2)_2$],硫酸铵[$(NH_4)_2SO_4$],硝酸铵(NH_4NO_3),氨水($NH_3 \cdot H_2O$)	磷矿粉,过磷酸钙(普钙),磷酸二氢钙,重过磷酸钙(重钙)	氯化钾(KCl),硫酸钾(K_2SO_4),草木灰(含 K_2CO_3)

正如人类汲取营养一样，营养过剩会导致各种疾病，植物亦然，那么植物需要多少养分合适呢？必须知道肥料中含有多少养分，合理补充，才能健康生长。因此化学肥料的质量分析直接影响农作物的成长，具有重大意义。

我国部分化肥产品的质量标准列于表 7-2～表 7-4 中。

表 7-2 **农业用硝酸铵质量标准**（GB 2945—1989）

（一）结晶状硝酸铵　　　　　　　　　　　　　　　　　单位:%

指　标　名　称		指　　标				
		工　业		农　业		
		优等品	一等品	优等品	一等品	合格品
硝酸铵含量(以干基计算)	≥	99.5		—		
总氮含量(以干基计算)	≥	—		34.6		
游离水含量	≤	0.3	0.5	0.3	0.5	0.7
酸度		甲基橙指示剂不显红色				
灼烧残渣	≤	0.05				

注：游离水含量以出厂检测为准。

（二）颗粒状硝酸铵　　　　　　　　　　　　　　　　　单位:%

指　标　名　称		指　　标					
		工　业			农　业		
		优等品	一等品	合格品	优等品	一等品	合格品
外观		无肉眼可见的杂质					
硝酸铵含量(以干基计算)	≥	99.5			—		
总氮含量(以干基计算)	≥	—			34.4	34.0	
游离水含量	≤	0.6	1.0	1.2	0.6	1.0	1.5
10%硝酸铵水溶液 pH	≥	5.0	4.0		5.0	4.0	
10%硝酸铵水溶液不溶物含量	≤	0.2					
防结块添加物(以氧化钙计的硝酸镁和硝酸钙的含量)		—			0.2~0.5		
颗粒平均抗压强度/N·颗粒⁻¹	≥	5			5		
粒度(1.0~2.8nm 颗粒)	≥	85			85		
松散度	≥	—			80	50	—

注：1. 游离水含量以出厂检测为准。

2. 允许加入新的结块添加物，但该添加物必须经全国肥料及土壤调理剂标准化技术委员会认可。

表 7-3 **农业用尿素质量标准**（GB 2440—2001）　　　　单位:%

项　　目		工　业			农　业		
		优等品	一等品	合格品	优等品	一等品	合格品
总氮(N)(以干基计算)	≥	46.5	46.3	46.3	46.4	46.2	46.0
缩二脲	≤	0.5	0.9	1.0	0.9	1.0	1.5
水(H_2O)分	≤	0.3	0.5	0.7	0.4	0.5	1.0
铁(以 Fe 计)	≤	0.0005	0.0005	0.0010			
碱度(以 NH_3 计)	≤	0.01	0.02	0.03			
硫酸盐(以 SO_4^{2-} 计)	≤	0.005	0.010	0.020			

项 目		工 业			农 业		
		优等品	一等品	合格品	优等品	一等品	合格品
水不溶物	≤	0.005	0.010	0.040			
亚甲基二脲（以 HCHO 计）	≤				0.6	0.6	0.6
粒度 (d)	0.85～2.80mm ≥ 1.18～3.35mm ≥ 2.00～4.75mm ≥ 4.00～8.00mm ≥	90	90	90	90	90	90

注：1. 若尿素生产工艺中不加甲醛，可不做亚甲基二脲的测定。

2. 指标中的粒度项只需符合四挡中任意一挡即可，包装表示中应注明。

表 7-4　过磷酸钙质量标准（GB 20413—2006）

（一）疏松状过磷酸钙　　　　　　　　　　　　　　　　单位：%

项 目		优等品	一等品	合格品	
				Ⅰ	Ⅱ
有效 P_2O_5 质量分数	≥	18.0	16.0	14.0	12.0
游离酸（以 P_2O_5 计）质量分数	≤	5.5	5.5	5.5	5.5
水分质量分数	≤	12.0	14.0	15.0	15.0

（二）粒状过磷酸钙　　　　　　　　　　　　　　　　　单位：%

项 目		优等品	一等品	合格品	
				Ⅰ	Ⅱ
有效 P_2O_5 质量分数	≥	18.0	16.0	14.0	12.0
游离酸（以 P_2O_5 计）质量分数	≤	5.5	5.5	5.5	5.5
水分质量分数	≤	10.0			
粒度（1.00～4.75mm 或 3.35～5.60mm）的质量分数	≥	80			

化肥产品的质量检验主要有以下几个项目。

（1）有效成分含量的测定　例如，氮肥的有效成分为氮，其分析结果以氮元素的质量分数 $w(N)$ 表示；磷肥的有效成分为磷，其分析结果以五氧化二磷的质量分数 $w(P_2O_5)$ 表示；钾肥的有效成分为钾，而其分析测定结果用氧化钾的质量分数 $w(K_2O)$ 表示；微量元素化肥的有效成分若为某元素，分析测定结果则以该元素的质量分数表示。

（2）水分含量的测定　化肥产品中，主要以固态的为主。对于固态的化肥，水分的存在可能引起黏结成块，给施用带来困难，甚至会因水分的存在而使肥效降低。因此，水分含量是化肥产品常需进行测定的项目。

（3）杂质含量的测定　化肥产品如硫酸铵、硝酸铵、过磷酸钙、重过磷酸钙中含有少量的强酸，习惯称之为游离酸。游离的硝酸、磷酸也是化肥营养成分的一种形态，但若浓度太高会灼伤农作物、腐蚀产品的包装等，而且游离的硫酸还会使土壤板结。因此，化肥中游离酸的含量是产品质量控制的指标之一。

知识准备

想一想 肥料的实验室样品可以采取什么方法制备？

为了适应农业现代化发展的需要，化学肥料生产除继续增加产量外，正朝着高效复合化，并结合施肥机械化、运肥管道化、水肥喷灌仪表化方向发展。液氨、聚磷酸铵、聚磷酸钾等因具有养分浓度高或副作用少等优点，成为大力发展的主要化肥品种。很多化学肥料还趋向于制成流体肥料，并在其中掺入微量元素肥料和农药，成为多功能的复合肥料，便于管道运输和施肥灌溉（喷灌、滴灌）的结合，有省工、省水和省肥的优点。随着设施农业（如塑料大棚等）的发展，蔬菜、瓜果对二氧化碳肥料的需求量将逐步增多。肥料按其存在的形式可分为固态肥料和液态肥料。但常见的肥料主要以固态为主。固态肥料按照其性质和存在的形式可以采取格式缩分器缩分和四分法缩分制备。

技能训练

复混肥料实验室样品制备

依据国家标准《复混肥料 实验室样品制备》GB/T 8571—2008 规定被列为基准法。

1. 范围

本标准规定用缩分、研磨等操作，将取得的原始颗粒肥料样品制备成供分析用的实验室样品。

本标准只适用于由化学方法制成的复合肥料或由氮肥、磷肥、钾肥作为基础肥料经二次加工制成的复混肥料。

2. 原理

通过缩分器或四分法将样品分成两个相等的部分，借弃去部分样品和混合部分样品将样品缩小至需要量，然后研磨至通过规定的筛孔，以获得均匀的、有代表性的、供分析用的实验室样品（通称试样）。

3. 仪器与设备

（1）格式缩分器 如图 1-14 所示，或其他具有相同功效的缩分器。

（2）研磨器或研钵。

（3）试验筛 孔径为 0.5mm、1.00mm，带底盘和筛盖。

（4）搪瓷盘或铲子 其宽度应和格式缩分器加料斗宽度相等。

4. 样品缩分

（1）格式缩分器缩分 将两只接收器分别放在缩分器两侧接收样品的位置，将肥料样品平铺在搪瓷盘（或铲子）内，用两手置样品盘于缩分器加料斗上方，尽可能靠近中心并成正交位置，缓缓地将肥料加入，使其形成一层薄的物料流，颗粒肥料能垂直地、等量地落入所有的格槽中。注意，一定要把肥料连续加入，否则样品将落在其一接收器中，以致得不到等量的、均匀的、有代表性的样品。弃去一只接收器中的样品，将另一只接收器中样品返回缩分器缩分。重复此操作直至获得分析所需的样品量（约 1000g）。如需缩分的原始样品较少，则可将第一次缩分所得的两份样品分别重新缩分至需要的样品量。若原始的样品量大于缩分器容量，则可将样品先分成若干等份，然后一份一份地按上述操作进行缩分，丢弃一只接收器中的样品，将另一只接收器中的样品混合再缩分，缩分操作应尽可能快，以免样品失水或吸湿。

（2）四分法缩分　用铲子或油灰刀将肥料在清洁、干燥、光滑的表面上堆成一圆锥形，压平锥顶，沿互成直角的两直径方向将肥料样品分成四等份，移取并弃去对角部分，将留下部分混匀。重复操作直至获得所需的样品量（约 1000g）。

（3）样品处理　将上述（1）和（2）缩分后混合均匀的样品装入两个密封器中密封，贴上标签并标明样品名称、取样日期、取样人姓名、单位名称或编号，一瓶用于产品质量分析，一瓶保存两个月，以备查用。

5. 样品研磨

将上述（3）中的一瓶样品经多次缩分后，取出约 100g，用研磨器或研钵研磨至全部通过 0.5mm 孔径筛（对于潮湿肥料可通过 1.00mm 孔径筛），置于洁净、干燥瓶中，进行成分分析，研磨操作要迅速，以免在研磨过程中失水或吸潮，并要防止样品过热。余下实验室样品供粒度测定。

为使样品均匀，可将全部研磨后样品放在可折卷的釉光纸片上或光滑油布片上，按不同方向慢慢滚动样品直到充分混匀为止，将样品放入密闭的广口容器中，样品放入后，容器应留有一定空间。密封、贴上标签并注明样品名称、取样日期、制样人姓名、单位名称或编号。

任务3　水分的测定

知识准备

想一想　化学肥料中的水分以何种形式存在？

固态化肥中的水分，通常是指吸附水分，一般是用烘干法测定。但有些化肥含结晶水分，在烘去吸附水时也可能会失去部分结晶水，还有些化肥产品含其他易挥发组分，在受热时可能会分解挥发，这种类型的化肥产品可用碳化钙法或卡尔·费休法进行测定。

技能训练

肥料中水分分析

方法一：真空烘箱法

依据国家标准《复混肥料中游离水含量的测定　真空烘箱法》GB/T 8576—2010 规定被列为基准法。

1. 方法提要

按有关技术标准规定，氯化铵、结晶状硝酸铵、硫酸铵、过磷酸钙、钙镁磷肥、氯化钾等产品的水分含量用烘干法测定，一般是在 100～105℃时干燥至恒重。

在一定的温度下，称取一定量的试样在恒温干燥箱中烘干一段时间或烘干至恒重。通过试样质量的减少计算试样中水分的含量。

2. 仪器与设备

（1）通常实验室仪器。

（2）电热恒温真空干燥箱（真空烘箱）　温度可控制在 50℃±2℃，真空度可控制在 $6.4 \times 10^4 \sim 7.1 \times 10^4$ Pa。

（3）分析天平　感量 0.0001g。

（4）称量瓶　直径 50mm，高 30mm，具磨口塞。

3. 测定步骤

做两份试料的平行试验。按《复混肥料　实验室样品制备》GB/T 8571—2008 规定制备实验室样品。

于预先干燥并恒重的称量瓶中，称取实验室试样 2g，称准至 0.0002g，置于 50℃±2℃、通干空气调节真空度为 $6.4 \times 10^4 \sim 7.1 \times 10^4$ Pa 的电热恒温真空干燥箱中干燥 2h±10min，取出，在干燥器中冷却至室温，称量。

4. 结果计算

游离水的含量以质量分数表示，按下式计算：

$$w(H_2O) = \frac{m - m_1}{m} \times 100\% \tag{7-1}$$

式中　m——干燥前试料的质量，g；

　　　m_1——干燥后试料的质量，g。

计算结果表示到小数点后两位，取平行测定结果的算术平均值作为测定结果。

5. 允许差

（1）游离水的质量分数 $w \leqslant 2.0\%$ 时，平行测定结果的绝对差值应 $\leqslant 0.20\%$；

（2）游离水的质量分数 $w > 2.0\%$ 时，平行测定结果的绝对差值应 $\leqslant 0.30\%$。

方法二：卡尔·费休法

依据国家标准《复混肥料中游离水含量的测定　卡尔·费休法》GB/T 8577—2010 规定被列为基准法。

1. 方法提要

试样中的游离水与已知滴定度的卡尔·费休试剂进行定量反应，反应式如下：

$$H_2O + I_2 + SO_2 + 3C_5H_5N \longrightarrow 2C_5H_5N \cdot HI + C_5H_5N \cdot SO_3$$
$$C_5H_5N \cdot SO_3 + CH_3OH \longrightarrow C_5H_5NH \cdot OSO_3CH_3$$

此时碘被还原为氢碘酸，再与吡啶反应生成氢碘酸吡啶盐；二氧化硫则被氧化为甲基硫酸，同样再与吡啶反应生成甲基硫酸氢吡啶盐。如果没有水存在，碘和二氧化硫的氧化还原反应不能发生。但是，当有水参加时，则不仅发生氧化还原反应，而且参加反应的碘、二氧化硫和水之间有定量关系。

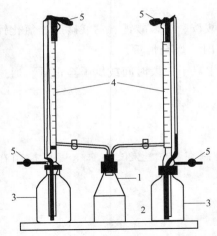

图 7-1 卡尔·费休水分测定仪
1—滴定容器；2—电磁搅拌器；3—贮液器；
4—滴定管；5—干燥管

2. 仪器与设备

（1）卡尔·费休水分测定仪　装置如图 7-1 所示。

（2）离心机　医用，$0 \sim 4000 \mathrm{r \cdot min^{-1}}$。

（3）注射器　5mL、50mL。

3. 试剂与试样

本标准中所用试剂、溶液和水，在未注明规格和配制方法时，均应符合《化肥产品　化学分析常用标准滴定溶液、标准溶液、试剂溶液和指示剂溶液》HG/T 2843—1997 的规定。

（1）甲醇　水含量（质量分数）≤0.05％，如试剂中含水量（质量分数）>0.05％，则于 500mL 甲醇中加入 5A 分子筛约 50g，塞上瓶塞，放置过夜，吸取上层清液使用。

（2）二氧六环　经脱水处理，方法同甲醇。

（3）无水乙醇　经脱水处理，方法同甲醇。

（4）卡尔·费休试剂　按 GB/T 6283—2008 配制，用二水合酒石酸钠（或水）标定。无吡啶的卡尔·费休改进试剂也可使用，其配制方法见《化肥产品　化学分析常用标准滴定溶液、标准溶液、试剂溶液和指示剂溶液》HG/T 2843—1997。

（5）5A 分子筛　直径 3～5mm 颗粒，用作干燥剂。使用前，于 500℃下焙烧 2h 并在内装分子筛的干燥器中冷却。使用过的分子筛用水洗涤、烘干、焙烧再生后备用。

4. 测定步骤

做两份试料的平行测定。

按《复混肥料　实验室样品制备》GB/T 8571—2008 规定制备实验室样品。

（1）于 125mL 带盐水瓶橡胶塞的锥形瓶中，精确称取游离水含量不大于 150mg 的实验室样品 1.5～2.5g，称准至 0.0002g，盖上瓶塞。用注射器注入 50.0mL 二氧六环（除仲裁必须使用外，一般情况下，可用无水乙醇或甲醇代替），摇动或振荡数分钟，静置 15min。再摇动或振荡数分钟，待试样稍沉降后，取部分溶液于带盐水瓶橡胶塞的离心管中离心。

（2）通过排泄嘴将滴定容器中残液放完，加 50mL 甲醇（用量须足以淹没电极），接通电源，打开电磁搅拌器，与标定卡尔·费休试样一样，用卡尔·费休试剂滴定至电流计产生与标定时同样的偏斜，并保持稳定 1min。

（3）用注射器从离心管中取出 5.0mL 二氧六环萃取液，经加料口注入滴定容器中，用卡尔·费休试剂滴定至终点，记录所消耗的卡尔·费休试剂的体积（V_1）。

（4）用二氧六环作萃取剂时，应在三次滴定后将滴定容器中残液放完，加入甲醇，用卡尔·费休试剂滴定至同样终点，其后进行下一次测定。

以同样方法，测定 5.0mL 二氧六环所消耗的卡尔·费休试剂的体积（V_2）。

5. 结果计算

游离水含量以质量分数（％）表示，按下式计算：

$$w(\mathrm{H_2O}) = \frac{T(V_1-V_2)}{m \times \dfrac{5}{50} \times 1000} \times 100 = \frac{(V_1-V_2)T}{m} \qquad (7\text{-}2)$$

式中 V_1——滴定 5.0mL 二氧六环萃取溶液所消耗的卡尔·费休试剂的体积，mL；

V_2——滴定 5.0mL 二氧六环所消耗的卡尔·费休试剂的体积，mL；

T——卡尔·费休试剂对水的滴定度，$mg \cdot mL^{-1}$；

m——试样的质量，g。

计算结果表示到小数点后两位，取平行测定结果的算术平均值作为测定结果。

6. 允许差

（1）游离水的质量分数 $w \leqslant 2.0\%$ 时，平行测定结果的绝对差值应 $\leqslant 0.30\%$；

（2）游离水的质量分数 $w > 2.0\%$ 时，平行测定结果的绝对差值应 $\leqslant 0.40\%$。

任务4 有害杂质的测定

一、游离酸的测定

硫酸铵、氯化铵等化肥中游离酸含量的测定方法较为简单，可用甲基红为指示剂，直接以氢氧化钠标准溶液进行滴定。而对酸性磷肥中游离酸的测定，由于磷肥的特殊性和试样中铁、铝盐的影响，其测定方法较为烦琐。

以氢氧化钠标准溶液滴定过磷酸钙试样中的游离酸含量为例：

$$\mathrm{H_3PO_4 + NaOH \longrightarrow NaH_2PO_4 + H_2O}$$

磷酸二氢钠水解的 pH 约为 4.5，理论上可用甲基红或甲基橙作指示剂。但由于磷酸二氢钠溶液具有缓冲性质，而且铁、铝盐在溶液 pH 为 4.5 时发生水解，使甲基橙或甲基红的变色不明显，从而影响滴定终点的观察，所以一般采用溴甲酚绿作指示剂。尽管这样，其终点溶液颜色的变化仍不灵敏，还需用磷酸二氢钠和柠檬酸配制的缓冲标准色溶液作对照，以利于终点的判断。

磷酸二氢钠与柠檬酸的缓冲标准色溶液的配制：在 250mL 具有磨口塞的锥形瓶中加入 9.3mL $0.2mol \cdot L^{-1}$ 的磷酸二氢钠溶液和 10.70mL $0.1mol \cdot L^{-1}$ 的柠檬酸溶液，加水稀释至 150mL，加入 0.5mL $102g \cdot L^{-1}$ 溴甲酚绿指示剂，加热到 $60 \sim 70$℃ 时，加入 0.01g 百里酚防腐剂，摇匀。冷却至室温后，塞紧瓶口，置于暗处保存。

测定试样时，应滴定至试液呈现与磷酸二氢钠和柠檬酸缓冲标准色溶液相同的绿色。

对试样中铁、铝盐的影响，常用减少试样量的方法予以降低或消除。磷肥中的游离酸含量，以五氧化二磷的质量分数表示。

二、尿素中的缩二脲的测定

缩二脲是尿素受热至 $150 \sim 160$℃ 时分解的产物。在尿素的生产过程中，加热浓缩尿素溶液时，不可避免会生成少量缩二脲。而缩二脲会抑制幼小作物的正常发育，是尿素化肥中的有害杂质。

在有酒石酸钾钠存在的碱性溶液中，缩二脲与硫酸铜作用生成紫红色的配合物：

$$\mathrm{2(NH_2CO)_2NH + CuSO_4 \longrightarrow Cu[(NH_2CO)_2NH]_2SO_4}$$

其溶液颜色的深浅与缩二脲的浓度成正比，符合光吸收定律，因此，在 500nm 波长处进行

项目一 概述

比色测定，可以求出缩二脲的含量。

酒石酸钾钠的作用，是与过量的铜离子以及试样的铁离子等生成配合物，以防止它们水解生成氢氧化物沉淀。如果试样中有较多的游离氨或铵盐存在，在测定条件下会生成深蓝色的铜氨配合物，使测定结果偏高。由于尿素产品中的游离氨的含量很低，其影响可忽略不计。

缩二脲的溶解度较小，溶解速度较慢，制备试液时如有浑浊现象，可加热助溶。试样中的不溶物，应过滤除去。如试样溶液有颜色，则应作校正试验。

化学氮肥中氮含量的测定

任务　化学氮肥中氮含量的测定

知识准备

含氮的肥料称为氮肥。氮肥也可分为自然氮肥和化学氮肥。化学氮肥主要是指工业的含氮肥料，重要的有：铵盐，如硫酸铵、硝酸铵、氯化铵、碳酸氢铵等；硝酸盐，如硝酸钠、硝酸钙等；尿素是有机化学氮肥。此外氨水、硝酸铵钙、硝硫酸铵、氰氨基化钙等，也是常用的化学氮肥。

氮在化合物中，通常以氨态（NH_4^+ 或 NH_3）、硝态（NO_3^-）、有机态（—$CONH_2$、$\equiv CN_2$）三种形式存在。由于三种状态的性质不同，所以分析方法也不同。氮肥中氮含量的测定方法有直接滴定法、甲醛法、蒸馏后滴定法、还原法等，应根据各种氮肥的不同化学性质及氮在氮肥中的存在形态不同等选用不同的测定方法。

技能训练

氮肥中氮含量的测定

方法一：甲醛法

依据国家标准《肥料中氨态氮含量的测定　甲醛法》GB/T 3600—2000 规定被列为基准法。

本标准在试样中不含有尿素或其衍生物、氰氨化物以及有机含氮化合物时，方可应用，也适用于相应的工业产品。本方法不适用于碳酸氢铵和氨水。

1. 方法提要

在中性溶液中，铵盐与甲醛作用生成六亚甲基四胺和相当于铵盐含量的酸，在指示剂存在下，用氢氧化钠标准滴定溶液滴定。反应如下：

$$4NH_4^+ + 6HCHO \longrightarrow 3H^+ + (CH_2)_6N_4H^+ + 6H_2O$$

$$3H^+ + (CH_2)_6N_4H^+ + 4OH^- \longrightarrow (CH_2)_6N_4 + 4H_2O$$

2. 仪器与设备

滴定管、锥形瓶、分析天平等一般的实验室仪器和 pH 计。

3. 试剂与试样

（1）硼酸。

（2）氯化钾。

（3）硫酸标准滴定溶液　$c\left(\dfrac{1}{2}H_2SO_4\right) = 0.1 mol \cdot L^{-1}$。

（4）氢氧化钠标准滴定溶液　$c(NaOH) = 0.1\ mol \cdot L^{-1}$。

（5）氢氧化钠标准滴定溶液　$c(NaOH) = 0.5 mol \cdot L^{-1}$。

（6）甲醛溶液　$250 g \cdot L^{-1}$。

（7）乙醇　95%（体积分数）。

（8）甲基红指示液　$1 g \cdot L^{-1}$。

（9）酚酞指示液　$10 g \cdot L^{-1}$。

（10）pH＝8.5 的颜色参比溶液　在 250mL 锥形瓶中，加入 15.15mL 0.1mol·L^{-1}氢氧化钠标准溶液、37.50mL 0.2mol·L^{-1}硼酸-氯化钾溶液（称取 6.138g 硼酸和 7.455g 氯化钾，溶于水，移入 500mL 容量瓶中，稀释至刻度），再加入 1 滴甲基红指示剂溶液和 3 滴酚酞指示剂溶液，稀释至 150mL。

4. 测定步骤

（1）称取 1g 试样，精确至 0.001g，置于 250mL 锥形瓶中，加 100~120mL 水溶解，再加 1 滴甲基红指示液，用氢氧化钠标准滴定溶液（0.1mol·L^{-1}）或硫酸标准滴定溶液调节至溶液呈橙色。

（2）加入 15mL 甲醛溶液至上述溶液中，再加入 3 滴酚酞指示液，混匀。放置 5min，用氢氧化钠标准滴定溶液（0.5mol·L^{-1}）滴定至 pH＝8.5 的颜色参比溶液所呈现的颜色，经 1min 不消失（或滴定至 pH 计指示 8.5）为终点。

（3）在测定的同时，除不加试样外，按测定完全相同的分析步骤、试剂和用量进行平行操作。

5. 结果计算

$$w(N) = \dfrac{c(V_2 - V_1) \times 10^{-3} \times 0.01401}{m} \times 100\% \tag{7-3}$$

式中　V_1——滴定空白所消耗氢氧化钠标准溶液的体积，mL；

　　　V_2——滴定试样所消耗氢氧化钠标准溶液的体积，mL；

　　　c——氢氧化钠标准溶液的浓度，mol·L^{-1}；

　　　m——试样的质量，g·mol^{-1}；

0.01401——与 1.00mL 氢氧化钠标准溶液 $[c(NaOH) = 1.000mol \cdot L^{-1}]$ 相当的以克表示的氮的质量。

取平行测定结果的算术平均值为测定结果。

6. 允许差

（1）平行测定的绝对差值不大于 0.06%。

（2）不同实验室测定结果的绝对差值不大于 0.08%。

方法二：蒸馏后滴定法

依据国家标准《复混肥料中总氮含量的测定 蒸馏后滴定法》GB/T 8572—2010 规定被列为基准法。

1. 方法提要

在碱性介质中用定氮合金将硝酸态氮还原，直接蒸馏出氨或在酸性介质中还原硝酸盐呈铵盐，在混合催化剂存在下，用浓硫酸消化，将有机态氮和氰氨态氮转化为铵盐，从碱性溶液中蒸馏氨。将氨吸收在过量的硫酸溶液中，在甲基红-亚甲基蓝混合指示剂存在下，用氢氧化钠标准滴定液返滴定。

2. 仪器与设备

（1）通常实验室用仪器。

（2）消化仪器　1000mL 圆底蒸馏烧瓶（与蒸馏仪配套）和梨形玻璃漏斗。

（3）蒸馏仪器　可用下述部件组装的蒸馏仪器，也可用 ISO 3330—75 的蒸馏仪器。

仪器的各部件可用橡胶塞和橡胶管连接，或是采用磨砂玻璃接口，磨砂玻璃接口应当用弹簧夹子夹住，以保证不漏，即将老化或有损坏现象的橡胶管和橡胶塞应予更换。一套完善的蒸馏仪器示于图 7-2。

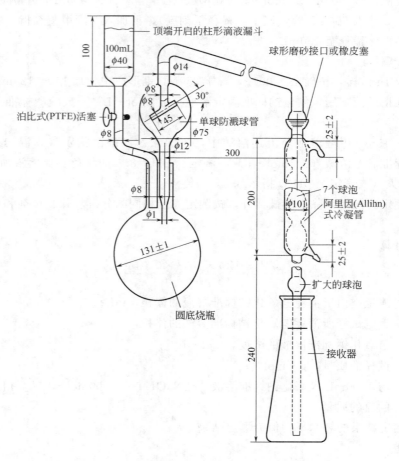

图 7-2　蒸馏仪器（单位：mm）

① 圆底烧瓶，容积为 1L。

② 单球防溅球管和顶端开口、容积为 100mL 的柱形滴液漏斗。

③ 阿里因（Allihn）式冷凝管，七球泡型，容积约为 100mL，导出管上端有一扩大球泡，下端为出口。

④ 接收器（锥形瓶或锥形烧杯），容积为 500mL。

（4）防爆沸颗粒或防爆沸装置　后者由一根长 100mm、直径 5mm 玻璃棒连接一段 25mm 长的聚乙烯管。

（5）消化加热装置　置于通风橱内的 1500W 电炉，或能在 7～8min 内使 250mL 水从常温至剧烈沸腾的其他形式热源。

（6）蒸馏加热装置　1000～1500W 电炉，置于升降台架上，可自由调节高度，也可使用调温电炉或能够调节供热强度的其他形式热源。

3. 试剂与试样

本标准中所用试剂、溶液和水，在未注明规格和配制方法时，均应符合《化肥产品 化学分析常用标准滴定溶液、标准溶液、试剂溶液和指示剂溶液》HG/T 2843—1997 的规定。

（1）硫酸。

（2）盐酸。

（3）铬粉　细度小于 $250\mu m$。

（4）定氮合金（Cu：50%、Al：45%、Zn：5%）　细度小于 $850\mu m$。

（5）硫酸钾。

（6）五水硫酸铜。

（7）混合催化剂　将 1000g 硫酸钾和 50g 五水硫酸铜充分混合，并仔细研磨。

（8）氢氧化钠溶液　$400g \cdot L^{-1}$。

（9）氢氧化钠标准滴定溶液　$c(NaOH)=0.5mol \cdot L^{-1}$。

（10）硫酸溶液　$c\left(\frac{1}{2}H_2SO_4\right)=0.5mol \cdot L^{-1}$ 或 $c\left(\frac{1}{2}H_2SO_4\right)=1mol \cdot L^{-1}$。

（11）甲基红-亚甲基蓝混合指示剂。

（12）广泛 pH 试纸。

（13）硅脂。

4. 测定步骤

做两份试料的平行测定。

（1）试样　按《复混肥料 实验室样品制备》GB/T 8571—2008 规定制备试样。

从试样中称取总氮含量不大于 235mg、硝酸态氮含量不大于 60mg 的试料 0.5～2g（精确至 0.0002g）于蒸馏烧瓶中。

（2）试料处理与蒸馏

① 仅含铵态氮的试样。

a. 于蒸馏烧瓶中加入 300mL 水，摇动使试料溶解，放入防爆沸物后将蒸馏烧瓶连接在蒸馏装置上。

b. 于接收器中加入 40.0mL 硫酸溶液 $\left[c\left(\frac{1}{2}H_2SO_4\right)=0.5mol \cdot L^{-1}\right]$ 或 20.0mL 硫酸溶液 $\left[c\left(\frac{1}{2}H_2SO_4\right)=1mol \cdot L^{-1}\right]$、4～5 滴混合指示剂，并加适量水以保证封闭气体出口，将

接收器接在蒸馏装置上。

蒸馏装置的磨口连接处应涂硅脂密封。

通过蒸馏装置的滴液漏斗加入 20mL 氢氧化钠溶液（400g·L⁻¹），在溶液将流尽时加入 20～30mL 水冲洗漏斗，剩 3～5mL 水时关闭活塞。开通冷却水，同时开启蒸馏加热装置 [2.(6)]，沸腾时根据泡沫产生程度调节供热强度，避免泡沫溢出或液滴带出。蒸馏出至少 150mL 蒸出液后，用 pH 试纸检查冷凝管口的液滴，如无碱性结束蒸馏。

② 含硝酸态氮和铵态氮的试样。于蒸馏瓶中加入 30mL 水，摇动使试料溶解，加入定氮合金和防爆沸物将蒸馏烧瓶连接于蒸馏装置上。

蒸馏过程除加入 20mL 氢氧化钠（400g·L⁻¹）后静置 10min 再加热外，其余步骤同上。

③ 含有机物、酰胺态氮、氰氨态氮和铵态氮的试样。将蒸馏烧瓶于通风橱内，加入 22g 混合催化剂，小心加入 30mL 硫酸，插上梨形玻璃漏斗，置于加热装置上加热。

如泡沫很多，降低供热强度至泡沫消失，继续加热至冒硫酸白烟 60min 后停止，待蒸馏烧瓶冷却至室温后小心加入 250mL 水。

蒸馏过程除加入氢氧化钠溶液（400g·L⁻¹）为 120mL 外，其余步骤同上。

（3）滴定　用氢氧化钠标准溶液（0.5mol·L⁻¹）返滴定过量硫酸至混合指示剂呈现灰绿色为终点。

（4）空白试验　在测定的同时，按同样操作步骤，使用同样的试剂，但不含试料进行空白试验。

（5）核对试验　使用新制备的含 100mg 氮的硝酸铵，按测试试料的相同条件进行。

5. 结果计算

总氮（N）含量以质量分数表示，按下式计算：

$$w(N) = \frac{(V_2 - V_1)c \times 0.01401}{m} \times 100\% \tag{7-4}$$

式中　V_1 —— 空白试验使用氢氧化钠标准滴定溶液的体积，mL；

　　　V_2 —— 测定时，使用氢氧化钠标准滴定溶液的体积，mL；

　　　c —— 测定及空白试验时，使用氢氧化钠标准滴定溶液的浓度，mol·L⁻¹；

　0.01401 —— 氮的毫摩尔质量，g·mmol⁻¹；

　　　m —— 试料的质量，g。

计算结果表示到小数点后两位，取平行测定结果的算术平均值作为测定结果。

6. 允许差

（1）平行测定结果的绝对差值不大于 0.30%。

（2）不同实验室测定结果的绝对差值不大于 0.50%。

知识链接

GNSSP-HF05 化肥快速分析仪（见图 7-3）具有使用便捷、功能齐全、检测准确等优势。适用于快速监测化肥中铵态氮、有效磷、有效钾、硝态氮、总氮五个项目参数，适用

图 7-3　GNSSP-HF05 化肥快速分析仪

于超市、食品生产企业、农贸监督、卫生防疫、工商等检测部门。

磁肥中五氧化二磷含量的测定

含磷的肥料称为磷肥，磷肥包括自然磷肥和化学磷肥。化学磷肥主要是以自然矿石为原料经过化学加工处理的含磷肥料。化学磷肥及含磷复合化肥的品种繁多、组分复杂，往往在同一种磷肥中含有几种不同的磷化合物。而且各种化合物的溶解性不相同，试样制备的方法也各异。对于五氧化二磷含量的测定，现在一般采用磷钼酸铵容量法和磷钼酸喹啉重量法，其中后者可作为仲裁分析法。

任务 1 磷肥中的含磷化合物及其提取

知识准备

磷肥的组成比较复杂，往往是一种磷肥中同时含有几种不同性质的含磷化合物，磷肥的主要成分是磷酸的钙盐，有的还含有游离磷酸。虽然它们的性质不同，但是大致可以分为以下三类。

一、水溶性磷化合物及其提取

能溶解于水的磷化合物，称为水溶性磷化合物。含水溶性磷化合物为主的磷肥称为水溶性磷肥，如过磷酸钙、重过磷酸钙、磷酸二氢钾、磷酸铵等。水溶性磷肥能为植物直接吸收利用，所以又称为速效磷肥。这部分成分可以用水作溶剂，将其中的水溶性磷化合物提取出来。

用水作提取剂时，在提取操作中，水的用量与温度、提取的时间与次数都将影响水溶性磷的提取效果，因此，提取过程中的操作，要严格按规定进行。

二、柠檬酸溶性磷化合物及其提取

能被植物根部分泌的有机酸溶解的磷化合物称为弱酸溶性磷化合物。含弱酸溶性磷化合物为主的磷肥称为弱酸溶性磷肥。在磷肥分析中，能溶解于 $20g \cdot L^{-1}$ 柠檬酸溶液、中性柠檬酸铵溶液、氨性柠檬酸铵溶液的磷肥称为弱酸溶性磷肥，又称为柠檬酸溶性磷肥，如钙镁磷肥、钢渣磷肥、脱氟磷肥、沉淀磷酸钙、偏磷酸钙等。这类磷肥在施用后不能被植物直接吸收，而需经过植物根部分泌出的有机酸或土壤中的酸性物质溶解、转化之后，才能被吸收利用。这类磷肥由于肥效发挥迟缓，所以又称为迟效磷肥或缓效磷肥。这部分成分可以用柠檬酸溶性试剂作溶剂，将其中的柠檬酸溶性磷化合物提取出来。

三、难溶性磷肥

难溶于水、又难溶于弱酸的磷化合物，称为难溶性磷化合物。主要含有难溶性磷化合物的磷肥，称为难溶性磷肥，如磷矿粉等。土壤中也含有难溶性磷酸盐。这类磷肥需经强酸作用，或经有机酸的长时间作用，才能转化为可被植物吸收利用的状态，因而只能施用于酸性土壤中。

任务 2 磷肥中有效磷含量的测定

知识准备

磷肥中水溶性磷化合物与弱酸溶性磷化合物之和称为有效磷；有效磷与难溶性磷化合物之和称为全磷。在磷肥分析中，原料矿石中的全磷和磷肥产品中的有效磷，都是必测项目。测定结果均以五氧化二磷（P_2O_5）计。

一、测定全磷试样溶液的制备

化学磷肥中除含有效磷之外，还有少量的难溶性磷化合物。磷矿石中几乎全部都是难溶性磷化合物。难溶性磷化合物可用强酸分解，也可用碱熔法进行分解。

1. 酸溶法

以盐酸和硝酸的混合酸（3+1）溶液与试样作用，可将难溶性磷化合物分解，其反应式如下：

$$Ca_5(PO_4)_3F + 10HCl \xrightarrow{\triangle} 3H_3PO_4 + 5CaCl_2 + HF \uparrow$$

如果试样中有低价磷酸盐或有机物存在，酸溶时，磷可能被还原为有挥发性的磷化氢，导致磷的损失。而硝酸的存在能阻止这种还原反应的发生，并将其氧化为正磷酸。因此，如果是磷精矿试样，或试样中含有较多的有机物，则应先在 500～600℃下灼烧 1h，以除去有机物，并使低价磷酸盐转化为正磷酸盐。

2. 碱熔法

以氢氧化钠与试样共热熔融，难溶性磷化合物可以转化为易溶性磷酸盐：

$$Ca_5(PO_4)_3F + 10NaOH \xrightarrow{\triangle} 3Na_3PO_4 + NaF + 5Ca(OH)_2$$

再以热水浸取和盐酸酸化。同样，如果是磷精矿试样，或试样中含有较多有机物时，也需要将试样于 500～600℃下灼烧 1h 后再进行熔融。

二、测定有效磷试样溶液的制备

测定有效磷的试样溶液，不能用酸溶法或碱熔法制备。应视具体情况分别选用适当的溶剂。

水溶性磷肥试样溶液的制备：过磷酸钙、重过磷酸钙中除含水溶性的磷酸二氢钙之外，还有少量的磷酸氢钙及游离酸。磷酸氢钙微溶于水，应用氨性柠檬酸铵溶液（又称彼得曼试剂）将其溶解：

$$CaHPO_4 + (NH_4)_3C_6H_5O_7 + NH_3 \cdot H_2O \longrightarrow (NH_4)_3PO_4 + CaNH_4C_6H_5O_7 + H_2O$$

但不能直接用氨性柠檬酸铵溶液溶解试样中的有效磷，因为试样中的磷酸二氢钙和游离酸会增大氨性柠檬酸铵溶液的溶解能力，能将难溶性磷化合物转化为有效磷的形态，导致测定结果偏高。因此，在制备水溶性磷肥试样溶液时，应先用水反复浸取磷酸二氢钙并过滤，再用氨性柠檬酸铵溶液充分浸取滤渣中的磷酸氢钙，然后合并两浸取液。

氨性柠檬酸铵溶液的浓度、碱度及浸取时的温度等条件，对溶解磷酸氢钙的效率有明显的影响，应严格遵守有关规定。氨性柠檬酸铵溶液每升溶液中应含有173g未硬化的结晶柠檬酸和42g氨态氮（相当于51g氨）。其配制方法如下：首先应精密确定氨水（2+3）及柠檬酸的量。为此需精确移取氨水（2+3）10.00mL于预先放有约450mL水的500mL容量瓶中，稀释至刻度，混合均匀。然后再移取此溶液25.00mL于预先放有25mL水的250mL锥形瓶中，加2滴$2g \cdot L^{-1}$甲基红指示剂，用$0.1mol \cdot L^{-1}$盐酸标准溶液滴定。按式(7-5)计算1L氨水（2+3）中含有氮的质量：

$$m = \frac{c(HCl)V(HCl)M(N) \times 1000}{10 \times \frac{25}{500}}$$ (7-5)

由此按式(7-6)计算制备$V_1(L)$氨性柠檬酸铵溶液所需氨水（2+3）的体积：

$$V_0 = \frac{42V_1}{m}$$ (7-6)

为了检验柠檬酸是否已经风化失水，应按下述过程处理。

称取柠檬酸约200g，仔细研磨至全部通过150目筛网，然后精确称取约2g（精确至0.01g）于250mL容量瓶中，溶解并稀释至刻度，混合均匀。

再准确移取此溶液25.00mL于250mL锥形瓶中，加热至60～70℃，加2～3滴$10g \cdot L^{-1}$酚酞指示剂。用$0.1mol \cdot L^{-1}$氢氧化钠标准溶液滴定。按式(7-7)计算制备$V_1(L)$柠檬酸铵溶液所需的柠檬酸的量：

$$m_0 = \frac{\frac{25}{250} \times 173mV_1}{c(NaOH)V(NaOH) \times 0.070}$$ (7-7)

计算出所需的氨水（2+3）和柠檬酸的量后，按图7-4的装置，移取$V_0(L)$氨水（2+3）于浸在冰水浴中的有体积标度的广口瓶中，称取$m_0(g)$柠檬酸于烧杯中，以水溶解（体积不大于$1/2V_1$）后，将其经分液漏斗缓缓注入广口瓶中。注意瓶中温度始终不得高于室温。最后，用水冲洗分液漏斗。冲洗液并入溶液中，稀释至V_1标度，混合均匀，静置48h后使用。

偏磷酸钙在水中能缓慢溶解并水解，当有酸或蒸气存在时能迅速转化为磷酸二氢铵。因此，偏磷酸钙试样可用中性的柠檬酸铵溶液溶解：

$$Ca(PO_3)_2 + 2H_2O + (NH_4)_3C_6H_5O_7 \xrightarrow{\triangle} 2NH_4H_2PO_4 + CaNH_4C_6H_5O_7$$

磷酸氢钙（$CaHPO_4$）的试样溶液也可用同样方法制备。

钙镁磷肥[$Ca_3(PO_4)_2$]、钢渣磷肥（$Ca_4P_2O_9$）及脱氟磷肥等呈碱性，应用$20g \cdot L^{-1}$柠檬酸溶液溶解：

$$Ca_3(PO_4)_2 + 2H_3C_6H_5O_7 \longrightarrow Ca(H_2PO_4)_2 + 2CaHC_6H_5O_7$$

$$Ca_4P_2O_9 + 3H_3C_6H_5O_7 \longrightarrow Ca(H_2PO_4)_2 + 3CaHC_6H_5O_7 + H_2O$$

图7-4 彼得曼试剂瓶
1—试剂瓶；2—分液漏斗；3—橡皮管

硝酸磷肥中磷含量的测定：磷钼酸喹啉重量法

依据国家标准《硝酸磷肥中磷含量的测定　磷钼酸喹啉重量法》GB/T 10512—2008 规定被列为基准法。

1. 方法提要

在硝酸酸化的试样溶液中加入钼酸钠和喹啉，使生成黄色的磷钼酸喹啉沉淀；

$$H_3PO_4 + 12Na_2MoO_4 + 3C_9H_7N + 24HNO_3 \longrightarrow$$
$$(C_9H_7N)_3H_3[P(Mo_3O_{10})_4] \cdot H_2O \downarrow + 11H_2O + 24NaNO_3$$

根据沉淀物的质量，即可计算五氧化二磷的含量。

磷钼酸只有在酸性溶液中才能稳定存在，而在碱性溶液中会分解为原来简单的酸根离子。溶液的酸度、温度及配位酸根的浓度，对磷钼酸的组成有显著的影响。酸度过小，沉淀反应不完全；酸度过大，沉淀物的物理性能较差，使洗涤沉淀困难，且难溶于碱性溶液中，使洗涤过滤较为困难。

试液中有铵离子存在时，会生成黄色的磷钼酸铵沉淀，干扰测定。

$$H_3PO_4 + 12Na_2MoO_4 + 3NH_4NO_3 + 21HNO_3 \longrightarrow$$
$$(NH_4)_3[P(Mo_3O_{10})_4] \cdot 2H_2O \downarrow + 10H_2O + 24NaNO_3$$

2. 仪器与设备

(1) 玻璃坩埚式滤器　4 号，容积为 30mL；

(2) 恒温干燥箱　能控制温度 180℃±2℃；

(3) 恒温水浴　能控制温度 60℃±1℃。

3. 试剂与试样

(1) 硝酸溶液 1+1。

(2) 喹钼柠酮试剂。

溶液Ⅰ：溶解 70g 钼酸钠二水合物于 150mL 水中；

溶液Ⅱ：溶解 60g 柠檬酸一水合物于 85mL 硝酸和 150mL 水的混合溶液中，冷却；

溶液Ⅲ：在不断搅拌下，缓慢地将溶液Ⅰ加到溶液Ⅱ中；

溶液Ⅳ：溶解 5mL 喹啉于 35mL 硝酸和 100mL 水的混合溶液中；

溶液Ⅴ：缓慢地将溶液Ⅳ加到溶液Ⅲ中，混合后放置 24h 再过滤，滤液加入 280mL 丙酮，用水稀释至 1L，混匀，贮存于聚乙烯瓶中，放于避光、避热处。

(3) 碱性柠檬酸铵溶液(彼得曼试剂)。

4. 测定步骤

(1) 有效磷提取　称取 2~2.5g 试样 (精确至 0.001g)，置于 75mL 蒸发皿中，用玻璃研棒将试样研碎，加 25mL 水重新研磨，将上层清液倾注于预先加入 5mL 硝酸溶液的 250mL 容量瓶中。继续用水研磨 3 次，每次用 25mL 水，然后将水不溶物转移到滤纸上，并用水洗涤水不溶物至容量瓶中溶液体积约为 200mL，用水稀释至刻度，混匀，即得试液 A。

将含有水不溶物的滤纸转移到另外一个 250mL 容量瓶中，加入 100mL 彼得曼试剂，盖上瓶塞，振荡到滤纸碎成纤维状为止。将容量瓶置于 60℃±1℃恒温水浴中保持 1h。开始时每隔 5min 振荡容量瓶 1 次，振荡 3 次后再每隔 15min 振荡 1 次，取出容量瓶，冷却至室温，用水稀释至刻度，摇匀，过滤，弃去最初几毫升滤液，所得滤液为试液 B。

（2）有效磷测定　用移液管分别移取 10～20mL 试液 A 和试液 B（P_2O_5 含量≤20mg）于 300mL 烧瓶中，加入 10mL 硝酸溶液，用水稀释至 100mL，盖上表面皿，加热近沸，加入 35mL 喹钼柠酮试剂，微沸 1min 或置于 80℃ 左右的水浴中保温至沉淀分层，冷却至室温，冷却过程中转动烧杯 3～4 次。

用预先在 180℃±2℃ 恒温干燥箱内干燥至恒重的 4 号玻璃坩埚式滤器抽滤试液，先将上层清液滤完，用倾泻法洗涤沉淀 1～2 次（每次约用水 25mL），将沉淀移入滤器中，再用水洗涤，所用水 125～150mL，将带有沉淀的滤器置于 180℃±2℃ 恒温干燥器内，待温度达到 180℃ 后干燥 45min，移入干燥器中冷却至室温，称量。

（3）空白试验　除不加试样外，按照上述相同的步骤进行空白试验。

5. 结果计算

以五氧化二磷（P_2O_5）的质量分数计算有效磷含量：

$$w(P_2O_5) = \frac{(m_2 - m_1) \times 141.95 \times 500}{mV \times 2 \times 2213.9} \times 100\% \tag{7-8}$$

式中　m_1——空白试验所得磷钼喹啉沉淀质量，g；

　　　m_2——磷钼喹啉沉淀质量，g；

　　　m——试样质量，g；

　　　V——吸取试液 A 和 B 的总体积，mL；

　141.95——五氧化二磷的摩尔质量，g·mol^{-1}；

　2213.9——磷钼喹啉的摩尔质量，g·mol^{-1}。

项目四　钾肥中氧化钾含量的测定

任务　钾肥中氧化钾含量的测定

知识准备

工业生产中的钾肥，大多数是水溶性钾盐，只有少数为弱酸溶性的钾盐（如窑灰钾肥中的硅铝酸钾）和难溶性钾盐（如钾长石）。钾肥中，水溶性钾盐与弱酸溶性钾盐之和称为有效钾，有效钾与难溶钾盐之和称为总钾。

测定钾肥的有效钾含量时，通常用热水溶解法制备试样溶液。如试样中含有弱酸溶性钾盐，则用加有少量盐酸的热水或 20g·L^{-1} 柠檬酸溶液溶解有效钾；测定总钾含量时，通常用强酸溶解试样，也可用碱熔法制备试样溶液。

钾肥中氧化钾含量的测定，常用四苯硼酸钾重量法或四苯硼酸钠容量法。

技能训练

钾肥中氧化钾含量的测定

方法一：四苯硼酸钾重量法

依据国家标准《复混肥料中钾含量的测定　四苯硼酸钾重量法》GB/T 8574—2010 规定被列为基准法。

1. 方法提要

在弱碱性溶液中，四苯硼酸钠溶液与试样溶液中的钾离子生成白色四苯硼酸钾沉淀，将沉淀过滤、干燥及称重。反应式如下：

$$KCl + Na[B(C_6H_5)_4] \longrightarrow K[B(C_6H_5)_4] \downarrow + NaCl$$

当试样中含有氰氨基化物或有机物时，可先加溴水和活性炭处理。为了防止阳离子干扰，可预先加入适量的乙二胺四乙酸二钠盐（EDTA），使阳离子与乙二胺四乙酸二钠盐配位。

2. 仪器与设备

（1）通常实验室用仪器。

（2）玻璃坩埚式滤器　4 号，30mL。

（3）干燥箱　能维持 120℃±5℃ 的温度。

3. 试剂与试样

本方法中所用试剂、溶液和水，在未注明规格和配制方法时，均符合《化肥产品　化学分析常用标准滴定溶液、标准溶液、试剂溶液和指示剂溶液》HG/T 2843—1997 的规定。

（1）四苯硼酸钠溶液　15g·L^{-1}。

（2）乙二胺四乙酸二钠（EDTA）溶液　40g·L^{-1}。

（3）氢氧化钠溶液　400g·L^{-1}。

（4）溴水溶液　约 5%（质量分数）。

（5）四苯硼酸钠洗涤液　1.5g·L^{-1}。

（6）酚酞　5g·L^{-1}乙醇溶液，溶解 0.5g 酚酞于 100mL 95%（质量分数）乙醇中。

（7）活性炭　应不吸附或不释放钾离子。

（8）试样溶液　按《复混肥料 实验室样品制备》GB/T 8571—2008 规定制备实验室样品。

称取含氧化钾约 400mg 的试样 2～5g（称量至 0.0002g），置于 250mL 锥形瓶中，加约 150mL 水，加热煮沸 30min，冷却，定量转移到 250mL 容量瓶中，用水稀释至刻度，摇匀，干过滤，弃去最初 50mL 滤液。

4. 测定步骤

做两份试料的平行测定。

（1）试液处理

① 试样不含氰氨基化物或有机物。吸取上述滤液 25.0mL，置于 200mL 烧杯中，加 EDTA 溶液 20mL（含阳离子较多时可加 40mL），加 2～3 滴酚酞溶液，滴加氢氧化钠至红色出现时，再过量 1mL，在良好的通风橱内缓慢加热煮沸 15min，然后放置冷却或用流水冷却至室温，若红色消失，再用氢氧化钠溶液调至红色。

② 试样含有氰氨基化物或有机物。吸取上述滤液 25.0mL，置于 200～250mL 烧杯中，

加溴水溶液 5mL，将该溶液煮沸直至所有溴水完全脱除为止（无溴颜色），若含有其他颜色，则将溶液体积蒸发至小于 100mL，待溶液冷却后，加 0.5g 活性炭，充分搅拌使之吸附，然后过滤，并洗涤 3～5 次，每次用水约 5mL，收集全部滤液，加 EDTA 溶液 20mL（含阳离子较多时可加 40mL），以下步骤同上操作。

（2）沉淀及过滤　在不断搅拌下，于上述①或②中逐滴加入四苯硼酸钠溶液，加入量为每含 1mg 氧化钾加四苯硼酸钠溶液 0.5mL，并过量约 7mL，继续搅拌 1min，静置 15min 以上，用倾泻法将沉淀过滤于 120℃下预先恒重的 4 号玻璃坩埚式滤器内，用四苯硼酸钠洗涤沉淀 5～7 次，每次用量约 5mL，最后用水洗涤 2 次，每次用量 5mL。

（3）干燥　将盛有沉淀的坩埚置入 120℃±5℃ 干燥箱中，干燥 1.5h，然后放在干燥器内冷却，称重。坩埚洗涤时，若沉淀不易洗去，可用丙酮进一步洗涤。

（4）空白试验　除不加试样外，测定步骤及试剂用量均与上述步骤相同。

5. 结果计算

钾含量以氧化钾（K_2O）的质量分数表示，按下式计算：

$$w(K_2O) = \frac{(m_2 - m_1) \times 0.1314}{m_0 \times 25/250} \times 100\% \qquad (7-9)$$

式中　m_1——空白试验所得四苯硼酸钾沉淀的质量，g；

m_2——四苯硼酸钾沉淀的质量，g；

m_0——试样质量，g；

0.1314——四苯硼酸钾质量换算为氧化钾质量的系数；

25——吸收试样溶液体积，mL；

250——试样溶液总体积，mL。

计算结果表示到小数点后两位，取平行测定结果的算术平均值作为测定结果。

6. 允许差

平行测定和不同实验室测定结果的允许差应符合表 7-5 要求。

表 7-5　平行测定和不同实验室测定结果的允许差值

钾的质量分数（以 K_2O 计）/%	平行测定允许差值/%	不同实验室测定允许差值/%
＜10.0	0.20	0.40
10.0～20.0	0.30	0.60
＞20.0	0.40	0.80

方法二：四苯硼酸钠容量法

1. 方法提要

在碱性的试样溶液中，用过量的四苯硼酸钠标准溶液沉淀钾离子。分离沉淀物后，以达旦黄为指示剂，用溴化十六烷基三甲基铵标准溶液滴定剩余的四苯硼酸钠：

$$Na[B(C_6H_5)_4] + [N(CH_3)_3C_{16}H_{33}]Br \longrightarrow N(CH_3)_3C_{16}H_{33}B(C_6H_5)_4 \downarrow + NaBr$$

溶液由浅黄色变为深粉红色为终点。根据加入的氢氧化钠标准溶液的体积和返滴定消耗的溴化十六烷基三甲基铵标准溶液的浓度及体积即可计算出氧化钾的含量。也可用氯化烷基苄基铵代替溴化十六烷基三甲基铵，测定的效果是一样的。反应中的干扰现象与四苯硼酸钾重量法相同。

2. 仪器与设备

分析天平、锥形瓶、容量瓶、烧杯等。

3. 试剂与试样

(1) 盐酸　$\rho = 1.19 \text{g} \cdot \text{cm}^{-3}$。

(2) 盐酸溶液　$1 + 9$。

(3) 氢氧化铝　固体。

(4) 氢氧化钠溶液　$200 \text{g} \cdot \text{L}^{-1}$。溶解 20g 不含钾的氢氧化钠于 100mL 水中。

(5) 甲醛溶液　37%。

(6) 达旦黄指示剂　$0.4 \text{g} \cdot \text{L}^{-1}$。溶解 40mg 达旦黄于 100mL 水中。

(7) 氯化钾标准溶液　$\rho(\text{K}_2\text{O}) = 2 \text{mg} \cdot \text{mL}^{-1}$。准确称取 1.5830g 预先在 105℃ 烘干至恒重的基准氯化钾，加水使其溶解，移入 500mL 容量瓶中，用水稀释至标线，摇匀。

(8) 乙二胺四乙酸二钠（EDTA）溶液　$10 \text{g} \cdot \text{L}^{-1}$。

(9) 十六烷基三甲基溴化铵（CTAB）溶液　$25 \text{g} \cdot \text{L}^{-1}$。称取 2.5g 十六烷基三甲基溴化铵于小烧杯中，用 5mL 乙醇润湿，然后加水溶解，并稀释至 100mL，混匀。

(10) 四苯硼酸钠（STPB）溶液　$12 \text{g} \cdot \text{L}^{-1}$。称取四苯硼酸钠 12g 于 600mL 烧杯中，加入约 400mL 水，使其溶解，加入 10g 氢氧化铝，搅拌 10min，用慢速滤纸过滤，如滤液浑浊，则必须反复过滤直至澄清，收集全部滤液于 1000mL 容量瓶中，加入 4mL 氢氧化钠溶液，然后稀释至刻度，摇匀，静置 48h。按下法进行标定。

① 测定四苯硼酸钠和十六烷基三甲基溴化铵溶液的比值。

准确量取 4.00mL 四苯硼酸钠溶液于 125mL 锥形瓶中，加 20mL 水和 1mL 氢氧化钠溶液，再加入 2.5mL 甲醛溶液及 8～10 滴达旦黄指示剂，由微量滴定管滴加十六烷基三甲基溴化铵溶液，至溶液呈红色为止。按式(7-10)计算每毫升十六烷基三甲基溴化铵溶液相当于四苯硼酸钠溶液的体积的比值 R：

$$R = \frac{V_1}{V_2} \tag{7-10}$$

式中　V_1——所取四苯硼酸钠标准溶液的体积，mL；

　　　　V_2——滴加十六烷基三甲基溴化铵溶液的体积，mL。

② 四苯硼酸钠标准溶液浓度的标定。

准确吸取 25.00mL 氯化钾标准溶液，置于 100mL 容量瓶中，加入 5mL 盐酸溶液、10mL EDTA 溶液、3mL 氢氧化钠溶液和 5mL 甲醛溶液，由滴定管加入 38mL 四苯硼酸钠溶液，用水稀释至刻度，摇匀，放置 5～10min 后，过滤。

准确吸取 50mL 滤液于 125mL 锥形瓶中，加 8～10 滴达旦黄指示剂，用十六烷基三甲基溴化铵溶液滴定溶液中过量的四苯硼酸钠至明显的粉红色为止。

按下式计算每毫升四苯硼酸钠标准溶液相当于氧化钾（K_2O）的质量（g）。

$$F = \frac{V_0 A}{V_1 - 2 V_2 R} \tag{7-11}$$

式中　V_0——所取氯化钾标准溶液的体积，mL；

　　　　A——每毫升氯化钾标准溶液相当于氧化钾的质量，g；

V_1——所用四苯硼酸钠标准溶液体积，mL；

V_2——滴定所耗十六烷基三甲基溴化铵溶液的体积，mL；

R——每毫升十六烷基三甲基溴化铵溶液相当于四苯硼酸钠溶液的体积比值；

2——沉淀时所用容量瓶的体积与所取滤液体积的比数。

4. 测定步骤

（1）称取氯化钾、硫化钾试样1.5g（精确至0.0002g），置于400mL烧杯中，加入200mL水及10mL盐酸煮沸15min。冷却，移入500mL容量瓶中，加水至标线，摇匀后，干过滤（若测定复合肥中水溶性钾，则操作时不加盐酸，加热煮沸时间改为30min）。

（2）准确吸取25.00mL上述滤液于100mL容量瓶中，加入10mL EDTA溶液、3mL氢氧化钠溶液和5mL甲醛溶液，由滴定管加入较理论所需量多8mL的四苯硼酸钠溶液（10mg K_2O需0.6mL四苯硼酸钠溶液），用水沿瓶壁稀释至标线，充分混匀，静置5~10min，干过滤。准确吸取50mL滤液，置于125mL锥形瓶内，加入8~10滴达旦黄指示剂，用十六烷基三甲基溴化铵溶液回滴过量的四苯硼酸钠，至溶液呈粉红色为止。

5. 结果计算

氧化钾（K_2O）的质量分数按下式计算：

$$w(K_2O) = \frac{(V_1 - 2V_2R)F}{m} \times 100\%$$
(7-12)

式中 V_1——所取四苯硼酸钠标准溶液的体积，mL；

V_2——滴定所耗十六烷基三甲基溴化铵溶液的体积，mL；

R——每毫升十六烷基三甲基溴化铵溶液相当于四苯硼酸钠溶液的体积比值；

F——每毫升四苯硼酸钠标准滴定溶液相当于氧化钾的质量，g·mL^{-1}；

m——所取试液中试样质量，g；

2——沉淀时所用容量瓶的体积与所取滤液体积的比数。

知识链接

TPY-6PC土壤化肥检测仪（见图7-5）可根据用户需要输出指导施肥量并可以检测土壤中的化肥成分。TPY-6PC土壤化肥检测仪可快速检测土壤中有机质含量，并根据测土配方软件判断土壤养分的丰缺含量，是一款功能强大的测土配方施肥仪。可检测土壤、植株、化学肥料、生物肥料等样品中的速效氮、速效磷、有效钾、全氮、全磷、全钾、有机质含量，土壤酸碱度及土壤含盐量。

图7-5 TPY-6PC土壤化肥检测仪

内容小结

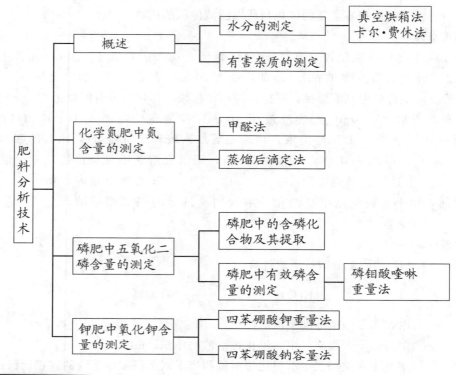

 练一练

1. 什么是化肥？化肥的分析项目有哪些？

2. 测定化肥含水量的方法有哪些？分别叙述出其测定原理。

3. 测定氮肥含氮量的方法有哪些？分别叙述出其测定原理。

4. 甲醛法测定硫酸铵产品的氮含量时，为什么要预先中和试样及甲醛试剂中的游离酸？而测定硝酸铵产品的氮含量时，为什么不需要中和试样中的游离酸？

5. 什么是水溶性磷肥、弱酸溶性磷肥、难溶性磷肥、有效磷、全磷？

6. 叙述磷钼酸喹啉重量法测定五氧化二磷的原理。

7. 分别叙述四苯硼酸钾重量法和四苯硼酸钠容量法测定钾肥产品中氧化钾含量的原理。

8. 四苯硼酸钾重量法和四苯硼酸钠容量法测定氧化钾含量时，有哪些干扰因素？应如何消除？

9. 分析一批氨水试样时，吸取 2.00mL 试样注入已盛有 25.00mL 0.5000 mol·L⁻¹硫酸标准溶液的锥形瓶中，加入指示剂后，用同浓度的氢氧化钠标准溶液滴定，至终点时耗去 10.86mL。已知该氨水的密度为 0.932 g·mL⁻¹，试问它的氮含量和氨含量分别是多少？

10. 测定一批钙镁磷肥的有效磷含量时，以 100 mL 20 g·L⁻¹柠檬酸溶液处理 1.6372g 试样后，移取其滤液 10mL 进行沉淀反应，最后得到 0.8030g 无水磷钼酸喹啉。求该产品的有效磷含量。

11. 取氯化钾化肥试样 24.132g 溶解于水，过滤后制成 500mL 溶液。从中移取 25mL，再稀释至 500mL。吸取其中 15mL 与过量的四苯硼酸钠溶液反应，得到 0.1451g 无水四苯硼酸钾。请求出该批产品的氧化钾含量。

农药分析技术

 知识目标

1. 了解农药的含义、作用和分类，熟悉常见农药剂型和品种。
2. 了解农药标准，了解我国农药管理的现状、重要性及主要措施。
3. 了解农药的制剂类型。
4. 掌握商品农药采样规则和具体方法。
5. 掌握有机氯农药的基本知识。
6. 了解典型农药品种的特征、主要分析方法、测定原理和应用。

 能力目标

1. 能正确表示常见农药的类型和组成。
2. 能正确进行商品农药各种剂型的采样和制样操作并按照操作规程独立进行制样实验。

想一想 你对农药有哪些了解？农药都包括哪些？

农药是指用于预防、消灭或者控制危害农业、林业的病、虫、草和其他有害生物以及有目的地调节植物、昆虫生长的化学合成或者来源于生物、其他天然物质的一种物质或者几种物质的混合物及其制剂。

农药包括用于不同目的、场所的下列各类：

① 预防、消灭或者控制危害农业、林业的病、虫（包括昆虫、蜱、螨）、草和鼠、软体动物等有害生物的；

② 预防、消灭或者控制仓储病、虫、鼠和其他有害生物的；

③ 调节植物、昆虫生长的；

④ 用于农业、林业产品防腐或者保鲜的；

⑤ 预防、消灭或者控制蚊、蝇、蜚蠊、鼠和其他有害生物的；

⑥ 预防、消灭或者控制危害河流堤坝、铁路、机场、建筑物和其他场所的有害生物的。

项目一

概述

一、农药的分类

按照农药的主要防治对象、作用方式、来源和化学结构可以将农药分为不同的类型。

1. 按农药用途分类

有杀虫剂、杀螨剂、杀鼠剂、杀软体动物剂、杀菌剂、杀线虫剂、除草剂、植物生长调节剂等。其中有的农药既可以杀虫又可以灭菌，有的具有杀虫、灭菌和除草等多种作用，因此农药在分类时一般以它的主要用途为主。

2. 按农药组成分类

（1）化学农药　有机硫、有机氯、有机磷农药等。

（2）植物性农药　除虫菊、硫酸烟碱等。

（3）生物性农药。

3. 按化学结构分类

有机合成农药的化学结构类型有数十种之多，主要的有：有机硫、有机磷（膦）、氨基甲酸酯、拟除虫菊酯、有机氯、酰胺类、脲类、醚类、酚类、苯氧羧酸类、三氮苯类、二氮苯类、苯甲酸类、脒类、三唑类、杂环类、香豆素类、有机金属化合物等。

（1）有机硫农药　有机硫农药是近年来发展起来的一类含硫原子的有机合成的新型杀菌

剂。杀菌剂是一类对真菌、细菌和其他病原生物具有毒杀作用或抑制生长作用的化合物，又分为保护性杀菌剂、铲除性杀菌剂和内吸性杀菌剂。具有高效、低毒之特点，正在替代汞制剂等在农业生产上起着重要作用。有机硫农药对人畜毒性低，但家畜偶然大量偷食使用过有机硫农药不久的作物，也可引起中毒。常用的有机硫农药有代森类（如代森锌、代森铵）和福美类（如福美锌、福美铁等）。

（2）有机氯农药　有机氯农药主要是指一类含氯原子的有机合成杀虫剂，也是发现和应用最早的人工合成杀虫剂。有机氯农药具有杀菌范围广、高效、急性毒性小、易于大量生产、价廉等优点，但由于性质稳定，残留时间长，累积浓度高，很容易污染环境、农作物和畜产品，易引起人畜的慢性中毒。因此，目前国内外都已采取措施，停止生产或控制应用一些残毒性较高的有机氯农药。我国也于 1983 年禁止使用滴滴涕和六六六，目前仅有少数品种，如甲氧滴滴涕、三氯杀螨醇、硫丹、林丹、百菌清等尚在应用。

（3）有机磷农药　有机磷农药主要是指含磷原子的有机合成农药——有机磷杀虫剂和有机磷杀菌剂，绝大多数品种兼有杀螨作用，故而也称为杀虫杀螨剂。有机磷农药不仅具有高效、广谱的杀虫作用，而且在生物体内残留时间短，残留量较少，因此是我国目前使用最广泛的杀虫剂，已处领先地位，有 100 余种，常用的约 50 种。我国正在生产的约 30 种，且产量高于其他任何类型的杀虫剂，同时还生产有机磷杀菌剂、除草剂。尤其在我国停止使用有机氯农药以后，已上升为最主要的一类农药。

有机磷杀菌剂的品种不多，主要有三乙膦酸铝、稻瘟净、异稻瘟净、克瘟散等。其中，三乙膦酸铝是 20 世纪 70 年代后期开发的有机磷内杀菌剂。由于它的内吸传导作用是双向的，即向顶性和向基性，故具有保护和治疗的双重作用，而且杀菌谱广、对人畜毒性低、对环境污染小、价格低廉，因此深受欢迎。

农药是有毒的，但并不可怕。可怕的是人类对它的无知和人类对它的滥用或不合理使用。只要人类通过适当的措施加以控制，农药对环境的残留危害将减少到环境可以允许的程度。

二、农药的标准

农药标准是农药产品质量技术指标及其相应检测方法标准化的合理规定。它要经过标准行政管理部门批准并发布实施，具有合法性和普遍性。通常作为生产企业与用户之间购销合同的组成部分，也是法定质量监督机构对市场上流通的农药产品进行质量抽检的依据，以及发生质量纠纷时仲裁机构进行质量仲裁的依据。

农药标准按其等级和适用范围分为国际标准和国家标准。国际标准又有联合国粮食与农业组织（FAO）标准和世界卫生组织（WHO）标准两种。国家标准由各国自行制定。

我国的农业标准分为三级：企业标准、行业标准（部颁标准）和国家标准。

（1）企业标准　由企业制定，经地方技术监督行政部门批准后发布实施。企业标准是农药新产品中试鉴定、登记、投产的必备条件之一。企业标准只适用于制定标准的那家企业，其他厂家不能套用。

（2）行业标准　也称部颁标准。农药部颁标准由全国农药标准化技术委员会审查通过，由原化学工业部、农业部（现为国家经济贸易委员会）批准并发布实施。当一种农药产品已有多家生产、产量增加、质量提高时，需制定行业标准。一个农药产品的行业标准一经批准颁布，国内各有关生产厂家必须遵照执行，原制定的企业标准即停止使用。例如，化工行业标准《三唑酮原药》HG 3293—2001 自实施之日起，同时代替《三唑酮原药》HG

3293—1989。

（3）国家标准　由全国农药标准化技术委员会审查通过，由国家质量监督检验检疫总局批准并发布实施。一个农药产品质量进一步提高并稳定后，应及时制定国家标准。国家标准为国内最高标准，其技术指标相当或接近于国际水平。

农药的每一个商品化原药或制剂都必须制定相应的农药标准。没有标准号的农药产品，不得进入市场。

三、农药制剂的类型

（1）粉剂　它是把原药和大量填料按一定比例混合研细。使用的填料有滑石粉、陶土、高岭土等。细度为95%能通过200目筛。

（2）可湿性粉剂　由原药、填料和润湿剂经过粉碎加工制成的粉状机械混合物，加水后能分散在水中。可供喷雾使用。药效比粉剂好，但比乳剂差，且技术要求较高。细度为99.5%能通过200目筛。

（3）可溶性粉剂　由原药和填料粉碎加工制成。细度为98%能通过80目筛。加水溶解即可供喷雾使用。

（4）乳剂　原药加溶剂、乳化剂配成透明油状物，不含水，又称"乳油"。使用时按一定比例加水稀释配成乳状液。乳剂比可湿性粉剂容易渗透到昆虫表皮，因此防治效果好。

（5）溶剂　原药溶于水，不加其他助剂，直接用水稀释使用。因没有加助剂其展着性能较差。

（6）胶体剂　用一种本身是固体或黏稠状的原药，加入分散剂加热处理，药剂以很小的微粒分散在分散剂中，冷却后为固体，而药剂仍保持微粒状态。稍加粉碎，即成胶体剂。胶体剂加水后由于分散剂溶于水中，药剂微粒即能稳定地悬浮在水中，可供喷雾使用。

（7）颗粒剂　原药加某些助剂后，经加工制成大小在30～60目的一种颗粒状制剂，或是将药剂的溶液或悬浮液洒到30～60目的填料颗粒上，当溶剂挥发后，药剂便吸附在填料颗粒上。优点是药效高、残效长、使用方便，并能节省药量。

项目二　商品农药采样法

商品农药采样方法依据国家标准《商品农药采样方法》GB/T 1605—2001，适用于商业和监督检验部门对商品农药原药及加工制剂的常规取样和质量检定，不适用于农药生产、加工和包装过程中的质量控制。

一、采样安全

农药是有毒化学品，如果处置不当，会造成中毒。因此采样人员在遵循《工业用化学产品采样安全通则》GB/T 3723—1999 的同时，还应熟悉并遵守具体农药安全事项，并根据农药标签和图示的警示，穿戴合适的防护服。具体注意事项如下：

① 要避免农药与皮肤接触，避免误食、吸入粉尘和蒸气，避免污染个人用品或周围环境，不要在农药附近存放食品；

② 避免液体农药泄漏和溅出，防止农药粉尘扩散，处置泄漏的容器或开口处已积累了一些农药的容器应特别当心；

③ 取样前，要确认已具备冲洗条件，万一发生溢出泄漏事故，应立即彻底冲洗；

④ 取样期间以及脱下保护服装未完全充分清洗之前，不得进食、吸烟、饮水等；

⑤ 要保证可用设备及时安全清洗，并能安全地处理污染物品，如个人保护服、用具和毛巾等。

二、采样技术

1. 一般规定

（1）批次和对批次采样的基本原则　对周期性生产流程的工艺，将生产、加工和存放条件相同的一个工艺周期生产得到的物料视为一批，由生产或加工者用批号标示。对连续性生产流程的工艺，视一个班次生产得到的物料为一批。对不同批次产品质量的检验，一定要每批单独采样。如果已经证明一个批号中不同包装的产品，由于种种原因质量不尽相同（不均匀），则应视为多个批次进行采样。

（2）采样准备　采样器械、盛样容器应由不与样品发生化学反应和被样品溶解而使样品质量发生变化的材料制成。样品瓶可用可密封的玻璃瓶，对光敏感的样品应用棕色玻璃瓶或高密度聚乙烯氟化瓶。遇水易分解的农药，不应用一般塑料瓶和聚酯瓶包装。固体样品可用铝箔袋密封包装。

（3）采样原则　采样应在一批或多批产品的不同部位进行，这些位置应由统计上的随机方法确定，如随机数表法等。如不能实现随机采样，则应在采样报告中说明选定采样单元的方法。

（4）采样混合　固体样品的混合可在聚乙烯袋中进行，样品装至袋子容积的 1/3，密封袋口后颠倒 10 次以上。样品的缩分一般采用四分法。

液体样品的混合可在大小适宜的烧杯中进行，将采得的样品混匀后取出部分或全部，置于另一较小的烧杯中，样品不超过烧杯容积的 2/3，再次加以混合，分装成所需份数。混合、分装应在通风橱中或通风良好的地方快速进行。

（5）样品份数　根据采样目的不同，可由按采样方案制备的最终样品再分成数份样品，如实验室样品、备考样品和存样。每份样品的数量应符合标准对不同制剂的规定要求。

2. 采样

（1）商品原药采样　对已包装好的产品，采样件数取决于被采样产品的包装件总数，规定如下：小于 5 件（包括 5 件），从每个包装件中抽取；6～100 件，从 5 件中抽取；100 件（不包括 100 件）以上，每增加 20 件，增加 1 个采样单元。采样应从包装容器的上、中、下三个部位取出，每个采样单元采样量应不少于 100g。采得块状的样品应破碎后缩分，最终每份样品应不少于 100g。

对于 500kg 以上大容器包装的产品，应从不同部位随机取出 15 个份样，混合均匀。

商品液体原药如有结晶析出，应采取适当安全措施，温热熔化。混匀后再进行采样。

（2）液体制剂采样　采样时，需打开包装件的数量一般应符合表 8-1 要求。液体产品采样时，在打开包装容器前，要小心地摇动、翻滚，尽量使产品均匀。

表 8-1　农药加工制剂产品采样需打开包装件数

所抽产品的包装件数	需打开包装件数
≤10 件	1 件
11～20 件	2 件
21～261 件	每增加 20 件增抽 1 件,不到 20 件按 20 件计
≥261 件	15 件

打开容器后应再检查一下产品是否均匀,有无结晶、沉淀或分层现象。对悬浮剂、水乳剂等贮存易分层产品,还应倒出农药进一步确认容器底部是否还有不能悬浮起来的沉淀。当加工制剂出现沉淀不能重新使其混匀时,应在取样报告中加以说明。

大贮罐和槽车等应从上、中、下不同深度采样,或在卸货开始、中间和最后时间采样。每个采样单元的样品量应不少于 200mL。

液体制剂最终每份样品量应不少于 200mL。

(3) 固体制剂采样　采样时,需打开包装件的数量一般应符合表 8-1 要求。从多个小包装中分别取出再制备混合样时,应从每个小包装中取出部分或全部产品,混合均匀,必要时进行缩分。

从较大包装中取样时,应选用抽入式取样器或中间带四槽的取样探头。所取样品应包括上、中、下三个部位。用取样管或取样探头取样时,应从包装开口处对角线穿过直达包装底部。根据所需样品的量,决定从每个包装中取出产品的量。将所取样品混合均匀,必要时进行缩分。

固体制剂根据均匀程度每份样品量为 300～600g,必要时可根据实验要求适当增加样品量。如粉剂、可湿性粉剂每份样品量 300g 即可,而粒剂、大粒剂、片剂等每份样品量应在600g 以上。

(4) 其他　对于特殊形态的样品,应根据具体情况,采取适宜的方法取样。如溴甲烷,则自每批产品的任一钢瓶中取出。

项目三

农药分析

任务 1　代森锌原药分析

知识准备

想一想　代森锌是什么类农药?应该怎样分析?

代森锌

(1) 化学名称　亚乙基双-(二硫代氨基甲酸锌)。

（2）分子式　$C_4H_6N_2S_4Zn$，相对分子质量 275.72。

（3）化学结构式

$$\begin{array}{c} \quad\quad\quad\quad\quad S \\ \quad\quad\quad\quad\quad \parallel \\ H_2C{-}N{-}C{-}S \\ \quad\ \ | \quad\quad\quad\quad Zn \\ H_2C{-}N{-}C{-}S \\ \quad\ \ | \quad \parallel \\ \quad\ \ H \quad S \end{array}$$

（4）物化性质　纯品为白色粉末，工业品为灰白色或浅黄色粉末，有臭鸡蛋味。室温下在水中的溶解度仅为 $1\times10^{-3}\mathrm{g}\cdot100\mathrm{mL}^{-1}$，不溶于大多数有机溶剂，但能溶于吡啶中，对光、热、潮湿不稳定，易分解放出二硫化碳，在温度高于100℃下能分解自燃，在酸、碱介质中易分解，在大气中缓慢地分解。

（5）制剂和应用　代森锌是以乙二胺、二硫化碳等为原料制成的亚乙基双-（二硫代氨基甲酸锌），即代森锌原粉。再制成80％和65％的可湿性粉剂使用。

技能训练

代森锌原药的测定：黄原酸盐法

依据化学工业行业标准《代森锌原药》HG 3288—2000 测定。

代森锌原药产品质量应符合化学工业行业标准 HG 3288—2000 规定的要求，其技术条件如下所述。

（1）外观　灰白色或浅黄色粉状物。

（2）指标　代森锌原粉应符合表 8-2 的指标要求。

表 8-2　代森锌原粉控制项目指标

指 标 名 称		指　标	
		一级	二级
代森锌含量/%	≥	90.0	85.0
水分含量/%	≤	2.0	2.0
pH		5.0～9.0	5.0～9.0

本法具有代表性。对于代森锌可湿性粉剂以及其他有机硫类杀菌剂（如代森铵、代森环、代森锰锌、福美锌）仍然适用，操作方法类似。

1. 方法提要

二硫化氨基甲酸酯类农药遇酸能分解放出 CS_2。将试样置于煮沸的硫酸溶液中分解生成二硫化碳、乙二胺盐及干扰分析的硫化氢气体，先用乙酸铅溶液吸收硫化氢，继之以氢氧化钾乙醇溶液吸收二硫化碳，并生成乙基黄原酸钾，二硫化碳吸收溶液用乙酸中和后立即以碘标准溶液滴定。反应如下：

$$C_4H_6N_2S_4Zn+H_2SO_4\xrightarrow{100℃}2CS_2+C_2H_4(NH_2)_2+ZnSO_4$$

$$CS_2+KOH+C_2H_5OH\longrightarrow C_2H_5OCSSK+H_2O$$

$$2C_2H_5OCSSK+I_2\longrightarrow C_2H_5OC(S)SSC(S)OC_2H_5+2KI$$

2. 仪器与设备

代森锌测定器如图 8-1 所示。

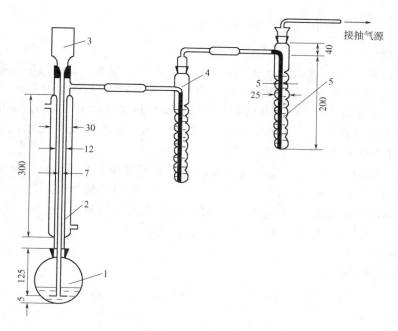

图 8-1　代森锌测定器（单位：mm）

1—反应瓶（容量 250mL）；2—直形冷凝器；3—长颈漏斗；

4—第一吸收管；5—第二吸收管

3. 试剂与试样

（1）硫酸溶液　0.55mol・L⁻¹。

（2）乙酸铅溶液　100g・L⁻¹。

（3）氢氧化钾乙醇溶液　2mol・L⁻¹。

（4）可溶性淀粉溶液（5g・L⁻¹）　取 0.5g 可溶性淀粉与 5mL 冷水调和均匀。将所得乳浊液在搅拌下徐徐注入 100mL 沸腾着的水中，再煮沸 2～3min，使溶液透明。加 0.1g 碘化汞作防腐剂。

（5）酚酞指示液（10g・L⁻¹）　取 1.0g 酚酞溶于 60mL 乙醇中，用水稀释至 100mL。

（6）碘标准溶液　$c\left(\dfrac{1}{2}I_2\right)=0.1$mol・L⁻¹。

配制：称取 13g 碘及 35g 碘化钾，溶于 100mL 水中，稀释至 1000mL，摇匀，保存于棕色具塞瓶中。

标定（比较法）：用滴定管准确量取 30.00～35.000mL 配好的碘标准溶液，置于已装有 1500mL 水的碘量瓶中，然后用硫代硫酸钠标准溶液滴定，近终点时，加 30mL 淀粉指示液（5g・L⁻¹），继续滴定至溶液蓝色消失。

碘标准溶液的浓度 $c\left(\dfrac{1}{2}I_2\right)$ 按下式计算：

$$c\left(\frac{1}{2}I_2\right)=\frac{c(Na_2S_2O_3)V(Na_2S_2O_3)}{V\left(\frac{1}{2}I_2\right)} \tag{8-1}$$

式中　$c(Na_2S_2O_3)$——硫代硫酸钠标准溶液的浓度，mol・L⁻¹；

$V(Na_2S_2O_3)$——滴定时消耗硫代硫酸钠标准溶液的体积，mL；

$$V\left(\frac{1}{2}I_2\right)\text{——量取碘标准溶液的体积，mL。}$$

4. 测定步骤

（1）称取样品 0.5g（准确至 0.0001g）于反应瓶中，在图 8-1 中的第一吸收管内加入 $100\text{g} \cdot \text{L}^{-1}$ 的乙酸铅溶液 50mL，第二吸收管内加入 $2\text{mol} \cdot \text{L}^{-1}$ 氢氧化钾乙醇溶液 60mL。

（2）按图 8-1 连接仪器，打开分液漏斗活塞并调节排水速度为 $150\text{mL} \cdot \text{min}^{-1}$。

（3）经分液漏斗慢慢加入 $0.55\text{mol} \cdot \text{L}^{-1}$ 硫酸溶液 50mL 于反应瓶中，加热使其沸腾 45min，使试样全部分解后停止加热。

（4）将第二吸收管中的溶液定量地移入 500mL 锥形瓶中，并用 100mL 水冲洗 3～5 次，洗液合并于 500mL 锥形瓶中，加酚酞指示液 2～3 滴，滴加乙酸中和，过 4～5 滴，然后用 $0.1\text{mol} \cdot \text{L}^{-1}$ 碘标准溶液滴定至终点时，加水 200mL 及淀粉指示液 10mL，继续滴定至刚呈现蓝色即为终点。同样条件下以不加样品做空白测定。

5. 结果计算

代森锌的质量分数 w 按下式计算：

$$w=\frac{(V_1-V_2)c\left(\frac{1}{2}I_2\right)\times 137.9}{m\times 1000}\times 100\% \tag{8-2}$$

式中　V_1——滴定样品时消耗碘标准溶液的体积，mL；

　　　V_2——滴定空白时消耗碘标准溶液的体积，mL；

$c\left(\frac{1}{2}I_2\right)$——碘标准溶液的浓度，$\text{mol} \cdot \text{L}^{-1}$；

　　　m——样品的质量，g；

137.9——$\frac{1}{2}$代森锌分子的摩尔质量，$\text{g} \cdot \text{mol}^{-1}$。

6. 允许误差

两次平行测定结果之差不大于 1.2%。取其算术平均值作为测定结果。

任务 2　三氯杀螨醇原药分析

知识准备

想一想　三氯杀螨醇是什么类农药？应该怎样分析？

三氯杀螨醇

（1）化学名称　2,2,2-三氯-1,1-双（4-氯苯基）乙醇。

（2）分子式　$C_{14}H_9Cl_5O$，相对分子质量 373.6。

（3）结构式

（4）物化性质　纯品为白色结晶。熔点 78.5～79.5℃，蒸气压几乎为零（20℃），相对密度 $d_4^{25}=1.153$。溶解度（20℃）：水 $0.8\text{mg} \cdot \text{L}^{-1}$，能与大多数有机溶剂互溶，甲苯 $400\text{g} \cdot \text{L}^{-1}$，

甲醇 $337\mathrm{g} \cdot \mathrm{L}^{-1}$。稳定性：在≤80℃下稳定，在光照下降解为 4,4'-二氯二苯酮，遇浓碱转化为 4,4'-二氯二苯酮和氯仿。

技能训练

三氯杀螨醇原药的测定

依据化学工业行业标准《三氯杀螨醇原药》HG 3699—2002 测定。

三氯杀螨醇原药产品质量应符合化学工业行业标准 HG 3699—2002 规定的要求，其技术条件如下所述。

（1）外观　棕色黏稠膏状或蜡块状物，无外来杂质。

（2）指标　三氯杀螨醇原药应符合表 8-3 的指标要求。

表 8-3　三氯杀螨醇原药控制项目指标

指 标 名 称		指　　标	
		一级	二级
总有效成分含量/%	≥	95.0	90.0
三氯杀螨醇含量/总有效成分含量/%	≥	84.0	84.0
滴滴涕类杂质含量/%	≤	0.1	0.5
酸度（以 H_2SO_4 计）	≤	0.3	0.5
水分含量/%	≤	0.05	0.5
二甲苯不溶物/%	≤	0.4	0.4

常用分析方法有高效液相色谱法和气相色谱法。

方法一：高效液相色谱法

本方法适用于三氯杀螨醇原药、乳油等单制剂的分析。对不同的复配制剂，可视具体情况适当改变条件来达到较好分离。本方法的分离度、平行测定稳定性优于气相色谱法，尤其适用于对复配制剂的分析。

1. 方法提要

试样用甲醇溶解，以甲醇-水-冰乙酸为流动相，使用 C_8 柱和紫外检测器，以外标法对试样中有效成分进行高效液相色谱分离和测定。

2. 仪器与设备

（1）高效液相色谱仪　具有可变波长紫外检测器。

（2）色谱数据处理机。

（3）色谱柱　20cm×4.6mm（id）不锈钢柱，内装 SUPELCOSIL-C_8（5μm）填充物。

3. 试剂与试样

（1）甲醇　优级纯。

（2）二次蒸馏水。

（3）冰乙酸。

（4）三氯杀螨醇标样　已知质量分数≥98%。

4. 操作条件

（1）柱温　30℃。

（2）流动相　甲醇-水-冰乙酸（75：25：0.2）（体积比），使用前过滤、脱气。

（3）流速　1.3mL·min⁻¹。

（4）检测波长　235nm。

（5）检测灵敏度　0.5AUFS。

（6）进样体积　10μL。

（7）保留时间　邻,对-三氯杀螨醇约9min,三氯杀螨醇约13min。

5. 测定步骤

（1）标样溶液的制备　称取0.05g三氯杀螨醇标样（精确至0.0002g）、邻,对-三氯杀螨醇标样0.01g（精确至0.0002g）置于100mL容量瓶中,用甲醇溶解并稀释至刻度,摇匀。

（2）试样溶液的制备　称取0.06g三氯杀螨醇的试样（精确至0.0002mg）,置于100mL容量瓶中,用甲醇溶解并稀释至刻度,摇匀。

（3）测定　在上述操作条件下,待仪器基线稳定后,连续注入数针标样溶液,直至相邻两针三氯杀螨醇相对响应值变化小于1.5%后,按照标样溶液、试样溶液、试样溶液、标样溶液的顺序进行测定。

6. 结果计算

将测得的两针试样溶液以及试样前后两针标样溶液中三氯杀螨醇峰面积分别进行平均。试样中三氯杀螨醇的质量分数 w,按式(8-3)和式(8-4)计算：

$$w_1 = \frac{A_{i1} m_{s1} p_1}{A_{s1} m_i} \times 100\% \tag{8-3}$$

$$w_2 = \frac{A_{i2} m_{s2} p_2}{A_{s2} m_i} \times 100\% \tag{8-4}$$

式中　A_{i1}——试样溶液中三氯杀螨醇峰面积的平均值；

　　　m_{s1}——三氯杀螨醇标样的质量, g；

　　　p_1——标样中三氯杀螨醇的质量分数,%；

　　　A_{s1}——标样溶液中三氯杀螨醇峰面积的平均值；

　　　m_i——试样的质量, g；

　　　A_{i2}——试样溶液中邻,对-三氯杀螨醇峰面积的平均值；

　　　p_2——标样中邻,对-三氯杀螨醇的质量分数,%；

　　　A_{s2}——标样溶液中邻,对-三氯杀螨醇峰面积的平均值；

　　　m_{s2}——邻,对-三氯杀螨醇标样的质量, g。

方法二：气相色谱法

本方法适用于三氯杀螨醇原药、乳油等单剂的分析。对不同的复配制剂,可视具体情况适当改变条件来达到分析的要求。

1. 方法提要

试样用丙酮溶解,以林丹为内标物,用内涂OV-101固定液的毛细管色谱柱和FID检测器,对试样中的三氯杀螨醇进行色谱分离和测定。

2. 仪器与设备

（1）气相色谱仪　带有氢火焰离子化检测器。

（2）色谱数据处理机　满刻度5mV或相当的积分仪。

（3）色谱柱　25cm×0.25mm（id）,膜厚0.25μm,内涂OV-101固定液石英毛细管柱。

3. 试剂与试样

（1）丙酮。

（2）三氯杀螨醇标样　已知质量分数≥99％。

（3）内标物　林丹，不含干扰分析的杂质。

（4）内标溶液　称取林丹 6g，置于 500mL 容量瓶中，加入丙酮溶解并稀释至刻度，摇匀。

4. 操作条件

（1）温度　柱室 180℃，汽化室 250℃，检测室 250℃。

（2）分流比　1∶5。

（3）补充气（N₂）　40mL·min⁻¹。

（4）进样量　1μL。

（5）保留时间　三氯杀螨醇约 6～7min，林丹约 8～9min。

5. 测定步骤

（1）标样溶液的制备　称取三氯杀螨醇标样约 100mg（精确至 0.2mg），置于 15mL 锥形瓶中，准确加入内标溶液 10mL，溶解，摇匀。

（2）试样溶液的制备　称取约含三氯杀螨醇 100mg 的试样（精确至 0.2mg），置于 15mL 锥形瓶中，准确加入内标溶液 10mL，溶解，摇匀。

（3）测定　在上述操作条件下，待仪器基线稳定后，连续注入数针标样溶液，直至相邻两针三氯杀螨醇的相对响应值变化小于 1.5％后，按照标样溶液、试样溶液、试样溶液、标样溶液的顺序进行测定。

6. 结果计算

将测得的两针试样溶液以及试样前后两针标样溶液中三氯杀螨醇与内标物峰面积之比分别进行平均。试样中三氯杀螨醇的质量分数 w，按下式计算：

$$w = \frac{r_2 m_1 p}{r_1 m_2} \times 100\%$$

(8-5)

式中　r_1——标样溶液中三氯杀螨醇与内标物峰面积比的平均值；

　　　r_2——试样溶液中三氯杀螨醇与内标物峰面积比的平均值；

　　　m_1——标样的质量，g；

　　　m_2——试样的质量，g；

　　　p——标样中三氯杀螨醇的质量分数，％。

任务3　三乙膦酸铝原药分析

知识准备

想一想　三乙膦酸铝是什么类农药？应该怎样分析？

三乙膦酸铝

（1）化学名称　三（O-乙基膦酸）铝，其他名称：Epal、乙磷铝、疫霜灵、霉疫净。

（2）分子式　$C_6H_{18}AlO_9P_3$，相对分子质量 354.11。

（3）化学结构式

$$\left[\begin{array}{c} H_3C-H_2C \\ O-P-O \\ | \\ H \end{array} \right]_3 Al \quad \begin{array}{c} O \\ \| \end{array}$$

（4）物化性质　纯品为白色无味结晶，工业品为白色粉末。200℃以上分解，熔点高于300℃。20℃时在水中的溶解度为120g·L^{-1}，在乙腈或丙二醇中的溶解度均小于80mg·L^{-1}。挥发性小，蒸气压在20℃时极小，可忽略不计。原药及加工品在通常贮存条件下均稳定。在酸碱性介质中不稳定，遇氧化剂则氧化。

（5）制剂和应用　三乙膦酸铝是以三氯化磷、硫酸铝、乙醇等为原料制成的三（O-乙基膦酸）铝，即三乙膦酸铝原粉。再制成40%的可湿性粉剂、30%的水悬剂使用。

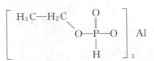技能训练

三乙膦酸铝原药的测定：碘量法

依据化学工业行业标准《三乙膦酸铝原药》HG 3296—2001测定。

三乙膦酸铝原药产品质量应符合化学工业行业标准 HG 3296—2001 规定的要求，其技术条件如下所述。

（1）外观　白色晶状粉末。

（2）指标　三乙膦酸铝原药应符合表8-4的指标要求。

表 8-4　三乙膦酸铝原药控制项目指标

指 标 名 称		指 标	
		一级	合格
三乙膦酸铝含量/%	≥	95.0	87.0
干燥减量/%	≤	1.0	2.0
亚磷酸盐含量（以亚磷酸铝计）/%	≤	1.0	1.0

1. 方法提要

三乙膦酸铝属于亚膦酸酯类化合物，在氢氧化钠碱性溶液中完全水解，生成亚磷酸钠盐。中和后，与碘发生氧化还原反应。过量的碘用硫代硫酸钠标准溶液回滴。反应式如下：

$$C_6H_{18}AlO_9P_3 + 3OH^- \xrightarrow{\triangle} 3HPO_3^{2-} + 3C_2H_5OH + Al^{3+}$$

$$HPO_3^{2-} + I_2 + OH^- \longrightarrow H_2PO_4^- + 2I^-$$

$$I_2 + 2S_2O_3^{2-} \longrightarrow S_4O_6^{2-} + 2I^-$$

2. 仪器与设备

（1）具有玻璃电极的电位滴定仪。

（2）超声波水浴。

（3）pH计。

（4）恒温水浴。

（5）可调电热套　1200W。

（6）球形冷凝管。

（7）碘量瓶　250mL，具塞。

（8）滴定管　25mL，棕色。

3. 试剂与试样

（1）乙酸。

（2）碘化钾。

（3）磷酸溶液　80%。

（4）硫酸溶液　$c\left(\dfrac{1}{2}H_2SO_4\right)=2mol \cdot L^{-1}$。

（5）氢氧化钠溶液 A　$c(NaOH)=1mol \cdot L^{-1}$。

（6）氢氧化钠溶液 B　$c(NaOH)=0.1mol \cdot L^{-1}$。

（7）酚酞指示剂　$1g \cdot L^{-1}$。

（8）淀粉指示剂　$0.5g \cdot L^{-1}$，新鲜配制。

（9）碘标准溶液　$c\left(\dfrac{1}{2}I_2\right)=2mol \cdot L^{-1}$。

（10）硫代硫酸钠标准滴定溶液　$c(Na_2S_2O_3)=0.1mol \cdot L^{-1}$。

（11）pH＝7.3±0.2 的缓冲溶液　称取 100g 氢氧化钠（精确至 0.0002g），溶解于 1.8L 水中，加磷酸溶液中和至 pH 计控制下滴加磷酸溶液至 pH＝7.3±0.2，加入 30g 碘化钾和碘标准溶液 $\left[c\left(\dfrac{1}{2}I_2\right)=2mol \cdot L^{-1}\right]$ 20mL，溶解后用水稀释至 2L。于暗处室温保存，使用之前滴加硫代硫酸钠标准滴定溶液至无色。

4. 测定步骤

（1）试样溶液的制备　称取约含 3g 三乙膦酸铝的试样（精确至 0.0002g），置于 500mL 容量瓶中，加入氢氧化钠溶液 B 200mL，将容量瓶放在超声波水浴超声 10min，冷却至室温后，用氢氧化钠溶液 A 定容混匀。用移液管移取该试液 10mL 于 250mL 碘量瓶中，加 40mL 氢氧化钠溶液 A，与回流冷凝管连接，煮沸回流 1h。用少量水冲洗冷凝管，冷却至室温，用硫酸溶液中和，近终点时加 2 滴酚酞指示剂（$1g \cdot L^{-1}$），继续滴定至红色消失。

（2）试样测定　用移液管分别加入 pH＝7.3±0.2 的缓冲溶液 25mL 和碘标准溶液 $\left[c\left(\dfrac{1}{2}I_2\right)=0.1mol \cdot L^{-1}\right]$ 20mL，盖上瓶塞混匀，用水封口，置于暗处放置 30～40min。加乙酸溶液 3mL 酸化，用硫代硫酸钠标准滴定溶液 $\left[c(Na_2S_2O_3)=0.1mol \cdot L^{-1}\right]$ 滴定，近终点时加入 3mL 淀粉指示剂（$0.5g \cdot L^{-1}$），继续滴定至蓝色消失为终点（或用电位滴定仪确定终点）。

（3）空白测定　在相同条件下，用 10mL 氢氧化钠溶液 A 替换试样溶液，其他操作同试样测定。

5. 结果计算

试样中三乙膦酸铝的质量分数 w 按下式计算：

$$w=\dfrac{c(Na_2S_2O_3)(V_0-V)\times 59.02}{m\times 1000\times 10/50}\times 100\% \qquad (8\text{-}6)$$

式中　　V_0——滴定空白时消耗硫代硫酸钠标准滴定溶液的体积，mL；

V——滴定试样时消耗硫代硫酸钠标准滴定溶液的体积，mL；

$c(Na_2S_2O_3)$——硫代硫酸钠标准滴定溶液的浓度，mol·L^{-1}；

m——试样的质量，g；

59.02——$\dfrac{1}{6}$三乙膦酸铝的摩尔质量，$g \cdot mol^{-1}$。

6. 允许误差

两次平行测定结果之差应不大于 1.0%，取其算术平均值作为测定结果。

7. 方法讨论

(1) 碘量法测定试样中的三乙膦酸铝的含量，可完全排除正磷酸酯（盐）类的干扰。当产品中含有其他亚磷酸盐时，可利用各组分在乙腈-乙醇溶剂中的溶解度不同，而预先以抽提法除去。

(2) 与其他方法相比，该法杂质干扰少，故能较准确地反映产品中有效成分的含量，同时该法可适用于各种合成工艺路线的产品分析。方法简单、可靠、重现性好，两次平行测定结果之差不大于 1.0%。该法对于三乙膦酸铝所含杂质亚磷酸盐、三乙膦酸铝可湿性粉剂仍然适用，操作方法类似。

任务 4 三唑酮原药分析

知识准备

想一想 三唑酮是什么类农药？应该怎样分析？

三唑酮

(1) **化学名称** 1-(4-氯苯氧基)-3,3-二甲基-1-(1H-1,2,4-三唑-1-基)-α-丁酮。

(2) **分子式** $C_{14}H_{16}ClN_3O_2$，相对分子质量 293.75。

(3) **化学结构式**

(4) **物化性质** 纯品为无色结晶固体，工业品为白色至浅黄色固体。熔点为 $82.3℃$。$20℃$时蒸气压小于 $0.1MPa$。$20℃$时在水中的溶解度为 $64mg \cdot L^{-1}$。在有机溶剂中的溶解度（$g \cdot L^{-1}$，$20℃$）为：正己烷中，$10\sim20$；二氯甲烷中，大于 200；异丙醇中，$100\sim200$；环己酮中，$600\sim1200$；甲苯中，$400\sim600$。在 $20℃$ 时，于 $c\left(\dfrac{1}{2}H_2SO_4\right)=0.1mol \cdot L^{-1}$ 硫酸或 $c(NaOH)=0.1mol \cdot L^{-1}$ 氢氧化钠溶液中，7d 不分解。在通常贮存条件下稳定。

(5) **制剂和应用** 三唑酮是以异戊烯、甲醛、对氯苯酚等为原料制成的，再制成 20% 的三唑酮乳油、15% 及 25% 的三唑酮可湿性粉剂、15% 的三唑酮热雾剂使用。

技能训练

三唑酮原药的测定：气相色谱法

依据化学工业行业标准《三唑酮原药》HG 3293—2001 测定。

三唑酮原药的产品质量应符合化工行业标准 HG 3293—2001 的规定，其技术条件如下所述。

（1）外观　白色或微黄色粉末，无可见外来杂质。

（2）指标　三唑酮原药应符合表 8-5 的指标要求。

表 8-5　三唑酮原药控制项目指标

指　标　名　称		指　　标
三唑酮含量/%	≥	95.0
对氯苯酚含量/%	≤	0.5
水分含量/%	≤	0.4
酸度（以 H_2SO_4 计）/%	≤	0.3
丙酮不溶物含量/%	≤	0.5

注：丙酮不溶物含量，每三个月至少应检验一次。

本法对于 20％三唑酮乳油和三唑酮可湿性粉剂仍然适用，操作方法类似。

1. 方法提要

试样用三氯甲烷溶解，以癸二酸二正丁酯或邻苯二甲酸二正丁酯为内标物，使用 3％ OV-17/Chromosorb GAW DMCS 为填充物的不锈钢柱和氢火焰离子化检测器，对试样中的三唑酮进行气相色谱分离和测定。

2. 仪器与设备

（1）气相色谱仪　具有氢火焰离子化检测器。

（2）色谱数据处理机。

（3）色谱柱　1m×3mm（id）不锈钢柱。

3. 试剂与试样

（1）三氯甲烷。

（2）丙酮。

（3）三唑酮标样　已知含量≥99.0％。

（4）内标物　癸二酸二正丁酯或邻苯二甲酸二正丁酯，不应有干扰分析的杂质。

（5）固定液　OV-17（苯基甲基聚硅氧烷 OV-17）。

（6）载体　Chromosorb GAW DMCS（180～250μm）。

（7）内标溶液　称取 12.00g 癸二酸二正丁酯或 7.50g 邻苯二甲酸二正丁酯于 1000mL 容量瓶中，用三氯甲烷溶解并稀释至刻度，摇匀。

4. 色谱柱的制备

（1）固定液的涂渍　准确称取 0.240g OV-17 固定液于 250mL 烧杯中，加入适量（略大于加入载体体积）丙酮。用玻璃棒搅拌溶液，使 OV-17 完全溶解，倒入 8.0g 载体，轻轻振荡，使之混合均匀并使溶剂挥发至干，再将烧杯置于 110℃ 的烘箱中保持 1h，取出放在干燥器中冷却至室温得到柱填充物。载体与固定液的质量比为 3∶100。

（2）色谱柱的填充　将一小漏斗接到经洗涤干燥的色谱柱的出口，分次把制备好的填充物填入柱内，同时不断轻敲柱壁，直至填充到离柱出口 1.5cm 处为止，开启真空泵，继续缓缓加入填充物，并不断轻敲柱壁，使其填充得均匀紧密。填充完毕，在入口端塞一小团玻璃棉，并适当压紧，以保持柱填充物不被移动。

（3）色谱柱的老化　将色谱柱入口端与汽化室相连，出口端暂不接检测器，以 10mL·min^{-1} 的流量通入载气（N_2），分阶段升温至 230℃，并在此温度下，至少老化 24h。

5. 操作条件

（1）温度　柱室 200℃，汽化室 230℃，检测器室 250℃。

（2）气体流量　载气（N_2）30mL·min^{-1}，氢气 30mL·min^{-1}，空气 300mL·min^{-1}。

（3）保留时间　三唑酮约 12min，癸二酸二正丁酯约 16.3min，邻苯二甲酸二正丁酯约 10min。

上述操作参数是典型的，可根据不同仪器特点，对给定操作参数作适当调整，以期获得最佳效果。

6. 测定步骤

（1）标样溶液的配制　称取三唑酮标样 0.12g（精确至 0.0002g），置于 25mL 容量瓶中，用移液管加入 10mL 内标溶液溶解，摇匀。

（2）试样溶液的配制　称取含三唑酮 0.12g 的试样（精确至 0.0002g），置于 25mL 容量瓶中用测定步骤（1）中同一支移液管加入 10mL 内标溶液，摇匀。

（3）测定　在上述色谱操作条件下，待仪器稳定后，连续注入数针标样溶液，计算各针相对响应值的重复性，直至相邻两针的相对响应值变化小于 1.2% 后，按照标样溶液、试样溶液、试样溶液、标样溶液的顺序进样分析。

7. 结果计算

将测得的两针试样溶液以及试样前后两针标样溶液中三唑酮与内标物的峰面积之比，分别进行平均。

试样中三唑酮的质量分数 w_1，按下式计算：

$$w_1 = \frac{r_2 m_1 w}{r_1 m_2} \times 100\% \qquad (8-7)$$

式中　r_1——标准溶液中三唑酮与内标物峰面积之比的平均值；

r_2——试样溶液中三唑酮与内标物峰面积之比的平均值；

m_1——三唑酮标样的质量，g；

m_2——三唑酮试样的质量，g；

w——标样中三唑酮的质量分数。

8. 允许误差

两次平行测定结果之差不大于 1.2%。取算术平均值作为测定结果。

任务 5　绿麦隆原药分析

知识准备

想一想　绿麦隆是什么类农药？应该怎样分析？

绿麦隆

（1）化学名称　N-(3-氯-4-甲基苯基)-N',N'-二甲基脲。

（2）分子式　$C_{10}H_{13}ClN_2O$，相对分子质量 212.7。

（3）化学结构式

（4）物化性质　纯品为白色无味的结晶固体，熔点为 $147\sim148℃$；工业品的熔点为 $142\sim144℃$。$25℃$ 时蒸气压为 $0.017MPa$。$20℃$ 时在水中的溶解度为 $10mg\cdot L^{-1}$，在丙酮中可溶 5%、苯中 $2\%\sim4\%$、氯仿中 4.3%（皆为质量分数）。

（5）制剂和应用　绿麦隆是以对硝基甲苯、液氯和二甲胺等为原料制成的，即绿麦隆原粉。再制成 50% 的可湿性粉剂使用。

▌技能训练

绿麦隆原药的测定：高效液相色谱法

依据国家标准《绿麦隆原药》GB 28134—2011 测定。

绿麦隆原药产品质量应符合国家标准 GB 28134—2011 规定的要求，其技术条件如下所述。

（1）外观　白色至浅黄色粉末，无可见外来杂质。。

（2）指标　绿麦隆原药应符合表 8-6 的指标要求。

表 8-6　绿麦隆原药控制项目指标

项　目	指标	项　目	指标
绿麦隆质量分数①/% ≥	95.0	干燥减量/% ≤	1.0
1,1-二甲基-3-(4-甲基苯基)脲质量分数①/% ≤	0.8	丙酮不溶物的质量分数①/% ≤	0.5
1-甲基-3-(3 氯-4-甲基苯基)脲质量分数①/% ≤	0.8	pH	6.0～8.0

① 正常生产时，每三个月至少测定一次。

1. 方法提要

试样用甲醇溶解，以 $pH=4.0$ 磷酸水溶液和乙腈为流动相，使用 C_{18} 为填充物的不锈钢柱和紫外检测器，对试样中的绿麦隆进行高效液相色谱分离和测定。

2. 仪器与设备

（1）高效液相色谱仪　具有可调波长紫外检测器。

（2）色谱数据处理机或色谱工作站。

（3）色谱柱　$250mm×4.6mm$ 不锈钢柱，内装 SHIMADZU VP-ODS $5\mu m$ 填充物（或具有同等效果的色谱柱）。

（4）过滤器　滤膜孔径约 $0.45\mu m$。

（5）超声波清洗器。

3. 试剂与试样

（1）磷酸　分析纯。

（2）甲醇　色谱级。

（3）乙腈　色谱级。

（4）水　新蒸二次蒸馏水。

（5）绿麦隆标准样　已知质量分数 $w\geqslant99.0\%$。

4. 操作条件

（1）流动相　［乙腈∶水（磷酸调节 pH＝4.0）］＝50∶50。

（2）流量　1.0mL·min^{-1}。

（3）柱温　室温（温度变化应不大于2℃）。

（4）检测波长　243nm。

（5）进样体积　25μL。

（6）保留时间　绿麦隆约5.6min。

上述操作参数是典型的，可根据不同仪器特点，对给定操作参数作适当调整，以期获得最佳效果。

5. 测定步骤

（1）标准溶液的配制　称取绿麦隆标样约0.1g（精确至0.0002g），置于50mL容量瓶中，用甲醇溶解并稀释至刻度，摇匀。用移液管吸取上述溶液5.0mL置于另一50mL容量瓶中，用甲醇溶解并稀释至刻度，摇匀。

（2）试样溶液的配制　称取含有绿麦隆约0.1g（准确至0.0002g）的试样，置于50mL容量瓶中，用甲醇溶解并稀释至刻度，摇匀。用移液管吸取上述溶液5.0mL于另一50mL容量瓶中，用甲醇溶解并稀释至刻度，摇匀。

（3）测定　在上述操作条件下，待仪器稳定后，连续注入数针标准溶液，直至相邻两针绿麦隆的峰面积相对变化小于1.0%，按标准溶液、试样溶液、标准溶液的顺序进行分析。

6. 结果计算

将测得的两针试样溶液以及试样前后两针标准溶液中绿麦隆峰面积分别进行平均。试样中绿麦隆质量分数，按式（8-8）计算：

$$w_1 = \frac{A_2 m_1 w}{A_1 m_2} \times 100\% \tag{8-8}$$

式中　w_1——试样中绿麦隆的质量分数，%；

A_2——试样溶液中绿麦隆峰面积的平均值；

m_1——标样的质量，g；

w——标样中绿麦隆的质量分数，%；

A_1——标样溶液中绿麦隆峰面积的平均值；

m_2——试样的质量，g。

7. 允许差

两次平行测定结果之差，应不大于1.0%，取其算术平均值作为测定结果。

图8-2　7501型气质联用农药分析仪

知识链接

7501型气质联用农药分析仪（见图8-2）能进行快速农药筛选，GC/MS分析方法已被广泛用于农药分析，特别是对复杂基质中大量目标化合物的筛选。全扫描EI方法提供了进行宽范围筛选的有利条件，如目标物数量不限、全谱定性确认、非目标物鉴定的谱库检索等。微板流路控制技术反吹解卷积报告软件（DRS）以及农药和内分泌干扰物数据库等技术可以增加目标物筛选的数量，同时减少每个样品分析所需的时间。使用 Agilent GC/MS 分析仪工具包随时可用并可简化启动程序，其分析方法采用了最新的 GC/MS 分析技术，从而提高了实验室的工作效率，并且从使用的第一天开始就获得一致的高质量数据。

内容小结

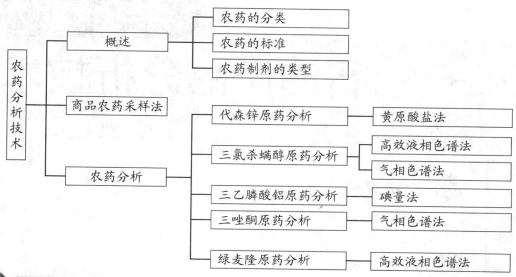

练一练

1. 农药的定义是什么？农业上的催熟剂、抑制作物生长的药剂是农药吗？为什么？
2. 农药分类的方式有哪些？常用的是哪一种？分为哪些种类？
3. 农药的标准分为几类？
4. 如何认识农药的作用与环境污染的关系？
5. 简述代森锌原药、三乙膦酸铝原药、三唑酮原药等农药的主要特点。
6. 某厂的代森锌 0.4500g，以黄原酸盐法测定其代森锌的质量分数。用 0.0850mol·L^{-1} 碘标准溶液滴定，空白消耗 0.25mL，滴定消耗 34.15mL，求代森锌的质量分数。
7. 简述碘量法测定三乙膦酸铝原药的原理。
8. 如何用气相色谱内标法测定三唑酮的含量？其内标物是怎样的？结果计算公式的原理是怎样的？
9. 如何用高效液相色谱外标法测定绿麦隆的含量？其流动相是什么？结果计算公式的原理是怎样的？

石油产品分析技术

知识目标

1. 了解石油的分类、分析标准和石油产品试样的采集方法。
2. 掌握石油产品分析项目及各项目的测定原理。

能力目标

1. 能选择适当的方法采集石油产品试样。
2. 能选择合适的方法准确测定石油产品的密度、黏度、闪点、凝点、馏程、酸度与酸值、水溶性酸和碱、水分及硫含量。

想一想 你对石油产品有哪些了解？石油产品的用途有哪些？

项目一 概述

任务1 石油产品分类及分析标准

知识准备

想一想 常用的石油产品分为哪些类别？

石油是世界第一能源和重要的化工原料。石油产品分析对油品加工的生产过程和油品质量进行有效控制。

一、石油产品的组成和分类

未经加工的石油（原油）是棕黑色可燃性黏稠液体矿物油，它是多种化合物组成的混合物。组成石油的化学元素主要是碳（83%～87%）、氢（11%～14%），其余为硫、氮、氧及微量金属元素等。组成石油的化合物包括烃类和非烃类两类。烃类化合物为烷烃、环烷烃、芳香烃等，非烃类化合物为含硫、氧、氮等元素的烃的衍生物，以及少量的氯化物、硫酸盐、碳酸盐、水等。不同产地的石油中，各种烃类的结构和所占比例相差很大。

石油产品是以石油或石油某一部分作为原料，经过物理的、物理化学的或化学的方法生产出来的各种商品的总称。

我国石油产品分类的依据是《石油产品及润滑剂 分类方法和类别的确定》GB/T 498—2014。该标准按主要用途和特性将石油产品划分为五类，即燃料（F）、溶剂和化工原料（S）、工业润滑油和有关产品（L）、蜡（W）、沥青（B）。分类的原则是基于石油产品的主要类别特征的英文名称的第一个前缀字母而确定的。

二、石油产品分析的任务和标准

石油产品分析是指用统一规定或公认的试验方法，分析检验石油产品理化性质和使用性能的试验过程。

1. 石油产品分析的主要任务

（1）检验油品质量　确保进入商品市场的油品质量，促进企业建立健全质量保证体系。

（2）评定油品使用性能　对超期贮存和失去标签或发生混串的油品进行评价，以便确定上述油品能否使用或提出处理意见。

（3）对油品质量进行仲裁　当油品生产与使用单位对油品质量发生争议时，可依据国际或国家统一制定的标准进行检验，确定油品的质量，做出仲裁，保证供需双方的合法利益。

（4）为制定加工方案提供基础数据　对石油炼制的油品进行检验，为制定生产方案提供可靠的数据。

（5）为控制工艺条件提供数据　对油品炼制过程进行控制分析，系统地检验各馏出口产品和中间产品质量，及时调整生产工序及操作，以保证产品质量和安全生产，为改进工艺条件、提高产品质量、增加经济效益提供依据。

2. 石油产品分析的标准

石油产品分析标准包括两个方面，石油产品的质量标准和石油产品分析的方法标准。

石油产品的质量标准是给定石油产品的物理化学性质指标，用于评定石油产品的质量，包括产品分类、分组、命名、代号、品种（牌号）、规格、技术要求、检验方法、检验规则、产品包装、产品识别、运输、贮存、交货和验收等内容。如《车用汽油》GB 17930—2013、《车用柴油（Ⅴ）》GB 19147—2013 等。

石油产品分析的方法标准是对石油产品化验方法中仪器、试剂、测定条件、测定步骤、精确度等所做的技术规定。如《闪点的测定　宾斯基-马丁闭口杯法》GB/T 261—2008、《石油产品常压蒸馏特性测定法》GB/T 6536—2010。

任务 2　石油产品取样

知识准备

想一想　常见石油产品如何贮存和运输？如何根据不同情况选择合适的采样方法呢？

一、石油产品试样的分类

石油产品试样是指向给定试验方法提供所需要产品的代表性部分。石油产品试样可按油品性状或取样位置和方法不同分类。

1. 按油品性状不同分类

（1）气体石油产品试样　有液化石油气、天然气等。

（2）液体石油产品试样　有原油、汽油、柴油、煤油、润滑油等。

（3）膏状石油产品试样　有润滑脂、凡士林等。

（4）固体石油产品试样

① 可熔性石油产品：有蜡、沥青等。

② 不熔性石油产品：有石油焦、硫黄块等。

③ 粉末状石油产品：有焦粉、硫黄粉等。

2. 按取样位置和方法不同分类

（1）点样　从油罐中规定位置采取的试样，或者在泵送期间按规定的时间从管线中采取的试样，它只代表石油或液体石油产品本身的这段时间或局部的性质。按取样位置可将点样划分为以下几类。

① 出口液面样　从油罐内抽出石油或液体石油产品的最低液面处取得的点样。

② 上部样　在石油或液体石油产品的顶液面下深度的 1/6 处所采取的试样。

③ 中部样　在石油或液体石油产品的顶液面下深度的 1/2 处所采取的试样。

④ 下部样　在石油或液体石油产品的顶液面下深度的 5/6 处所采取的试样。

⑤ 顶部样　在石油或液体石油产品的顶液面下 150mm 处所采取的点样。

⑥ 表面样　从罐内顶液面处采取的点样。

⑦ 底部样　从油罐底部或者从管线中的最低点处的石油或液体石油产品中采取的点样。

此外，属于点样的还有排放样（从油罐排放活栓或排放阀门采取的试样）、罐侧样（从罐侧取样管线采取的点样）。

（2）代表性试样　样品的物理或化学特性与被取样的总体积的体积平均特性相同的样品。油品试样一般指代表性试样。

① 组合样。按等比例合并若干个点样，所获得的代表整个油品的试样。组合样常见的类型是由按下述的任何一种情况合并试样而得到的：

按等比例合并上部样、中部样和下部样；

按等比例合并上部样、中部样和出口液面样；

从几个油罐或油船的几个油舱中采取的单个试样，以每个试样所代表的总数量成比例地掺和而成；

在规定的时间间隔从管道内流动的油品中采取的一系列相等体积的点样。

② 全层样。取样器在一个方向上通过整个液层，使其充满约 3/4 流体时所取得的样品。

③ 例行样。将一个容器从油品顶部降落到底部，然后以相同的速度提升到油品的顶部，提出液面时容器应充满约 3/4 时的样品。

二、石油产品试样的采集

1. 采样工具

（1）液态石油产品采样工具　按油品容器、取样点及所取样品性质的不同，采样工具分为以下几类。

① 液体取样器（见图 9-1）适用于在油罐、油槽车、油船中采取试样。取样器应加重，以便它能迅速地沉降到被取样的油品中。用取样器采取上部样、中部样、下部样和出口液面样时，应将取样器拴到降落装置上，并通过突然拉动降落装置来打开取样器的塞子。用于采取例行样时，应使用特殊塞子。为了避免每次取样后都要清洗取样器，所有的加重物质都应固定在取样器的外部，使其不与样品接触。

② 底部取样器。适用于在距油罐底部 3～5cm 处采取试样。降落到罐底时通过和罐底板接触能够打开阀或类似的启闭器。

③ 沉淀物取样器。适用于采取液态石油产品中残渣或沉淀物。抓取取样器是一个带有抓取装置的坚固的黄铜盒，其底是两个由弹簧关闭的夹片组，取样器机构以吊缆放松。

④ 桶和听取样器。是一个直径为 10～15mm 的长玻璃、金属或塑料制成的管子，适用于在小容器（如桶、听、瓶子或公路罐车）中采取试样。需要时，可配有便于操作的合适的配件。它能够插到桶、听或公路罐车中所要求的液面处抽取点样或插到底部抽取

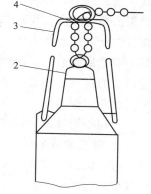

图 9-1　液体取样器
1—外部铅锤；
2—紧密装配的锥形帽；
3—铜丝手柄；4—防火花材料制成的长链或绳

检查污染物存在的底部样。下端有关闭机构的管状取样器，还可以用于通过液体的竖直截面采取代表性样品。

⑤ 500~1000mL 的小口试剂瓶。适用于在装有旁通阀门的管线中采取试样。

⑥ 管道取样装置。适用于在输油管线中采取试样，由一个适当的管线取样头与一个隔离阀组成。

（2）固体及半固体石油产品采样工具

① 螺旋形钻孔器或活塞式穿孔器。其长度约 400mm（用于在铁盒、白铁桶或袋子中取样）或约 800mm（用于在大桶或鼓形桶中取样）。在活塞式穿孔器的下口，要焊有一段长度与口部直径相等的金属丝。适用于膏状或粉状石油产品的采样。

② 刀子。适用于可熔性固体石油产品的采样。

③ 铲子。适用于不能熔化的石油产品的采样。

（3）气体石油产品采样工具

① 橡皮球胆。适用于处于正压状态、无腐蚀性气体的采样。

② 带有抽气装置的大容量集气瓶。适用于处于常压或负压下气体的采样。

③ 连接流量计和抽气装置并盛有吸收液的吸收瓶。适用于可被吸收液吸收的气体的采样。

2. 采样方法

（1）油罐采样

① 立式油罐采样。最常用的是组合样，当采取单个立式油罐用于检验油品质量的组合样时，按等比例合并上部样、中部样和出口液面样。采取单个油罐用于计算油品数量的组合样时，按等比例合并上部样、中部样和下部样。采取点样的方法是：降落取样器或瓶和笼，直到其口部达到要求的深度，用适当的方法打开塞子，在要求的液面处保持取样器具直到充满为止。当采取顶部样品时，要小心地降落不带塞子的取样器，直到其颈部刚刚高于液体表面，然后，突然地把取样器降到液面下 150mm 处，当气泡停止冒出表明取样器充满时，将其提出；当采取底部样时，降落底部取样器，将其直立地停在油罐底上，提出取样器之后，如果需要将其内含物转移进样品容器时，要注意正确地转移全部样品，其中包括会黏附到取样器内壁上的水和固体；当采取界面样时，降落打开阀的取样器，使液体通过取样器冲流，到达要求液面后，关闭阀，提出取样器，如果使用的是透明的管子，则可以通过管壁目视确定界面的存在，然后由量油尺上的量值确定界面在油罐内的位置，检查阀是否正确关闭，否则要重新取样。

当在不同液面取样时，要从顶部到底部依次取样，这样可避免扰动下部液面。

② 卧式油罐采样。在油罐容积不大于 60m³ 或油罐容积大于 60m³ 而油品深度不超过 2m 时，可在油品深度的 1/2 处采取一份试样，作为代表性试样。如果油罐容积大于 60m³ 且油品深度超过 2m，则应在油品体积的 1/6、1/2 和 5/6 液面处各采取一份试样，要混合后作为代表性试样。卧式圆筒形油罐的取样见表 9-1。

表 9-1 卧式圆筒形油罐的取样

液体深度（直径的百分数）	取样液面（罐底上方直径的百分数）			组合数（比例的份数）		
	上部	中部	下部	上部	中部	下部
100	80	50	20	3	4	3
90	75	50	20	3	4	3
80	70	50	20	2	5	3
70		50	20		6	4

液体深度 （直径的百分数）	取样液面（罐底上方直径的百分数）			组合数（比例的份数）		
	上部	中部	下部	上部	中部	下部
60		50	20		5	5
50		40	20		4	6
40			20			10
30			15			10
20			10			10
10			5			10

（2）油船采样　在油船上采样时，每舱都要取上部样、中部样和下部样3个试样，并以相等的体积掺和成该舱的组合样。

（3）油罐车采样　在油罐车内进行采样时，应把取样器降到罐内油品深度的1/2处。以迅速拉动绳子，打开取样器的塞子，待取样器内充满油后，提出取样器。对于整列装有相同石油或液体石油产品的油罐车应根据取样车数按要求进行随机取样，但必须包括首车。

（4）包装采样　取样前，将桶口或听口向上放置。如果需要测定水或其他不溶污染物时，让桶或听保持此位置足够长的时间，以使污染物沉淀下来。打开盖子，把盖子湿侧朝上并放在塞孔旁边。如果使用的取样管是玻璃、金属或塑料制成的，则可用拇指按住清洁干燥的取样管的上端口，把管子插进油品中约300mm深，移去拇指，让油品移动，使油品能接触取样时被浸入的管子内表面部分，用这样的方法来冲洗管子，取样操作期间，要避免抚摸管子已浸入油品的部分，放掉并排净管内的冲洗油品。将按上述方法准备好的取样管上端口放开，插入油品中。插入的速度应使管内液面同管外液面大致相同，这样可取得油品全深度的试样。用拇指按住上端口，迅速提出管子，把油品转入试样容器中，此为组合试样。

（5）管线采样　管线样分为流量比例样和时间比例样两种。推荐使用流量比例样，因为它和管线内的流量成比例。取样前，应放出一些要取样的油品，把全部取样设备冲洗干净，然后把试样收集在试样容器内。采取高倾点试样时，要注意线路保温，防止油品凝固。采取挥发性试样时，要防止轻组分损失。对于输油管线中输送的石油或液体石油产品，应按规定从取样口采取流量比例样，而且要把所采取的样品以相等的体积掺和成一份组合样。对于时间比例样，可按照规定从取样口采取样品，要注意把所采取的样品以相等的体积掺和成一份组合样。

3. 采样注意事项

（1）采取液体石油产品

① 采样器材质。不能与试样发生反应；采取低闪点的试样时，不允许使用铁制采样器。同时，采样器应分类使用和存放。

② 高温及挥发性试样。采取高温试样时，应做好防烫伤的准备工作；采取挥发性试样时，应站在上风口，避免中毒。

③ 易燃易爆试样。采取具有可燃烃蒸气或低闪点的试样时，应做好防静电准备工作。

④ 防止带水。如罐底有水垫，则需了解水层高度，以避免采底部样时带水。

⑤ 试样高度。所采试样不宜装满容器，应留出至少10%的无油空间。如果要从试样容器中倒出一些油品以得到10%无油空间时，尤其是在有游离水或乳化层存在时，应特别注意。

（2）采取固体石油产品

① 采样用具。采样用具使用刀子或铲子，采取试样前应该用汽油洗涤工具和容器，待干燥后使用。

② 试样的代表性。取样必须注意其代表性，并按规定采够数量，采取的试样需混匀后，才能进行分析试样的制备工作。

（3）采取气体石油产品

① 防止泄漏。应仔细检查，防止容器或管线内气体外泄。

② 防爆。防止产生火花引燃致爆，灯和手电筒应是防爆型的。

③ 防止中毒或窒息。在敞口容器或塔体内采样时应防止中毒或窒息，应二人结伴进行。

三、石油样品的处理与保存

1. 样品处理

样品处理是指在样品取出点到分析点或贮存点之间对样品的均化、转移等过程。在样品提取或抽出点和实验室试验台之间或和样品贮存点之间处理样品的方法都应保证保持样品的性质和完整性。

处理样品的方法应取决于取样的目的。要使用的实验室分析方法常常会要求一个同它结合的特殊的处理方法。由于这个原因，应参考适当的试验方法，并把涉及样品处理的必要说明交给取样者。如果要应用的分析方法有不一致的要求，就要分开抽取样品，并对每个样品采用合适的取样方法。

含有挥发性物质的油样应用初始样品容器直接送到实验室，不能随意转移到其他容器中，如必须就地转移，则要冷却和倒置样品容器；具有潜在蜡沉淀的液体在均化、转移过程中要保持一定的温度，防止出现沉淀；含有水或沉淀物的不均匀样品在转移或试验前一定要均化处理。手工搅拌均化不能使其中的水和沉淀物充分分散，常用高剪切机械混合器和外部搅拌器循环的方法均化试样。

2. 试样的保存

① 试样保存数量。液体石油产品一般为 1L。

② 试样保留时间。燃料油类（汽油、煤油、柴油等）保存 3 个月；润滑油类（各种润滑油、润滑脂及特殊油品等）保存 5 个月；有些样品的保存期由供需双方协商后可适当缩短或延长。试样在整个保存期间应保持铅封完整无损，超过保存期的样品由实验室适当处理。

③ 采取的试样要分装在两个清洁干燥的瓶子里。第 1 份试样送往化验室分析用，第 2 份试样留存发货人处，供仲裁试验使用。仲裁试验用样品必须按规定保留一定的时间。

④ 试样容器应贴上标签，并用塑料布将瓶塞瓶颈包裹好，然后用细绳捆扎并铅封。标签上的记号应是永久的，应使用专用的记录本作取样详细记录。标签一般填写如下项目：取样地点；取样日期；取样者姓名；石油或石油产品的名称和牌号；试样所代表的数量；罐号、包装号（和类型）、船名等；使用的取样装置和试样类型（例如上部样、平均样、连续样）。

技能训练

液体石油产品取样：液体石油手工油罐取样（组合样）

依据国家标准《石油液体手工取样法》GB/T 4756—1998 规定被列为基准法。

1. 仪器与设备

（1）加重的取样器。

（2）2500mL 广口试剂瓶若干。

（3）标签纸若干。

2. 准备工作

检查取样器、接收器，确保其清洁和干燥。

3. 取样步骤

从柴油（或其他油品）罐中取液面下 1/6、1/2、5/6 处试样各一份。

将取样器中的试样等体积倾倒入广口试剂瓶中混合成一份组合样，并将试剂瓶留有 10％的无油空间，根据后续试验需要可多次采取集成 5～10L。

在充装样品之后，立即封闭接收器或容器，检验其是否渗漏。

在装有试样的试剂瓶上贴上标签。

4. 报告

在标签上注明试样名称、罐号、取样日期、取样人。

5. 指导学生进行试验报告的填写

取样标签：

试 样 名 称	
罐 号	
取 样 日 期	
取 样 人	

6. 讨论

（1）为何组合样需要液面下 1/6、1/2、5/6 处试样？

（2）不同的油品能否使用同一取样器？

项目二

油品分析

任务 1 **油品理化性质分析**

知识准备

　　想一想　油品的理化性质有哪些呢？我们可以采取什么方式对这些性质进行检测呢？

　　石油及油品是各种烃类和非烃类组成的复杂混合物。油品的理化性质与其化学组成和分子结构密切相关，是组成它的各种化合物性质的宏观综合表现，这些性质的测定对评定产品质量、控制石油炼制过程和进行工艺设计都有着重要的实际意义。

由于油品组成的复杂性和不确定性，为便于油品之间的相互比较，实际中油品绝大多数性质多采用条件性试验进行测定，条件改变，结果也会不同。

一、密度测定

1. 密度和相对密度

（1）密度　单位体积物质的质量称为密度，符号 ρ，单位 $g \cdot mL^{-1}$ 或 $kg \cdot m^{-3}$。油品的密度与温度有关，通常用 ρ_t 表示温度 t 时油品的密度。我国规定 20℃时，石油及液体石油产品的密度为标准密度，其他温度下测得的密度可根据《石油计量表》GB/T 1885—1998换算为标准密度。在温差为 20℃±5℃范围内，油品密度随温度的变化可近似地看作直线关系，由式（9-1）换算：

$$\rho_{20} = \rho_t + \gamma(t - 20℃) \tag{9-1}$$

式中　ρ_{20}——油品在 20℃时的密度，$g \cdot cm^{-3}$；

ρ_t——油品在温度 t 时的密度，$g \cdot cm^{-3}$；

γ——油品密度的平均温度系数，即密度随温度的变化率，$g \cdot cm^{-3} \cdot ℃^{-1}$，从油品密度的平均温度系数表查得；

t——油品的温度，℃。

（2）相对密度　物质的相对密度是指物质在给定温度下的密度与规定温度下标准物质的密度之比。液体石油产品以纯水为标准物质，我国及东欧各国习惯用 20℃时油品的密度与 4℃时纯水的密度之比表示油品的相对密度，其符号用 d_4^{20} 表示，无量纲。由于水在 4℃时的密度等于 $1g \cdot mL^{-1}$，因此液体石油产品的相对密度与密度在数值上相等。各种油品的相对密度大约为：原油 0.65～1.06；汽油 0.70～0.77；煤油 0.75～0.83；柴油 0.82～0.87；润滑油 0.85～0.89 等。

欧美各国常以 15.6℃作为油品和纯水的规定温度，用 $d_{15.6}^{15.6}$ 表示油品的相对密度，两者换算关系为式（9-2）：

$$d_4^{20} = d_{15.6}^{15.6} + \Delta d \tag{9-2}$$

式中　Δd——油品的相对密度校正值。

2. 测定密度的意义

（1）油品计量　对容器中的油品，测出容积和密度，就可以计算其质量。利用喷气燃料的密度和质量热值，可以计算其体积热值。

（2）判断油品的质量指导生产　由于油品的密度与化学组成密切相关，因此根据相对密度可初步确定油品品种，为合理的加工方案提供了依据。

（3）影响燃料的使用性能　喷气燃料的能量特性用质量热值（MJ·kg⁻¹）和体积热值（MJ·m⁻³）表示。燃料的密度越大，其体积热值越高。通常在保证燃烧性能不变坏的条件下，喷气燃料的密度大一些较好。

3. 油品密度测定方法

（1）密度计法　用密度计法测定液体石油产品密度是按《原油和液体石油产品密度实验室测定法（密度计法）》GB/T 1884—2000 标准试验方法进行的，该方法等效采用国际标准ISO 3675—1998。其理论依据是阿基米德原理。测定时将密度计垂直放入液体中，当密度计排开液体的质量等于其本身的质量时，处于平衡状态，漂浮于液体石油产品中。密度计干管上是以纯水在 4℃时的密度 1g·mL^{-1} 作为标准刻制标度的，在其他温度下的测量值仅是密度计读数，并不是该温度下的密度，故称为视密度。测定后，要用《石油计量表》GB/T 1885—1998 把弯月面修正后的密度计读数（视密度）换算成标准密度。

根据 GB/T 1884—2000 的规定，密度计应符合《石油密度计技术条件》SH/T 0316—1998。图 9-2 为石油密度计及其读数方法，按国际通行的方法，测定透明液体，读取液体下弯月面与密度计干管相切的刻度；对不透明试样，要读取液体上弯月面与密度计干管相切的刻度。再按密度计的技术要求表进行弯月面修正。如使用 SY-Ⅰ型或 SY-Ⅱ型石油密度计，仍读取液体上弯月面与密度计干管相切处的刻度，无须作弯月面修正。

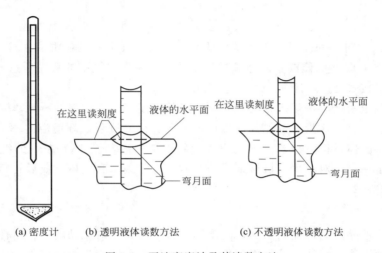

(a) 密度计　　(b) 透明液体读数方法　　(c) 不透明液体读数方法

图 9-2　石油密度计及其读数方法

密度计法简便、迅速，但准确度受最小分度值及测试人员的视力限制，不可能太高。密度计要用可溯源于国家标准的标准密度计或可溯源的标准物质的密度作定期检定，至少每五年复检一次。

测定时要根据试样和测定要求合理选用密度计，测定在接近或等于标准温度 20℃时最准确，在整个试验期间，若环境温度变化大于 2℃，则要使用恒温浴，保证试验温度相差不超过 0.5℃。测定温度前，必须搅拌试样，保证试样混合均匀，记录要准确到 0.1℃。放开密度计时应轻轻转动一下，要有充分时间静止，让气泡升到表面，并用滤纸除去。

（2）密度瓶法（比重瓶法）　密度瓶法定密度是通过测定密度瓶的容积和充满上述容积的石油产品的质量来进行的。密度瓶法规定试验在标准温度 20℃下进行。先称量空密度瓶，然后称量用水充满至规定标线的密度瓶，以求出密度瓶内水的质量，用水的质量除以水在 20℃时的密度，得出密度瓶的容积。将被试验的石油产品充满至该密度瓶的同一标线，并进行称重，即可求出石油产品的质量，而油品的体积为密度瓶的容积，从而计算出石油产品的密度。

液体试样一般选择 25mL 和 50mL 的密度瓶，在恒定温度下注满试样，称其质量。当测定温度为 20℃时，密度及相对密度分别按式(9-3) 和式(9-4) 计算。

$$\rho_{20} = \frac{(m_{20} - m_0)\rho_c}{m_c - m_0} + C \tag{9-3}$$

$$d_4^{20} = \frac{\rho_{20}}{0.99820} \tag{9-4}$$

式中 　ρ_{20}——20℃时试样的密度，g·cm^{-3}；

　　　　ρ_c——20℃时水的密度，g·cm^{-3}；

　　　m_{20}——20℃时盛试样密度瓶在空气中的表观质量，g；

　　　　m_c——20℃时盛水密度瓶在空气中的表观质量，g；

　　　　m_0——空密度瓶在空气中的质量，g；

　　　　C——空气浮力修正值，g。

固体或半固体试样，应选用广口型密度瓶，装入半瓶剪碎或熔化的试样，于干燥器中，冷至 20℃时称其质量，往瓶中注满纯水后，称量，其密度按式(9-5) 计算。

$$\rho_{20}=\frac{(m_1-m_0)\rho_c}{(m_c-m_0)-(m_2-m_1)}+C \qquad (9-5)$$

式中 　m_1——20℃时盛固体或半固体试样的密度瓶在空气中的表观质量，g；

　　　　m_2——20℃时盛固体或半固体试样和水的密度瓶在空气中的表观质量，g。

相对密度仍按式(9-4) 计算。

密度瓶法测定密度要按规定方法对盛有试样的密度瓶水浴恒温 20min，排出气泡盖好塞子，擦干外壁后再进行称量，以保证体积稳定。所有称量过程，环境温差不应超过 5℃。测水值及固体和半固体试样时，要注入无空气、新煮沸并冷却至 18℃左右的纯水。密度瓶水值至少两年测定一次。对含水和机械杂质的试样，应除去水和机械杂质后再行测定。

二、黏度测定

1. 黏度

黏度是评价油品流动性能的指标，是流体内部阻碍其相对流动的一种特性，在层流状态下反映液体流动性能。液体受外力作用移动时，液体分子间产生内摩擦力的性质就称为液体的黏度。黏度值与温度有关，故通常应注明测定黏度时的温度。黏度分为动力黏度、运动黏度和各种条件黏度，三者有区别，不能混淆。

（1）动力黏度　又称为绝对黏度，简称黏度。其定义为两个面积为 1m^2，垂直距离为 1m 的相邻流体层，以 1m·s^{-1} 的速度作相对运动时所产生的内摩擦力。用符号 μ 表示，单位为 Pa·s。动力黏度是与流体性质有关的常数，流体的黏性越大，μ 越大。

（2）运动黏度　某流体的动力黏度与该流体在同一温度和压力下的密度之比，称为该流体的运动黏度，用符号 ν_t 表示，单位为 m^2·s^{-1}。按式(9-6) 计算：

$$\nu_t=\frac{\mu_t}{\rho_t} \qquad (9-6)$$

实际生产中常用 mm^2·s^{-1}作油品质量指标中运动黏度的单位

（3）条件黏度　如恩氏黏度、赛氏黏度、雷氏黏度等，它们都是用特定仪器在规定条件下测定的，称为条件黏度。条件黏度可以相对衡量油品的流动性，但它不具有任何意义，只是一个公称值。

恩氏黏度是试样在规定温度下，从恩氏黏度计中流出 200mL 所需要的时间与该黏度计的水值之比，用符号 E 表示，单位为条件度。其中水值是指 20℃时从同一黏度计流出 200mL 蒸馏水所需的时间。

赛氏黏度主要在美国使用，其定义是在某规定温度下从赛氏黏度计流出 60mL 液体所需时间，单位为 s。雷氏黏度主要在英国和日本使用，定义为 50mL 试样在规定温度下流过雷氏黏度计所需时间，单位为 s。

2. 影响黏度的因素

（1）黏度与化学组成的关系　当碳原子数相同时，油品中各种烃类的黏度大小排列顺序是：正构烷烃＜异构烷烃＜芳香烃＜环烷烃，且环数增多，黏度增大。

（2）黏度与温度的关系　随着温度的降低油品黏度增大，当黏度增大到一定程度时，油品便失去了流动性。反之，随着温度升高，所有石油馏分的黏度都减小，最终趋近一个极限值，各种油品的极限黏度都非常接近。测定油品黏度必须按规定保持恒温，否则会使测定结果产生较大的误差。

油品黏度随温度变化的性质称为油品的黏温特性，黏温特性是润滑油的重要质量指标。润滑油具有良好的黏温特性，才不至于因温度变化而使润滑油黏度大幅波动。黏温特性可以用黏度比和黏度指数来表示。黏度比越小，黏度指数越高，油品的黏温特性越好。

3. 测定黏度的意义

（1）黏度是工艺计算的主要参考数据之一　例如，计算流体在管线中的压力损失，需查雷诺数，而雷诺数与绝对黏度有关。在生产上可以从黏度变化判断润滑油的精制深度。通常是：未经精制的馏分油黏度＞经硫酸精制的馏分油黏度＞用选择溶剂精制的馏分油黏度。

（2）黏度是润滑油的最重要的质量指标　正确选择一定黏度的润滑油，可保证发动机稳定可靠的工作状况。润滑油的牌号，大部分以产品标准中运动黏度的平均值来划分。如汽油机油、柴油机油按《内燃机油粘度分类》GB/T 14906—1994 划分牌号，工业齿轮油按 50℃ 运动黏度划分牌号，而普通液压油、机械油、压缩机油、冷冻机油和真空泵油均按 40℃ 运动黏度划分牌号。同时，黏度对润滑油、燃料油的输送也有重要意义，当油的黏度增大时，输送压力便要增大。

（3）黏度是喷气燃料的重要质量指标　燃料雾化的好坏是喷气发动机正常工作的最重要条件之一。喷气燃料的黏度对燃料雾化程度影响很大，为了保证喷气发动机在不同温度下所必需的雾化程度，在喷气燃料质量标准中规定了不同温度下的黏度值。

（4）黏度是柴油的重要质量指标　黏度是柴油的重要性质之一，它可决定柴油在内燃机内雾化及燃烧的情况。黏度过大，喷油嘴喷出的油滴颗粒大且不均匀，雾化状态不好，与空气混合不充分，燃烧不完全。同时，柴油能对柱塞泵起润滑作用，黏度过小，会影响油泵润滑，增加柱塞磨损。在柴油质量标准中对黏度范围也有明确的规定。

4. 油品黏度测定方法

（1）运动黏度　液体石油产品运动黏度的测定按《石油产品运动粘度测定法和动力粘度计算法》GB/T 265—1988 标准试验方法进行，主要仪器是玻璃毛细管黏度计。对于指定的毛细管黏度计，其半径、长度和液柱高度等都是定值。该方法适用于测定液体石油产品（指牛顿液体）的运动黏度，方法是在某一恒定的温度下，测定一定体积的液体在重力下流过一个标定好的玻璃毛细管黏度计的时间，黏度计的毛细管黏度计常数与流动时间的乘积，即为该温度下测定液体的运动黏度。运动黏度按式(9-7)计算，在温度 t 时，运动黏度用符号 ν_t 表示。

$$\nu_t = C\tau_t \tag{9-7}$$

式中　ν_t——温度 t 时试样的运动黏度，$mm^2 \cdot s^{-1}$；

　　　　C——毛细管黏度计常数，$m^2 \cdot s^{-2}$；

　　　　τ_t——温度 t 时试样的平均流动时间，s。

在《玻璃毛细管粘度计技术条件》SH/T 0173—1992 中规定，应用于石油产品黏度检测的毛细管黏度计分为四种型号。测定时，应根据试样黏度和试验温度选择合适的黏度计，务必满足试样流动时间不少于 200s，内径为 0.4mm 的黏度计流动时间不少于 350s。

图 9-3 为玻璃毛细管黏度计。不同的毛细管黏度计，其毛细管黏度计常数 C 值不尽相同。不同规格的黏度计出厂时，都给出 C 的标定值。C 值的测定方法为：用已知黏度的标准液体，在规定条件下测定其通过毛细管黏度计的时间，计算出 C，实测时，应注意选用的标准液体的黏度应与试样接近，以减少误差。

测定运动黏度时，由于油品黏度随温度变化很明显，因此要严格控制温度保持在所要求温度的 ±0.1℃ 以内。同时严格控制试样通过毛细管黏度计时的流动时间。

测定时毛细管黏度计必须调整成垂直状态以免引起测定偏差。吸入黏度计的试样不允许有气泡。测定前试样必须进行脱水、除去机械杂质的预处理。

（2）恩氏黏度　石油产品恩氏黏度的测定按《石油产品恩氏粘度测定法》GB/T 266—1988 标准试验方法进行。恩氏黏度是试样在某温度 t 时，从恩氏黏度计流出 200mL 所需的时间与蒸馏水在 20℃ 时流出相同体积所需时间（即黏度计的水值）之比。测定时，试样呈线状流出，温度 t 时的恩氏黏度按式(9-8)计算。

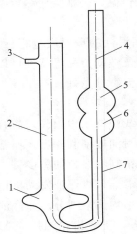

图 9-3　玻璃毛
细管黏度计
1,5,6—扩张部分；
2,4—管身；3—支管；
7—毛细管；

$$E_t = \frac{\tau_t}{K_{20}} \tag{9-8}$$

式中　E_t——温度 t 时试样的恩氏黏度，°E；

K_{20}——黏度计的水值，s；

τ_t——温度 t 时，从恩氏黏度计流出 200mL 试样所需时间，s。

三、闪点、燃点和自燃点测定

油品的闪点、燃点与自燃点是油品的安全性指标，是大多数油品的必检项目之一。

1. 闪点、燃点和自燃点

（1）闪点　闪点指使用专门仪器在规定的条件下，将可燃性液体（如石油产品及烃类）加热，使其蒸气与空气形成的混合气与火焰接触发生瞬间闪火的最低温度。闪火是微小的爆炸，意味着在此温度下油品挥发产生的油蒸气已在空气中达到爆炸所需的浓度。只有混合气中可燃性气体的体积分数达到一定数值时，遇火才能爆炸，浓度过小或过大都不会发生爆炸，这个浓度范围称为爆炸界限。在爆炸界限内，可燃气在混合气中的最低体积分数称为爆炸下限；最高体积分数称为爆炸上限。油品的闪点就是指常压下，油品蒸气与空气混合达到爆炸下限或爆炸上限的油温。通常情况下，高沸点油品的闪点为其爆炸下限时的油品温度，而低沸点油品的闪点实际上是它的爆炸上限的油品温度。油品的闪点是评价石油产品蒸发倾向和安全性的指标。闪点低于 45℃ 的液体称为易燃品，闪点在 45℃ 以上的油品称为可燃品。

（2）燃点　在测定油品开口杯闪点后继续提高温度，在规定条件下可燃混合气能被外部火焰引燃，并连续燃烧不少于 5s 时的最低温度，称为燃点，通常称为开口杯法燃点。

（3）自燃点　将油品加热到很高的温度后，再使之与空气接触，无须引火点燃，油品即因剧烈氧化而产生火焰自行燃烧，这就是油品的自燃现象，能发生自燃的最低油温，称为自燃点。

2. 油品闪点、燃点和自燃点与油品组成的关系

通常情况下，含烷烃多的油品自燃点比较低，但其闪点却比黏度相同而含环烷烃和芳烃较多的油品高。在同类烃中，随相对分子质量增大，自燃点降低，而闪点和燃点增高。油品的沸点越高、馏分越重、相对分子质量越大，其闪点和燃点越高，但其自燃点越低。油品闪点的高低取决于油品中沸点最低的那部分烃类的含量。有极少量轻油混入到高沸点油品中，就能引起闪点显著降低。因此原油的闪点很低，属于易燃品。

3. 测定闪点、燃点的意义

测定油品的闪点、燃点可以判断油品馏分组成的轻重，指导生产操作条件的调控。油品的危险等级就是根据闪点来划分的，测定闪点可鉴定油品发生火灾的危险性。测定值还可用于评定润滑油质量，在润滑油的使用中，如果发现润滑油的闪点显著降低，则说明润滑油受到稀释及变质，需要及时进行处理。

4. 闪点、燃点测定方法

测定油品闪点的方法有闭口杯法和开口杯法。闭口杯法多用于轻质油品如溶剂油、煤油等，由于测定条件与轻质油品实际贮存和使用条件相似，因此可以作为防火安全控制指标的依据。开口杯法多用于润滑油及重质石油产品。在某些润滑油的规格中，规定了开口杯闪点和闭口杯闪点两种质量指标，其目的是用两者之差去检查润滑油馏分的宽窄程度以及有无掺入轻质油品成分。同一油品用闭口闪点仪测的闪点比用开口闪点仪测的闪点低很多。

（1）宾斯基-马丁闭口杯法 《闪点的测定 宾斯基-马丁闭口杯法》GB/T 261—2008 是参照采用 ISO 2719：2002 标准试验方法制定的，适用于测定燃料油、润滑油等油品的闭口杯闪点。测定操作时，将试样装入试验杯至加料线，盖上试验杯盖，然后放入加热室，确保试验杯就位或锁定装置连接好后插入温度计。在连续搅拌下加热，按要求控制恒定的升温速度，在规定温度间隔内用一小火焰进行点火试验，点火时必须停止搅拌，记录火源引起试验杯内产生明显着火的温度，作为试样的观察闪点，再将观察闪点修正到标准大气压（101.3kPa）下的闪点。

（2）开口杯法 按《石油产品闪点和燃点测定法（开口杯法）》GB/T 267—1988 的规定，将试样装入内坩埚至规定的刻线处，迅速升高试样温度，然后缓慢升温，当接近闪点时，恒速升温。在规定的温度间隔，将点火器火焰按规定的方法通过试样表面，则试样蒸气发生闪火的最低温度，即为开口杯法闪点。继续进行试验，点燃后，连续燃烧不少于 5s 时的最低温度，即为试样的燃点。

（3）克利夫兰开口杯法 GB/T 3536—2008 克利夫兰开口杯法等效采用了 ISO 2592：2000 标准试验方法，其测定方法与《石油产品闪点和燃点测定法（开口杯法）》大体相同，只是试验设备和试杯的尺寸有所不同。适用于除燃料油（燃料油通常按照 GB/T 261—2008 进行测定）以外的、开口杯闪点高于 79℃的石油产品。

（4）问题与讨论

① 试样含水量。试样含水时必须进行脱水，因为水的存在会影响闪点的测定结果。

② 加热速度。加热速度过快，提前闪火；加热速度过慢，点火次数增多，消耗了部分油气，使到达爆炸下限的温度升高。

③ 点火的控制。点火用的火焰大小、与试样液面的距离及停留时间都应按国家标准规定执行。

④ 试样的装入量。按要求杯中试样要装至加料线处，装入量过多或过少都会改变液面以上的空间高度，测定结果不准确。

⑤ 大气压力。油品的闪点与外界压力有关，气压低，油品易挥发，故闪点较低，反之则闪点较高。标准中规定以 101.3kPa 为闪点测定的基准压力，若有偏离，则实测观察闪点需进行压力校正。

四、残炭测定

1. 残炭

油品在规定条件下，在隔绝空气的情况下加热时蒸发、裂解和缩合，生成焦炭状残留物即残炭。残炭用残留物占油品的质量分数表示。由于所用残炭测定器不同，残炭又可分为兰氏残炭、康氏残炭及电炉法残炭。我国石油产品中间控制多测定电炉法残炭，在产品出厂和仲裁试验时测定康氏残炭，兰氏残炭则是国际普遍应用的一种标准试验方法。

2. 测定残炭的意义

残炭是评价油品在高温条件下生成焦炭倾向的指标。残炭主要由油中的胶质、沥青质、多环芳烃及灰分形成。所以残炭量与油的化学组成和灰分含量有关。含胶质、沥青质、芳烃多的，密度大的重质油料，残炭值高；裂化及焦化产品的残炭值较直馏产品为高。残炭也可作为柴油、润滑油等精制程度的一种间接指标。

3. 残炭测定方法

康氏残炭一般用于在常压蒸馏时易部分分解、相对不易挥发的石油产品。测定时把盛有试样的瓷坩埚放入内铁坩埚中，然后再将内铁坩埚放在外铁坩埚内。用强火焰的煤气喷灯加热，使试油蒸发、燃烧，生成残留物，经灼烧后冷却称重，计算质量分数。

电炉法残炭适用于润滑油、重质液体燃料或其他石油产品。测定时用电炉代替煤气喷灯作热源，将试样放入带毛细管的特殊坩埚中，在隔绝空气和规定的加热条件下使试油受热蒸发分解，保持规定时间，根据测得的焦黑色残留物质量，计算质量分数。

兰氏残炭适用于在常压蒸馏时部分分解的、不易挥发的石油产品。测定时用恒重的带有毛细管的特制玻璃焦化瓶，装入一定质量试样，在规定温度下将试样迅速加热到所有挥发性物质都从瓶口逸出，而较重的残留物留在瓶内进行裂化和焦化反应，称重计算质量分数。

技能训练

油品闪点测定：闭口杯法

依据国家标准《闪点的测定　宾斯基-马丁闭口杯法》GB/T 261—2008 规定被列为基准法。

1. 仪器与设备

闭口闪点测定器、温度计、防护屏。

2. 准备工作

用滤纸过滤除去样品的机械杂质和水。油杯要用无铅汽油洗涤，再用空气吹干。

3. 测定步骤

观察气压计，记录试验期间仪器附近的环境大气压。

将试样倒入试验杯至加料线，盖上试验杯盖，然后放入加热室，确保试验杯就位或锁定装置连接好后插入温度计。点燃试验火源，并将火焰直径调节为 3~4mm；在整个试验期间，试样以 5~6℃·min^{-1} 的速率升温，且搅拌速率为 90~120r·min^{-1}。

当试样的预期闪点不高于 110℃ 时，从预期闪点以下 23℃±5℃ 开始点火，试样每升高 1℃ 点火一次，点火时停止搅拌。用试验杯盖上的滑板操作旋钮或点火装置点火，要求火焰在 0.5s 内下降至试验杯的蒸气空间内，并在此位置停留 1s，然后迅速升高至原位置。

当试样的预期闪点高于 110℃ 时，从预期闪点以下 23℃±5℃ 开始点火，试样每升高 2℃ 点火一次，点火时停止搅拌。用试验杯盖上的滑板操作旋钮或点火装置点火，要求火焰在 0.5s 内下降至试验杯的蒸气空间内，并在此位置停留 1s，然后迅速升高至原位置。

记录火源引起试验杯内产生明显着火的温度，作为试样的观察闪点，但不要把在真实闪点到达之前，出现在试验火焰周围的淡蓝色光轮与真实闪点相混淆。

如果所记录的观察闪点温度与最初点火温度的差值小于 18℃ 或高于 28℃，则认为此结果无效。应更换试样重新进行试验，调整最初点火温度，直到获得有效的测定结果，即观察闪点与最初点火温度的差值应在 18~28℃ 范围之内。

4. 大气压力对闪点影响的修正

观察和记录大气压力，按式（9-9）计算在标准大气压力 101.3kPa 时闪点修正数 Δt（℃）：

$$\Delta t = 0.25(101.3 - p) \tag{9-9}$$

式中 p——实际大气压力，kPa。

结果报告修正到标准大气压（101.3kPa）下的闪点，精确至 0.5℃。

5. 精密度

按下述规定判断试验结果的可靠性（95%的置信水平）。

① 重复性（r）。在同一实验室，由同一操作者使用同一仪器，按照相同的方法，对同一试样连续测定的两个试验结果之差不能超过 $0.029X$，X 为两次连续试验的平均值。

② 再现性（R）。在不同的实验室，由不同操作者使用不同的仪器，按照相同的方法，对同一试样测定的两个单一、独立的试验结果之差不能超过 $0.071X$，X 为两次连续试验的平均值。

6. 讨论

（1）石油产品的闪点和哪些测定条件有关？

（2）如何判断一个石油产品的闪点是否正常？

任务2 油品蒸发性能分析

 **知识准备**

想一想 油品的蒸发性能用哪些指标来评定呢？

蒸发性能指液体由液态变成气态的特性。蒸发性能是液体燃料的重要特性之一，它对油品的贮存、输送和使用均有重要影响，也是生产、科研和设计中常用的主要物性参数。同时，油品的蒸发特性也是油品中烃类产生潜在的爆炸蒸气趋势的主要决定因素。

油品的蒸发性能可以通过馏程、蒸气压和气液比等指标体现出来。

一、馏程的测定

1. 馏程

在一定外压下，当纯化合物加热到某一温度时，其饱和蒸气压等于外界压力。此时，在气液界面和液体内部同时出现汽化现象，这一温度即称为该化合物在此压力下的沸点。纯物质的沸点是压力的单值函数，与测定方法无关。在外压一定时，纯化合物的沸点是一个恒定值。

石油产品是复杂的混合物，由于油品的蒸气压随汽化率不同而变化，所以在外压一定时，油品沸点随汽化率增加而不断升高。当温度达到某一数值使组成油品的各个纯烃的蒸气分压之和恰与外压相等时，油品即开始沸腾。随着汽化过程的继续，油中的低沸点烃类由于具有较高的蒸气压，因此相对汽化较快。沸腾温度的不断升高，使残留液相的组成不断变重，沸点不断升高。因此，含有多种烃类混合物的油品就没有固定的沸点，而只有一个沸点范围，外压一定时，石油产品的沸点范围即称为沸程。

油品在规定条件下蒸馏所得到的以初馏点和终馏点表示其蒸发特征的温度范围称为馏程。初馏点是指油品在规定的条件下（100mL试样）进行馏程的测定中，当冷凝管流出第一滴冷凝液时的气相温度（℃）；终馏点是指油品在规定的条件下进行馏程的测定中，蒸馏到最后达到的最高气相温度（℃），又称为干点。油品在规定的条件下进行馏程的测定中，量筒内回收的冷凝液达到某一规定体积（mL）时所同时观察的温度称为馏出温度（℃），如50%馏出温度指油品在规定的条件下进行馏程的测定中，当馏出物体积为装入试样的50%时，蒸馏瓶内的气相温度；油品在规定的条件下进行馏程的测定中，观察到的最大回收体积所占加入试样的百分数称为回收百分数，如5%、10%、50%、90%回收体积分数等；油品在规定的条件下进行馏程的测定中残留物体积（mL）占加入试样的百分数称为残留物百分数，或者指总回收百分数减回收百分数之差；油品在规定的条件下进行馏程的测定中，所得烧瓶里残留物百分数和回收百分数之和称为总回收百分数；用100减总回收百分数之差称为损失百分数。

油品在某一温度范围蒸出的馏出物称为馏分。如汽油馏分、煤油馏分、柴油馏分及润滑油馏分等。温度范围窄的称为窄馏分，温度范围宽的称为宽馏分。测定油品的馏程所用蒸馏设备不同，测定的数值也有差别，在石油产品质量控制和工艺计算中，通常使用简单的恩氏蒸馏设备来测定油品的沸点范围，而重质石油产品（如蜡油、润滑油等）和在常压蒸馏时分解的石油产品（如重柴油、蜡油等重质馏分）的馏程，则使用减压蒸馏装置在减压下进行测定。

2. 测定馏程的意义

馏程是评定液体燃料蒸发性能的最重要的质量指标。它既能说明液体燃料的沸点范围，又能判断油品组成中轻重组分的大体含量，对生产、使用、贮存等各方面都有着重要的意义：测定原油的馏程可大致看出原油中含有汽油、煤油、轻柴油等馏分数量，从而决定原油的加工方案；在石油炼制过程中以馏出物的馏程结果为基础控制炼油装置生产操作条件（如温度、压力、塔内液面、侧线拔出量、蒸汽用量等）；测定燃料的馏程，可以根据不同的沸点范围，初步确定燃料的种类；测定发动机的燃料馏程，可以鉴定其蒸发性能，从而判断油品在使用中的适用程度，例如，通过汽油的初馏点可判断汽油中有无保证发动机在低温下易于启动的轻馏分，10％馏出温度能反映汽油含轻组分的多少，50％馏出温度可判断汽油中含影响汽化式发动机加温速度的较轻馏分数量的多少，90％馏出温度能反映影响汽油充分蒸发和燃烧的重组分数量的多少，并与终馏点一起反映汽油能否完全燃烧和发动机的磨损情况等。

3. 馏程测定方法

测定汽油、喷气燃料、溶剂油、煤油和车用柴油等轻质石油产品的馏分组成可按照《石油产品常压蒸馏特性测定法》GB/T 6536—2010 标准方法进行，该方法适用于测定发动机燃料、溶剂油和轻质石油产品的馏分组成。

取 100mL 试样在适合其性质的规定条件下进行蒸馏，系统地观察温度计读数和冷凝液的体积，并根据这些数据，进行计算和报告结果。按产品性质不同控制不同的蒸馏操作升温速度。规定蒸馏汽油时，从开始加热到初馏点的时间为 5～10min；航空汽油，7～8min；喷气燃料、煤油、车用柴油，10～15min；重质燃料油或其他重质油料，10～20min。馏出速度应保持在 4～5mL·min⁻¹（每 10s 20～25 滴）。当总馏出量达 90mL 时，需调整加热速度，使 3～5min 内达到干点，否则会影响干点测定的准确性。

蒸馏过程中，按要求记录初馏点、终馏点和不同回收体积分数（如汽油要求记录5％、10％、45％、50％、85％、90％回收体积分数）的馏出温度，生产中通常将整套数据称为馏程，它是轻质燃料油的质量指标。石油产品馏程测定是间歇式的简单蒸馏，从馏分组成数据仅能粗略地判断油品的轻重及使用性质。图 9-4 为燃气加热型蒸馏仪器装置。

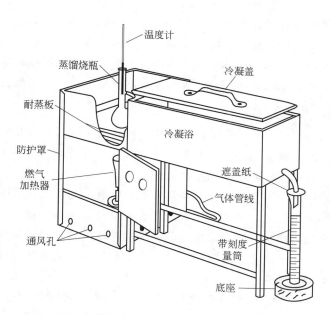

温度计
蒸馏烧瓶
耐蒸板
防护罩
燃气加热器
通风孔
冷凝盖
冷凝浴
遮盖纸
气体管线
带刻度量筒
底座

图 9-4　燃气加热型蒸馏仪器装置

二、饱和蒸气压的测定

石油产品饱和蒸气压是指在规定的条件下，油品在适当的试验仪器中气液两相达到平衡时，液面蒸气所显示的最高压力。蒸气压是表示油品蒸发性能、启动性能、生成气阻的倾向及贮运时损失轻馏分多少的重要指标之一。一般饱和蒸气压越高，挥发性越大，含低分子轻质烃类也越多，所以通过蒸气压测定可以判断发动机燃料挥发性的大小；一般饱和蒸气压越高，形成气阻的倾向越大，所以通过蒸气压测定可以判断发动机燃料在使用时有无形成气阻的倾向；一般饱和蒸气压越高，在贮存时的蒸发损失也越大，所以测定蒸气压可以估计发动机燃料贮存和运输时的损失；同时，蒸气压过低会影响油料启动性能并减少燃烧性能良好的轻组分，测定蒸气压可以判断发动机燃料启动性能的好坏。因此，油品的蒸气压测定是必需的。

《石油产品蒸气压的测定 雷德法》GB/T 8017—2012 规定了用于测定汽油、其他易挥发性石油产品及易挥发性原油蒸气压的方法：将经冷却的试样充入蒸气压测定器的汽油室，并将汽油室与 37.8℃ 的空气室相连接。将该测定器浸入恒温浴（37.8℃±0.1℃），并定期地振荡，直至安装在测定器上的压力表的压力恒定，压力表读数经修正后即为雷德蒸气压。蒸气压测定器分为空气室和汽油室两部分，二者的体积比为 4：1，即气相与液相的比为 4：1。气液比是否严格符合要求、试油轻馏组分的损失、测定温度的变化、测量温度和大气压是否准确，对结果均有较大影响。

任务3 油品腐蚀性能分析

知识准备

想一想 生活中有没有见到油品对金属的腐蚀现象呢？

油品在贮存、运输和使用过程中，不可避免要接触到各种金属。纯净油本身没有腐蚀性，当油品中含有其他杂质，如硫及硫化合物、水溶性酸或碱、有机酸和水等时，就会具有腐蚀性。如果油品具有腐蚀性，就会腐蚀运输设备、贮存容器和发动机零件。

油品腐蚀性评定指标主要有硫含量、水溶性酸碱、酸度、铜片腐蚀试验等。

一、水溶性酸、碱的测定

石油产品中的水溶性酸、碱是指油品在加工、贮存及运输过程中从外界混入的可溶于水的无机酸和碱。通常原油及其馏分油中几乎不含有水溶性酸及碱，油品中的水溶性酸、碱多为油品在酸碱精制过程中因脱除不净而残留的酸或碱。

油品中存在水溶性酸、碱会在加工、使用和贮存时腐蚀与其接触的金属构件，当油品中有水存在时，其腐蚀更加严重，其中水溶性酸几乎对所有金属都有强烈的腐蚀作用，而水溶性碱只对锌、铝等金属有腐蚀。测定水溶性酸、碱能够反映出油品经酸碱精制处理后，酸是否完全中和或碱洗后用水冲洗得是否完全，可以大致预测油品的腐蚀性能，同时，油品中的水溶性酸、碱会促使油品老化。

测定油品中的水溶性酸、碱可按照《石油产品水溶性酸及碱测定法》GB/T 259—1988标准方法进行：试样放入分液漏斗，用蒸馏水在一定温度下抽提试样中的水溶性酸、碱，然后分别用甲基橙或酚酞指示剂检查抽出溶液颜色的变化情况，抽提物中加入 2 滴甲基橙溶液，如果抽提物呈玫瑰色，则表示所测石油产品中有水溶性酸存在；抽提物中加入 3 滴酚酞溶液，如果溶液呈玫瑰色或红色，则表示有水溶性碱存在。

测定仪器必须确保清洁，无水溶性酸、碱等物质存在；所用的抽提溶剂（蒸馏水、乙醇水溶液）以及汽油等稀释溶剂必须呈中性；当用水抽提水溶性酸或碱产生乳化现象时，需用50～60℃呈中性的95％乙醇与水按1：1配制的溶液代替蒸馏水作抽提溶剂，分离试样中的酸、碱；指示剂必须按规定用量加入，不得随意改变。

二、油品酸度和酸值的测定

1. 酸度与酸值

石油产品的酸度（值）是油品腐蚀性能和使用性能的主要控制指标之一，对石油产品中酸性物质的测定，所得的酸度（值）一般为有机酸、无机酸以及其他酸性物质的总值。酸度为中和100mL石油产品中的酸性物质所需氢氧化钾的质量，以 mg KOH·$(100mL)^{-1}$ 表示，一般适用于轻质油品；酸值为中和1g石油产品中的酸性物质所需要的氢氧化钾质量，以 mg KOH·g^{-1} 表示。

2. 酸度与酸值测定的意义

（1）判断油品中所含酸性物质的数量　油品中酸性物质含量的多少随原料油的组成及其馏分油精制的程度而变化。一般来说，酸度（值）越高，油品中所含的酸性物质越多。

（2）判断油品对金属材料的腐蚀性　油品中有机酸含量少，在无水分和温度较低时，一般对金属不会产生腐蚀作用，但当含量增多且存在水分时，就能严重腐蚀金属，水分存在下即使是微量的低分子酸也有强烈的腐蚀作用。酸性物质的性质也影响油品的腐蚀性能，当测得酸度和酸值相同时，油品的腐蚀性可能并不相同。油品中酸度过高，燃烧后会生成有毒气体，腐蚀零部件和污染环境，同时酸度大的柴油会增加发动机内积炭，影响雾化性能和燃烧性。

（3）判断润滑油的变质程度　机件间的摩擦、受热以及其他外在因素的作用，使润滑油发生氧化而逐渐变质，酸性物质增多，表现为酸值增大。测定使用中的润滑油酸值，如超过换油指标，就应及时更换新的机油。

3. 酸度、酸值的测定方法

（1）轻质油品酸度的测定　汽油、煤油、柴油酸度的测定，按《汽油、煤油、柴油酸度测定法》GB/T 258—77(88) 标准试验方法进行。利用沸腾的乙醇溶液抽提试样中的酸性物质，再用氢氧化钾乙醇标准滴定溶液进行滴定，通过酸碱指示剂颜色的改变来确定终点，计算出试样的酸度。试样的酸度按式(9-10)计算：

$$X = \frac{100VT}{V_1} \tag{9-10}$$

$$T = 56.1c$$

式中　V——氢氧化钾乙醇溶液的用量，mL；

$\quad\quad V_1$——试样的用量，mL；

$\quad\quad T$——氢氧化钾乙酸溶液的滴定度，mg KOH·mL^{-1}；

$\quad\quad 56.1$——氢氧化钾的摩尔质量，g·mol^{-1}；

$\quad\quad c$——氢氧化钾乙醇标准溶液物质的量浓度，mol·L^{-1}。

（2）石油产品酸值的测定　石油产品酸值的测定按《石油产品酸值测定法》GB/T 264—83(91) 标准试验方法进行。用沸腾的95％乙醇抽提出试样中的酸性成分，然后用氢氧化钾乙醇溶液进行滴定，通过酸碱指示剂颜色的改变来确定终点，计算出试样的酸值。酸

值按式(9-11) 计算

$$X = \frac{VT}{m} \tag{9-11}$$

式中　　V——氢氧化钾乙醇标准滴定溶液的用量，mL；

　　　　m——试样的质量，g；

　　　　T——氢氧化钾乙醇标准滴定溶液的滴定度，mg KOH·mL^{-1}。

（3）测定注意事项

① 每次测定所加的指示剂要按标准中规定的用量加入，以免引起滴定误差。

② 试验过程中，在每次滴定过程中，自锥形烧瓶停止加热到滴定达到终点所经过的时间不应超过 3min。

③ 准确判断滴定终点对测定结果有很大的影响。例如，用酚酞作指示剂滴定至乙醇层显浅玫瑰红色为止；用甲酚红作指示剂滴定至乙醇层由黄色变为紫红色为止。

④ 当遇到抽出溶液颜色较深时，化学分析方法会产生严重误差，须改用电位滴定法测定。

三、硫含量的测定

1. 硫含量及其测定的意义

硫含量是指存在于油品中的硫及其衍生物的含量，以质量分数表示。油品中含硫化合物的存在，影响油品的贮存安定性，加速油品的氧化变质，生成黏稠的沉淀物，降低油品品质；在催化加工时，会造成催化剂中毒。硫含量是车用汽油的重要指标，硫化物在燃烧后生成的二氧化硫和三氧化硫与生成水相遇后会产生具有腐蚀性的酸性物质，严重腐蚀设备；油品中含硫还影响现代汽油发动机汽车现场排放诊断的准确性，导致车辆行驶后期因诊断错误而引起排放增加；燃烧后生成的二氧化硫排放至大气中，造成有害人体健康的空气污染。目前各国汽油标准中硫含量均呈下降趋势。

2. 硫含量的测定方法

硫含量的测定方法很多，如 GB/T 380（燃灯法）、GB/T 387（管式炉法）、SH/T 0689（紫外荧光法）、GB/T 11140（X 射线荧光光谱法）等，国家最新标准中将 SH/T 0689（紫外荧光法）确定为硫含量测定的仲裁法。

（1）燃灯法　石油产品在硫含量燃灯法测定器的灯中燃烧，其中的硫化物生成 SO_2，用过量的碳酸钠水溶液吸收生成的 SO_2，反应后将剩余的碳酸钠用盐酸标准溶液进行滴定（回滴法），根据盐酸标准溶液消耗的量计算试样中的硫含量。燃灯法使用的仪器价格低，过去使用比较普遍，但测定低硫含量的试样误差较大。

（2）管式炉法　按试样预计硫含量在瓷舟中称入一定量试样，将装有试样的瓷舟放入石英管，使试样在空气流中在一定条件下燃烧，用过氧化氢和硫酸溶液吸收产生的 SO_2，生成的硫酸用氢氧化钠标准滴定溶液进行滴定。

（3）《轻质烃及发动机燃料和其他油品的总硫含量测定法（紫外荧光法）》SH/T 0689—2000　适用于测定沸点范围约25～400℃、室温下黏度范围约 $0.2～10 m^2 \cdot s^{-1}$ 的液态烃中总硫含量。测定时将烃类试样直接注入裂解管或进样舟中，由进样器将试样送至高温燃烧管，在富氧条件中，硫被氧化成二氧化硫（SO_2）；试样燃烧生成的气体在除去水后被紫外光照射，二氧化硫吸收紫外光的能量转变为激发态的二氧化硫（SO_2*），当激发态的二氧化硫返回到稳定态的二氧化硫时发射荧光，并由光电倍增管检测，由所得信号值计算出试样的硫含量。该标准适用于总硫含量在 $1.0 \sim 8000 \mathrm{mg} \cdot \mathrm{kg}^{-1}$ 的石脑油、馏分油、发动机燃料和其他油品。

四、油品的金属腐蚀试验

油品对金属材料的腐蚀性试验，是将金属试片放置（悬挂）于待测试样中，在一定温度条件下持续一段时间，根据金属试片的变化现象来评定油品有无腐蚀倾向的试验方法。在试样中浸渍金属试片的腐蚀性试验，主要反映油品中"活性硫"含量的多少，但也能一定程度地显示出油品中酸、碱存在时的协同效果，因此是一项较为综合的试验方法。根据油品使用环境，腐蚀性试验选用的金属试片一般为铜片。通过铜片腐蚀试验可以定性检查活性硫化物的脱除是否完全，判断馏分油或其他石油产品在炼制过程中或其他使用环境下对机械、设备等的腐蚀程度。

油品铜片腐蚀试验按照《石油产品铜片腐蚀试验法》GB/T 5096 标准试验方法进行。该方法主要适用于测定航空汽油、喷气燃料、车用汽油、天然汽油或雷德蒸气压不大于 124kPa 的其他烃类、溶剂油、煤油、柴油、馏分燃料油、润滑油和其他石油产品对铜的腐蚀性程度。试验时将一块已磨光好的规定尺寸和形状的铜片浸渍在一定量的试样中，使油品中腐蚀性介质（如水溶性酸和碱、有机酸性物质，特别是"活性硫"等）与金属铜片接触，并在规定的温度下维持一段时间，使试样中腐蚀性活性组分与金属铜片发生化学或电化学反应，试验结束后再取出铜片，将洗涤后铜片表面颜色变化的深浅及腐蚀迹象与腐蚀标准色板进行比较，确定该油品对铜片的腐蚀级别。

五、油品中水分含量的测定

1. 油品中水分及测定的意义

油品中水分是指存在于石油产品中的水含量。由于石油产品具有一定程度的溶水性，在贮存、运输、加注和使用过程中，可能由于容器密封不严进入的明水或由于容器进入的凝析水以及输转设备、贮存容器不洁等各种原因而混入水分。油品中水以悬浮水、溶解水和游离水等形式存在。水分会增强油品中低分子有机酸对机械的腐蚀、使添加剂分解、促进油品的氧化、影响油品低温流动性、降低油品的介电性能、降低润滑油的润滑性能，因此水分是各种石油产品标准中必不可少的规格之一，也被作为油品生产进出装置物料的主要控制指标。

2. 水分测定方法

油品水分测定方法分定性和定量两种。对轻质燃料油，如喷气燃料、航空汽油等，采用目测法进行定性分析，或采用 SH/T 0064—1991(2000)《馏分燃料游离水和颗粒污染物试验法》检查油品中水分杂质。

定量测定水分的方法按油品水分含量不同又分为常量法和微量法两种。常量水分按《石油产品水分测定法》GB/T 260—77(88) 进行定量测定；当含水量为微量时，可采用《液体石油产品水含量测定法 卡尔·费休法》GB/T 11133—1989 进行测定。

（1）蒸馏法 按《石油产品水分测定法》GB/T 260—77(88) 标准方法进行，取一定量的试样与无水溶剂混合，在规定的仪器中按规定条件蒸馏，利用无水溶剂的携带作用和与水的密度差异，收集馏出的水分，根据试样的质量和接收器中所收集到的水的体积，计算试样中所含水分的百分数，作为测定结果。试样含水的质量分数按式（9-12）计算：

$$w = \frac{V}{m} \times 100\%$$ （9-12）

式中 V——在接收器中收集水的体积，mL；

m——试样的质量，g。

蒸馏法是一种常量测定法，只能测定含水量在 0.03% 以上的油品。当试样水分超过 10% 时，可酌情减少试样的称出量。所用仪器（见图 9-5）必须清洁干燥，所用溶剂必须严格脱水，以免因溶剂带水而影响测定结果的准确性。测定时，蒸馏瓶中应加入沸石或素瓷片，同时冷凝管的上端要用干净棉花塞住，防止空气中的水分被冷凝。

（2）卡尔·费休法 按《液体石油产品水含量测定法 卡尔·费休法》GB/T 11133—89 标准方法进行，适用于测定水含量 $50 \times 10^{-6} \sim 1000 \times 10^{-6}$ 的液体石油产品。方法基于 I_2 氧化 SO_2 时需要定量的 H_2O 这一原理，试样中的水与卡尔·费休试剂（含有 I_2、SO_2、C_5H_5N 及 CH_3OH 的混合溶液）定量反应，利用永停滴定法指示反应的终点，根据消耗的卡尔·费休试剂体积，计算试样的水含量。

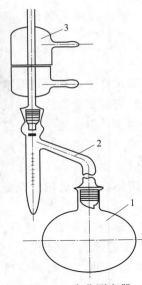

图 9-5 水分测定器

1—圆底烧瓶；2—接收器；3—冷凝管

技能训练

石油产品酸值的测定

依据国家标准《石油产品酸值测定法》GB/T 264—83(91) 规定被列为基准法。

1. 仪器与设备

（1）锥形烧瓶 250mL 或 300mL。

（2）球形回流冷凝管 长约 300mm。

（3）微量滴定管 2mL，分度为 0.02mL。

（3）电热板或水浴。

2. 试剂与试样

（1）氢氧化钾 分析纯，配成氢氧化钾乙醇标准滴定溶液 $[c(KOH) = 0.05mol \cdot L^{-1}]$。

（2）95% 乙醇 分析纯。

（3）碱性蓝 6B

3. 测定步骤

用清洁、干燥的锥形烧瓶称取试样 $8 \sim 10g$，称准至 $0.2g$。

在另一只清洁无水的锥形烧瓶中，加入 95% 乙醇 50mL，装上回流冷凝管。在不断摇动下，将 95% 乙醇煮沸 5min，除去溶解于 95% 乙醇内的二氧化碳。

在煮沸过的 95% 乙醇中加入 0.5mL 碱性蓝 6B（或甲酚红）溶液，趁热用氢氧化钾乙醇标准滴定溶液中和，直至溶液由蓝色变成浅红色（或由黄色变成紫红色）为止。对未中和就已呈现浅红色（或紫红色）的乙醇，若要用它测定酸值较小的试样，则可考虑事先用 0.2% 盐酸溶液若干滴，中和乙醇恰好至微酸性，然后再按上述步骤中和直至溶液由蓝色变成浅红色（或由黄色变成紫红色）为止。

将中和过的95％乙醇注入装有已称好试样的锥形烧瓶中，并装上回流冷凝管。在不断摇动下，将溶液煮沸5min。

在煮沸过的混合液中，加入0.5mL的碱性蓝6B（或甲酚红）溶液，趁热用氢氧化钾乙醇标准滴定溶液滴定，直至95％乙醇层由蓝色变成浅红色（或由黄色变成紫红色）为止。

对于在滴定终点不能呈现浅红色（或紫红色）的试样，允许滴定达到混合液的原有颜色开始明显地改变时作为终点。

在每次滴定过程中，自锥形烧瓶停止加热到滴定达到终点所经过的时间不应超过3min。

4. 结果计算

试样的酸值X，用mg KOH·g^{-1}的数值表示，按式(9-13)计算：

$$X = \frac{VT}{m} \tag{9-13}$$

$$T = 56.1c$$

式中　　V——氢氧化钾乙醇标准滴定溶液的用量，mL；

　　　　m——试样的质量，g；

　　　　T——氢氧化钾乙醇标准滴定溶液的滴定度，mg KOH·mL^{-1}；

　　56.1——基本单元为KOH的1mol氢氧化钾的质量，g·mol^{-1}；

　　　　c——氢氧化钾乙醇标准滴定溶液物质的量浓度，mol·L^{-1}。

5. 精密度

用以下规定来判断结果的可靠性（95％置信水平）。

（1）重复性　同一操作者重复测定的两个结果之差不应超过表9-2中数值。

表9-2　重复性要求

范围/mg KOH·g^{-1}	重复性/mg KOH·g^{-1}
0.00～0.1	0.02
大于0.1～0.5	0.05
大于0.5～1.0	0.07
大于1.0～2.0	0.10

（2）再现性　由两个实验室提出的两个结果之差不应超过表9-3中数值。

表9-3　再现性要求

范围/mg KOH·g^{-1}	再现性/mg KOH·g^{-1}
0.00～0.1	0.04
大于　0.1～0.5	0.10
大于　0.5～1.0	平均值的15％
大于　1.0～2.0	平均值的15％

取重复测定两个结果的算术平均值，作为试样的酸值。

6. 讨论

（1）为什么石油产品酸值的测定采用95％的乙醇而不用水作溶剂？

（2）为什么测定酸值时加入的指示剂不能过多？

知识准备

想一想　低温下，油品的流动输送是否会受到影响？

石油产品是多种烃类的复杂混合物，在低温下油品会逐渐失去其流动性。根据组成不同，油品在低温下失去流动性的原因有两种：对于含蜡很少或不含蜡的油品，温度降低，黏度迅速增大，当黏度增大到一定程度时，就会变成无定形的黏稠玻璃状物质而失去流动性，这种现象称为黏温凝固；对于含蜡较多的油品，温度降低，蜡就会逐渐结晶出来，当析出的蜡增多至形成网状骨架时，就会将液态的油包在其中而失去流动性，这种现象称为构造凝固。

油品的低温流动性能是指油品在低温下使用时，维持正常流动、顺利输送的能力。根据油品的用途，评价低温流动性能的指标可采用浊点、结晶点、冰点、倾点、凝点和冷滤点等。

一、浊点、结晶点和冰点的测定

1. 浊点、结晶点和冰点及测定意义

（1）浊点　试样在规定的条件下冷却，开始呈现雾状或浑浊时的最高温度，称为浊点，以℃表示。此时油品中出现了许多肉眼看不见的微小晶粒，因此不再呈现透明状态。

（2）结晶点　试样在规定的条件下冷却，出现肉眼可见结晶时的最高温度，称为结晶点，以℃表示。在结晶点时，油品仍处于可流动的液体状态。

（3）冰点　试样在规定的条件下，冷却到出现结晶后，再升温至结晶消失的最低温度，称为冰点，以℃表示。一般，结晶点与冰点之差不超过3℃。

油品中所含大分子正构烷烃和芳烃的量增多时，其浊点、结晶点和冰点就会明显升高；相对分子质量越大的油品，结晶点越高；油品含水也可使浊点、结晶点和冰点显著升高。

结晶点、冰点和浊点是评价油品低温流动性能的指标，在评定航空汽油和喷气燃料低温性能时，我国习惯用结晶点，欧美各国使用冰点；浊点主要是煤油的低温性能质量指标。

2. 浊点、冰点和结晶点的测定方法

（1）浊点的测定　浊点按《石油产品浊点测定法》GB/T 6986—2014标准方法进行测定，该方法适用于测定在40mm层厚时透明且浊点低于49℃的石油产品、生物柴油和生物柴油调和燃料的浊点。

测定时，将清澈透明的试样放入仪器中，以分级降温的方式冷却试样。通过目测观察或光学系统的连续监控，来判断试样是否有蜡晶体的形成。当试管底部首次出现蜡晶体而呈现雾状或浑浊的最高试样温度，即为试样的浊点，用℃表示。测定方法有手动法和自动法两种，其中手动法为仲裁方法。

（2）冰点的测定　冰点按《航空燃料冰点测定法》GB/T 2430—2008标准方法测定。

测定冰点时，将25mL试样装入洁净干燥的双壁试管中，装好搅拌器及温度计，将双壁试管放入盛有冷却介质的保温瓶中，在规定条件下不断搅拌试样使其温度平稳下降，记录结

晶出现的温度作为结晶点。然后从冷浴中取出双壁试管，使试样在连续搅拌下缓慢升温，记录烃类结晶完全消失的最低温度作为冰点。

（3）结晶点的测定　轻质石油产品浊点和结晶点的测定按《轻质石油产品浊点和结晶点测定法》NB/SH/T 0179—2013 标准方法进行。

测定时将准备好的试样分别倒入两支清洁、干燥的试验管至环形标线处，其中第一支试验管用于测定，第二支试验管作为参照物。每支试管均用带温度计的搅拌器的塞子塞住，温度计位于试管中心，温度计底部与试验管底部距离为 15mm。

① 未脱水试样　将第一支试验管通过冷却容器盖子上的插孔放入冷却剂中，将第二支试验管直接放在试管架上，降低冷却容器内冷却剂的温度至低于试样预期浊点前 15℃±2℃（冷却过程中按规定搅拌试样），在试样温度达到预期浊点前 5℃时，从冷浴中取出试验管，迅速放在装有工业乙醇的烧杯中浸一下，然后直接与用作参照物的试验管并排放在试管架上相比较，观察试样的状态。每次观察操作时间不得超过 12s。若试样与参照试验管比较时无异样，则认为未达到浊点。将试验管重新放入冷却容器中继续降温，每降 1℃再观察比较一次，直至试样开始出现浑浊时的温度记作试样的浊点。测出浊点后，继续降低冷浴温度直至低于试样预期结晶点前 15℃±2℃（冷却过程中按规定搅拌试样），当试样到达预期的结晶点前 5℃时，从冷浴中取出试验管，迅速放入盛有工业乙醇的烧杯中浸一下，然后直接与用作参照物的试验管并排放在试管架上相比较，观察试样的状态。如果试样未出现结晶，将试验管重新放入冷却容器中。温度每降 1℃，观察一次，每次观察操作不超过 12s。当试样开始呈现肉眼可见的晶体时，将此温度记为试样的结晶点。

② 脱水试样　将两支试验管放入 80~100℃水浴中。使试样温度达到 50℃±1℃，将试验管从水浴取出，放在试管架上静置，至试样温度达到 30~40℃，再将第一支试验管放入冷却容器装好，降低冷却容器内冷却剂的温度至低于试样预期浊点 10℃±2℃（冷却过程中按规定搅拌试样），在试样温度达到预期浊点前 5℃时，从冷浴中取出试验管，迅速放在装有工业乙醇的烧杯中浸一下，按前述方法同样比较观察试样的状态，试样开始出现浑浊时的温度记作试样的浊点。

未脱水试样浊点和结晶点的测定以及脱水试样的浊点要求进行重复试验，必须要从同一容器中抽取第二次试验用的新试样，使用清洁、干燥的试验管来进行第二次试验。平行测定间结果的差数都不应超过 1℃，取重复测定两个试验结果的算术平均值，作为试样的浊点和结晶点。

二、倾点、凝点和冷滤点的测定

1. 倾点、凝点和冷滤点及测定意义

在试验规定的条件下冷却时，油品能够流动的最低温度，称为倾点，又称流动极限，以℃表示。倾点越低，油品的低温流动性越好。

油品在试验规定的条件下，冷却至液面不移动时的最高温度，称为油品的凝点，又称凝固点，以℃表示。由于油品的凝固过程是一个渐变过程，所以凝点的高低与测定条件有关。

凝点和倾点都是油品低温流动性的指标，两者无原则的差别，只是测定方法稍有不同。同一油品的凝点和倾点并不完全相等。

在试验规定的条件下，20mL 试油通过过滤器的时间大于 60s 时的最高温度，称为冷滤点，以℃（按 1℃的整数倍）表示，它是评定油品极限最低使用温度的指标。

不同规格牌号的车用柴油对凝点、冷滤点都有具体规定，润滑剂及有关的 19 类产品都

选择性地对凝点、倾点做出了具体要求，倾点、凝点和冷滤点列入油品规格，作为石油产品生产、贮存和运输的质量检测标准。不同牌号的油品使用温度不同，要注意根据地区和气温的不同正确选用。冷滤点测定仪是模拟车用柴油在低温下通过过滤器的工作状况而设计的，因此冷滤点比凝点更能反映车用柴油的低温使用性能，它是保证车用柴油输送和过滤性的指标，并且能正确判断添加低温流动改进剂后的车用柴油质量，一般冷滤点比凝点高 2～6℃。油品中石蜡含量越多，越易凝固，其倾点、凝点和冷滤点就越高，可根据测定结果估计油品石蜡含量，指导油品生产。

2. 影响倾点、凝点和冷滤点的主要因素

油品的倾点、凝点和冷滤点与烃类组成密切相关。当碳原子数相同时，轻柴油以上馏分（沸点高于 180℃）的各类烃中，通常正构烷烃的熔点最高。带长侧链的芳烃、环烷烃次之，异构烷烃则较小。油品中高熔点烃类的含量越多，其倾点、凝点和冷滤点就越高。

胶质、沥青质及表面活性剂等能吸附在石蜡结晶中心的表面上，阻止石蜡结晶的生长，致使油品的凝点、倾点下降。所以，油品脱除胶质、沥青质及表面活性物质后，其凝点、倾点会升高；而加入某些降凝添加剂，则可以降低油品的凝点，改善油品的低温流动性能。

柴油、润滑油精制、脱水后如果含水量超标，则油品的倾点、凝点和冷滤点会明显增高。

3. 倾点、凝点和冷滤点的测定方法

（1）倾点的测定　石油和石油产品倾点的测定按《石油产品倾点测定法》GB/T 3535—2006 标准方法进行。试验仪器装置与浊点试验仪器相同，测定时将清洁的试样倒入试管中，按要求预热后，再按规定条件冷却，同时每间隔 3℃倾斜试管一次检查试样的流动性，直到试管保持水平位置 5s，而试样无流动时，记录温度，再加 3℃作为试样能流动的最低温度，即为试样的倾点。取重复测定的两个结果的平均值作为试验结果。

（2）凝点的测定　石油产品凝点的测定按《石油产品凝点测定法》GB/T 510—83(91) 标准方法进行，常用于润滑油及深色石油产品凝点的测定。测定时将试样装入规定的试管中，按规定的条件预热到 50℃±1℃，在室温中冷却到 35℃±5℃，然后将试管放入装好冷却剂的容器中。当试样冷却到预期的凝点时，将浸在冷却剂中的试管倾斜 45°，保持 1min，观察液面是否移动。然后，从套管中取出试管重新将试样预热到 50℃±1℃，按液面有无移动的情况，用比上次试验温度低或高 4℃的温度重新测定，直至能使液面位置静止不动而提高 2℃又能使液面移动时，取液面不动的温度作为试样的凝点。第二次平行测定时的开始温度，要比第一次测定凝固点高 2℃。平行测定的两结果间差数不得大于 2℃，取平行测定的两个结果的平均值，作为试样的凝点。

（3）冷滤点的测定　馏分燃料油冷滤点的测定按《柴油和民用取暖油冷滤点测定法》SH/T 0248—2006 标准方法进行。测定时，先将 45mL 清洁的试样注入试杯中，水浴加热到 30℃±5℃，再按规定条件冷却，当试样冷却到比预期冷滤点高 5～6℃时，以 1.961kPa 压力抽吸，使试样通过规定的过滤器 20mL 时停止，同时停止秒表计时，继续以 1℃的间隔降温，再抽吸。如此反复操作，直至 60s 内通过过滤器的试样不足 20mL 为止，记录此时的温度，即为冷滤点。

预热条件和冷却速度是影响测定倾点、凝点和冷滤点的主要因素。因此，试验时只有严格遵守操作规程，才能得到正确的具有可比性的数据。

知识链接

DYH-103A 石油产品运动黏度测定仪（见图 9-6），恒温浴缸为圆缸，外罩有机玻璃罩，浴内温度布均匀，控温效果好。数字式温度控制系统，采用抗积分饱和 PID 温控仪。升温过程中无冲温或冲温很小，且控温精度高。辅助加热采用自动控制，即在低于设定温度约 1℃ 时，辅助加热自动关断。毛细管黏度计采用三点垂直式，操作灵活方便，夹持可靠。仪器底部带有水平调节装置。主机、主辅加热器及导流筒均采用不锈钢制作，耐腐耐用。具有温度修正功能，可分别对 20℃、40℃、50℃、80℃、100℃ 进行修正，断电后修正值不丢失。当室温超过 20℃ 时，欲恒温 20℃，需配黏度专用冷源使用。适用于测定透明和不透明液体石油产品的运动黏度，液体石油产品（指牛顿液体）的运动黏度。

ZTBS2000 型闭口闪点自动分析仪（见图 9-7），采用微电脑控制，温度采用 PID 自动控制，大屏幕液晶显示中文菜单，分析试样速度快、重复性好、准确度高，对测试结果、操作日期和时间进行打印。适用于 GB/T 261—2008 及 ASTM D93 标准。

BSY-101 型开口闪点和燃点测定仪（见图 9-8），符合 GB/T 3536—2006，适用于用克利夫兰开口杯法仪器测定石油产品的闪点，但不适用于测定燃料油和开口闪点低于 79℃ 的石油产品。

石油产品蒸气压试验器（见图 9-9），按照 ASTM D323、GB/T 8017—2012、ISO 3007 标准自动测试易挥发性原油和其他石油产品的饱和蒸气压。单片机自动控制弹体旋转、温控、蒸气压测定等，操作简单，三个弹体，汽油室和空气室体积比 1∶4，8in（1in＝0.0254m）LCD，自动打印试验结果。1L 试样壶和试样转移管，便于取样，具有液位检测电路，低于标准水位自动停止加热并报警。

图 9-6　DYH-103A 石油产品运动黏度测定仪

图 9-7　ZTBS2000 型闭口闪点自动分析仪

图 9-8　BSY-101 型开口闪点和燃点测定仪

图 9-9　石油产品蒸气压试验器

项目二　油／品／分／析

内容小结

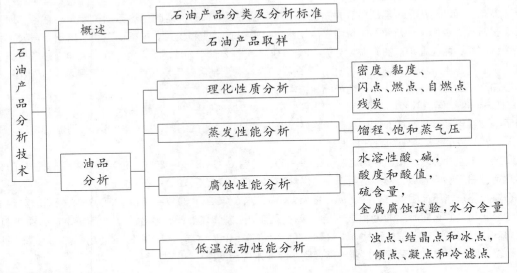

石油产品分析技术
- 概述
  - 石油产品分类及分析标准
  - 石油产品取样
- 油品分析
  - 理化性质分析 —— 密度、黏度、闪点、燃点、自燃点、残炭
  - 蒸发性能分析 —— 馏程、饱和蒸气压
  - 腐蚀性能分析 —— 水溶性酸、碱，酸度和酸值，硫含量，金属腐蚀试验，水分含量
  - 低温流动性能分析 —— 浊点、结晶点和冰点，倾点、凝点和冷滤点

练一练

1. 什么是油品分析？油品分析的主要任务是什么？
2. 测定石油产品的密度有何意义？测定方法有哪几种？
3. 什么是黏度？常见的黏度表示方法有哪几种？
4. 什么是石油产品的闪点、燃点和自燃点？如何测定？
5. 什么是石油产品的残炭？如何测定？
6. 什么是沸程、馏程、馏分组成？它们之间有何不同？
7. 汽油的馏分组成如何测定？
8. 什么是饱和蒸气压？如何测定？
9. 水溶性酸、碱的测定原理是什么？如何判断油品中有无水溶性酸、碱？
10. 什么是油品的酸度（值）？测定油品的酸度（值）有何意义？
11. 测定油品中硫含量有何意义？如何测定？
12. 什么是铜片腐蚀试验？怎样判断试样对铜片腐蚀的程度？
13. 油品中水分含量有哪些测定方法？
14. 评价油品低温流动性能的指标有哪些？
15. 油品的化学组成对凝点有何影响？
16. 测定油品冷滤点有何意义？
17. 如何测定油品的凝点？

涂料分析技术

知识目标

1. 了解涂料的分类及常见涂料的组成。
2. 掌握涂料产品的取样方法。

能力目标

1. 能知道各种涂料的主要组成。
2. 能了解涂料的命名方法。
3. 能掌握涂料的取样方法。
4. 能掌握涂料的外观、密度、黏度、不挥发度、贮存稳定性能、施工前和施工性能以及 VOC 的测定方法。

想一想 你对涂料产品有哪些了解？常见涂料产品的用途有哪些？ 我们是如何对它们进行检测的？

项目一　概述

任务1 涂料的分类及其标准

知识准备

想一想 常用的涂料产品分为哪些类别？如何命名的？

涂料品种繁杂，多年来根据习惯形成了各种不同的涂料分类方法，现代通行的涂料的分类方法有以下几种。

一、按涂料的形态分类

按涂料的形态可分为：固态的涂料，即粉末涂料；液态的涂料，包括有溶剂和无溶剂两类。有溶剂的涂料又可分为溶剂型涂料（即溶剂溶解型，也称溶液型涂料，包括常规和高固体分型两类）、溶剂分散型涂料和水性涂料（包括水稀释型、水乳胶型和水溶胶型）。无溶剂的涂料包括通称的无溶剂涂料和增塑剂分散型涂料。

二、按涂料的成膜机理分类

按涂料的成膜机理可分为：非转化型涂料，包括挥发型涂料、热熔型涂料、水乳胶型涂料、塑性溶胶；转化型涂料，包括氧化聚合型涂料、热固化涂料、化学交联型涂料、辐射能固化型涂料。

三、按涂料施工方法分类

按涂料施工方法可分为：刷涂涂料、辊涂涂料、喷涂涂料、浸涂涂料、淋涂涂料、电泳涂料（包括阳极电泳漆、阴极电泳漆）。

四、按涂膜干燥方式分类

按涂膜干燥方式可分为：常温干燥涂料（自干燥）、加热干燥涂料（烘漆）、湿固化涂料、蒸气固化涂料、辐射固化涂料（光固化涂料和电子束固化涂料）。

五、按涂料使用层次分类

按涂料使用层次可分为：底漆（包括封闭漆）、腻子、二道底漆、面漆（包括调合漆、磁漆、罩光漆等）。

六、按涂膜外观分类

按照涂膜的透明状况，清澈透明的称为清漆，其中带有颜色的称为透明漆，不透底的通称为色漆。

按照涂膜的光泽状况，分别命名为有光漆、半光漆和无光漆。

按照涂膜表面外观，有皱纹漆、锤纹漆、橘形漆、浮雕漆等不同命名。

七、按涂料使用对象分类

从使用对象的材质分类，如钢铁用涂料、轻金属涂料、纸张涂料、皮革涂料、塑料表面涂料、混凝土涂料等。

从使用对象的具体物件分类，如汽车涂料、船舶涂料、飞机涂料、家用电器涂料，以及铅笔漆、锅炉漆、窗纱漆、罐头漆、交通标志漆等。

八、按涂膜性能分类

按涂膜性能分类，如绝缘漆、导电漆、防锈漆、耐高温漆、防腐蚀漆、可剥漆等以及现在积极开发的各种功能涂料。

九、按涂料的成膜物质分类

以涂料所用成膜物质的种类为分类的依据，如酚醛树脂漆、醇酸树脂漆等。

以上列举的各种分类方法各具特点，但都是从某一角度来考虑，不能把涂料的所有产品特点都包括进去。目前，世界上还没有统一的分类方法。

《涂料产品分类和命名》GB/T 2705—2003 规定了我国涂料产品分类和命名，采用以涂料中主要成膜物质为基础的分类方法，将成膜物质分为 17 类，将以商品形式出现的涂料用辅助材料命名为辅助材料，列为第 18 类，同时也规定了涂料的命名原则，涂料全名一般是由颜色或颜料名称加上成膜物质名称而组成。

任务 2　涂料产品的取样

知识准备

想一想　涂料产品如何进行取样？取样的设备有哪些？

涂料产品的检验取样极为重要，试验结果要具有代表性，其结果的可靠程度与取样的正确与否有一定的关系。国家标准《色漆、清漆和色漆与清漆用原材料取样》GB/T 3186—2006 规定了具体的抽样方法，取样后由检验部门进行试验。一般有如下要求：

① 使用部门有权按产品标准，对产品质量进行检验，当发现产品质量不符合标准规定时，双方共同复检或向上一级检测中心申请仲裁，如仍不符合有关规定，则使用部门有权退货。

② 从每批产品中随机取样，取样数为同一生产厂家的总包装桶数的 3%（批量不足 100桶者，不得少于 3 桶；批量不足 4 桶者，不得少于 30%）。

③ 取样时，将桶盖打开，对桶内液体状涂料产品进行目测观察，记录表面状态，如是否有结皮、沉淀、胶凝、分层等现象。

④ 将桶内涂料充分搅拌均匀，每桶取样不得少于 0.5kg。将所取的试样分成两份，一份（约 0.4kg）密封贮存备查，另一份（其数量应是能进行规定的全部试验项目的检验量）立即进行检验。若检验结果不符合标准的规定，则整批产品认为不合格。

⑤ 取样时所用的工具、器皿等，均应洁净，有条件时选用专用的 QYG 系列取样管，用后清洗干净。样品不要装满容器，要留有 5% 的空隙，盖严。样品一般可放置在清洁干燥、密封性好的金属小罐或磨口玻璃瓶内，贴上标签，注明取样日期等有关细节，并存放在阴凉干燥的场所。

⑥ 对生产线取样，应以适当的时间间隔，从放料口取相同量的样品再混合。搅拌均匀后，取两份各为 0.2～0.4kg 的样品放入样品容器内，盖严并做好标志。

一、产品类型

涂料产品可分为如下类型。

A 型：单一均匀液相的流体，如清漆和稀释剂。

B 型：两个液相组成的流体，如乳液。

C 型：一个或两个液相与一个或多个固相一起组成的流体，如色漆和乳胶漆。

D 型：黏稠状，由一个或多个固相带有少量液相所组成，如腻子、厚浆涂料和用油或清漆调制颜料色浆，也包括黏稠的树脂状物质。

E 型：粉末状，如粉末涂料。

二、盛样容器和取样器械

1. 盛样容器

应采用下列适当大小的洁净的广口容器：

① 内部不涂漆的金属罐；

② 棕色或透明的可密封玻璃瓶；

③ 纸袋或塑料袋。

2. 取样器械

取样器械应使用不和样品发生化学反应的材料制成。并应便于使用和清洗（应无深凹的沟槽、尖锐的内角、难于清洗和难于检查其清洁程度的部位）。取样器械应分别具有能使产品尽可能混合均匀、取出确有代表性的样品两种功效。

取样器械中，搅拌器可使用机械搅拌器及不锈钢或木制搅棒；取样器可使用 QYG-Ⅰ型取样管、QYG-Ⅱ型取样管、QYG-Ⅲ型取样管、QYG-Ⅳ型取样管、QYQ-Ⅰ型贮槽取样器等，效果类似的取样器也可采用。

三、取样数目

产品交货时，应记录产品的桶数，按随机取样方法，对同一生产厂生产的相同包装的产品进行取样，取样数应不低于 $\sqrt{\dfrac{n}{2}}$（n 是交货产品的桶数），取样数建议采用表 10-1 的数字。

表 10-1 取样数

交货产品的桶数	取样数	交货产品的桶数	取样数
2～10	2	71～90	7
11～20	3	91～125	8
21～35	4	126～160	9
36～50	5	161～200	10
51～70	6	此后每增加 50 桶取样数增加 1	

四、待取样产品的初检程序

1. 桶的外观检查

记录桶的外观缺陷或可见的损漏，如损漏严重，应予舍弃。

2. 桶的开启

除去桶外包装及污物，小心地打开桶盖，不要搅动桶内产品。

3. A、B 型流体状产品的初检程序

（1）目测检查

① 结皮。记录表面是否结皮及结皮的程度，如软、硬、厚、薄，如有结皮，则沿容器内壁除去，记录除去结皮的难易。

② 稠度。记录产品是否有触变或胶凝现象。

③ 分层、杂质及沉淀物。检查样品的分层情况，有无可见杂质和沉淀物，并予记录。

（2）混合均匀　充分搅拌，使产品达到均匀一致。

4. C、D 型流体状产品及黏稠产品的初检程序

（1）目测检查

① 结皮。记录表面是否结皮及结皮的程度，如硬、软、厚、薄，如有结皮，则沿容器内壁分离除去，记录除去结皮的难易。

② 稠度。记录产品是否假稠、触变或胶凝。

③ 分层、沉淀及外来异物。检查样品有无分层、外来异物和沉淀，并予记录。沉淀程度分为：软、硬、干硬。

（2）混合均匀

① 胶凝或有干硬沉淀不能均匀混合的产品，则不能用来试验。

② 为减少溶剂损失，操作应尽快进行。

③ 除去结皮。如结皮已分散不能除尽，则应过筛除去结皮。

④ 有沉淀的产品。有沉淀的产品，可采用搅拌器械使样品充分混匀。有硬沉淀的产品也可使用搅拌器。在无搅拌器或沉淀无法搅起的情况下，可将桶内流动介质倒入一个干净的容器里。用刮铲从容器底部铲起沉淀，研碎后，再把流动介质分几次倒回原先的桶中，充分混合。如按此法操作仍不能混合均匀，则说明沉淀已干硬，不能用来试验。

5. E 型粉末状产品的初检程序

检查是否有反常的颜色、大或硬的结块和外来异物等不正常现象，并予记录。

6. 初检报告

报告应包括如下内容：标志所列的各项内容；外观；结皮及除去的方式；沉淀情况和混合或再混合程序；其他。

五、取样

1. 贮槽或槽车的取样

对于 A、B、C、D 型产品，搅拌均匀后，选择适宜的取样器，从容器上部（距液面 1/10 处）、中部（距液面 5/10 处）、下部（距液面 9/10 处）三个不同水平部位取相同量的样品，进行再混合。搅拌均匀后，取两份各为 0.2～0.4L 的样品分别装入样品容器中，样品容器应留有约 5% 的空隙，盖严，并将样品容器外部擦洗干净，立即做好标志。

2. 生产线取样

应以适当的时间间隔，从放料口取相同量的样品进行再混合。搅拌均匀后，取两份各为 0.20～0.4L 的样品分别装入样品容器中，样品容器应留有约 5% 的空隙，盖严，并将样品容器外部擦洗干净，立即做好标志。

3. 桶（罐和袋等）的取样

按标准规定的取样数，选择适宜的取样器，从已初检过的桶内不同部位取相同量的样品，混合均匀后，取两份样品，各为 0.2～0.4L 分别装入样品容器中，样品容器应留有约 5% 的空隙，盖严，并将样品容器外部擦洗干净，立即做好标志。

4. 粉末产品的取样

按标准规定的取样数，选择适宜的取样器，取出相同量的样品，用四分法取出试验所需最低量的四倍。分别装于两个样品容器内，盖严，立即做好标志。

样品的标志应贴在样品容器的颈部或本体上，应贴牢，并能耐潮湿及样品中的溶剂。标志应包括如下内容：制造厂名；样品的名称、品种和型号；批号、贮槽号、桶号等；生产日期和取样日期；交货产品的总数；取样地点和取样者。取出的样品应按生产厂规定的条件贮存和使用。样品取出后，应尽快检查。

六、安全注意事项

① 取样者必须熟悉被取产品的特性和安全操作的有关知识及处理方法。

② 取样者必须遵守安全操作规定，必要时应采用防护装置。

项目二

涂料性能分析

任务1 **涂料施工前性能检测**

知识准备

想一想　常用的涂料施工前需要做哪些准备？需要对涂料的哪些性能进行检测才可以进行下一步涂刷？

一、涂膜性能的测定

涂膜性能测定包括涂膜的色泽、涂膜的平整度、涂膜的光泽度、涂膜的硬度、涂膜的附着力、涂膜的柔韧性、涂膜的耐冲击性、涂膜的耐湿热性、涂膜的耐水性、涂膜的耐酸碱性、涂膜的耐久性（耐候性）和涂膜的杂质含量等。

1. 涂膜色泽的检验

色泽是光照在物体上，物体表面对色光吸收和反射后，再作用于视觉器官而形成的感觉。涂膜的色泽检验分为目测比较法和仪器测量法。在采用目测比较法时，需先制备标准色及偏深、偏浅最大允差共三块色板，然后将试样板与之比较。比较时试样板与标准板互相重叠一定的面积，眼睛与其相距 500mm，观察视线与样板表面接近垂直，试样板的色泽如果在三块标准板色泽范围之内，即可判定涂膜色泽合格，反之则不合格。

仪器测量法是利用色度计、分光测色计等专用仪器，分别测量标准色板和试样板的色泽，并自动计算出色差 ΔE，视其 ΔE 的大小是否超过供需双方的约定值，以此作为判断涂膜色泽是否合格的依据。

目测比较法具有简便易行、效果直观、投入成本较低等优点；仪器测量法测量涂膜色泽，测量数值准确可靠，具有可重复性，能客观地、科学地反映出涂膜色泽的实际情况。目测比较法仅仅是一种定性的检验方法，不可避免地存在人为误差，而色度计、分光测色计等测量仪器价格较为昂贵，成本较高。

2. 涂膜平整度的检验

平整度是指涂膜最高点与最低点之间的距离，表征涂膜表面的凸凹程度，也能间接反映涂膜的均匀性。目前涂膜的平整度均采用目测法检验，在正常的工艺条件下，涂膜的平整度均能满足用户的要求。

3. 涂膜光泽度的检验

涂膜光泽度是涂膜表面的一种光学性质，以其反射光的能力来表示。测定时采用固定角度的光电光泽计，在同一条件下，分别测定从涂膜表面来的正反射光量与从标准板表面来的正反射光量，涂膜光泽度以两者之比的百分数表示。

测定使用 90mm×20mm×(2～3)mm 玻璃板和 GZ-1 型光泽计（见图 10-1）。先在玻璃板上制备涂膜，清漆需涂在预先涂有同类型的黑色无光漆的底板上。测定时，接通电源，预热后，拉动样板夹，将黑色标准板插入空隙里夹好，慢慢转动标准旋钮，使表针指示标准板所标定的光泽数。取出标准板，插入被测样板，光泽低于 70% 时，应按下 70% 的量程选择钮。在样板的三个不同位置进行测量，读数准确至 1%，结果取三点读数的算术平均值。每测定五块样板后，用标准板校对一次。

图 10-1　GZ-1 型光泽计

4. 涂膜硬度的测定

硬度是指涂膜抵抗诸如碰撞、压延、擦划等机械力作用的能力。硬度可用摆杆阻尼试验法和铅笔硬度法测定。

（1）摆杆阻尼试验法　在色漆、清漆及有关产品的单层或多层涂层上进行摆杆阻尼试验，测定其阻尼时间，接触涂层表面的摆杆以一定周期摆动时，表面越软，摆杆的摆幅衰减越快，反之衰减越慢。

测定时将抛光玻璃板放于仪器水平工作台上，将一个酒精水平仪置于玻璃板上，调节仪器底座的垫脚螺钉，使板水平。用乙醚湿润了的软绸布擦净支承钢珠。将摆杆处于试板相同的环境条件下放置 10min，将被测试板涂膜朝上，放置在水平工作台上，然后使摆杆慢慢降落到试板上。核对标尺零点与静止位置时的摆尖是否处于同一垂直位置，如不一致则应予以调节。在支轴没横向位移的情况下，将摆杆偏转一定的角度（科尼格摆为 6°，珀萨兹摆为 12°），停在预定的停点处。松开摆杆，开动秒表。记录摆幅由 6°到 3°（科尼格摆）、12°到 4°（珀萨兹摆）及 5°到 2°的时间，以秒计。可在同一块试板的三个不同位置上进行测量，记录每次测量的结果及三次测量的平均值。

（2）铅笔硬度法　漆膜的铅笔硬度指用具有规定尺寸、形状和硬度铅笔芯的铅笔推过漆膜表面时，漆膜表面耐划痕或耐产生其他缺陷（塑性形变、内聚破坏或以上情况的组合）的性能。铅笔法测定漆膜硬度是将受试产品或体系以均匀厚度施涂于表面结构一致的平板上，漆膜干燥/固化后，将样板放在水平位置，通过在漆膜上推动硬度逐渐增加的铅笔来测定漆膜的铅笔硬度。试验时，铅笔固定，在 750g 的负载下以 45°角向下压在漆膜表面上，逐渐增加铅笔硬度直到漆膜表面出现前述各种缺陷。方法以没有使涂层出现超过 3mm 及以上划痕的最硬的铅笔的硬度表示涂层的铅笔硬度。

该方法采用一套具有下列硬度的中华牌高级木制绘图铅笔：9B、8B、7B、6B、5B、4B、3B、2B、B、HB、F、H、2H、3H、4H、5H、6H、7H、8H、9H，其中 9H 最硬，9B 最软。用特殊的机械削笔刀将每支铅笔的一端削去大约 5～6mm 的木头，留下原样的、未划伤的光滑的圆柱形铅笔芯，垂直握住铅笔，在 400 号粒度的砂纸上与砂纸保持 90°角前后持续移动铅笔直至获得一个边缘没有碎屑和缺口的平整光滑的圆形横截面，削好的铅笔见图 10-2。

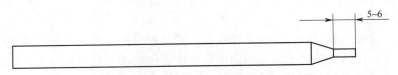

图 10-2　铅笔削好后的示意图（单位：mm）

将涂漆样板放在水平的、稳固的表面上，将铅笔插入试验仪器中并用夹子将其固定，使仪器保持水平，铅笔的尖端放在漆膜表面上，见图 10-3。

当铅笔的尖端刚接触到涂层后立即推动试板，以 0.5～1mm/s 的速度朝离开操作者的方向推动至少 7mm 的距离，30s 后以裸视检查涂层表面是否出现划痕。如果未出现划痕，在未进行试验的区域更换较高硬度的铅笔重复试验，直到出现至少 3mm 长划痕为止；如果已经出现超过 3mm 的划痕，则降低铅笔的硬度在未进行试验的区域重复试验，直到超过 3mm 的划痕不再出现为止。以没有使涂层出现超过 3mm 及以上划痕的最硬的铅笔的硬度表示涂层的铅笔硬度。

5. 涂膜附着力的测定

涂膜附着力是指涂层与被涂物表面之间或涂层与涂层之间相互结合的能力。良好的附着力对被涂产品的防护效果是至关重要的。涂层附着力的好坏取决于两个关键因素：一是涂层与被涂物表面的结合力；二是涂装施工质量尤其是表面处理的质量。此外，不同的基材对涂层附着力的影响也甚为明显，一般来说，涂层在钢铁上的附着力要优于铝合金、不锈钢及镀锌工件上的附着力。

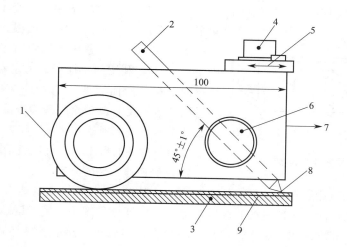

图 10-3　铅笔硬度试验仪（单位：mm）

1—橡胶 O 形圈；2—铅笔；3—底材；4—水平仪；5—可拆卸砝码；

6—夹子；7—仪器移动方向；8—铅笔芯；9—漆膜

涂层与被涂物面间的结合可分为三种类型：化学结合、机械结合和极性结合。其结合通常是某两种或三种结合方式同时发挥作用使涂层黏附在物体表面。化学结合发生在涂层与金属表面，即涂料中的某些成分与金属表面发生了化学反应。机械结合效果与基体表面粗糙度有关，粗糙的表面将导致涂料与被涂物体的接触面积增加，从而增强附着力。极性结合由涂膜中聚合物的极性基团（如羟基或羧基）与被涂物表面的极性基相互结合所致，但只有在两个极性基团的引力范围之内才会发生。

表面处理的目的是尽可能地消除涂层与被涂物体表面结合的障碍，排除影响化学结合及极性结合的因素，如油、锈、氧化皮及其他杂质等，使得涂层能与被涂物表面直接接触。此外，提供较为粗糙的表面，加强涂层与被涂物表面的机械结合力。因此，表面处理的质量与涂层附着力息息相关。

常用的测试涂层附着力的方法有划圈法、划格法、胶带法、拉开法等。

划圈法测试采用附着力测定仪进行，利用唱针作针头，将样板涂层朝上，固定于仪器的试验平台上，使唱针的尖端接触到涂层，用手将摇柄顺时针匀速转动，通过传动机构，针尖就在涂层上匀速地划上一定直径的圈。如划痕未露底板，则酌加砝码，直至划痕露出底板为止。所划出的圈依次重叠，得出类似圆滚线的图形，然后，取出样板，用漆刷除去划痕上的漆屑，用四倍放大镜检查并评级。划圈法附着力分为七个等级。

在马口铁板（或按产品标准规定的底材）上制备样板三块，待涂膜实干后，于恒温恒湿的条件下使用附着力测定仪测定。以样板上划痕的上侧为检查的目标，依次标出 1、2、3、4、5、6、7 七个部位，相应分为七个等级。按顺序检查各部位的涂膜完整程度，如某一部位的格子有 70% 以上完好，则定为该部位是完好的，否则应认为损坏。例如，部位 1 涂膜完好，附着力最佳，定为一级；部位 1 涂膜损坏而部位 2 完好，附着力次之，定为二级。依次类推，七级为附着力最差，涂层几乎全部脱落。

6. 涂膜柔韧性的测定

涂膜柔韧性是指涂膜随其底材一起变形而不发生损坏的能力。

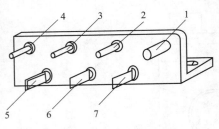

图 10-4　柔韧性测定器

测定时使用柔韧性测定器（见图 10-4），在马口铁板上制备涂膜，经干燥、状态调节后测定涂膜厚度，然后在规定的恒温恒湿条件下，用双手将试板涂膜朝上，紧压于规定直径的轴棒（图 10-4 中 1～7）上，利用两大拇指的力量在 2～3s 内，绕轴棒弯曲试板，弯曲后两大拇指应对称于轴棒中心线。然后用 4 倍放大镜观察涂膜。检查涂膜是否产生网纹、裂纹及剥落等破坏现象。记录涂膜破坏的详细情况，以不引起涂膜破坏的最小轴棒直径表示涂膜的柔韧性。

7. 涂膜耐冲击性的测定

耐冲击性是测试涂层在高速负荷作用下的变形程度。涂层耐冲击的能力与其伸张率、附着力和硬度有关。测试涂层耐冲击性的仪器为冲击试验器（见图 10-5）。其测试原理是以一定重量的重锤从不同的高度落在涂层上使涂层产生形变，然后检查涂层的破坏程度，以 cm 表示。由于试样底材的厚薄直接关系到涂层受冲击后的变形程度，所以，除另有规定外，评价一种涂料产品的耐冲击性时，其底材应采用 [50mm×120mm×（0.2～0.3）mm] 的马口铁（镀锡铁）板，而测试腻子的耐冲击性时，则可采用 [65mm×150mm×（0.45～0.55）mm] 的薄钢板。

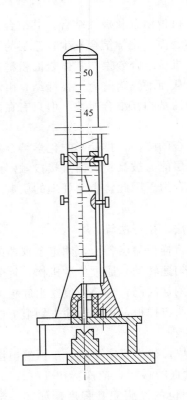

图 10-5　冲击试验器

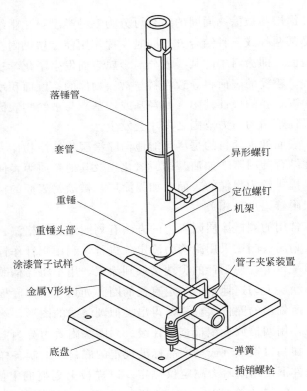

图 10-6　管道涂层冲击试验仪

测定时使用冲击试验器，校正冲击试验器后，将干燥后的涂漆试板涂膜朝上平放在仪器下部的铁砧上，试板受冲击部分距边缘不少于 15mm，每个冲击点的边缘相距不得少于 15mm。重锤借控制装置固定在滑筒的某一高度（其高度由产品标准规定或商定），按压控制钮，重锤即自由落下冲击样板。提起重锤，取出试板。记录重锤落于试板上的高度。同一试板进行三次冲击试验。用4倍放大镜观察，判断涂膜有无裂纹、皱纹及剥落等现象。记录涂膜变化的详细情况，以不引起涂膜破坏的最大高度（cm）来表示涂膜的耐冲击性。试验时样板要紧贴铁砧表面，以免冲击时样板跳动而影响测试结果，试验应在恒温恒湿的条件下进行。

对于管道涂层，在装运、加工和安装过程中，其抗机械破坏的能力取决于它的耐冲击性。为检测管道涂层的耐冲击性，可以采用管道涂层冲击试验仪（见图10-6）。该装置也是以一个固定重量的重锤从不同高度落下，在管道试样的表面上产生一个点冲击，然后检测涂层由于受冲击而产生的破裂，使涂层发生穿透所需要的能量的数值即是要测定的耐冲击性。

8. 涂膜耐湿热性的测定

湿热试验也是检验涂层耐腐蚀性能的一种方法，主要试验过程为饱和水蒸气对涂层的破坏，一般与盐雾试验同时进行。

水分子透过漆膜，引起起泡，同时水与金属接触引起电化学腐蚀。漆膜本身也吸收一些水分，使漆膜发软、膨胀、降低结合力，从而产生起泡。一般相对湿度较低时，涂层附着力变化不明显，但随着相对湿度增至≥90%时，涂层附着力就会显著下降。温度越高、相对湿度越大，则漆膜破坏速度越快。我国目前的湿热试验标准《漆膜耐湿热测定法》GB/T 1740—2007采用的是恒温恒湿试验周期法，温度为47℃±1℃，相对湿度96%±2%。

恒温恒湿试验方法为：按标准要求制备试片，记录样板的原始状态。将样板垂直悬挂于样板架上，样板正面不相接触。放入预先调到温度47℃±1℃、相对湿度96%±2%的调温调湿箱中。当升到规定的温度、湿度时，开始计算试验时间。试验中样板表面不应出现凝露。连续试验48h检查一次。两次检查后，每隔72h检查一次。每次检查后，样板应变换位置。按产品标准规定的时间进行最后一次检查，无产品标准的检查时间可根据具体情况确定。样板的检查和评级主要是观察涂层有无生锈、起泡、变色、开裂或其他破坏现象，依其破坏程度进行评级，共分为5个综合破坏等级。

9. 涂膜耐水性的测定

涂膜耐水性的好坏与成膜树脂所含极性基团、颜填料、助剂等的水溶性有关，也受被涂物表面处理方式、程度和涂层的干燥条件等因素影响。

目前常用的耐水性测定方法有：常温浸水试验法（《漆膜耐水性测定法》GB/T 1733—1993，水温为23℃±2℃；ASTM D 870—1973，水温为37.8℃±1℃），浸沸水试验法（GB/T 1733—1993），加速耐水试验法（《色漆和清漆耐水性的测定　浸水法》GB/T 5209—1985，ISO 1521—1973）等。

（1）常温浸水试验　在玻璃水槽中加入蒸馏水或去离子水，调节水温至规定温度，并在整个试验过程中保持该温度，将三块试板放入其中，每块试板2/3浸泡于水中至规定时间后取出，用滤纸吸干，检查有无失光、变色、起泡、起皱、脱落、生锈等现象和恢复时间，三块试板中至少有两块试板符合产品标准规定则为合格。

（2）浸沸水试验　在玻璃水槽中加入蒸馏水或去离子水，保持水处于沸腾状态，将三块试板放入其中，每块试板2/3浸泡于水中至规定时间后取出，记录涂膜破坏的详细情况及评定结果，三块试板中至少有两块试板符合产品标准规定则为合格。

（3）加速耐水试验　GB/T 5209—1985（参照国际标准ISO 1521—1973）制定的色漆和清漆耐水性的测定方法——浸水法，在大小适宜（合适尺寸为700mm×400mm×400mm）、配有盖子和恒温加热系统的水槽中进行。槽中加入电导率小于$2\mu S \cdot cm^{-1}$的蒸馏水或去离子水，水的搅拌系统采用无油压缩空气或泵循环搅拌，各点水温恒定在 40℃±1℃，将尺寸为 150mm×700mm×（0.5～1.2）mm，背面和边缘进行适当保护的试板放入槽中，保持样板 3/4 浸泡于水中，然后开始槽内水的循环或通气。调节水温为 40℃±1℃ 并在整个试验过程中保持该温度。定期取样检查并调整槽中水的电导率，使其不大于 $2\mu S\cdot cm^{-1}$。

在规定的试验周期结束时，将试板从槽中取出，用滤纸吸干水迹即可检查破坏情况。在检查涂层试验后附着力降低、变脆、变色、失光、锈污等指标时，应将试板移入恒温室内（温度 25℃±1℃，相对湿度 60%～70%）放置 24h 后检查，用非腐蚀性脱漆剂仔细地在试板表面上除去一条 150mm×30mm 的涂层，暴露出底材并检查暴露出来的金属的腐蚀现象，为了便于参照，暴露部分应用适宜的透明涂料进行保护。

10. 涂膜耐酸碱性的测定

涂膜耐酸碱性是指涂膜对酸碱侵蚀的抵抗能力。

测定时取普通低碳钢棒按要求处理，将流出时间为 20s±2s（涂-4 黏度计）的试样倒入量筒中至 40mL。静置至试样中无气泡后，用浸渍法将钢棒带孔的一端在 2～3s 内垂直浸入试样中，取出，悬挂在物架上，放置 24h 将钢棒倒转 180°，按上述方法浸入试样中，取出后再放置 7d（自干漆均在恒温恒湿条件下干燥，烘干漆则按产品标准规定的条件干燥），测量漆膜厚度。

将试样棒的 2/3 浸入温度为 25℃±1℃ 的酸或碱中，并加盖。浸入酸或碱中的试样棒每 24h 检查一次，每次检查试样棒需经自来水冲洗，用滤纸将水珠吸干后，观察涂膜有无失光、变色、小泡、斑点、脱落等现象。

记录涂膜破坏的详细情况及评定结果，合格与否按产品标准规定，以两支试样棒结果一致为准。

11. 涂膜耐久性（耐候性）的检测

涂膜抵抗阳光、雨、露、风、霜等气候条件的破坏作用（失光、变色、粉化、龟裂、长霉、脱落及底材腐蚀等）而保持原性能的能力称为涂膜耐久性。

涂膜在环境条件影响下，性能逐渐发生变化的过程被称为涂膜老化。将样板在一定条件下曝晒，按规定的检查周期对上述老化现象进行检查，并按规定的涂膜耐候性评级方法进行评级。

测定时按规定的方法制备试验样板，并参照各种涂料产品标准中规定的施工方法制备涂膜，曝晒样板的反面必须涂漆保护，底漆和面漆宜采用喷涂法施工。每一个涂料品种，同时用同样的施工方法制备两块曝晒样板和一块标准样板，并妥善地保存在室内阴凉、通风、干燥的地方。样板投试前，先观测涂膜外观状态和物理机械性能并作记录。

以年和月为测定的计时单位（投试三个月内，每半个月检查一次；投试三个月至一年，每月检查一次；投试一年后，每三个月检查一次），对老化现象进行检查。样板检查前，样板下半部用毛巾或棉纱在清水中洗净后晾干，作检查失光、变色等现象用；上半部不洗部分，用以检查粉化、长霉等现象。

样板曝晒期限可以提出预计时间，但终止指标应根据各种涂膜老化破坏的程度及具体要求而定。一般涂膜破坏情况达到综合评级的"差级"中的任何一项即可停止曝晒试验。

二、涂料黏度的测定

黏度是涂料性能中的一个重要指标，对涂料的贮存稳定性、施工性能和成膜性能有很大影响。

例如，对于乳胶漆，在贮存过程中涂料的剪切应力大于 10dyn·cm^{-2}（1dyn·cm^{-2}＝0.1Pa）有利于防止沉降，黏度 15～30Pa·s 能保证适当的沾漆量；黏度在 2.5～5.0Pa·s 保证刷涂性和最佳漆膜性能；在刷涂后如果黏度能够＞250Pa·s，则能很好地控制流挂。因此涂料的黏度成为涂料生产和检验中的常规测定项目。

1. 黏度的定义

黏度可以认为是液体对于流动所具有的内部阻力。

动力黏度是指对液体所施加的剪切应力与速度梯度的比值，其国际单位为帕斯卡·秒（Pa·s）。

流体分为牛顿型流体和非牛顿型流体，流动类型分为牛顿型流动和不规则流动。当剪切应力与速度梯度比值随时间或随剪切速率而改变时，这种流体所呈现的流动类型称为不规则流动。当剪切应力与速度梯度比值既不随时间也不随速度梯度方式而改变时，这种流体所呈现的流动类型称为牛顿型流动。当这一比值变化很小时，机械扰动（如搅拌）对黏度的影响可忽略不计，这种流体被称为近似牛顿型的流动。一般清漆和低黏度色漆属于这种流体。

2. 涂料黏度测定方法

（1）流出杯法　由于流量杯容积大，流出孔粗短，因此操作、清洗均较方便，且可以用于不透明的色漆，所以流出杯是在实验室、生产车间和施工场所最常用的涂料黏度测量仪器。流量杯黏度计所测定的黏度为运动粘度，即为一定量的试样在一定温度下从规定直径的孔流出的时间，以秒表示。

流出杯测涂料黏度的方法有《涂料黏度测定法》GB/T 1723—1993、《色漆和清漆　用流出杯测定流出时间》GB/T 6753.4—1998。

在 GB/T 1723—1993 中使用涂-1 杯和涂-4 杯。涂-1 杯用于测定流出时间不低于 20s 的涂料产品。涂-4 杯适用于测定流出时间在 150s 以下的涂料。两次测定值之差不大于平均值的 3％，取两次测定值的平均值作为测定结果。

在 GB/T 6753.4—1998 中，使用尺寸相似而流出孔径分别为 3mm、4mm、5mm、6mm 的 4 种流出杯，用于测定能准确地判定自流出杯流出孔流出的液流断点的试验物料。

（2）旋转黏度计法　触变型涂料用流出杯法所测黏度过大，需用旋转黏度计，有旋转桨式黏度计、同轴圆桶旋转黏度计、锥形平板黏度计等。

旋转黏度计测涂料黏度的方法有《涂料黏度的测定　斯托默黏度计法》GB/T 9269—2009 和《色漆和清漆　用旋转黏度计测定黏度　第 1 部分：以高剪切速率操作的锥板黏度计》GB/T 9751.1—2008。

GB/T 9269—2009 适用于建筑涂料黏度的测定，也可以用于适宜涂料黏度的测定。它以产生 200r·min^{-1} 转速所需要的负荷表示，单位为 g。

GB/T 9751.1—2008 中在 5000～20000s 的剪切速率下，测定涂料的动力学黏度。该标准适用于一切刷涂涂料，可以使用旋转黏度计和锥板黏度计。同一试验者在同一实验室中使用一台设备所取得的两次测定值之间的相对误差不应大于 5％。

3. 涂料黏度测定的国际标准

国际标准中的 ISO 2431 通过推出一系列的国际标准流出杯解决了不同国家标准中流出杯个体差异对测定结果的影响问题。世界各国使用的流量杯黏度计都按孔径大小分不同的型号，每种型号的黏度杯都有其最佳的测量范围，若低于或高于流出时间范围，则所测得的数据就不准确。因此选用流量杯测定黏度时，需要根据样品黏度情况选择合适型号的黏度计，测得的流出时间最好在规定范围中间，并且注明使用何种型号的黏度计所测。一般涂料常选用涂-4 杯、DIN-4 杯、ISO-4 杯等黏度计来测定其黏度。而在涂料生产车间或涂装施工现场常用浸渍型黏度计，国内外多采用福特杯和察恩杯。

（1）流出杯测涂料黏度的国际标准

① ISO 2431。用流量杯测定流动时间（使用 ISO 流出杯），用于测试牛顿型或近似牛顿型液体的流出时间，结果以 s 表示。

② ASTM D 5125。用 ISO 流量杯法测定涂料及有关材料黏度的标准试验方法（使用 ISO 流出杯），用于测试牛顿型或近似牛顿型液体的流出时间，结果以 s 表示。

③ ASTM D 4212。使用浸渍型黏度杯测定黏度，结果以 s 表示。

（2）旋转黏度计测涂料黏度的国际标准

① ASTM D 562。采用 Stormer 型黏度计测量克雷布斯单位用的涂料黏稠度的标准试验方法。标准规定了用斯托默黏度计测定涂料黏度的方法，结果以克和克雷布斯单位（KU）表示。

② ASTM D 4287。用锥板黏度计测定高速剪切黏度的标准试验方法。标准规定了在高速剪切条件下（12000s^{-1}）使用锥板黏度计测定涂料黏度的方法，结果以 mPa·s 表示。

③ ISO 2884-1。涂料和清漆用旋转黏度计测定黏度。标准规定了在高速剪切条件下使用锥板黏度计测定涂料黏度的方法，结果以 mPa·s 表示。

④ ISO 2884-2。色漆和清漆用旋转黏度计测定黏度。标准规定了使用盘式或球式黏度计测定涂料黏度的方法，结果以 mPa·s 表示。

三、涂料细度的测定

研磨细度是涂料中颜料及体质颜料分散程度的一种量度，即在规定的试验条件下，于刮板细度计上所获得的读数。该读数表示了刮板细度计某处凹槽的深度，在该处用肉眼能清楚地看到被测样品中突出于槽深的固体颗粒，间接表示涂料中颜料聚集体的最大粒径。细度检测中测得的数值并不是单个颜料或体质颜料粒子的大小，而是色漆在生产过程中颜料研磨分散后存在的凝聚团的大小。对研磨细度的测量可以评价涂料生产中研磨的合格程度，也可以比较不同研磨程序的合理性以及所使用研磨设备的效能。

1. 涂料研磨细度测定的意义

（1）研磨细度影响漆膜光学性质　颜料的遮盖力和着色力取决于分散度，分散度越高，颜料的遮盖力和着色力越强，这是因为颜料分散度越高，则颜料与漆料接触的表面积越大，即颜料在漆料中的作用发挥得越充分，其着色力和遮盖力也就越大。另外，色漆研磨得越细，所制备的漆膜越平整，因而漆膜光泽也越高。

（2）研磨细度影响漆膜耐久性　一般认为，颜料颗粒的最大限度不应超过一次形成的漆膜厚度，如果颜料颗粒大于漆膜厚度，则漆膜表面将呈现粗糙而不平整状态，这一方面会使漆膜光泽下降，另一方面由于颜料颗粒突出在漆膜之上，在外界日光风雨的侵蚀或机械力作用下，这些凸出的颗粒便会从漆膜中脱出，使漆膜表面残留下细微针孔并因透水性作用渐变为易腐蚀的中心，从而影响漆膜的耐久性，降低其对基材的保护性能。

（3）研磨细度影响色漆的贮存稳定性　颜料颗粒细、分散程度好的色漆在其长期贮存过程中不易发生沉淀结块，从而提高了贮存稳定性。但对颜料的研磨细度要求并非一概而论，过分地追求研磨细度，将会使漆膜的附着力下降，因此应根据涂料的不同品种与用途，合理选择其研磨细度。通常对于醇酸、氨基类装饰性要求较高的磁漆，规定其研磨细度不大于 $20\mu m$；而对于各种底漆，考虑其附着力性能要求，研磨细度一般在 $50\mu m$ 左右。

因此，研磨细度是色漆重要的内在质量之一，是涂料生产的常规性必检项目之一。

2. 色漆研磨细度测定方法

色漆研磨细度的测定，目前国内外普遍采用刮板细度计（见图10-7）法。刮板细度计法的测试原理是利用在刮板细度计上打楔形沟槽将涂料刮出一个楔形层，用肉眼辨别湿膜内颗粒出现的显著位置以得出细度读数。方法标准为《涂料细度测定法》GB/T 1724—1979 和《色漆、清漆和印刷油墨研磨细度的测定》GB/T 6753.1—2007。

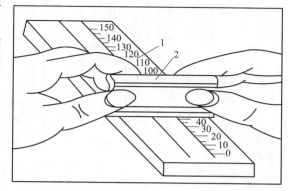

图 10-7　刮板细度计（$0\sim150\mu m$）
1—磨光平板；2—刮刀

国际刮板细度计主要技术特征如表10-2、表10-3所示。

表 10-2　国际刮板细度计主要技术特征（一）

槽的最大深度/μm	沟槽倾斜度	分度间隔/μm	推荐测试范围/μm
150	1∶1000	5	70 以上
100	1∶1500	5	31～70
50	1∶3000	2.5	30 以上

表 10-3　国际刮板细度计主要技术特征（二）

槽的最大深度/μm	分度间隔/μm	推荐测试范围/μm
100	10	40～90
50	5	15～40
25	2.5	5～15

操作时将符合产品标准黏度指标的试样，滴入预先彻底洗净干燥的细度计沟槽的最深部位，用两手的大拇指和食指捏住刮刀，将刮刀的刀口放在细度计沟槽最深一端，在 3s 内用刮刀垂直地把试样刮过沟槽的整个长度，并尽快使视线与沟槽平面成 15°～30°角，对光观察沟槽中颗粒均匀显露处，记下读数（精确到最小分度值）。如有个别颗粒显露于其他分度线，则读数与相邻分度线范围内，不得超过三个颗粒，如图10-8所示。平行试验三次，试验结果取两次相近读数的算术平均值，以 μm 表示。两次读数的误差不应大于仪器的最小分度值。

四、涂料不挥发物体积分数的测定

涂料的不挥发物体积分数是指涂料在规定的温度和时间固化或干燥后所留下的剩余物占原液体涂料的体积分数，也称体积固体含量。《色漆和清漆　通过测量干涂层密度测定涂料的不挥发物体积分数》GB/T 9272—2007 规定了测试涂料的不挥发物体积分数的方法。可选用金属圆片作为受漆器，先测定未涂漆圆片的质量和体积，然后用受检涂料涂覆金属圆片，干燥后测定涂漆圆片的质量和体积，用测得的圆片涂漆前后的体积和质量计算出干膜的体积和质量，由液体涂料的不挥发物质量分数和密度计算出形成干膜所需的液体涂料的体积，干涂膜的体积除以液体涂料的体积乘以 100 即得液体涂料中不挥发物的体积分数，以％表示。

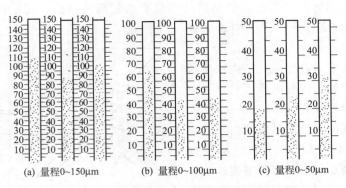

(a) 量程0~150μm   (b) 量程0~100μm   (c) 量程0~50μm

图 10-8　刮板细度计的沟槽及刻度

五、涂料密度的测定

涂料的密度在很大程度上取决于所用颜填料的密度，并与配方中颜填料时体积浓度、基料及溶剂的密度有关，一般采用金属氧化物作为颜填料时密度要比采用无机化合物、有机化合物时密度高。涂料因种类不同，密度也有很大的差别，每一种的涂料密度都不一样，即使是同一种类的涂料，由于涂料规格、品牌不同也会有所出入。

《色漆和清漆　密度的测定　比重瓶法》GB/T 6750—2007 规定了使用比重瓶来测定色漆、清漆及相关产品密度的方法，方法适用于试验温度下低、中黏度物料密度的测定，哈伯德比重瓶可用于高黏度物料密度的测定。测定时用比重瓶装满被测样品，从比重瓶内产品的质量和已知的比重瓶体积计算出被测产品的密度。

六、涂料贮存稳定性的测定

贮存稳定性是指涂料在正常的包装状态和贮存条件下，通过一定的贮存期限后，涂料的物理性能和化学性能所能达到原规定的使用要求的程度。

由于涂料品种、生产控制水平或贮存保管等原因，造成涂料在贮存过程中发生质量变化，从而影响涂料的使用性能。所以，在开桶后进行液体涂料检查时，如果涂料出现结皮、分层、浮色、增稠、变粗、絮凝、沉淀、结块等现象，必须对产品复检。经彻底搅拌，呈均匀状态后，取样检测各项性能，若仍能达到原标准要求，可视为合格涂料，否则属于不合格涂料。由于涂料在贮存过程中有发生变质的倾向，所以一般涂料均规定了保质期限，目前涂料的贮存期根据厂家和品种的不同，分别规定了保质期。

为了保证施工质量，使用前要检查涂料包装桶上生产时间是否过期，如超过了规定的贮存期，则要按涂料技术条件所规定的项目重新检测，其检测结果能符合要求时可继续使用。

贮存稳定性的检测方法按《涂料贮存稳定性试验方法》GB/T 6753.3—1986 进行测定，适用于液态色漆和清漆在密闭容器中放置于自然环境或加速条件下贮存后，测定产生的黏度变化、色漆中颜料沉降、色漆重新混合以适于使用的难易程度以及其他按产品规定所需检测的性能变化，作为色漆和清漆贮存稳定性的试验。

测定贮存稳定性的方法：一种是自然环境条件下贮存 6~12 个月；另一种是在 50℃±2℃ 恒温干燥箱内贮存 30d。取 3 份试样分别装入带盖的密封罐中，一罐为原始试样，在贮存前检查；另一罐做常温贮存试验；还有一罐做加速贮存试验。

试验主要由结皮、腐蚀及腐败味的检查；沉降程度的检查；漆膜颗粒、胶块及刷痕的检查；黏度变化的检查等几个方面组成。

一、涂料黏度的测定

根据国家标准《涂料黏度测定法》GB/T 1723—1993 测定。

1. 方法提要

使用的涂-1 黏度计适用于测定流出时间不低于 20s 的涂料产品；涂-4 黏度计适用于测定流出时间在 150s 以下的涂料；落球黏度计适用于测定黏度较高的透明的涂料产品。

涂-1、涂-4 黏度计测定的黏度是条件黏度，即为一定量的试样、在一定的温度下从规定直径的孔所流出的时间，以秒（s）表示。用下列公式可将试样的流出时间秒（s）换算成运动黏度值（$mm^2 \cdot s^{-1}$）：

涂-1 黏度计：
$$t=0.053u+1.0 \tag{10-1}$$

涂-4 黏度计：
$$t<23s \text{ 时}, t=0.154u+11 \tag{10-2}$$
$$23s \leqslant t<150s \text{ 时}, t=0.223u+6.0 \tag{10-3}$$

式中 　t——流出时间，s；

　　　u——运动黏度，$mm^2 \cdot s^{-1}$。

落球黏度计测定的黏度是条件黏度，即为在一定的温度下，一定规格的钢球垂直下落通过盛有试样的玻璃管上、下两刻度线所需的时间，以秒（s）表示。

2. 仪器与设备

(1) 温度计　温度范围 0～50℃，分度为 0.1℃、0.5℃。

(2) 秒表　分度为 0.2s。

(3) 永久磁铁。

(4) 承受杯　50mL 量杯、150mL 搪瓷杯。

(5) 黏度计　涂-1 黏度计（见图 10-9）、涂-4 黏度计（见图 10-10）、落球黏度计（见图 10-11）。

(6) 水平仪。

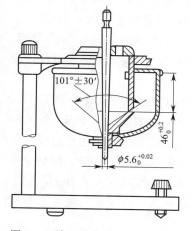 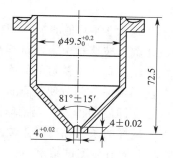 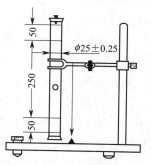

图 10-9　涂-1 黏度计（单位：mm）　图 10-10　涂-4 黏度计（单位：mm）　图 10-11　落球黏度计（单位：mm）

校正涂-1、涂-4 黏度计时，应首先求得每个黏度计的修正系数 K。在相同条件下，被校黏度计的标准流出时间 T 与测定的流出时间 t 之比值即为黏度计的修正系数 K。

$$K = T/t \qquad (10\text{-}4)$$

式中　K——黏度计修正系数；

　　　T——标准流出时间，s；

　　　t——测定的流出时间，s。

K 值的求得有两种方法：

① 运动黏度法。在某一温度的 $\pm 0.2℃$ 条件下（如 $23℃ \pm 0.2℃$ 或 $25℃ \pm 0.2℃$），使用各种已知运动黏度的标准油，按规定的步骤测出被校黏度计的流出时间 t。根据标准油的运动黏度从有关公式中求出标准流出时间 T。由此求得的一系列标准流出时间与被校黏度计测得的一系列流出时间之比值的算术平均值即为被校黏度计的修正系数 K。

② 标准黏度计法。首先配制至少 5 种不同黏度的航空润滑油和航空润滑油与变压器油的混合油。在某一温度的 $\pm 0.2℃$ 条件下（如 $23℃ \pm 0.2℃$ 或 $25℃ \pm 0.2℃$），按规定的步骤，分别测出其在标准黏度计及被校黏度计中的流出时间。求出两黏度计一系列的时间比值 K_1、K_2、K_3、…，其算术平均值即为修正系数 K。

3. 测定步骤

取样：除另有规定外，按 GB/T 3186—2006 规定取代表性试样。

(1) 涂-1 黏度计法　测定前后均需用纱布蘸溶剂将黏度计擦拭干净，并干燥或用冷风吹干。对光检查，黏度计漏嘴等应保持洁净。将试样搅拌均匀，必要时可用孔径为 $246\mu m$ 金属筛过滤。将试样温度调整至 $23℃ \pm 0.1℃$ 或 $25℃ \pm 0.1℃$，黏度计置于水浴套内，插入塞棒。将试样倒入黏度计内，调节水平螺钉使液面与刻线刚好重合，盖上盖子并插入温度计，静置片刻以使试样中的气泡逸出，在黏度计漏嘴下放置一个 $50mL$ 量杯，当试样温度达到 $23℃ \pm 0.1℃$ 或 $25℃ \pm 0.1℃$ 时，迅速提起塞棒，同时启动秒表。当杯内试样量达到 $50mL$ 刻度线时，立即停止秒表。试样流入杯内 $50mL$ 所需时间，即为试样的流出时间（s）。

重复测试两次，两次测定值之差不应大于平均值的 3%，取两次测定值的平均值为测定结果。

(2) 涂-4 黏度计法　按规定清洁、干燥黏度计、试样；使用水平仪，调节水平螺钉，使黏度计处于水平位置，在黏度计漏嘴下放置 $150mL$ 搪瓷杯。用手指堵住漏嘴，将 $23℃ \pm 0.1℃$ 或 $25℃ \pm 0.1℃$ 试样倒满黏度计中，用玻璃棒或玻璃板将气泡和多余试样刮入凹槽。迅速移开手指，同时启动秒表，待试样流束刚中断时立即停止秒表。秒表读数即为试样的流出时间（s）。

重复测试两次，两次测定值之差不应大于平均值的 3%，取两次测定值的平均值为测定结果。

(3) 落球黏度计法　将透明试样倒入玻璃管中，使试样高于上端刻度线 $40mm$，放入钢球，塞好带铁钉的软木塞，将永久磁铁放置在带铁钉的软木塞上，将管子颠倒使铁钉吸住钢球，再翻转过来，固定在架上，并使用铅锤，调节使其垂直，再将永久磁铁拿走，使钢球自由下落，当钢球刚落到上刻度线时，立即启动秒表，至钢球落到下刻度线时停止秒表，记下钢球通过两刻度线的时间（s），即为试样的条件黏度。重复测试两次，两次测定值之差不应大于平均值的 3%，取两次测定值的平均值为测试结果。

4. 试验报告

试验报告至少应包括下列内容：试样的型号及名称；注明采用本国家标准及何种方法（甲法、乙法或丙法）；试验温度；各测试值和试验结果及任何异常现象；试验日期。

二、涂料密度的测定

根据国家标准《色漆和清漆 密度的测定 比重瓶法》GB/T 6750—2007测定。

1. 仪器与设备

（1）玻璃比重瓶 容量为10～100mL的适宜玻璃比重瓶（见图10-12、图10-13）。

（2）金属比重瓶（见图10-14）。

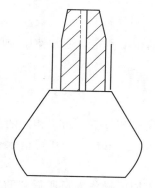

图10-12 盖伊-芦萨克比重瓶

图10-13 哈伯德比重瓶

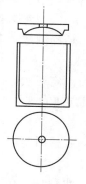

图10-14 金属比重瓶

（3）温度计 分度为0.1℃，精确到0.2℃。

（4）水浴或恒温室 当要求精确度高时，能够保持在试验温度±0.5℃的范围内。对于生产控制，能保持在试验温度±2℃的范围内。

（5）分析天平 要求高精确度时可精确至0.2mg。

2. 测定步骤

（1）取样 被试验产品的有代表性的样品，应按GB/T 3186—2006所叙述的方法选取。

（2）比重瓶的校准 用铬酸溶液、蒸馏水和蒸发后不留下残余物的溶剂依次清洗玻璃比重瓶，并使其充分干燥。用蒸发后不留下残余物的溶剂清洗金属比重瓶，且将它干燥。

将比重瓶放置到室温，并将它称重。假若要求很高的精确度，则应连续清洗、干燥和称量比重瓶，直至两次相继的称量之差不超过0.5mg。在低于试验温度（23℃±2℃，如精确度要求更高，则为23℃±0.5℃）不超过1℃的温度下，在比重瓶中注满蒸馏水。

塞住或盖上比重瓶，留有溢流孔开口，严格注意防止在比重瓶中产生气泡。将比重瓶放置在恒温水浴中或放在恒温室中，直至瓶的温度和瓶中所含物的温度恒定为止。用有吸收性的材料（如棉纸）擦去溢出物质，并用吸收性材料彻底擦干比重瓶的外部。不再擦去继后任何溢出物，立即称量该注满蒸馏水的比重瓶，精确到其质量的0.001%。

按式（10-5）计算比重瓶的容积 V（以 mL 表示）：

$$V = (m_1 - m_0)/\rho \tag{10-5}$$

式中 m_0——空比重瓶的质量，g；

m_1——比重瓶及水的质量，g；

ρ——水在23℃或其他商定的温度下的密度，g·mL^{-1}。

（3）产品密度的测定 用产品代替蒸馏水，重复上述操作步骤，用蘸有适合溶剂的吸收材料擦掉比重瓶外部的残余物，并用干净的吸收材料拭擦，使之完全干燥。立即称量该注满样品的比重瓶，精确到其质量的0.001%。

3. 结果计算

按式(10-6)计算产品在试验温度下的密度 ρ_t（以 $g \cdot mL^{-1}$ 表示）：

$$\rho_t = (m_2 - m_0)/V \tag{10-6}$$

式中　m_0——空比重瓶的质量，g；

　　　　m_2——比重瓶和产品的质量，g；

　　　　V——在试验温度下测得的比重瓶的体积，mL；

　　　　t——试验温度（23℃）。

为了精确测定，最好用玻璃比重瓶；对于为控制生产而需要的密度测定，通常使用金属比重瓶。

平行测定两次，计算算术平均值。

4. 精密度

（1）重复性　由同一个操作人员，用同样的设备，在相同的操作条件下，对于相同的试验材料，在短时间间隔内得到的相继的结果之差，应不超过 $0.0006g \cdot mL^{-1}$，其置信水平为 95％。

（2）再现性　在不同的实验室中，对于相同的试验材料，由不同的操作人员所得到的单一的及独立的结果之差应不超过 $0.0012g \cdot mL^{-1}$，其置信水平为 95％。

任务 2　涂料施工性能检测

知识准备

想一想　涂料在施工过程中如何判断涂膜涂刷性能的好坏？有哪些指标？

一、抗流挂性

涂料涂饰于垂直物体表面，在涂膜形成的过程中，涂膜受到重力影响朝下流动，被称为流挂，流挂使涂膜不均匀，产生流淌状、泪滴状、幕状和垂挂状等表观特征。涂料太稀、附着力差、干性太慢及施工条件等原因都会造成流挂，因此在使用增黏剂解决涂料贮存稳定性的前提下，既要施工时无刷痕、流平性好，又要防止流挂产生。

GB/T 9264—2012《色漆和清漆　抗流挂性评定》将色漆和清漆的抗流挂性定义为在规定的施涂条件、规定的底材和规定的环境下，倾斜放置的样板在干燥过程中不会产生流动趋势的最大湿膜厚度（以 μm 表示）。

在 23℃±2℃、相对湿度 50％±5％的标准条件下可使用带刻度的流挂涂布器或使用喷枪在标准试板上施涂。

使用流挂涂布器时，在两块试板上水平施涂受试涂料，并沿试板刮拉流挂涂布器。将试板垂直放置，记下每块试板上没有流挂痕迹的最厚的一条涂膜，在第三块试板上重复施涂程序后，仍在水平位置上立即用湿膜厚度测定仪测量每个漆条中心的湿膜厚度。报告未观察到流挂的最高间隙深度（μm）以及相应于该间隙深度的实际测得的湿膜厚度（μm），以两结果中较小值作为抗流挂性的结果。

使用喷枪时，垂直放置一块试板并喷涂厚度均匀的受试涂料，在试板上画一条横线，一定时间后，记录任何流挂的痕迹。重复试验，增加或减少涂膜厚度，直至得到没有流挂痕迹的最大厚度的涂膜为止。报告未观察到流挂的湿膜厚度（μm）。

二、干燥时间

1. 涂膜的干燥状态和干燥时间

在我国，涂膜的干燥状态一般分为表面干燥、实际干燥和完全干燥几个阶段；国外划分得更细，如美国材料试验学会将涂膜的干燥状态划分成指触干燥、不沾尘干燥、指压干燥、面干、硬干、干透或实干等，此外还有重涂干燥和无压痕干燥。干燥时间指涂膜达到一定干燥状态所需的时间。

涂膜达到一定干燥状态的时间与涂料品种、涂膜厚度、温度、湿度及施工环境等因素有关，挥发型漆类干燥较快，而热固型漆类则干燥较慢，有的需加热烘烤才能干燥成膜。对于涂装施工来说，涂膜的干燥时间越短越好，而对于涂料制造，由于受涂料材料的限制，往往要求一定的干燥时间，才能保证成膜后的质量。

2. 涂膜干燥时间的测定方法

（1）表面干燥时间测定法

① 吹棉球法。在涂膜表面上轻放一脱脂棉球，用嘴距棉球 10～15cm，沿水平方向轻吹棉球，如能吹走，且膜面不留有棉丝，即认为表干。

② 指触法。用手指轻触涂膜表面，如感到有些发黏，但无涂料黏在手指上，则认为表干。

③ 不沾尘法。ASTM 标准规定采用脱脂棉纤维，以 25.4mm 的高度直落在涂膜表面，若缓缓气流能将其吹走，则认为达到不沾尘干。

④ 玻璃球法。把直径为 0.2mm 的玻璃球散落在涂膜表面，经 10s 后，使样板与水平面成 20°角并用软毛刷轻刷，如膜面不留有玻璃球，则认为达到不沾尘干。

（2）实际干燥时间测定法

① 压滤纸法。在涂膜上放一片定性滤纸（光滑面接触涂膜），滤纸上再轻轻放置干燥试验器，同时开动秒表，经 30s，移去干燥试验器，将样板翻转（涂膜向下）。滤纸能自由落下，或在背面用握扳之手的指轻敲几下，滤纸能自由滑下而滤纸纤维不被粘在涂膜上，则认为涂膜实干。

② 压棉球法。在涂膜表面上放一脱脂棉球，于棉球上再轻轻放置干燥试验器，同时开动秒表，经 30s，将干燥试验器和棉球拿掉，放置 5min，观察涂膜上无棉球痕迹及失光现象。涂膜上若留有 1～2 根棉丝，用棉球能轻轻掸掉，则认为涂膜实干。

③ 刀片法。用保险刀片在样板上刮除涂膜，如观察其底层及膜内均无黏着现象，则认为涂膜实干。

④ 无印痕法。《漆膜无印痕试验》GB 9273—1988 中规定，在标准的聚酰胺丝网上压有规定的橡皮圆板，并在不同质量的圆柱形砝码作用下经过规定时间后，涂膜表面应不留有丝网的印痕，称作"无印痕"的涂膜干燥程度。

任务3 涂料成分分析

知识准备

想一想　常用的涂料产品的成分有哪些？涂料中可挥发性物质有哪些危害？如何进行检测？

一、涂料及胶黏剂中游离甲醛的检测

1. 涂料中的甲醛及测定意义

甲醛是一种挥发性有机化合物，无色、具有强烈刺激性气味。甲醛是生产脲醛树脂、三聚氰胺甲醛树脂、酚醛树脂等树脂的重要原料，这些树脂用作涂料和胶黏剂中的基料，因此，凡是大量使用涂料的环节，都可能会有甲醛释放。甲醛是一种有毒物质，因此我们必须对涂料中游离甲醛含量加以严格控制，并对在涂料使用过程中释放出来的游离甲醛进行严格监控。

我国相关国家标准及行业标准分别对相应的油漆涂料产品中游离甲醛含量作了限量要求，如《地坪涂装材料》GB/T 22374—2008 中要求溶剂型地坪涂装材料中游离甲醛的限量为 $500mg \cdot kg^{-1}$，《室内装饰装修材料　内墙涂料中有害物质限量》GB 18582—2008 要求各种水性涂料中游离甲醛的含量 $\leqslant 100mg \cdot kg^{-1}$ 等。

2. 涂料中甲醛的测定方法

甲醛测定方法很多，如滴定分析法、分光光度法、气相色谱法、电化学分析法等。涂料中游离甲醛浓度较高时多采用滴定分析法，如盐酸羟胺法、碘量法、亚硫酸钠法、亚硫酸氢钠法和氯化铵法等；水性涂料等微量游离甲醛的测定可采用乙酰丙酮分光光度法（GB/T 23993—2009）。

（1）亚硫酸氢钠法　方法原理：利用过量的亚硫酸氢钠与甲醛反应，生成羟甲基磺酸钠：

$$HCHO + NaHSO_3 \longrightarrow CH_2(OH)SO_3Na$$

剩余的亚硫酸氢钠用碘滴定，并同时做空白试验。用每 100g 水溶性涂料中所含未反应的甲醛克数表示游离甲醛值。

测定时准确称一定量试样置于碘量瓶中，加入蒸馏水至试样完全溶解后，用移液管准确加入 20mL 新配 1% 亚硫酸氢钠溶液，加塞，于暗处静置 2h，加蒸馏水和 1mL 1% 淀粉溶液，用碘标准溶液滴定至溶液呈蓝色。另移取一份 20mL 1% 亚硫酸氢钠溶液，同时做空白试验。

游离甲醛质量分数 $w(HCHO)$ 按式（10-7）计算：

$$w(HCHO) = \frac{0.03003c(V_0 - V_1)}{m} \times 100\% \tag{10-7}$$

式中　V_0——空白试验时消耗碘标准溶液的体积，mL；

V_1——滴定试样时消耗碘标准溶液的体积，mL；

c——碘标准溶液的浓度，$mol \cdot L^{-1}$；

m——试样的质量，g；

0.03003——与 $1.00mL$ $0.1000mol \cdot L^{-1}$ 碘标准溶液相当的甲醛的质量，g。

（2）乙酰丙酮分光光度法　方法原理：采用蒸馏的方法将样品中的甲醛蒸出。在 pH＝6 的乙酸-乙酸铵缓冲溶液中，馏分中的甲醛与乙酰丙酮在加热的条件下反应生成稳定的黄色络合物，冷却后在波长 412nm 处进行吸光度测试。根据标准工作曲线，计算试样中甲醛的含量。该方法适用于甲醛含量不小于 $5mg \cdot kg^{-1}$ 的水性涂料及其原料的测试。

于 50mL 具塞刻度管测定时配制一组甲醛标准稀释液，在规定条件下与乙酰丙酮显色，以水作参比，用 10mm 比色皿，在紫外可见分光光度计上于 412nm 处测定吸光度，以甲醛质量（μg）为横坐标，相应的吸光度 A 为纵坐标绘制标准工作曲线。

一定量的试样在规定条件下加热蒸馏，收集馏分于馏分接收器（与 50mL 具塞刻度管为同一容器）中以水定容，在与甲醛标准稀释液相同的测定条件下显色并测定吸光度，同样条

件下测定空白样（水）的吸光度。

甲醛含量 c 按式(10-8)计算：

$$c = \frac{m}{W}f$$ (10-8)

式中　c——甲醛含量，mg/kg；

　　　m——从标准工作曲线上差得的甲醛质量，μg；

　　　W——样品的质量，g；

　　　f——稀释因子。

二、涂料中 VOC 的检测

1. 涂料中的 VOC

VOC 是涂料中挥发性有机化合物，包括碳氢化合物、有机卤化物、有机硫化物、羰基化合物、有机酸和有机过氧化物等等，就涂料来讲，可把 VOC 定义为一般压力条件下，沸点（或初馏点）低于或等于250℃且参加气相光化学反应的有机化合物。VOC 呈现出的毒性、刺激性、致癌性以及具有的特殊气味会对人体健康造成较大影响，为此国内外相继制定了一系列法规限制涂料 VOC 含量，2008 年我国颁布了新修订的强制性限量标准《室内装饰装修材料 内墙涂料中有害物质限量》GB 18582—2008 规定内墙涂料中 VOC 限量标准为200g·L^{-1}。

2. 涂料中 VOC 的测定方法

涂料中挥发性有机物（VOC）含量的测定，目前采用两种途径：一种方法是直接进样气相色谱法对已知挥发性组分进行分析；另一种方法是先分别测定涂料样品中的总挥发物含量以及水分含量，然后用前者扣除后者，即为涂料中挥发性有机物的含量。

（1）差值法　将涂料产品中各组分按规定，以正确的质量比或体积比混合，如需稀释则用合适的稀释剂稀释，作为备用样品用于测定。分别测定备用样品中的总挥发物含量、水分含量，然后用合适的公式计算 VOC 含量。此法主要用于 VOC 含量较大的常规溶剂型涂料产品的测定。

其中，总挥发物含量测定采用烘干的方法，将样品烘干前、后的质量差与样品烘干前的质量进行比较，以质量分数表示涂料总挥发物的含量。测定时准确称量于（105±2）℃的烘箱内干燥并在干燥器内冷却至室温的玻璃、马口铁或铝制的圆盘和玻璃棒，然后在盘内均匀分散地加入试样（质量 m_1），把盛玻璃棒和试样的盘一起放入（105±2）℃的烘箱内，按要求加热 3h 后，将盘、棒移入干燥器内，冷却到室温再准确称出加热后试样质量 m_2。

按式(10-9)计算总挥发物的质量分数 w(V)：

$$w(V) = \frac{m_1 - m_2}{m_1} \times 100\%$$ (10-9)

式中　m_1——加热前试样的质量，g；

　　　m_2——加热后试样的质量，g。

以两次测试的算术平均值（精确到一位小数）报告结果。

水分含量测定采用共沸蒸馏法，将产品中的水分与甲苯或二甲苯共同蒸出，利用水分蒸馏测定器收集馏出液于接收管内，读取水分的体积，即可计算产品中的水分。测定时称取适量样品（估计含水 2~5mL），放入 250mL 锥形瓶中，加入新蒸馏的甲苯（或二甲苯）75mL，连接冷凝管与水分接收管，从冷凝管顶端注入甲苯，装满水分接收管。加热慢慢蒸馏，使每秒钟得馏出液两滴，待大部分水分蒸出后，加速蒸馏约每秒钟 4 滴，当水分全部蒸出后，接收管内的水分体积不再增加时，从冷凝管顶端加入甲苯冲洗。如冷凝管壁附有水滴，可用附有小橡皮头的铜丝擦下，再蒸馏片刻至接收管上部分及冷凝管壁无水滴附着为止，读取接收管水层的容积 V。

按式(10-10)计算水分的含量 $w(\text{H}_2\text{O})$。

$$w(\text{H}_2\text{O}) = \frac{V}{m} \times \rho \times 100\% \qquad (10\text{-}10)$$

式中　V——接收管内水的体积，mL；

　　　ρ——水的密度，$g \cdot mL^{-1}$；

　　　m——样品的质量，g。

(2) 气相色谱法　将涂料产品中各组分按规定，以正确的质量比或体积比混合，用气相色谱技术分离出备用样品中的有机挥发物和豁免化合物。先对备用样品中的挥发物（包括有机挥发物和豁免化合物）进行定性分析，然后再采用内标法以峰面积的值来定量测定备用样品中各有机挥发化合物和豁免化合物的含量，用合适的方法测定样品中的水含量，并用合适的公式计算涂料产品中的 VOC 含量。此法主要用于 VOC 含量较低的涂料产品。

三、涂料中重金属含量的检测

涂料中所含重金属来源于涂料生产时加入的各种助剂，如催干剂、防污剂、消光剂、颜料和各种填料中所含杂质。各国对涂层涂料中重金属最高允许量都有极其严格的规定。

由于涂料中重金属含量较低，因此一般采用原子光谱法和分光光度法测定。

1. 样品的预处理

因涂料中绝大部分是有机组分，所以样品测定前必须进行预处理。预处理的方法目前有干法灰化、湿法消解和微波溶样三种技术。

干法灰化是在高温条件下，借助空气中氧或其他氧化剂的作用，将样品进行灼烧，使有机物被破坏分解。

湿法消解是使用氧化性酸作为氧化剂，在一定温度下，有机物在氧化剂的作用下，氧化成易挥发的成分而逸散，留下无机成分。

2. 原子吸收法测定总铅的含量

测定时采用一定浓度的稀盐酸溶液处理样品，使铅以离子状态存在于样品溶液中，将试验溶液吸入乙炔-空气火焰中，样品溶液中铅离子被原子化后，基态铅原子吸收来自铅空心阴极灯发出的共振线，其吸光度与样品中铅含量成正比。测定时用火焰原子吸收光谱法测定由铅空心阴极灯发射的谱线波长为 283.3nm 处的吸收。在其他条件不变的情况下，测量被吸收后的谱线强度，与标准系列比较进行定量。

同理，可测定涂料中铬、镉、汞等重金属的含量。

四、聚氨酯涂料中游离甲苯二异氰酸酯（TDI）的检测

聚氨酯类涂料多是以多异氰酸酯（如二异氰酸酯）与活泼的多羟基化合物或预聚物作为基本原料的，受反应速率、反应时间、配方及反应条件的影响，这些预聚物中不可避免地含有一定量游离的二异氰酸酯。特别是使用甲苯二异氰酸酯时，由于游离的甲苯二异氰酸酯（TDI）是一种毒性很强的吸入性毒物，因此对其含量应严加控制。

目前测定游离异氰酸酯含量的方法有化学分析法、气相色谱法和液相色谱法。我国《色漆和清漆用漆基　异氰酸酯树脂中二异氰酸酯单体的测定》GB/T 18446—2009 采用气相色谱法测定二异氰酸酯单体含量。测定时试样经汽化后通过毛细管色谱柱，使被测的游离甲苯

二异氰酸酯与其他组分分离，用氢火焰离子化检测器检测，利用十四烷或蒽作为内标物，采用内标法定量。

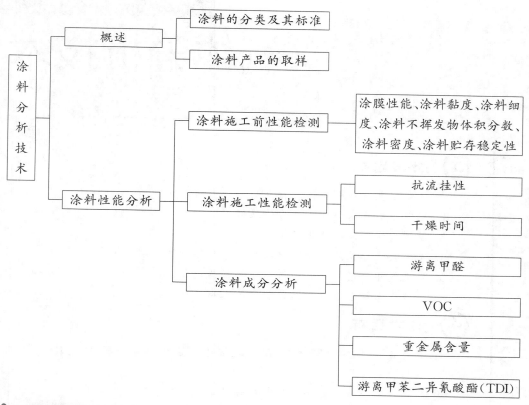

 练一练

1. 如何测定涂料黏度？
2. 如何测定涂料细度？
3. 涂料挥发物含量就是水分含量吗？
4. 涂料干燥时间应包括哪两个方面？
5. 涂膜硬度的测定方法有哪几种？
6. 涂膜附着力有几个等级？
7. 涂料中的甲醛来源有哪些？ 如何测定？
8. VOC包括哪些物质？ 采用什么方法进行检测？

项目二　涂／料／性／能／分／析

气体分析技术

知识目标

1. 了解工业气体的种类、特点及分析方法。
2. 了解不同状态下气体试样的采取方法。
3. 掌握不同气体的测量方法。
4. 掌握吸收体积法的测定原理和燃烧法的测定原理。
5. 熟悉气相色谱法分析气体组成的仪器设备。
6. 理解气相色谱法分析气体含量的基本原理。

能力目标

1. 能选用不同的装置和设备采取常压、正压和负压下的气体样品。
2. 能选用适当的仪器准确测量气体的体积。
3. 能正确组装气体分析仪器并能熟练使用气体分析仪准确测定气体组分的含量。
4. 能通过试验数据计算可燃性气体组分的含量。
5. 能使用气相色谱法测定煤气各组分的含量。

目前人们非常关注大气的污染，它的主要来源是什么呢？气体具有流动性，如何采集？如何测定？气体分析方法又有什么特点？

项目一

概述

知识准备

想一想　工业生产中和我们生活环境中会遇到哪些气体？对它们进行含量分析有必要吗？你认为气体分析的方法与其他形态的物质有区别吗？

一、气体分析的意义及特点

工业气体有多种，如气体燃料（天然气、焦炉煤气、石油气、水煤气）、气体产品（如氢气、氮气、氧气、乙炔气和氩气等）、化工原料气体、厂房空气、废气等。工业生产中，由于生产需要或安全起见，对一些气体必须进行分析检验。例如，进行原料气体的分析可以掌握原料的组成，以利于正确配料和充分利用其有效成分；进行燃烧气体的分析，可以估算燃料的发热量，做到合理使用；对易燃易爆气体的分析，可为厂房设备的安全提供参考数据；对有毒有害气体的分析，可为生产者的健康与安全提供重要数据。因此，工业生产中，只有对各种工业气体经常分析，才能及时地发现和解决生产、安全中的问题，确保生产顺利进行。

由于气体质轻、流动性大，而体积又易随温度和压力的改变而变化，因此气体分析有三个特点：气体分析中，常用测量气体体积的方式来代替称量，按体积计算其体积分数；测定要在密闭的仪器系统中进行；测量气体体积的同时，要记录环境的温度和压力，然后把体积校正到标准状态下的体积。如果分析过程中，气体的温度、压力未发生变化，则不必校正，直接计算其体积分数。

二、气体分析方法

气体分析的方法可分为化学分析法、物理分析法和物理-化学分析法。化学分析法是利用气体的化学性质而确定其含量的方法；物理分析法是根据气体的物理性质，如密度、热导率、热值、折射率等进行测定的方法；物理-化学分析法是根据气体的物理化学性质，如电导率、吸附性或溶解特性以及光吸收特性等进行测定的方法。

近代分析具有快速、简便、灵敏度高等特点。目前，工业生产中对气体分析大都采用仪器分析的方法。但是，在仪器分析法的使用中还离不开化学分析法，化学分析法以其准确度高、经济适用、操作方便等优点仍未失去实用意义。在此将重点介绍气体的化学分析方法。

气体试样的采取

任务1 采样方法

知识准备

想一想 常见的工业气体以何种形态存在？如何根据不同的情况选择合适的采样方法呢？

一、采样须考虑的因素

1. 气体的特点

气体由于扩散作用，比较易于混匀，但因气体存在的形式不同而使情况复杂，如静态气体与动态气体取样方法有所区别。由于气体具有流动性，因此易于混入杂质。

2. 分析目的

从气体组成不一致的某一点取样，则所采取的试样不能代表其平均组成。在气体组成急剧变化的气体管路中迅速取得的试样也不能代表原气体的一般组成。因此，必须根据分析目的而决定采取何种气体试样。在化工厂中最常采取的有下列各种气体试样。

（1）平均试样　用一定装置使取样过程能在一个相当时间内或整个生产循环中，或者在某生产过程的周期内进行，所取试样可以代表一个过程或整个循环内气体的平均组成。

（2）定期试样　经过一定时间间隔所采取的试样。

（3）定位试样　在设备中不同部位（如上部、中部、下部）所采取的试样。

（4）混合试样　是几个试样的混合物，这些试样取自不同对象或在不同时间内取自同一对象。

3. 采样点

自气体容器中取样时，可在该容器上装入一个取样管，再用橡皮管与准备盛试样的容器相连，开启取样管的活塞后，气体用本身的压力或借助一种抽吸方法，而使气体试样进入取样容器中，或者直接进入气体分析器中。

自气体管路中取样时，可在该管道的取样点处，装一支玻璃管或金属的取样管，如用金属管，金属不应与气体发生作用。取样管应装入管道直径的1/3处，如图11-1（a）所示。气体中如有机械杂质，则应在取样管与取样容器间装过滤器（如装有玻璃纤维的玻璃瓶）。气体温度超过200℃时，取样管必须带有冷却装置，如图11-1（b）所示。

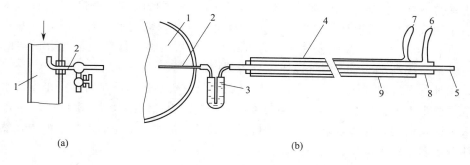

(a)　　　　　　　　　　　　　　　　(b)

图 11-1　气体采样装置

1—气体管道；2—采样管；3—过滤管；4，8，9—冷却管；

5—导气管；6—冷却水入口；7—冷却水出口

二、不同状态气体的采样方法

1. 常压下取样

当气体压力近于大气压或等于大气压时，常用封闭液改变液面位置以引入气体试样；当感到气体压力不足时，可以利用流水抽气泵抽取气体试样。

（1）用取样瓶采取气体试样　如图 11-2 所示，此仪器由两个大玻璃瓶组成，其中瓶 1 是取样容器，经过活塞 4 与取样管 3 相连，瓶 2 为水准瓶，用以产生真空（负压）。先应用封闭液将瓶 1 充满至瓶塞，打开夹子 5，使封闭液流入瓶 2，而使气体自管 3 经活塞 4 引入；关闭活塞 4，提升瓶 2 后，再使活塞 4 与大气相通，将气体自活塞 4 排入大气中。如此重复 3～4 次。旋转活塞 4 再使管 3 与瓶 1 相通开始取样。用夹子 5 调节瓶中液体流速，使取样过程在规定时间内完成（从数分钟至数天）。取样结束后，关闭活塞 4 和夹子 5，取下取样管 3，并把试样送至化验室进行分析，所取试样的体积随流入瓶 2 的封闭液的量而定。到化验室后，将活塞 4 与气体分析器的引气管相连，升高瓶 2，打开夹子 5 即有气体自瓶 1 排入气体分析器中。

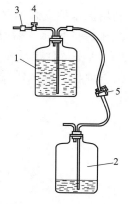

图 11-2　取样瓶

1—气样瓶；2—水准瓶；3—取样管；

4—三通活塞；5—夹子

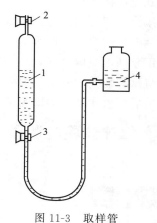

图 11-3　取样管

1—取样管；2，3—活塞；4—水准瓶

（2）用取样管采取气体试样　如图 11-3 所示，取样管的一端与水准瓶相连，瓶中注有封闭液。当取样管两端旋塞打开时，将水准瓶提高使封闭液充满至取样管的上旋塞，此时将取样管上端与取样点上的金属管相连，然后放低水准瓶，打开旋塞，则气体试样进入取样管中，然后关闭旋塞2，将取样管与取样点上的金属管分开，提高水准瓶，打开旋塞将气体排出，如此重复3～4次，最后吸入气体，关闭旋塞。分析时将取样管上端与分析器的引气管相连，打开活塞提高水准瓶，将气体压入分析器中。

（3）用抽气泵采取气体试样　当用封闭液吸入气体仍感压力不足时，可采用流水抽气泵抽取，取样管上端与抽气泵相连，下端与取样点上的金属管相连，如图11-4所示，将气体试样抽入。分析时将取样管上端与气体分析器的引气管相连，下端插入封闭液中，然后可以利用气体分析器中的水准瓶将气体试样吸入气体分析器中。

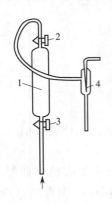

图 11-4　流水抽气泵采样装置
1—取样管；2，3—活塞；4—水流泵

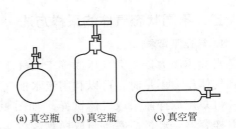

(a) 真空瓶　(b) 真空瓶　(c) 真空管

图 11-5　负压采样容器

2. 正压下取样

当气体压力高于大气压力时，只需放开取样点上的活塞，气体即可自动流入气体取样器中。如果气体压力过大，应在取样点上的金属管与取样容器之间接入缓冲器。常用的正压取样容器有球胆等。取样时必须用气体试样置换球胆内的空气3～4次。

3. 负压下取样

气体压力小于大气压力为负压。如果负压不太高，可以利用流水抽气泵抽取。当负压高时，可用抽空容器取样，此容器是 0.5～3L 的各种容器，如图11-5所示，容器上有活塞，在取样前用泵抽出瓶内空气，使压力降至 8～13kPa，然后关闭活塞，称出质量，再至取试样地点，将试样瓶上的管头与取样点上的金属管相连，打开活塞取样，取试样后关闭活塞称出质量，前后两次质量之差即为试样的质量。

任务 2　气体体积的测量

知识准备

想一想　气体体积与哪些因素有关？与液体体积测量有无区别？气体的测量工具有哪些？有什么特点？

一、量气管

量气管的类型有单臂式和双臂式两类，如图11-6所示。

1. 单臂式量气管

单臂式量气管分直式、单球式、双球式 3 种。最简单的量气管是直式，是一支容积为 100mL 的有刻度的玻璃管，分度值为 0.2mL，可读出 100mL 体积范围内的所示体积；单球式量气管的下端细长部分一般有 40～60mL 的刻度，分度值为 0.1mL，上部球状的部分也有体积刻度，一般较少使用，精度也不高；双球式量气管在上部有 2 个球状部分，其中上球的体积为 25mL，下球的体积为 35mL，下端为细长部分，一般刻有 40mL、分度值为 0.1mL 刻度线，是常用于测量气体体积的部分，而球形部分的体积用于固定体积的测量，如量取 25.0mL 气体体积用于燃烧法试验等。量气管的末端用橡皮管与水准瓶相连，顶端是引入气体与赶出气体的出口，可与取样管相通。

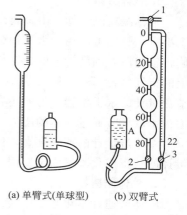

图 11-6　量气管

(a) 单臂式(单球型)　　(b) 双臂式

1，2，3—活塞；A—水准瓶

2. 双臂式量气管

总体积也是 100mL，左臂由 4 个 20mL 的玻璃球组成，右臂是分度值为 0.05mL、体积为 20mL 的细管（加上备用部分共 22mL）。可以测量 100mL 以内的气体体积。量气管顶端通过活塞 1 与取样器、吸收瓶相连，下端有活塞 2、活塞 3，用以分别量取气体体积，末端用橡皮管与水准瓶相连。当打开活塞 2、活塞 3 并使活塞 1 与大气相通，升高水准瓶时，液面上升，将量气管中原有气体赶出，然后旋转活塞 1 使之与取样器或气体贮存器相连，先关上活塞 3，放下水准瓶，将气体自活塞 1 引入左臂球形管中，测量一部分气体体积，然后关上活塞 2，打开活塞 3，气体流入细管中，关上活塞 1，测量出细管中气体的体积，两部分体积之和即为所取气体的体积。如测量 42.75mL 气体时，用左臂量取 40mL，右臂量取 2.75mL，总体积即为 42.75mL。

3. 量气管的使用

当水准瓶升高时，液面上升，可将量气管中的气体赶出。当水准瓶放低时，液面下降，将气体吸入量气管。量气管和进气管、排气管配合使用，可完成排气和吸入样品的操作，收集足够的气体以后，关闭气体分析器上的进样阀门。将量气管的液面与水准瓶的液面对齐（处在同一个水平面上），读出量气管上的读数，即为气体的体积。

4. 量气管的校正

量气管上虽然有刻度，但不一定与标明的体积相等。对于精确的测量，必须进行校正。

在需要校正的量气管下端，用橡皮管套上一个玻璃尖嘴，再用夹子夹住橡皮管。在量气管中充满水至刻度的零点，然后放水于烧杯中，各为 0～20mL、0～40mL、0～60mL、0～80mL、0～100mL，精确称量出水的质量，并测量水温，查出在此温度下水的密度，通过计算得出准确的体积。若干毫升水的真实体积与实际体积（刻度）之差即为此段间隔（体积）的校正值。

二、气量表

分析高浓度的气体含量时，以量气管取 100mL 混合气体就已足够使用。但在测定微量气体含量时，取 100mL 混合气体就太少了。例如，在 100mL 空气中只含有 0.03mL CO_2。这种分析就必须取混合气体若干升或若干立方米；而且在动态的情况下测量大体积的气体时，即测量在某一定时间内（例如 1h）、以一定的流速通过的气体体积，就必须使用气体流速计或气量表，测量通过吸收剂的大量气体的体积。

1. 气体流量计

常称湿式流量计，由金属筒构成，其中盛半筒水，在筒内有一金属鼓轮将圆筒分割为四个小室。鼓轮可以绕着水平轴旋转，当空气通过进气口进入小室时，推动鼓轮旋转，鼓轮的旋转轴与筒外刻度盘上的指针相连，指针所指示的读数，即为采集气体试样的体积。刻度盘上的指针每转一圈一般为5L，也有10L的。流量针上附有水平仪，底部装有螺旋，以便调节流量针的水平位置。另外还有压力计和温度计，其中温度计用以测量通过气体的温度，压力计用以调节通过气体的压力与大气的压力相等，便于体积换算。

湿式流量计的准确度高，但测量气体的体积有一定限额，并且不易携带。常用于其他流量计的校正或化验室固定使用。

2. 气体流速计

气体流速计是化验室中使用最广泛的仪器，如图11-7所示。用以测量气体流速，从而计算出气体的体积。其原理是当气体通过毛细管时由于管子狭窄部分的阻力，在此管中产生气压降低，阻力前、后压力之差由装某种液体的U形管中两臂的液面差表示出来。气体流速越大，液面差越大。

使用之前，首先应将流速计校准，即找出液面差与流速之间的关系。校准装置如图11-8所示，4为压力调节器，2为玻璃测量瓶，在2与4之间连入要校准的流速计3，7是三通活塞，可使流速计与大气相通，也可使流速计与瓶2相连。瓶2是带有下口的10～20L的玻璃瓶，内装水。可用量筒量出由下口流出水的体积，竖贴一张纸条于瓶的侧面，每量出200mL记一格，制成标尺。管6的左端与盛水压力计1相连。旋转活塞a位置，用泵自活塞9送入空气，使压力调节器4内的过量空气或气体逸出，升降平衡管5（校正时与测量时液面应放在相同位置）以调节流速计3内所需的液面差。然后将活塞7转到b位置，打开活塞8使空气进入瓶2，空气的体积等于由瓶2内流出水的体积（可由压力计1内两液面不变时量得）。用秒表记下200mL水的流出时间，计算出1min内流出的水量，即通过流速计3的空气体积，由流速计标尺记下该速度下两液面差值（h）。

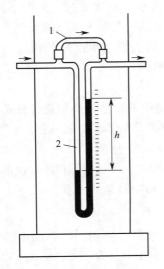

图 11-7　气体流速计

1—毛细管；2—U形管；h—液位差

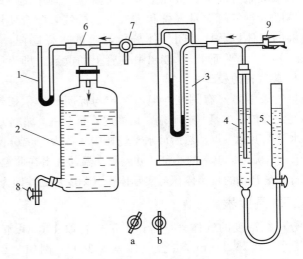

图 11-8　流速计校准装置

1—压力计；2—玻璃测量瓶；3—流速计；4—压力调节器；

5—平衡管；6—三通管；7, 8, 9—三通活塞

改变空气流速多次，可以得出许多液面差，即不同的 h 数值。以 h 值为横坐标，每分钟流速为纵坐标，可以画出曲线，由曲线可以近似算出中间的速度。为使流速计能测量出 1min 内流过 $0.1\sim100mL$ 的气体，可以更换使用不同直径的毛细管或 U 形管内不同密度的液体（如水、硫酸、汞等）。

使用时将此流速计连于要测定气体的吸收剂装置的前面或后部，当气体流过时，由于速度不同，在 U 形管上所引起的 h 值也不同，由 h 值读出气体的流速，再乘以所流过的时间，就可以得出通过吸收剂的气体体积。

3. 转子流量计

转子流量计如图 11-9 所示，由上粗下细的锥形玻璃管与上下浮动的转子组成。转子一般用铜或铝等金属及有机玻璃和塑料制成。气流越大，转子升得越高。转子流量计在生产现场使用比较方便。但用吸收管采样时，在吸收管与转子流量计之间须接一个干燥管，否则湿气凝结在转子上，将改变转子的质量而产生误差。转子流量计的准确性比流速计差，校准的方法与流速计相同。

图 11-9 转子流量计

气体化学分析方法

在用化学分析法对气体混合物各组分进行测定中，根据它们的化学性质来决定所采用的方法。常用的有吸收法和燃烧法。吸收法常用于简单的气体混合物的分析，而燃烧法主要是在吸收法不能使用或得不出满意的结果时才使用。但在实际工作中，往往是两种方法联合使用。

任务 1 吸收法

知识准备

想一想 为什么气体在分析之前要用其他物质吸收？不同性质的气体要用不同的方法，总结一下气体一般具有哪些性质。吸收是否要完全？吸收后生成的物质必须稳定吗？

气体化学吸收法包括气体吸收体积法、气体吸收滴定法、气体吸收重量法和气体吸收比色法等。

一、吸收体积法

利用气体的化学特性，使气体混合物和特定的吸收剂接触。此种吸收剂能对混合气体中所测定的气体定量地发生化学吸收作用（而不与其他组分发生任何作用）。如果吸收前、后的温度及压力保持一致，则吸收前、后的气体体积之差即为待测气体的体积。此法主要用于常量气体的测定。

例如，CO_2、O_2、N_2 的混合气体，当与氢氧化钾溶液接触时，CO_2 被吸收，吸收产物为 K_2CO_3，其他组分不被吸收。

对于液态或固态的物料，也可利用同样的原理来进行分析测定。只要使各种物料中的待测组分经过化学反应转化为气体，然后用特定的吸收剂吸收，即可根据气体的体积变化，进行定量测定。如钢铁分析中，用气体体积（或容量）法测定总碳含量就是一个很好的实例。

1. 气体吸收剂

用来吸收气体的化学试剂称为气体吸收剂。由于各种气体具有不同的化学特性，因此所选用的吸收剂也不相同。吸收剂可分为液态和固态两种，在大多数情况下，都以液态吸收剂为主。下面是几种常见的气体吸收剂。

（1）氢氧化钾溶液　KOH 是 CO_2 的吸收剂。

$$2KOH + CO_2 \longrightarrow K_2CO_3 + H_2O$$

通常用 KOH 而不用 NaOH，因为浓的 NaOH 溶液易起泡沫，并且析出难溶于本溶液中的 Na_2CO_3 而堵塞管路。一般常用 33% 的 KOH 溶液，此溶液 1mL 能吸收 40mL 的 CO_2，适用于中等浓度及高浓度 CO_2 的测定。

氢氧化钾溶液也能吸收 H_2S、SO_2 和其他酸性气体，在测 CO_2 时必须预先除去这些气体。

（2）焦性没食子酸的碱溶液　焦性没食子酸（1,2,3-三羟基苯）的碱溶液是 O_2 的吸收剂。焦性没食子酸与氢氧化钾作用生成焦性没食子酸钾。

$$C_6H_3(OH)_3 + 3KOH \longrightarrow C_6H_3(OK)_3 + 3H_2O$$

焦性没食子酸钾被氧化生成六氧基联苯钾。

$$2C_6H_3(OK)_3 + \frac{1}{2}O_2 \longrightarrow (KO)_3H_2C_6C_6H_2(OK)_3 + H_2O$$

配制好的此种溶液 1mL 能吸收 8~12mL 氧，在温度不低于 15℃、含氧量不超过 25% 时，吸收效率最好。焦性没食子酸的碱性溶液吸收氧的速度，随温度降低而减慢，在 0℃ 时几乎不吸收。所以用它来测定氧时，温度最好不要低于 15℃。因为吸收剂是碱性溶液，所以酸性气体和氧化性气体对测定都有干扰，在测定前应使之除去。

（3）亚铜盐溶液　亚铜盐的盐酸溶液或亚铜盐的氨溶液是一氧化碳的吸收剂。一氧化碳和氯化亚铜作用生成不稳定的配合物 $Cu_2Cl_2 \cdot 2CO$。

$$Cu_2Cl_2 + 2CO \longrightarrow Cu_2Cl_2 \cdot 2CO$$

在氨溶液中，进一步发生反应：

$$Cu_2Cl_2 \cdot 2CO + 4NH_3 + 2H_2O \longrightarrow Cu_2(COONH_4)_2 + 2NH_4Cl$$

二者之中以亚铜盐氨溶液的吸收效率较好，1mL 亚铜盐氨溶液可以吸收 16mL 一氧化碳。

因氨水的挥发性较大，用亚铜盐氨溶液吸收一氧化碳后的剩余气体中常混有氨气，影响气体的体积，故在测量剩余气体体积之前，应将剩余气体通过硫酸溶液以除去氨气（即进行第二次吸收）。亚铜盐氨溶液也能吸收氧、乙炔、乙烯、高级碳氢化合物及酸性气体，故这些气体在测定一氧化碳之前均应除去。

（4）饱和溴水或硫酸汞、硫酸银的硫酸溶液　它们是不饱和烃的吸收剂。在气体分析中，不饱和烃通常是指乙烯、丙烯、丁烯、乙炔、苯、甲苯等。溴能和不饱和烃发生加成反应并生成液态的各种饱和溴化物。

$$CH_2=CH_2+Br_2\longrightarrow CH_2Br-CH_2Br$$
$$CH\equiv CH+2Br_2\longrightarrow CHBr_2-CHBr_2$$

在试验条件下，苯不能与溴反应，但能缓慢地溶解于溴水中，所以苯也可以一起被测定出来。

硫酸在有硫酸银（或硫酸汞）作为催化剂时，能与不饱和烃作用生成烃基磺酸、亚烃基磺酸、芳烃磺酸等。

$$CH_2=CH_2+H_2SO_4\longrightarrow CH_3-CH_2OSO_2OH$$
$$CH\equiv CH+2H_2SO_4\longrightarrow CH_3-CH(OSO_2OH)_2$$
$$C_6H_6+H_2SO_4\longrightarrow C_6H_5SO_3H+H_2O$$

（5）硫酸、高锰酸钾溶液、氢氧化钾溶液　它们是二氧化氮的吸收剂。
$$2NO_2+H_2SO_4\longrightarrow HO(ONO)SO_2+HNO_3$$
$$10NO_2+2KMnO_4+3H_2SO_4+2H_2O\longrightarrow 10HNO_3+K_2SO_4+2MnSO_4$$
$$2NO_2+2KOH\longrightarrow KNO_3+KNO_2+H_2O$$

2. 混合气体的吸收顺序

在混合气体中，每一种成分并没有一种特效的吸收剂，也就是某一种吸收剂所能吸收的气体组分并非仅一种气体。因此，在吸收过程中，必须根据实际情况，合理安排吸收顺序，这样才能消除气体组分间的相互干扰，得到准确的结果。

例如，煤气中的主要成分是 CO_2、O_2、CO、CH_4、H_2 等。根据所选用的吸收剂性质，在作煤气分析时，它们应按如下吸收顺序进行。

① 氢氧化钾溶液。它只吸收二氧化碳，其他组分不干扰。应排在第一。

② 焦性没食子酸的碱性溶液。试剂本身只能吸收氧气。但因为是碱性溶液，也能吸收酸性气体。因此，应排在氢氧化钾吸收液之后，故排在第二。

③ 氯化亚铜的氨溶液。它不但能吸收一氧化碳，同时还能吸收二氧化碳、氧等，因此只能把这些干扰组分除去之后才能使用，故排在第三。

甲烷和氢用燃烧法测定。

所以煤气分析的顺序应为：KOH 溶液吸收 CO_2，焦性没食子酸的碱性溶液吸收 O_2，氯化亚铜的氨溶液吸收 CO；用燃烧法测定 CH_4 及 H_2；剩余气体为 N_2。

3. 吸收仪器——吸收瓶

吸收瓶如图 11-10 所示，是对气体进行吸收作用的设备，瓶中装有吸收剂，气体分析时吸收作用即在此瓶中进行。吸收瓶分为两部分：一部分是作用部分（带有活塞），另一部分是承受部分。每部分的体积应比量气管大 120～150mL，二者可以并列［如图 11-10(a)、(b) 所示］，也可以上下排列，还可以一部分置于另一部分之内［如图11-10(c) 所示］。作用部分经活塞与梳形管相连，承受部分与大气相通。使用时，打开盛吸收液吸收瓶旋塞，与量气管接通，升高水准瓶，使量气管内的气体压入吸收管，当气体由量气管进入吸收瓶时，吸收液由作用部分流入承受部分，气体与吸收液发生吸收作用。

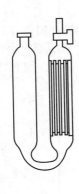
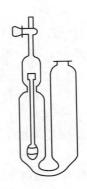
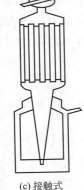

(a) 接触式　　　　　　　　(b) 鼓泡式　　　　　　　　(c) 接触式

图 11-10　吸收瓶

二、吸收滴定法

综合应用吸收法和滴定分析法来测定气体（或可以转化为气体的其他物质）含量的分析方法称为吸收滴定法。其原理是使混合气体通过特定的吸收剂溶液，则待测组分与吸收剂发生反应而被吸收，然后在一定的条件下，用特定的标准溶液滴定，根据消耗的标准溶液的体积，计算出待测气体的含量。吸收滴定法广泛地用于气体分析中。此法中，吸收可作为富集样品的手段，主要用于微量气体组分的测定，也可以进行常量气体组分的测定。

焦炉煤气中少量 H_2S 的滴定，就是使一定量的气体试样通过乙酸镉溶液，硫化氢被吸收生成黄色的硫化镉沉淀。

$$H_2S+Cd(Ac)_2 \longrightarrow CdS\downarrow +2HAc$$
（黄色）

然后将溶液酸化，加入过量的碘标准溶液，黄色负二价的硫被氧化为零价的硫。

$$CdS+2HCl+I_2 \longrightarrow 2HI+CdCl_2+S\downarrow$$

剩余的碘用硫代硫酸钠标准溶液滴定，淀粉为指示剂。

$$I_2+2Na_2S_2O_3 \longrightarrow Na_2S_4O_6+2NaI$$

由碘的消耗量计算出硫化氢的含量。

三、吸收重量法

综合应用吸收法和重量法测定气体物质（或可以转化为气体的其他物质）含量的分析方法称为吸收重量法。其原理是使混合气体通过固体（或液体）吸收剂，待测气体与吸收剂发生反应（或吸附），而吸收剂增加一定的质量，根据吸收剂增加的质量，计算出待测气体的含量。此法主要用于微量气体组分的测定，也可进行常量气体组分的测定。

例如，测定混合气体中的微量二氧化碳时，使混合气体通过固体的碱石灰（一份氢氧化钠和两份氧化钙的混合物，常加一点酚酞，故呈粉红色，也称钠石灰）或碱石棉（50％氢氧化钠溶液中加入石棉，搅拌成糊状，在 150～160℃烘干，冷却研成小块即为碱石棉），二氧化碳被吸收。

$$2NaOH+CO_2 \longrightarrow Na_2CO_3+H_2O$$
$$CaO+CO_2 \longrightarrow CaCO_3\downarrow$$

精确称量吸收剂吸收气体前、后的质量，根据吸收剂前、后质量之差，即可计算出二氧化碳的含量。

吸收重量法常用于有机化合物中的碳、氢等元素的含量测定。将有机物在管式炉内燃烧后，氢燃烧生成水蒸气，碳则生成二氧化碳。将生成的气体导入已准确称量的装有高氯酸镁的吸收管中，水蒸气被高氯酸镁吸收，质量增加，称取高氯酸镁吸收管的质量，可计算出氢的含量。从高氯酸镁吸收管流出的剩余气体则导入装有碱石棉的吸收管中，吸收二氧化碳后称取质量，可计算出碳的含量。实际试验过程中，将装有高氯酸镁的吸收管和装有碱石棉的吸收管串联连接，高氯酸镁吸收管在前，碱石棉吸收管在后。

四、吸收比色法

综合应用吸收法和比色法来测定气体物质（或可以转化为气体的其他物质）含量的分析方法称为吸收比色法。其原理是使混合气体通过吸收剂（固体或液体），待测气体被吸收，而吸收剂产生不同的颜色（或吸收后再作显色反应），其颜色的深浅与待测气体的含量成正比，从而得出待测气体的含量。此法主要用于微量气体组分含量的测定。

例如，测定混合气体中的微量乙炔时，使混合气体通过吸收剂——亚铜盐的氨溶液，乙炔被吸收，生成乙炔铜的紫红色胶体溶液。

$$2C_2H_2 + Cu_2Cl_2 \longrightarrow 2CH \equiv CCu + 2HCl$$

其颜色的深浅与乙炔的含量成正比。可进行比色测定，从而得出乙炔的含量。大气中的二氧化硫和氮氧化物等均是采用吸收比色法进行测定的。

在吸收比色法中还常用检气管法，其特点是仪器简单、操作容易、携带方便、对微量气体能迅速检出、有一定的准确度、气体的选择性也相当高，但一般不适用于高浓度气体组分的定量测定。

检气管是一根内径为 $2 \sim 4mm$ 的玻璃管，以多孔性固体（如硅胶、氧化铝、瓷粉、玻璃棉等）颗粒为载体，吸附了化学试剂所制成的检气剂填充于该玻璃管中，管两端封口，如图 11-11 所示。使用时，在现场将检气管的两端锯断，一端连接气体采样器，使气体以一定速度通过检气管，在管内检气剂即与待测气体发生反应而形成一着色层，根据色层的深浅或色层的长度，与标准检气管相比来进行含量测定。例如，空气中硫化氢

图 11-11　检气管

含量的测定，用 $40 \sim 60$ 目的硅胶作载体，吸附一定量的乙酸铅试剂制成检气剂填充于检气管中，当待测空气通过检气管时，空气中的硫化氢被吸收，生成黑色层。

$$Pb(Ac)_2 + H_2S \longrightarrow PbS\downarrow + 2HAc$$
$$（黑色）$$

其变色的长度与空气中硫化氢的含量成正比，再与标准检气管进行比较，就可以获得空气中硫化氢的含量。

又如，空气中一氧化碳含量的测定，用 $40 \sim 60$ 目的硅胶作载体，吸附酸性硫酸钯和钼酸铵的混合溶液，在真空中干燥，呈淡黄色的硅钼酸配盐，填充于检气管中。当待测空气通过检气管时，空气中的一氧化碳被吸收生成蓝色化合物。

$$H_8[Si(Mo_2O_7)_6] + 2CO \longrightarrow H_8[Si(Mo_2O_7)_5(Mo_2O_5)] + 2CO_2$$

其颜色的深浅与空气中一氧化碳的含量成正比，再与标准检气管比较，就可获得空气中

一氧化碳的含量。

任务 2 燃烧法

知识准备

想一想 有些气体很难找到符合条件的吸收剂，若可燃，一般生成什么物质？这些物质能被吸收吗？吸收后导致体积变化，与分析的气体有定量关系吗？

一、燃烧法的理论依据

有些可燃性气体没有很好的吸收剂，如氢和甲烷。因此，不能用吸收法进行测定，只有用燃烧法来进行测定。当可燃性气体燃烧时，其体积发生缩减，并消耗一定体积的氧气，产生一定体积的二氧化碳。它们都与原来的可燃性气体有一定的比例关系，可根据它们之间的这种定量关系，分别计算出各种可燃性气体组分的含量。这就是燃烧法的主要理论依据。

氢燃烧，按下式进行：

$$2H_2 \quad + \quad O_2 \quad \longrightarrow \quad 2H_2O$$
$$（2体积）\quad （1体积）\quad\quad （0体积）$$

2 体积的氢与 1 体积的氧经燃烧后，生成 0 体积的水（在室温下，水蒸气冷凝为液态的水，其体积可以忽略不计），在反应中有 3 体积的气体消失，其中 2 体积是氢，故氢的体积是缩小体积数的 2/3。以 $V_{缩}$ 代表缩小的体积数，$V(H_2)$ 代表燃烧前氢的体积，则

$$V(H_2)=2/3V_{缩}$$

或

$$V_{缩}=3/2V(H_2)$$

在氢燃烧过程中，消耗氧的体积是原有氢体积的 1/2，以 $V_{耗氧}$ 代表消耗氧的体积，则

$$V(H_2)=2V_{耗氧}$$

甲烷燃烧，按下式进行，其中水在常温下是液体，其体积和气体相比可以忽略不计。

$$CH_4 \quad + \quad 2O_2 \quad \longrightarrow \quad CO_2 \quad + \quad 2H_2O$$
$$（1体积）\quad （2体积）\quad\quad （1体积）\quad\quad （0体积）$$

1 体积的甲烷与 2 体积的氧燃烧后，生成 1 体积的二氧化碳和 0 体积的液态水，由原有 3 体积的气体变成 1 体积的气体，缩小 2 体积。即缩小的体积相当于原甲烷体积的 2 倍。以 $V(CH_4)$ 代表燃烧前甲烷的体积，则

$$V(CH_4)=\frac{1}{2}V_{缩}$$

或

$$V_{缩}=2V(CH_4)$$

在甲烷燃烧中消耗氧的体积是甲烷体积的 2 倍，则

$$V(CH_4)=\frac{1}{2}V_{耗氧}$$

或

$$V_{耗氧}=2V(CH_4)$$

甲烷燃烧后，产生与甲烷同体积的二氧化碳。以 $V_{生}(CO_2)$ 代表燃烧后生成的二氧化碳体积，则

$$V_{生}(CO_2)=V(CH_4)$$

一氧化碳燃烧，按下式进行：

$$2CO \quad + \quad O_2 \longrightarrow 2CO_2$$
$$\text{（2 体积）} \quad \text{（1 体积）} \quad \text{（2 体积）}$$

2 体积的一氧化碳与 1 体积的氧燃烧后，生成 2 体积的二氧化碳，由原来的 3 体积变为 2 体积，减少 1 体积，即缩小的体积相当于原来一氧化碳体积的 1/2。以 $V(CO)$ 代表燃烧前一氧化碳的体积，则

$$V(CO) = 2V_{缩}$$

或

$$V_{缩} = \frac{1}{2}V(CO)$$

在一氧化碳燃烧中消耗氧气的体积是一氧化碳体积的 1/2，则

$$V_{耗氧} = \frac{1}{2}V(CO)$$

或

$$V(CO) = 2V_{耗氧}$$

一氧化碳燃烧后，产生与一氧化碳同体积的二氧化碳，则

$$V_{生}(CO_2) = V(CO)$$

由此可见，在某一可燃性气体内通入氧气，使之燃烧，测量其体积的缩减、消耗氧气的体积及在燃烧反应中所生成的二氧化碳体积，就可以计算出原可燃性气体的体积，并可进一步计算出其在混合气体中的体积分数。常见可燃性气体的燃烧反应和各种气体的体积之间的关系见表 11-1。

表 11-1　可燃性气体的燃烧反应与各种气体的体积关系

气体名称	燃烧反应	可燃性气体体积	消耗 O_2 体积	缩减体积	生成二氧化碳体积
氢	$2H_2 + O_2 \longrightarrow 2H_2O$	$V(H_2)$	$\frac{1}{2}V(H_2)$	$\frac{3}{2}V(H_2)$	0
一氧化碳	$2CO + O_2 \longrightarrow 2CO_2$	$V(CO)$	$\frac{1}{2}V(CO)$	$\frac{1}{2}V(CO)$	$V(CO)$
甲烷	$CH_4 + 2O_2 \longrightarrow CO_2 + 2H_2O$	$V(CH_4)$	$2V(CH_4)$	$2V(CH_4)$	$V(CH_4)$
乙烷	$2C_2H_6 + 7O_2 \longrightarrow 4CO_2 + 6H_2O$	$V(C_2H_6)$	$\frac{7}{2}V(C_2H_6)$	$\frac{5}{2}V(C_2H_6)$	$2V(C_2H_6)$
乙烯	$C_2H_4 + 3O_2 \longrightarrow 2CO_2 + 2H_2O$	$V(C_2H_4)$	$3V(C_2H_4)$	$2V(C_2H_4)$	$2V(C_2H_4)$

1. 一元可燃性气体燃烧后的计算

当气体混合物中只含有一种可燃性气体时，测定过程和计算都比较简单。先用吸收法除去其他组分（如二氧化碳、氧），再取一定量的剩余气体（或全部），加入过量的空气使之进行燃烧。经燃烧后，测出其体积的缩减及生成的二氧化碳体积。根据燃烧法的基本原理，计算出可燃性气体的含量。

例 11-1

有 O_2、CO_2、CH_4、N_2 的混合气体 80.00mL，经用吸收法测定 O_2、CO_2 后的剩余气体中加入空气，使之燃烧，燃烧后的气体用氢氧化钾溶液吸收，测得生成的 CO_2 的体积为 20.00mL，计算混合气体中甲烷的体积分数。

解　根据燃烧法的基本原理

$$CH_4 + 2O_2 \longrightarrow CO_2 + 2H_2O$$

甲烷燃烧时，所生成的 CO_2 体积等于混合气体中甲烷的体积，即

$$V(CH_4)=V_生(CO_2)$$

所以

$$V(CH_4)=20.00mL$$

$$\varphi(CH_4)=\frac{20.00}{80.00}\times100\%=25.0\%$$

例 11-2

有 H_2 和 N_2 的混合气体 40.00mL，加空气经燃烧后，测得其总体积减小 18.00mL，求 H_2 在混合气体中的体积分数。

解 根据燃烧法的基本原理

$$2H_2+O_2\longrightarrow 2H_2O$$

H_2 燃烧时，体积的缩减为 H_2 体积的 3/2，即

$$V_缩=\frac{3}{2}V(H_2)$$

所以

$$V(H_2)=\frac{2}{3}\times18.00mL=12.00mL$$

$$\varphi(H_2)=\frac{12.00}{40.00}\times100\%=30.0\%$$

2. 二元可燃性气体混合物燃烧后的计算

如果气体混合物中含有两种可燃性气体组分，先用吸收法除去干扰组分，再取一定量的剩余气体（或全部）加入过量的空气，使之进行燃烧。经燃烧后，测量其体积缩减、生成二氧化碳的体积、用氧量等，根据燃烧法的基本原理，列出二元一次方程组，解方程组，即可得出可燃性气体的体积，并计算出混合气体中可燃性气体的体积分数。

例如，一氧化碳和甲烷的气体混合物燃烧后，求原可燃性气体的体积。

它们的燃烧反应为：

$$2CO+O_2\longrightarrow 2CO_2$$

$$CH_4+2O_2\longrightarrow CO_2+2H_2O$$

设一氧化碳的体积为 $V(CO)$，甲烷的体积为 $V(CH_4)$。经燃烧后，由一氧化碳所引起的体积缩减应为原一氧化碳体积的 1/2，由甲烷所引起的体积缩减应为原甲烷体积的 2 倍。而经燃烧后，测得的应为其总体积缩减 $V_缩$。所以

$$V_缩=\frac{1}{2}V(CO)+2V(CH_4) \tag{11-1}$$

由于一氧化碳和甲烷燃烧后，生成与原一氧化碳和甲烷等体积的二氧化碳，而经燃烧后，测得的应为总二氧化碳的体积 $V_生(CO_2)$。所以

$$V_生(CO_2)=V(CO)+V(CH_4) \tag{11-2}$$

联立式(11-1) 和式(11-2)，解得

$$V(CO)=[4V_生(CO_2)-2V_缩]/3$$

$$V(CH_4)=[2V_缩-V_生(CO_2)]/3$$

例 11-3

有 CO、CH_4、N_2 的混合气体 40.00mL，加入过量的空气，经燃烧后，测得其体积缩

减 42.00mL，生成 CO_2 36.00mL。计算混合气体中各组分的体积分数。

解 根据燃烧法的基本原理及题意得

$$V_缩 = \frac{1}{2}V(CO) + 2V(CH_4) = 42.00\text{mL}$$

$$V_生(CO_2) = V(CO) + V(CH_4) = 36.00\text{mL}$$

解方程组得

$$V(CH_4) = 16.00\text{mL}$$

$$V(CO) = 20.00\text{mL}$$

$$V(N_2) = 40.00\text{mL} - (16.00 + 20.00)\text{mL} = 4.00\text{mL}$$

则

$$\varphi(CO) = \frac{20.00}{40.00} \times 100\% = 50.0\%$$

$$\varphi(CH_4) = \frac{16.00}{40.00} \times 100\% = 40.0\%$$

$$\varphi(N_2) = \frac{4.00}{40.00} \times 100\% = 10.0\%$$

又如，氢气和甲烷气体混合物燃烧后，求原可燃性气体的体积。

它们的燃烧反应为：

$$2H_2 + O_2 \longrightarrow 2H_2O$$

$$CH_4 + 2O_2 \longrightarrow CO_2 + 2H_2O$$

设氢气的体积为 $V(H_2)$，甲烷的体积为 $V(CH_4)$。经燃烧后，由氢气所引起的体积缩减应为原氢气体积的 3/2，由甲烷所引起的体积缩减应为原甲烷体积的 2 倍。而燃烧后测得的应为其总体积缩减 $V_缩$。所以

$$V_缩 = \frac{3}{2}V(H_2) + 2V(CH_4) \tag{11-3}$$

由于甲烷在燃烧时生成与原甲烷等体积的二氧化碳，而氢气则生成水，所以

$$V_生(CO_2) = V(CH_4) \tag{11-4}$$

联立式(11-3) 和式(11-4) 解得

$$V(CH_4) = V_生(CO_2)$$

$$V(H_2) = [2V_缩 - 4V_生(CO_2)]/3$$

例 11-4

有 H_2、CH_4、N_2 组成的气体混合物 20.00mL，加入空气 80.00mL，混合燃烧后，测量体积为 90.00mL，经氢氧化钾溶液吸收后，测量体积为 86.00mL，求各种气体在原混合气体中的体积分数。

解 根据燃烧法的基本原理及题意得

混合气体的总体积应为：

$$80.00\text{mL} + 20.00\text{mL} = 100.00\text{mL}$$

总体积缩减应为：

$$V_缩 = 100.00\text{mL} - 90.00\text{mL} = 10.00\text{mL}$$

生成 CO_2 的体积应为：

$$V_生(CO_2) = 90.00\text{mL} - 86.00\text{mL} = 4.00\text{mL}$$

$$V_缩 = \frac{3}{2}V(H_2) + 2V(CH_4)$$

$$V_生(CO_2) = V(CH_4)$$

代入数据得

$$V(CH_4) = V_生(CO_2) = 4.00mL$$

$$V(H_2) = \frac{2}{3}[V_缩 - 2V(CH_4)] = \frac{2}{3} \times (10.00 - 2 \times 4.00)mL = 1.33mL$$

$$V(N_2) = (20.00 - 4.00 - 1.33)mL = 14.67mL$$

$$\varphi(CH_4) = \frac{4.00}{20.00} \times 100\% = 20.0\%$$

$$\varphi(H_2) = \frac{1.33}{20} \times 100\% = 6.7\%$$

$$\varphi(N_2) = \frac{14.67}{20} \times 100\% \approx 73.3\%$$

3. 三元可燃性气体混合物燃烧后的计算

如果气体混合物中含有三种可燃性气体组分,先用吸收法除去干扰组分,再取一定量的剩余气体(或全部),加入过量的空气,使之进行燃烧。经燃烧后,测量其体积的缩减、消耗氧量及生成二氧化碳的体积。根据燃烧法的基本原理,列出三元一次方程组,解方程组,即可求得可燃性气体的体积,并计算出混合气体中可燃性气体的体积分数。

例如,一氧化碳、甲烷、氢气的气体混合物燃烧后,求原可燃性气体的体积。

它们的燃烧反应为:

$$2CO + O_2 \longrightarrow 2CO_2$$

$$CH_4 + 2O_2 \longrightarrow CO_2 + 2H_2O$$

$$2H_2 + O_2 \longrightarrow 2H_2O$$

设一氧化碳的体积为 $V(CO)$,甲烷的体积为 $V(CH_4)$,氢气的体积为 $V(H_2)$。经燃烧后,由一氧化碳所引起的体积缩减应为原一氧化碳体积的 1/2,甲烷所引起的体积缩减应为原甲烷体积的 2 倍,氢气所引起的体积缩减应为原氢气体积的 3/2。而经燃烧后所测得的应为其总体积缩减 $V_缩$。所以

$$V_缩 = \frac{1}{2}V(CO) + 2V(CH_4) + \frac{3}{2}V(H_2) \tag{11-5}$$

由于一氧化碳和甲烷燃烧后生成与原一氧化碳和甲烷等体积的二氧化碳,氢则生成水。而燃烧后测得的是总生成的二氧化碳体积 $V_生(CO_2)$。所以

$$V_生(CO_2) = V(CO) + V(CH_4) \tag{11-6}$$

一氧化碳燃烧时所消耗的氧气为原一氧化碳体积的 1/2,甲烷燃烧时所消耗的氧气为原甲烷体积的 2 倍,氢气燃烧时所消耗的氧气为原氢气体积的 1/2。经燃烧后,测得的是总消耗氧气的体积 $V_耗氧$。所以

$$V_耗氧 = \frac{1}{2}V(CO) + 2V(CH_4) + \frac{1}{2}V(H_2) \tag{11-7}$$

设 a 代表耗氧体积,b 代表生成二氧化碳的体积,c 代表总体积缩减。它们的数据可通过燃烧后测得。

联立式(11-5)、式(11-6) 和式(11-7) 组成三元一次方程组,并解该方程组得到

$$V(CH_4) = \frac{3a - b - c}{3}$$

$$V(CO) = \frac{4b-3a+c}{3}$$

$$V(H_2) = c-a$$

例 11-5

有 CO_2、O_2、CH_4、CO、H_2、N_2 的混合气体 100.00mL。用吸收法测得 CO_2 体积为 6.00mL，O_2 体积为 4.00mL，用吸收后的剩余气体 20.00mL，加入氧气 75.00mL，进行燃烧，燃烧后其体积缩减 10.11mL，后用吸收法测得 CO_2 体积为 6.22mL，O_2 体积为 65.31mL。求混合气体中各组分的体积分数。

解 根据燃烧法的基本原理和题意得

吸收法测得

$$\varphi(CO_2) = \frac{6.00}{100.00} \times 100\% = 6.0\%$$

$$\varphi(O_2) = \frac{4.00}{100.00} \times 100\% = 4.0\%$$

燃烧法部分进行如下计算：

$$a = (75.00 - 65.31)mL = 9.69mL$$

$$b = 6.22mL$$

$$c = 10.11mL$$

吸收法吸收 CO_2 和 O_2 后的剩余气体体积为：

$$(100.00 - 6.00 - 4.00)mL = 90.00mL$$

燃烧法是取其中的 20.00mL 进行测定的，在 90.00mL 剩余气体中各气体的体积为：

$$V(CH_4) = \frac{3a-b-c}{3} \times \frac{90}{20} = \frac{3 \times 9.69 - 6.22 - 10.11}{3} \times \frac{90}{20}mL = 19.1mL$$

$$V(CO) = \frac{4b-3a+c}{3} \times \frac{90}{20} = \frac{4 \times 6.22 - 3 \times 9.69 + 10.11}{3} \times \frac{90}{20}mL = 8.9mL$$

$$V(H_2) = (c-a) \times \frac{90}{20} = (10.11 - 9.69) \times \frac{90}{20}mL = 1.9mL$$

所以

$$\varphi(CH_4) = \frac{19.1}{100.00} \times 100\% = 19.1\%$$

$$\varphi(CO) = \frac{8.9}{100.00} \times 100\% = 8.9\%$$

$$\varphi(H_2) = \frac{1.9}{100.00} \times 100\% = 1.9\%$$

二、燃烧方法

为使可燃性气体燃烧，常用的方法有以下 3 种。

1. 爆炸法

可燃性气体与空气或氧气混合，当其比例达到一定限度时，受热（或遇火花）能引起爆炸性的燃烧。气体爆炸有两个极限，即上限与下限。上限指可燃性气体能引起爆炸的最高含量；下限指可燃性气体能引起爆炸的最低含量。如 H_2 在空气中的爆炸上限是 74.2%（体积分数），爆炸下限是 4.1%，即当 H_2 在空气体积中占 4.1%～74.2%时，它具有爆炸性。此法是将可燃性气体与空气或氧气混合，其比例能使可燃性气体完全燃烧，并在爆炸极限之内，在一特殊的装置中点燃，引起爆炸，所以常称为爆燃法（或称爆炸法）。此法的特点是分析所需的时间最短。

2. 缓燃法

可燃性气体与空气或氧气混合，经过炽热的铂质螺旋丝而引起缓慢燃烧，所以称为缓燃法。可燃性气体与空气或氧气的混合比例应在可燃性气体的爆炸下限以下，故可避免爆炸危险。若在爆炸上限以上，则氧气量不足，可燃性气体不能完全燃烧。此法所需时间较长，各种气体的爆炸极限见表 11-2。

表 11-2　常压下可燃性气体或蒸气在空气中的爆炸极限（体积分数）　　单位：%

气体名称	分子式	下限	上限	气体名称	分子式	下限	上限
甲烷	CH_4	5.0	15.0	丁烯	C_4H_8	1.7	9.0
一氧化碳	CO	12.5	74.2	戊烷	C_5H_{12}	1.4	8.0
甲醇	CH_3OH	6.0	37.0	戊烯	C_5H_{10}	1.6	—
二硫化碳	CS_2	1.0	—	己烷	C_6H_{14}	1.3	—
乙烷	C_2H_6	3.2	12.5	苯	C_6H_6	1.4	8.0
乙烯	C_2H_4	2.8	28.6	庚烷	C_7H_{16}	1.1	—
乙炔	C_2H_2	2.6	80.5	甲苯	C_7H_8	1.2	7.0
乙醇	C_2H_5OH	3.5	19.0	辛烷	C_8H_{18}	1.0	—
丙烷	C_3H_8	2.4	9.5	氢气	H_2	4.1	74.2
丙烯	C_3H_6	2.0	11.1	硫化氢	H_2S	4.3	45.5
丁烷	C_4H_{10}	1.9	8.5				

3. 氧化铜燃烧法

此法的特点在于被分析的气体中不必加入燃烧所需的氧气，所用的氧可自氧化铜被还原放出。氢在 280℃ 左右可在氧化铜上燃烧，甲烷在此温度下不能燃烧，高于 290℃ 时才开始燃烧，一般浓度的甲烷在 600℃ 以上时在氧化铜上可以燃烧完全。反应如下：

$$H_2 + CuO \longrightarrow Cu + H_2O$$

$$CH_4 + 4CuO \longrightarrow 4Cu + CO_2 + 2H_2O$$

氧化铜使用后，可在 400℃ 通入空气使之氧化即可再生。反应如下：

$$2Cu + O_2 \longrightarrow 2CuO$$

此法的优点是因为不通入氧气，可以减少体积测量的次数，从而减少误差，并且测定后的计算也因不加入氧气而简化。

三、燃烧所用的仪器

1. 爆炸瓶

爆炸瓶是一个球形厚壁的玻璃容器，如图 11-12 所示。在球的上端熔封两根铂丝，铂丝的外端经导线与电源连接。球的下端管口用橡皮管连接水准瓶。使用前用封闭液充满到球的顶端，引入气体后封闭液至水准瓶中，用感应线圈在铂丝间得到火花（目前使用较为方便的是压电陶瓷火花发生器，其原理是借助两圆柱形特殊陶瓷受到相对冲击产生 10^4 V 以上高压脉冲电流，火花发生率高，可达 100%，不用电源，安全可靠，发火次数可达 5 万次以上。有手枪式和盒式两种，使用非常简单），以点燃混合气体。

2. 缓燃管

缓燃管的样式与吸收瓶相似，也分作用部分与承受部分，上下排列，如图 11-13 所示。可燃性气体在作用部分中燃烧，承受部分用以承受自作用部分排出的封闭液。管中有一段加热用的铂质螺旋丝，铂丝的两端与熔封在玻璃管中的两根铜丝相连，铜丝的另一端通过一个适当的变压器及变阻器与电源相连，混合气体引入作用部分，通电后铂丝炽热，混合气体在铂丝的附近缓慢燃烧。

3. 氧化铜燃烧管

在石英管中用氧化铜进行燃烧，形状如图 11-14 所示。将氧化铜装在管的中部，用电炉或煤气灯加热，然后使气体往返通过而进行燃烧。燃烧空间长度约为 10cm，管内径为 6mm。

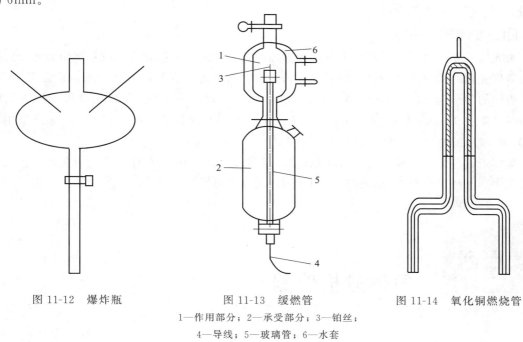

图 11-12　爆炸瓶　　　　图 11-13　缓燃管　　　　图 11-14　氧化铜燃烧管

1—作用部分；2—承受部分；3—铂丝；
4—导线；5—玻璃管；6—水套

任务3　其他气体分析法

知识准备

想一想　如果气体的其他性质（如导电性、导热性、吸光性等）与浓度或含量有一定的关系，能否成为新的分析方法？

一、电导法

测定电解质溶液导电能力的方法，称为电导法。当溶液的组成发生变化时，溶液的电导率也发生相应的变化，利用电导率与物质含量之间的关系，可测定物质的含量。如合成氨生产中微量一氧化碳和二氧化碳的测定，环境分析中的二氧化碳、一氧化碳、二氧化硫、硫化氢、氧气、盐酸蒸气等，都可以用电导法来进行测定。

二、库仑法

以测量通过电解池的电量为基础而建立起来的分析方法，称为库仑法。库仑滴定通过测量电量的方法确定反应终点。库仑法用于痕量组分的分析中，如金属中碳、硫等的气体分析；环境分析中的二氧化硫、臭氧、二氧化氮等都可以用库仑滴定法来进行测定。

三、热导气体分析

各种气体的导热性是不同的。如果把两根相同的金属丝（如铂丝）用电流加热到同样的温度，将其中一根金属丝插在某一种气体中，另一根金属丝插在另一种气体中，由于两种气体的导热性不同，这两根金属丝的温度改变就不一样。随着温度的变化，电阻也相应地发生变化，所以，只要测出金属丝的电阻变化值，就能确定待测气体的含量。如在氧气厂（空气分馏）中就广泛采用此种方法。

四、激光雷达技术

激光雷达是激光用于远距离大气探测方面的新成就之一。激光雷达就是利用激光光束的背向散射光谱，检测大气中某些组分浓度的装置。这种方法在环境分析中得到广泛的应用，经常检测的组分有 SO_2、NO_2、C_2H_4、CO_2、H_2、NO、H_2S、CH_4、H_2O 等，所达到浓度的灵敏度在 1km 内为 $2\sim3\mu L\cdot L^{-1}$。个别工作利用共振拉曼效应曾在 $2\sim3km$ 高空中测得 O_3 和 SO_2 的浓度，灵敏度分别为 $0.005\mu L\cdot L^{-1}$ 和 $0.05\mu L\cdot L^{-1}$。

除以上这些方法之外，还有气相色谱法、红外线气体分析法和化学发光分析法等，它们在工业生产和环境分析中已得到广泛的应用，而且也有定型的仪器。

项目四　气体分析仪器

知识准备

查一查　常用的气体分析仪器有哪些？它们的结构如何？设计的基本原理是什么？如何进行操作？

气体的化学分析法所使用的仪器，通常有奥氏（QF）气体分析仪和苏式 BTH 型气体分析仪。由于用途和仪器的型号不同，其结构或形状也不相同，但是它们的基本原理却是一致的。

一、仪器的基本部件

（1）量气管　见气体测量中的量气管。
（2）水准瓶　见气体测量中用胶胶管与量气管相连接的部件。
（3）吸收瓶　见吸收所用水准瓶。
（4）梳形管　如图 11-15 所示，将量气管和吸收瓶及燃烧瓶连接起来的装置。
（5）燃烧瓶　见燃烧仪器中的燃烧瓶。

二、气体分析仪器

1. 改良式奥氏（QF-190 型）气体分析仪

改良式奥氏气体分析仪如图 11-16 所示，是由 1 支量气管、4 个吸收瓶和 1 个爆炸瓶组

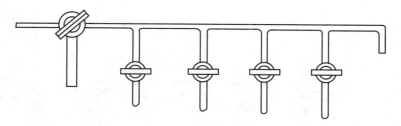

图 11-15　梳形管

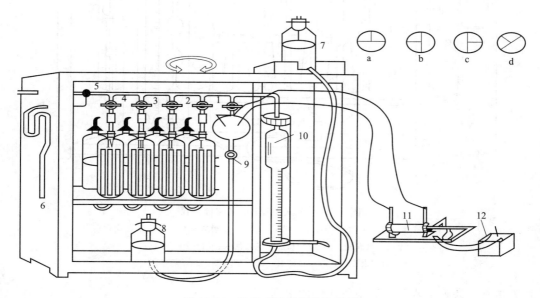

图 11-16　改良式奥氏气体分析仪

1～4,9—活塞；5—三通活塞；6—进样口；7,8—水准瓶；10—量气管；

11—点火器（感应线圈）；12—电源；Ⅰ,Ⅱ,Ⅲ,Ⅳ—吸收瓶

成的。它可进行 CO_2、O_2、CH_4、H_2、N_2 混合气体的分析测定。其优点是构造简单、轻便，操作容易，分析快速。缺点是精度不高，不能适应更复杂的混合气体分析。

2. 苏式 BTH 型气体分析仪

苏式 BTH 型气体分析仪如图 11-17 所示，是由 1 支双臂式量气管、7 个吸收瓶、1 个氧化铜燃烧管和 1 个缓燃管等组成的。它可进行煤气全分析或更复杂的混合气体分析。仪器构造复杂，分析速度较慢；但精度较高，实用性较广。

技能训练

半水煤气分析：化学分析法、气相色谱分析法

半水煤气是合成氨的原料，它是由焦炭、水蒸气和空气等制成的。它的全分析项目有 CO_2、O_2、CO、CH_4、H_2 及 N_2 等，可以利用化学分析法，也可利用气相色谱法来进行分析。当用化学分析法时，CO_2、O_2、CO 可用吸收法来测定，CH_4 和 H_2 可用燃烧法来测定，剩余气体为 N_2。它们的含量一般为：CO_2，$7\% \sim 11\%$；O_2，0.5%；CO，$26\% \sim 32\%$；H_2，$38\% \sim 42\%$；CH_4，1%；N_2，$18\% \sim 22\%$。测定半水煤气各成分的含量，可作

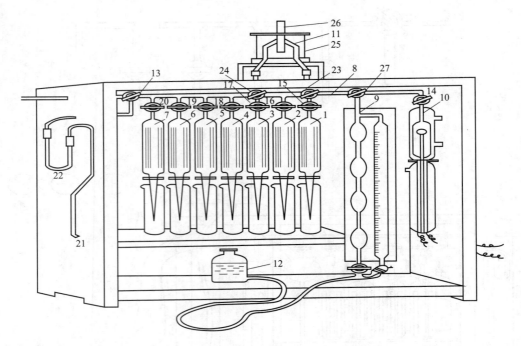

图 11-17 苏式 BTH 型气体分析仪

1~7—吸收瓶；8—梳形管；9—量气管；10—缓燃管；11—氧化铜燃烧管；

12—水准瓶；13,23,24,27—三通活塞；14~20—活塞；

21—进样口；22—过滤管；25—加热器；26—热电偶

合成氨造气工段调节水蒸气和空气比例的根据。

方法一：化学分析法

1. 方法提要

先用 KOH、焦性没食子酸的碱、氯化亚铜盐的氨溶液按顺序吸收 CO_2、O_2、CO，测其体积，求出它们的含量，然后用剩余气体进行燃烧，测出产生 CO_2 体积和缩减的体积，求出 CH_4 和 H_2 的含量，剩余为 N_2 含量。

2. 仪器与设备

改良式奥氏气体分析仪。

3. 试剂与试样

（1）氢氧化钾溶液（33%） 称取 1 份质量的氢氧化钾，溶解于 2 份质量的蒸馏水中。

（2）焦性没食子酸碱性溶液 称取 5g 焦性没食子酸溶于 15mL 水中，另称取 48g 氢氧化钾溶于 32mL 水中，使用前将两种溶液混合，摇匀，装入吸收瓶中。

（3）氯化亚铜氨溶液 称取 250g 氯化铵溶于 750mL 水中，再加入 200g 氯化亚铜，把此溶液装入试剂瓶，放入一定量的铜丝，用橡胶塞塞紧，溶液应为无色。在使用前加入密度为 $0.9g \cdot mL^{-1}$ 的氨水，其量是 2 体积的氨水与 1 体积的亚铜盐混合。

（4）封闭液 在 10% 的硫酸溶液中加入数滴甲基橙。

4. 测定步骤

（1）准备工作 首先将洗涤洁净并干燥好的气体分析仪各部件按图 11-16 所示，用橡胶管连接安装好。所有旋转活塞都必须涂抹润滑剂，使其转动灵活。

依照拟好的分析顺序，将各吸收剂分别自吸收瓶的承受部分注入吸收瓶中。为进行煤气分析，吸收瓶Ⅰ中注入33％的KOH溶液，吸收瓶Ⅱ中注入焦性没食子酸碱性溶液，吸收瓶Ⅲ、Ⅳ中注入氯化亚铜氨溶液。在氢氧化钾吸收液和氯化亚铜氨吸收液上部可倒入5～8mL液体石蜡，防止这些吸收液吸收空气中的相关组分及吸收剂自身的挥发，在水准瓶中注入封闭液。

注：不能进入吸收部分，可从承受部分的支管口［图11-10(c)所示的吸收瓶］或上口［图11-10(a)、(b)所示的吸收瓶］进入。

① 排出仪器内的空气并检查仪器是否漏气。先排出量气管中的废气，再关闭所有吸收瓶和燃烧瓶上的旋塞，将三通活塞旋至和排气口相通，提高水准瓶，排出气体至液面升至量气管的顶端标线为止（不能将封闭液排至吸收液中去），并关闭排气口旋塞。

② 排出吸收瓶内的空气。放低水准瓶，同时打开吸收瓶Ⅰ的旋塞，吸出吸收瓶Ⅰ中的空气，当使吸收瓶中的吸收液液面上升至标线（若一次不能吸出吸收瓶内的气体，可分两次进行，即关闭吸收瓶Ⅰ的旋塞，排出量气管内的气体后再进行吸气。但不能将吸收液吸入梳形管及量气管内）时，关闭活塞。再将量气管的气体排出，用同样方法依次使吸收瓶Ⅱ、Ⅲ、Ⅳ及爆炸瓶等的液面均升至标线。再将三通活塞旋至排空位置，提高水准瓶，将量气管内的气体排出，并使液面升至标线，然后将三通活塞旋至接通梳形管位置，将水准瓶放在底板上，如量气管内液面开始稍微移动后即保持不变，并且各吸收瓶及爆炸瓶等的液面也保持不变，表示仪器已不漏气。如果液面下降，则有漏气之处（一般常在橡皮管连接处或者活塞处），应检查出，并重新处理。

（2）取样

① 洗涤量气管。各吸收瓶及爆炸瓶等的液面应在标线上。气体导入管与取好试样的球胆相连。将三通活塞旋至和进样口连接（各吸收瓶的旋塞不得打开），打开球胆上的夹子，同时放低水准瓶，当气体试样吸入量气管少许后，将三通活塞旋至和进样口断开，升高水准瓶，同时将三通活塞旋至和排气口连接，将气体试样排出，如此操作（洗涤）2～3次。

② 吸入样品。打开进样口旋塞，旋转三通活塞至和进样口连接，放低水准瓶，将气体试样吸入量气管中。当液面下降至刻度"0"以下少许时，关闭进样口旋塞。

③ 测量样品体积。旋转三通活塞至排空位置，小心升高水准瓶使多余的气体试样排出（此操作应小心、快速、准确，以免空气进入），而使量气管中的液面至刻度为"0"处（两液面应在同一水平面上）。最后将三通活塞旋至关闭位置，这样，采取气体试样完毕。采取气体试样为100.0mL（V_0）。

（3）测定　当整套仪器不漏气时可进行气体含量的测定。

① 吸收法测定。升高水准瓶，同时打开KOH吸收瓶Ⅰ上的活塞，将气体试样压入吸收瓶Ⅰ中，直至量气管内的液面快到标线为止。然后放低水准瓶，将气体试样抽回，如此重复3～4次，最后一次将气体试样自吸收瓶中全部抽回，当吸收瓶Ⅰ内的液面升至顶端标线时，关闭吸收瓶Ⅰ上的活塞，将水准瓶移近量气管，使水准瓶的封闭液面和量气管的液面对齐，等30s后，读出气体体积（V_1），吸收前后体积之差（V_0-V_1）即为气体试样中所含CO_2的体积。在读取体积后，应检查吸收是否完全，为此再重复上述操作一次，如果体积相差不大于0.1mL，即认为已吸收完全。

按同样的操作方法依次吸收O_2、CO等气体，依次记录V_2、V_3等。

② 燃烧法测定。完成了吸收法测定的项目后，继续作燃烧法测定（以爆炸法为例）。

对于只设置一个水准瓶的气体分析仪，操作如下。

a. 留取部分试样，吸入足量的氧气。上升水准瓶，同时打开三通旋塞和排空旋塞使量气管和排气口相通，将量气管内的剩余气体排至 25.0mL 刻度线，关闭排空口旋塞，打开氧气或空气进口旋塞，吸入纯氧气或新鲜无二氧化碳的空气 75.0mL 至量气管的体积到 100.0mL。关闭氧气进气口旋塞，上升水准瓶，打开爆炸瓶的旋塞，将量气管内所有气体送至爆炸瓶中，又吸回量气管中，再送至爆炸瓶中，重复几次以混匀气体样品，关闭爆炸瓶上的旋塞。

b. 点火燃烧。接上感应圈开关，慢慢转动感应圈上的旋钮，至爆炸瓶内产生火花，使混合气体爆燃（目前气体分析仪上配备磁火花点火器，手枪式的点火器只需扣下扳机，盒式的点火器是转动点火旋钮，可在铂丝电极上产生 10^4 V 的瞬间高压，击穿空气后产生电火花，即可点燃气体）。若点火后没有发生爆燃，则重新点火。燃烧后将气体吸回量气管中，按吸收法的操作测量并记录体积的缩减、耗氧体积和生成二氧化碳的体积。

对于设置两个水准瓶的气体分析仪，操作如下。

a. 留存样品。打开吸收瓶 II 上的活塞，将剩余气体全部压入吸收瓶 II 中贮存，关闭活塞。

b. 爆燃。先升高连接爆炸瓶的水准瓶，并打开相应活塞，旋转三通活塞至通排气口，使爆炸瓶内残气排出，并使爆炸瓶内的液面升至球顶端的标线处，关闭活塞（对于只有一个水准瓶的气体分析仪，在排出仪器内的残气时已经完成，可直接进行下一步的操作）。放低连接量气管的水准瓶引入空气冲洗梳形管，再升高水准瓶 7 将空气排出，如此用空气冲洗2~3次，最后引入 80.00mL 空气（准确体积），并将三通活塞旋至和梳形管相通，打开吸收瓶 II 上的活塞，放低水准瓶（注意空气不能进入吸收瓶 II 内），量取约 10mL 剩余气体，关闭活塞，准确读数，此体积为进行燃烧时气体的总体积。打开爆炸瓶上的活塞，将混合气体压入爆炸瓶内，并来回抽压 2 次，使之充分混匀，最后将全部气体压入爆炸瓶内。关闭爆炸瓶上的活塞，将爆炸瓶的水准瓶放在桌上（切记爆炸瓶下的活塞 9 是开着的）。接上感应圈开关，再慢慢转动感应圈上的旋钮，则爆炸瓶的两铂丝间有火花产生，使混合气体爆燃，燃烧完后，把剩余气体（燃烧后的剩余气体）压回量气管中，量取体积。前、后体积之差为燃烧缩减的体积（$V_缩$）。再将气体压入 KOH 吸收瓶 I 中，吸收生成 CO_2 的体积 $[V_生(CO_2)]$。每次测量体积时记下温度与压力，需要时，可以在计算中用于进行校正。试验完毕，做好清理工作。

5. 结果计算

如果在分析过程中，气体的温度和压力有所变动，则应将测得的全部气体体积换算成原来试样的温度和压力下的体积。但在通常情况下，一般温度和压力是不会改变（在室温常压下）的，故可省去换算工作，直接用各测得的结果（体积）来计算出各组分的含量。

（1）吸收部分

$$\varphi(CO_2) = \frac{V_1}{V_0} \times 100\%$$

$$\varphi(O_2) = \frac{V_2}{V_0} \times 100\%$$

$$\varphi(CO) = \frac{V_3}{V_0} \times 100\%$$

式中　V_0——采取试样的体积，mL；

　　　V_1——试样中含 CO_2 的体积（用 KOH 溶液吸收前、后气体体积之差），mL；

　　　V_2——试样中含 O_2 的体积，mL；

　　　V_3——试样中含 CO 的体积，mL。

（2）燃烧部分　可根据所测的数据进行相关的计算。在所取的 25.0mL 样品中氢气和甲烷体积的计算：

$$V_{生}(CO_2) = V(CH_4) = a$$

$$V_{缩} = \frac{3}{2}V(H_2) + 2V(CH_4) = b$$

解得

$$V(CH_4) = a$$

$$V(H_2) = \frac{2}{3}(b - 2a)$$

换算至 V_3 体积中的氢气和甲烷的体积：

$$V'(CH_4) = \frac{V_3 a}{25.0}$$

$$V'(H_2) = \frac{V_3 \times \frac{2}{3}(b - 2a)}{25.0}$$

$$\varphi(CH_4) = \frac{V'(CH_4)}{V_0} \times 100\%$$

$$\varphi(H_2) = \frac{V'(H_2)}{V_0} \times 100\%$$

6. 讨论及注意事项

① 必须严格遵守分析程序，各种气体的吸收顺序不得更改。

② 读取体积时，必须保持两液面在同一水平面上。

③ 在进行吸收操作时，应始终观察上升液面，以免吸收液、封闭液冲到梳形管中。水准瓶应匀速上下移动，不得过快。

④ 仪器各部件均为玻璃制品，转动活塞时不得用力过猛。

⑤ 如果在工作中吸收液进入活塞或梳形管中，则可用封闭液清洗，如封闭液变色，则应更换。新换的封闭液，应用分析气体饱和。

⑥ 如仪器短期不使用，应经常转动碱性吸收瓶的活塞，以免粘住。如长期不使用，应清洗干净，干燥保存。

方法二：气相色谱分析法

在煤气主要组分的气相色谱分析法中，一般使用分子筛进行分离。常温下，以 H_2 作载气携带气样流经分子筛色谱柱。由于分子筛对 O_2、N_2、CH_4、CO 等气体的吸附力不同，这些组分按吸附力由小到大的顺序分别流出色谱柱，然后进入检测器。则各组分的量分别转变为相应的电信号，并在记录纸上绘出 O_2、N_2、CH_4、CO 四个组分的色谱图，由色谱图中各组分峰的峰高或峰面积计算组分的含量。

煤气主要组分常用的气相色谱分析流程有以下两种。

（1）并联流程　载气携带气样通过三通，分成两路：一路进入硅胶色谱柱，完成 CO_2 的吸附作用；另一路经过碱石灰管进入分子筛色谱柱。被两柱分离后的组分再汇合，进入检测器，测出峰值。

（2）串联流程　载气携带气样通过硅胶色谱柱后，进入检测器，测出混合峰和 CO_2 峰，然后，经过碱石灰管截留 CO_2，其余 O_2、N_2、CH_4、CO 混合气体继续经色谱柱分离后再进入检测器，分别获得 O_2、N_2、CH_4、CO 的色谱峰。

内容小结

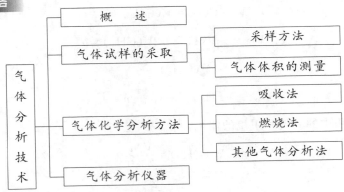

气体分析技术
- 概　述
- 气体试样的采取
  - 采样方法
  - 气体体积的测量
- 气体化学分析方法
  - 吸收法
  - 燃烧法
  - 其他气体分析法
- 气体分析仪器

练一练

1. 气体分析的特点是什么？在正压、常压和负压下可采用何种装置采取气体样品？

2. 吸收体积法、吸收滴定法、吸收重量法、吸收比色法及燃烧法的基本原理是什么？各举一例说明。

3. 气体分析仪中的吸收瓶有几种类型？各有何用途？

4. 气体分析仪中的燃烧装置有几种类型？各有何用途？

5. QF-190 型气体分析仪由哪些部件组成？各部件的作用是什么？

6. 如何检查仪器的气密性？仪器使用前为什么要用样气饱和测定系统？

7. 气体分析过程中，水准瓶的作用是什么？为什么量取气体体积时，应使水准瓶内液面与量气管内液面在同一水平线上？

8. CO_2、O_2、C_nH_m、CO 可采用什么吸收剂吸收？若混合气体中同时含有以上 4 种组分，其吸收顺序应如何安排？为什么？

9. CH_4、CO 在燃烧后其体积的缩减、消耗的氧气和生成的 CO_2 体积与原气体有何关系？

10. 含有 CO_2、O_2、CO 的混合气体 98.7mL，依次用氢氧化钾、焦性没食子酸-氢氧化钾、氯化亚铜-氨水吸收液吸收后，其体积依次减少至 96.5mL、83.7mL、81.2mL，求以上各组分的原体积分数。

11. 某组分中含有一定量的氢气，经加入过量的氧气燃烧后，气体体积由 100.0mL 减少至 87.9mL，求氢气的原体积。

12. 16.0mL CH_4 和 CO 在过量的氧气中燃烧，体积的缩减是多少？生成的 CO_2 体积是多少？

13. 含有 H_2、CH_4 的混合气体 25.0mL，加入过量的氧气进行燃烧，体积缩减了 35.0mL，生成的 CO_2 体积为 17.0mL，求各气体在原试样中的体积分数。

14. 含有 CO_2、O_2、CO、CH_4、H_2、N_2 等成分的混合气体 99.6mL，用吸收法吸收 CO_2、O_2、CO 后体积依次减少至 96.3mL、89.4mL、75.8mL；取剩余气体 25.0mL，加入过量的氧气进行燃烧，体积缩减了 12.0mL，生成 5.0mL CO_2。求气体中各成分的体积分数。

附　　录

附录一

常用酸碱溶液的密度、质量分数与浓度

试　剂	密度/g·cm⁻³	质量分数/%	浓度/mol·L⁻¹
HCl	1.19	36.5	11.9
HNO_3	1.42	69	16.0
H_2SO_4	1.84	96	18.0
$HClO_4$	1.66	70	11.6
H_3PO_4	1.69	85	14.6
HF	1.15	47	27.0
HBr	1.486	46.85	8.6
CH_3COOH	1.05	99.5	17.4
$NH_3·H_2O$	0.9	27	14.3

附录二

常用指示剂及配制方法

表1　酸碱指示剂及配制方法（291～298K）

指示剂名称	变色pH范围	颜色变化	溶液配制方法
甲基紫（第一变色范围）	0.13～0.5	黄色—绿色	0.1%或0.05%的水溶液
苦味酸	0.0～1.3	无色—黄色	0.1%水溶液
甲基绿	0.1～2.0	黄色—绿色—浅蓝色	0.05%水溶液
孔雀绿（第一变色范围）	0.13～2.0	黄色—浅蓝色—绿色	0.1%水溶液
甲酚红（第一变色范围）	0.2～1.8	红色—黄色	0.04g指示剂溶于100mL 50%乙醇中
甲基紫（第二变色范围）	1.0～1.5	绿色—蓝色	0.1%水溶液
百里酚蓝（麝香草酚蓝）（第一变色范围）	1.2～2.8	红色—黄色	0.1g指示剂溶于100mL 20%乙醇中
甲基紫（第三变色范围）	2.0～3.0	蓝色—紫色	0.1%水溶液
茜素黄R（第一变色范围）	1.9～3.3	红色—黄色	0.1%水溶液
二甲基黄	2.9～4.0	红色—黄色	0.1g或0.01g指示剂溶于100mL 90%乙醇中
甲基橙	3.1～4.4	红色—橙黄色	0.1%水溶液

指示剂名称	变色 pH 范围	颜色变化	溶液配制方法
溴酚蓝	3.0～4.6	黄色—蓝色	0.1g 指示剂溶于 100mL 20％乙醇中
刚果红	3.0～5.2	蓝紫色—红色	0.1％水溶液
茜素红 S(第一变色范围)	3.7～5.2	黄色—紫色	0.1％水溶液
溴甲酚绿	3.8～5.4	黄色—蓝色	0.1g 指示剂溶于 100mL 20％乙醇中
甲基红	4.4～6.2	红色—黄色	0.1g 或 0.2g 指示剂溶于 100mL 60％乙醇中
溴酚红	5.0～6.8	黄色—红色	0.1g 或 0.04g 指示剂溶于 100mL 20％乙醇中
溴甲酚紫	5.2～6.8	黄色—紫红色	0.1g 指示剂溶于 100mL 20％乙醇中
溴百里酚蓝	6.0～7.6	黄色—蓝色	0.05g 指示剂溶于 100mL 20％乙醇中
中性红	6.8～8.0	红色—亮黄色	0.1g 指示剂溶于 100mL 60％乙醇中
酚红	6.8～8.0	黄色—红色	0.1g 指示剂溶于 100mL 20％乙醇中
甲酚红	7.2～8.8	亮黄色—紫红色	0.1g 指示剂溶于 100mL 50％乙醇中
百里酚蓝(麝香草酚蓝)(第二变色范围)	8.0～9.0	黄色—蓝色	参看第一变色范围
酚酞	8.0～10.0	无色—紫红色	0.1g 指示剂溶于 100mL 60％乙醇中
百里酚酞	9.4～10.6	无色—蓝色	0.1g 指示剂溶于 100mL 90％乙醇中
茜素红 S(第二变色范围)	10.0～12.0	紫色—淡黄色	参看第一变色范围
茜素黄 R(第二变色范围)	10.1～12.1	黄色—淡紫色	0.1％水溶液
孔雀绿(第二变色范围)	11.5～13.2	蓝绿色—无色	参看第一变色范围
达旦黄	12.0～13.0	黄色—红色	0.1％水溶液

表 2　沉淀滴定吸附指示剂及配制方法

指示剂	被测离子	滴定剂	滴定条件	溶液配制方法
荧光黄	Cl^-	Ag^+	pH 7～10(一般 7～8)	0.2％乙醇溶液
二氯荧光黄	Cl^-	Ag^+	pH 4～10(一般 5～8)	0.1％水溶液
曙红	Br^-,I^-,SCN^-	Ag^+	pH 2～10(一般 3～8)	0.5％水溶液
溴甲酚绿	SCN^-	Ag^+	pH4～5	0.1％水溶液
甲基紫	Ag^+	Cl^-	酸性溶液	0.1％水溶液
罗丹明 6G	Ag^+	Br^-	酸性溶液	0.1％水溶液
钍试剂	SO_4^{2-}	Ba^{2+}	pH1.5～3.5	0.5％水溶液
溴酚蓝	Hg^{2+}	Cl^-,Br^-	酸性溶液	0.1％水溶液

附录三

常用缓冲溶液

缓冲溶液组成	pK_a	缓冲液 pH	缓冲溶液配制方法
氨基乙酸-HCl	2.53 (pK_{a_1})	2.3	取 150g 氨基乙酸溶于 500mL 水中后,加 80mL 浓 HCl,用水稀释至 1L
H_3PO_4-柠檬酸盐		2.5	取 113g Na_2HPO_4·$12H_2O$ 溶于 200mL 水后,加 387g 柠檬酸,溶解,过滤,用水稀释至 1L

缓冲溶液组成	pK_a	缓冲液pH	缓冲溶液配制方法
一氯乙酸-NaOH	2.86	2.8	取200g一氯乙酸溶于200mL水后,加40g NaOH溶解后,用水稀释至1L
邻苯二甲酸氢钾-HCl	2.95 (pK_{a_1})	2.9	取500g邻苯二甲酸氢钾溶于500mL水中,加80mL浓HCl,用水稀释至1L
甲酸-NaOH	3.76	3.7	取95g甲酸和40g NaOH溶于500mL水中,用水稀至1L
NaAc-HAc	4.74	4.2	取3.2g无水NaAc溶于水中,加50mL冰乙酸,用水稀至1L
NH₄Ac-HAc		4.5	取77g NH₄Ac溶于200mL水中,加59mL冰乙酸,用水稀至1L
NaAc-HAc	4.74	4.7	取83g无水NaAc溶于水中,加60mL冰乙酸,用水稀至1L
NaAc-HAc	4.74	5.0	取160g无水NaAc溶于水中,加60mL冰乙酸,用水稀至1L
NH₄Ac-HAc		5.0	取250g NH₄Ac溶于水中,加25mL冰乙酸,用水稀至1L
六亚甲基四胺-HCl	5.15	5.4	取40g六亚甲基四胺溶于200mL水中后,加100mL浓HCl,用水稀释至1L
NH₄Ac-HAc		6.0	取600g NH₄Ac溶于水中,加20mL冰乙酸,用水稀至1L
NaAc-Na₂HPO₄		8.0	取50g无水NaAc和50g Na₂HPO₄·12H₂O溶于水中,用水稀至1L
Tris-HCl[Tris—三羟甲基氨基甲烷 CNH₂(HOCH₂)₃]	8.21	8.2	取25g Tris试剂溶于水中,加18mL浓HCl,用水稀至1L
NH₃-NH₄Cl	9.26	9.2	取54g NH₄Cl溶于水中,加63mL浓氨水,用水稀至1L
NH₃-NH₄Cl	9.26	9.5	取54g NH₄Cl溶于水中,加126mL浓氨水,用水稀至1L
NH₃-NH₄Cl	9.26	10.0	(1)取54g NH₄Cl溶于水中,加350mL浓氨水,用水稀至1L (2)取67.5g NH₄Cl溶于200mL水中,加570mL浓氨水,用水稀至1L

附录四 常用标准缓冲溶液

基准试剂		干燥条件 T/K	配制方法		标准pH (298K)
名称	化学式		浓度/mol·L⁻¹	方 法	
草酸三氢钾	KH₃(C₂O₄)₂·2H₂O	330±2,烘干4~5h	0.05	12.61g KH₃(C₂O₄)₂·2H₂O溶于水后,于1L容量瓶中定容	1.68±0.01
酒石酸氢钾	KHC₄H₄O₆		饱和溶液	过饱和的酒石酸氢钾溶液(大于6.4g·L⁻¹),在温度296~300K下振荡20~30min	3.56±0.01
邻苯二甲酸氢钾	KHC₈H₄O₄	378±5,烘干2h	0.05	取KHC₈H₄O₄ 10.12g溶解后于1L容量瓶中定容	4.00±0.01
磷酸氢二钠-磷酸二氢钾	Na₂HPO₄-KH₂PO₄	383~393,烘干2~3h	0.025	取Na₂HPO₄ 3.533g,KH₂PO₄ 3.387g溶解后,于1L容量瓶中定容	6.86±0.01

基准试剂		干燥条件 T/K	配制方法		标准 pH(298K)
名称	化学式		浓度 /mol·L^{-1}	方法	
四硼酸钠	$Na_2B_4O_7 \cdot 10H_2O$	在氯化钠和蔗糖饱和溶液中干燥至恒重	0.01	称取 3.80g $Na_2B_4O_7 \cdot 10H_2O$ 溶解后,于 1L 容量瓶中定容	9.18±0.01
氢氧化钙	$Ca(OH)_2$		饱和溶液	过饱和的氢氧化钙溶液(大于 2g·L^{-1}),在温度 296~300K 振荡 20~30min	12.46±0.01

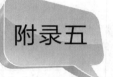
附录五

常用基准物质的干燥条件和应用

基准物质		干燥后组成	干燥条件	标定对象
名称	分子式			
碳酸氢钠	$NaHCO_3$	Na_2CO_3	270~300℃	酸
碳酸钠	$Na_2CO_3 \cdot 10H_2O$	Na_2CO_3	270~300℃	酸
硼砂	$Na_2B_4O_7 \cdot 10H_2O$	$Na_2B_4O_7 \cdot 10H_2O$	放在含 NaCl 和蔗糖饱和液的干燥器中	酸
碳酸氢钾	$KHCO_3$	K_2CO_3	270~300℃	酸
草酸	$H_2C_2O_4 \cdot 2H_2O$	$H_2C_2O_4 \cdot 2H_2O$	室温空气干燥	碱或 KMnO$_4$
邻苯二甲酸氢钾	$KHC_8H_4O_4$	$KHC_8H_4O_4$	110~120℃	碱
重铬酸钾	K_2CrO_7	K_2CrO_7	140~150℃	还原剂
溴酸钾	$KBrO_3$	$KBrO_3$	130℃	还原剂
碘酸钾	KIO_3	KIO_3	130℃	还原剂
铜	Cu	Cu	室温,干燥器中保存	还原剂
三氧化二砷	As_2O_3	As_2O_3	室温,干燥器中保存	氧化剂
草酸钠	$Na_2C_2O_4$	$Na_2C_2O_4$	130℃	氧化剂
碳酸钙	$CaCO_3$	$CaCO_3$	110℃	EDTA
锌	Zn^{2+}	Zn^{2+}	室温,干燥器中保存	EDTA
氧化锌	ZnO	ZnO	900~1000℃	EDTA
氯化钠	$NaCl$	$NaCl$	500~600℃	AgNO$_3$
氯化钾	KCl	KCl	500~600℃	AgNO$_3$
硝酸银	$AgNO_3$	$AgNO_3$	280~290℃	氯化物
氨基磺酸	$HOSO_2NH_2$	$HOSO_2NH_2$	在真空 H$_2$SO$_4$ 干燥器中保存 48h	碱
氟化钠	NaF	NaF	铂坩埚中 500~550℃下保持 40~50min 后,于浓 H$_2$SO$_4$ 干燥器中冷却	

参 考 文 献

[1] GB 6920—86 水质 pH 值的测定 玻璃电极法.

[2] GB/T 7477—87 水质 钙和镁总量的测定 EDTA 滴定法.

[3] GB/T 7489—1987 水质 溶解氧的测定 碘量法.

[4] GB 11914—89 水质 化学需氧量的测定 重铬酸盐法.

[5] GB 11903—89 水质 色度的测定.

[6] GB/T 2462—1996 硫铁矿和硫精矿中有效硫含量的测定 燃烧中和法.

[7] GB/T 534—2014 工业硫酸.

[8] GB/T 210.2—2004 工业碳酸钠及其试验方法 第 2 部分：工业碳酸钠试验方法.

[9] GB/T 176—2008 水泥化学分析方法.

[10] GB 474—2008 煤样的制备方法.

[11] GB/T 212—2008 煤的工业分析方法.

[12] GB/T 214—2007 煤中全硫的测定方法.

[13] GB/T 213—2008 煤的发热量测定方法.

[14] GB/T 221—2008 钢铁产品牌号表示方法.

[15] GB/T 20066—2006 钢和铁 化学成分测定用试样的取样和制样方法.

[16] GB/T 222—2006 钢的成品化学成分允许偏差.

[17] GB/T 223.69—2008 钢铁及合金 碳含量的测定 管式炉内燃烧后气体容量法.

[18] GB/T 223.72—2008 钢铁及合金 硫含量的测定 重量法.

[19] GB/T 223.59—2008 钢铁及合金 磷含量的测定 铋磷钼蓝分光光度法和锑磷钼蓝分光光度法.

[20] GB/T 223.4—2008 钢铁及合金 锰含量的测定 电位滴定或可视滴定法.

[21] GB/T 223.5—2008 钢铁 酸溶硅和全硅含量的测定 还原型硅钼酸盐分光光度法.

[22] GB 2945—1989 硝酸铵.

[23] GB 2440—2001 尿素.

[24] GB 20413—2006 过磷酸钙.

[25] GB/T 8571—2008 复混肥料 实验室样品制备.

[26] GB/T 8576—2010 复混肥料中游离水含量的测定 真空烘箱法.

[27] GB/T 8577—2010 复混肥料中游离水含量的测定 卡尔·费休法.

[28] GB/T 3600—2000 肥料中氨态氮含量的测定 甲醛法.

[29] GB/T 8572—2010 复混肥料中总氮含量的测定 蒸馏后滴定法.

[30] GB/T 10512—2008 硝酸磷肥中磷含量的测定 磷钼酸喹啉重量法.

[31] GB/T 8574—2010 复混肥料中钾含量的测定 四苯硼酸钾重量法.

[32] GB/T 1605—2001 商品农药采样方法.

[33] HG 3288—2000 代森锌原药.

[34] HG 3699—2002 三氯杀螨醇原药.

[35] HG 3296—2001 三乙膦酸铝原药.

[36] HG 3293—2001 三唑酮原药.

[37] GB 28134—2011 绿麦隆原药.

[38] GB/T 4756—1998 石油液体手工取样法.

[39] GB/T 1884—2000 原油和液体石油产品密度实验室测定法（密度计法）.

[40] GB/T 265—88 石油产品运动粘度测定法和动力粘度计算法.

[41] GB/T 266—88 石油产品恩氏粘度测定法.

[42] GB/T 261—2008 闪点的测定 宾斯基-马丁闭口杯法.

[43] GB/T 3536—2008 石油产品闪点和燃点的测定 克利夫兰开口杯法.

[44] GB/T 6536—2010 石油产品常压蒸馏特性测定法.

[45] GB/T 8017—2012 石油产品蒸气压的测定 雷德法.

[46] GB/T 259—1988 石油产品水溶性酸及碱测定法.

[47] GB/T 258—77（88）汽油、煤油、柴油酸度测定法．

[48] GB/T 264—83（91）石油产品酸值测定法．

[49] SH/T 0689—2000 轻质烃及发动机燃料和其他油品的总硫含量测定法（紫外荧光法）．

[50] GB/T 5096—1985 石油产品铜片腐蚀试验法．

[51] GB/T 260—77（88）石油产品水分测定法．

[52] GB/T 11133—89 液体石油产品水含量测定法　卡尔·费休法．

[53] GB/T 6986—2014 石油产品浊点测定法．

[54] GB/T 2430—2008 航空燃料冰点测定法．

[55] GB/T 3535—2006 石油产品倾点测定法．

[56] GB/T 510—83（91）石油产品凝点测定法．

[57] GB/T 2705—2003 涂料产品分类和命名．

[58] GB/T 3186—2006 色漆、清漆和色漆与清漆用原材料取样．

[59] GB/T 1733—1993 漆膜耐水性测定法．

[60] GB/T 5209—1985 色漆和清漆耐水性的测定　浸水法．

[61] GB/T 1723—1993 涂料粘度测定法．

[62] GB/T 6753.4—1998 色漆和清漆　用流出杯测定流出时间．

[63] GB/T 9269—2009 涂料黏度的测定　斯托默黏度计法．

[64] GB/T 9751.1—2008 色漆和清漆　用旋转黏度计测定黏度　第1部分：以高剪切速率操作的锥板黏度计．

[65] GB/T 1724—1979 涂料细度测定法．

[66] GB/T 6753.1—2007 色漆、清漆和印刷油墨研磨细度的测定．

[67] GB/T 9272—2007 色漆和清漆　通过测量干涂层密度测定涂料的不挥发物体积分数．

[68] GB/T 6750—2007 色漆和清漆　密度的测定　比重瓶法．

[69] GB/T 6753.3—1986 涂料贮存稳定性试验方法．

[70] GB/T 23993—2009 水性涂料中甲醛含量的测定　乙酰丙酮分光光度法．

[71] GB/T 1876—1995 磷矿石和磷精矿中二氧化碳含量的测定　气量法．

[72] GB/T 3864—2008 工业氮．

[73] GB/T 8984—2008 空气中一氧化碳、二氧化碳和碳氢化合物的测定　气相色谱法．

[74] 通用化工产品分析方法手册编写组．通用化工产品分析方法手册．北京：化学工业出版社，1999．

[75] 张小康，张正兢．工业分析．第2版．北京：化学工业出版社，2010．

[76] 李明豫，丁卫东．水泥企业化验室工作手册．徐州：中国矿业大学出版社，2002．

[77] 师兆忠．工业分析实战教程．北京：化学工业出版社，2010．

[78] 吉分平．工业分析．北京：化学工业出版社，2008．

[79] 王建梅，王桂芝．工业分析．北京：高等教育出版社，2007．

[80] 张燮．工业分析化学．北京：化学工业出版社，2003．

[81] 纪明香．化学分析技术．天津：天津大学出版社，2009．

[82] 谢治民，易兵．工业分析．北京：化学工业出版社，2008．

[83] 张舵，王英健．工业分析．大连：大连理工大学出版社，2007．

[84] 王英健，扬永红．环境监测．北京：化学工业出版社，2004．

[85] 中国标准出版社．化学工业标准汇编：无机化工．北京：中国标准出版社，1996．

[86] 中国标准出版社．化学工业标准汇编：有机化工．北京：中国标准出版社，1996．

[87] 煤炭科学研究院北京煤化学研究所．煤炭化学手册．北京：煤炭工业出版社，1981．

[88] 王宝仁．石油产品分析．第3版．北京：化学工业出版社，2014．

[89] 孙乃有，甘黎明．石油产品分析．北京：化学工业出版社，2012．

[90] 田松柏．油品分析技术．北京：化学工业出版社，2011．

[91] 陈燕舞．涂料分析与检测．北京：化学工业出版社，2009．

[92] 裴盛昭．精细化学品检验技术．北京：科学出版社，2006．

[93] 王翠平，赵发宝．煤质分析及煤化工产品检测．北京：化学工业出版社，2009．